Tecnología: un arma de poder

Tecnología: un arma de poder

Miguel Martín-Albo Lucas

LIBSA

© 2025, Editorial libsa
C/ Puerto de Navacerrada, 88
28935 Móstoles (Madrid)
Tel. (34) 91 657 25 80
e-mail: libsa@libsa.es
www.libsa.es

Textos: Miguel Martín-Albo Lucas
Ilustración: Shutterstock y Gettyimages
Edición: Equipo Editorial LIBSA
Diseño de cubierta: Equipo de Diseño LIBSA
Maquetación: Javier García Pastor

ISBN: 978-84-662-4391-9

D.L: M-12919-2024

Contenido

El proceso tecnológico o la apropiación del conocimiento

Históricamente, los conceptos de tecnología y ciencia, entendidos como un conjunto de actividades y conocimientos destinados a transformar el mundo físico o natural, han servido para modificar los comportamientos de las sociedades, llegando incluso a emplearse como vehículo para satisfacer nuestras necesidades básicas con un menor esfuerzo. En realidad, la tecnología ha contribuido, a lo largo del tiempo, a hacer más entendible la configuración de las relaciones entre los distintos países y naciones, siendo parte importante de las guerras y de los cambios económicos. Desde el nacimiento de las primeras culturas y comunidades organizadas, los logros tecnológicos fueron utilizados para establecer una supremacía sobre otras sociedades menos avanzadas, dando lugar a una jerarquía social, política y económica que ha seguido extendiéndose hasta nuestros días.

De igual modo, los conocimientos científicos han favorecido una organización más efectiva de las actividades culturales y materiales de los países. Un progreso basado en el hallazgo y la invención de conductas y procedimientos capaces de resolver problemas concretos en las ocupaciones cotidianas. Como veremos después, la fabricación de herramientas y la organización de actividades han formado parte del ser humano desde su origen. Los primeros hitos conocidos y vinculados al desarrollo tecnológico comenzaron seguramente con la conquista del fuego y la confección de la rueda, continuando después con la elaboración de útiles de metal, la fabricación de palancas o el desarrollo y la mejora de carros para el transporte y la guerra, tal y como sucedería entre los pueblos de Mesopotamia.

Fue precisamente entre los ríos Éufrates y Tigris donde comenzaron a transformarse por primera vez los sistemas de riego mediante canales y presas con el fin de asegurar el abastecimiento de agua, ya fuera para la agricultura o para la propia población. Colectivos que podríamos incluir entre los primeros que contribuyeron efectivamente al progreso tecnológico desde el III a. C., con la utilización del cobre, el empleo de aparejos en el campo, la elaboración de ladrillos o la fabricación de objetos de vidrio. A ello se sumó la aparición de la escritura cuneiforme realizada sobre tablillas de arcilla o en papiro durante el periodo más prolífico del Antiguo Egipto.

Fueron los griegos los primeros en utilizar el concepto de tecnología o *tekhné*, para mencionar la capacidad o «habilidad» intelectual del ser humano para crear o producir algo. Los más de dos mil años de conocimientos adquiridos por los pueblos mesopotámico y egipcio confluyeron en Alejandría, dando lugar a nociones como la geometría de Euclides, los tratados de astronomía o geografía de Claudio Ptolomeo, las primeras consideraciones de química, la máquina gravimétrica con hélices, o el tornillo de Arquímedes, utilizado para elevar el agua o el cereal. De los hechos científicos de la época destacan los conocimientos de geografía de Tales de Mileto en el siglo VI a. C., la escuela matemática creada por Pitágoras a mediados del siglo III a. C., el cáculo geométrico de Eratóstenes de Cirene, sin olvidar las consideraciones filosóficas de Anaxágoras o los principios básicos del modelo atómico de Demócrito, fundamentales para entender con posterioridad los conceptos de medicina esbozados por Hipócrates.

Como veremos a lo largo del libro, la evolución y perfección de los conocimientos científicos y tecnológicos han tenido históricamente una gran relevancia en las sociedades humanas, ya fuera en el ámbito cultural, económico o político. El concepto de ciencia, derivado etimológicamente del latín *scientia*, con su equivalente del griego *episteme*, ha sido sustancial para comprender el progreso de muchas culturas y pueblos a lo largo de la historia. Los avances tecnológicos, muchas veces sometidos a las limitaciones naturales, sirvieron, no obstante, para estimular la comunicación interpersonal y el aprendizaje, facilitando la transmisión del propio conocimiento. Hechos como la aparición de la escritura, el papel o la imprenta, por poner solo unos ejemplos, dieron lugar a la búsqueda de nuevos retos tecnológicos entre los distintos grupos y comunidades, produciéndose con ello la aparición de nuevos desafíos y posibilidades, muchas veces reflejados en su evidencia de ambición y de poder.

Durante el periodo medieval se produjeron grandes mejoras tecnológicas, en contra de lo que algunos historiadores han propuesto. Bizancio primero y en especial la cultura islámica, realizaron notables contribuciones científicas que pronto se trasladaron a la agricultura, el transporte o la guerra. Descubrimientos como la pólvora, el astrolabio o la imprenta, sirvieron de soporte a los innumerables descubrimientos geográficos de los siglos XV y XVI, siendo mejorados algunos y adquiriendo una mayor notoriedad durante el Renacimiento. En este último periodo, las aportaciones de Leonardo da Vinci, Nicolás Copérnico, René Descartes o Galileo Galilei, llegaron a representar una verdadera revolución científica.

En la misma línea del tiempo destacaron Thomas Hobbes y Francis Bacon, llegando ambos a relacionar por primera vez el conocimiento con el poder, todavía a un nivel muy general. Para el matemático, filósofo y economista británico Hobbes, dichos conceptos eran inseparables: «... los hombres, debido a sus facultades naturales, no han nacido aptos para vivir en sociedad. La vida en el estado de naturaleza está permanentemente amenazada por una condición de guerra de todos contra todos... Este miedo proviene de la misma naturaleza del hombre, ya que está guiada por... la "competencia", la "desconfianza" y la "gloria", disposiciones que se pueden resumir en el egoísmo y en un incesante deseo de poder»[1]. El también filósofo y político británico Francis Bacon llegaría más lejos al afirmar que: «El saber es, por sí mismo, poder». Sus razonamientos al respecto quedaron resumidos en una de sus conocidas tesis relativas al conocimiento y poder titulado *Novum Organum Scientiarum*, un trabajo que sería publicado en 1620.

> Quisiera comenzar con dos párrafos del *Novum Organum,* ya que lo que intento decir está concentrado allí. El primero es como sigue: ni la mano sola ni el espíritu abandonado a sí mismo tienen gran potencia. Para realizar la obra se requieren instrumentos y auxilios que tan necesarios son a la inteligencia como a la mano. Y de la misma suerte que los instrumentos físicos aceleran y regulan el movimiento de la mano, los instrumentos intelectuales facilitan o disciplinan el curso del espíritu. El segundo dice así: la ciencia del hombre es la medida de su potencia, porque ignorar la causa es no poder producir el efecto. (Osella, 2006, pp. 185-186)

El tránsito hacia la Ilustración provocó un cambio global en relación con la tecnología, al tiempo que advertía de las consecuencias que podía producir un uso equivocado de la misma. Durante los siglos XVII y XVIII destacaron científicos como Isaac Newton, con la publicación en 1687 de la ley de gravitación universal; Gottfried Leibniz, quien llegaría a establecer las bases de las matemáticas modernas, o René Descartes, filósofo francés al que debemos los conceptos y los cimientos de la ciencia materialista y del racionalismo filosófico, además de obras destacadas como el *Discurso del método,* publicado en 1637 o las *Meditaciones metafísicas,* del año 1641.

Un siglo más tarde, el químico francés Antoine Laurent de Lavoisier, publicaría el *Tratado elemental de química,* en 1789, dando así comienzo a la llamada química cuantitativa. Con Charles Darwin se dieron a conocer los conceptos

---

1 Ramírez Echeverri, J. D. (2010). *Thomas Hobbes y el Estado absoluto: del Estado de razón al Estado de terror* (p. 54). Medellín. Colombia. Universidad de Antioquía. Facultad de Derecho y Ciencias Políticas.

evolutivos. Su conocido trabajo, *El origen de las especies por medio de la selección natural, o la preservación de las razas favorecidas en la lucha por la vida,* publicado en 1859, demostraba la idea del cambio de las especies a lo largo del tiempo, dando lugar a nuevas formas de vida que comparten un ancestro común.

Más allá de los progresos vividos hasta esos momentos, la sociedad moderna conocería los mayores avances tecnológicos durante los siglos XVIII y XIX, gracias a la Primera Revolución Industrial. Un colosal contingente de máquinas impulsadas entonces, primero por vapor y después mediante energía eléctrica, llevarían al mundo a ver cómo los viejos y tradicionales ingenios, así como las obsoletas herramientas artesanales daban paso a otras, modificando súbitamente los sistemas productivos, el transporte y las comunicaciones. La llegada del siglo XX, condujo a la humanidad a la conquista de importantes avances en el campo de la física, ligados a los trabajos de Albert Einstein, a través de la mecánica cuántica, además de un cualificado desarrollo de la medicina, la ingeniería o la electrónica. El avance en el conocimiento del genoma humano, el desarrollo de la bomba atómica y los viajes espaciales han marcado el ritmo de las sociedades actuales, siendo la biotecnología o la nanotecnología sustanciales para comprender mejor el siglo XXI. Modelos de procesadores desarrollados gracias a la nanotecnología están permitiendo aumentar las velocidades en el tratamiento de datos, lo que ha llevado a muchos entendidos a especular con la posibilidad y la proximidad de una nueva revolución industrial.

Sin embargo, progreso tecnológico y ética no siempre han ido de la mano a pesar de los avances logrados. Retomando la idea de Bacon respecto al binomio conocimiento y poder, una sociedad sin avances está condenada a la ignorancia y al ostracismo. Nelson Mandela, abogado y activista contra el *apartheid* que dirigió el gobierno de Sudáfrica entre 1994 y 1999, llegó a afirmar que: «La educación en el conocimiento es el arma más poderosa que puedes usar para cambiar el mundo»[2]. Durante milenios, el ser humano tuvo que «fabricar» la tecnología, transmitiendo la inteligencia y la razón de generación en generación. Sin embargo, en la actualidad son pocos los que conocen el proceso de construcción de un ordenador, una calculadora, un teléfono móvil, etc., sin ser necesaria la presencia de personas para ello al estar automatizados los procedimientos de fabricación. Actualmente, es difícil comprender cualquier asunto global que no implique el acercamiento a aspectos tecnológicos. Cuestiones como la seguridad internacional, la estabilidad

---

2 Gomes Ferreira, F. (2017). Los valores implícitos en la educación precolonial en África Subsahariana. Percepción del presente. En J. M. Hernández Díaz y E. Eyeang (Eds.). *Los valores en la educación de África. De ayer a hoy.* Salamanca. Ediciones Universidad Salamanca.

económica de los Estados, la guerra o la política exterior, están profundamente vinculadas a infraestructuras y sistemas tecnológicamente avanzados.

A lo largo del tiempo se ha querido dotar a la ciencia y a los científicos de una cierta responsabilidad social. Un debate que ya durante la Ilustración quedó definido y que apuntalaba a la necesidad de que la sociedad fuese educada con los conocimientos derivados de la experiencia científica, eliminando con ello cualquier superstición. Esta idea sobre la responsabilidad de la ciencia quedó corroborada con Isaac Newton, quien publicó su obra *Philosophiae naturalis principia mathematica*. En ella hacía públicos sus descubrimientos sobre mecánica y cálculo matemático, describiendo las tres leyes del movimiento, a la vez que establecía las bases de la ley de la gravitación universal. Newton aseguró que Dios debía de ser un matemático y un físico a tenor de la belleza y perfección del mundo creado. También Voltaire o Spinoza insistieron en la utilidad de los conocimientos científicos, argumento que muy pronto quedaría plasmado en la *Encyclopédie* francesa, publicada por Diderot y D'Alenmbert en París, entre 1751 y 1772. En ella se pretendía recopilar alfabéticamente todo el saber de la Europa del momento, cuya pretensión no era otra que la de:

> [...] reunir todo el saber disperso en la superficie de la Tierra, para describir el sistema general a las personas con quienes vivimos, y transmitirlo a aquellas que vendrán después de nosotros para que el trabajo de los siglos pasados no sea inútil para los siglos futuros, y que nuestros descendientes, haciéndose más ilustrados, puedan ser más virtuosos y más felices. (Ratto, 2015, p. 66)

Si bien el enciclopedismo tuvo un cierto calado social al revelarse como un conjunto de ideas manifiestamente altruistas, lo cierto es que si hacemos un repaso por la historia comprobamos una extraordinaria sinergia entre los progresos tecnológicos y el poder emanado de los distintos flujos militaristas, entendiendo por ello, tanto el predominio de lo militar en la política como en los gobiernos de las diversas naciones que han conformado nuestro mundo hasta la actualidad. En efecto, este tipo de planteamientos hace tiempo que forman parte de los estudios historiográficos, poniéndose de manifiesto que la aplicación de tecnologías en el ámbito militar ha sido prioritaria, siendo posteriormente redirigidas a un contexto social.

En este sentido, hay suficientes testimonios históricos en la Antigüedad que confirman la utilización de animales y artefactos para ser utilizados en la guerra. En concreto, existen escrituras sumerias detallando la conquista del norte de la región por las tribus Guti con carros de guerra, aproximadamente en el 2600 a. C. Una invención militar que sería utilizada con posterioridad por los egipcios. Del mismo modo, los diseñadores de calzadas y caminos durante el periodo del Imperio en Roma meditaron sobre las ventajas irrefutables que suponía disponer de este tipo de vías, sobre todo si se trataba de movilizar sus ejércitos. Este hecho contribuyó a la consolidación y posterior expansión romana en Europa, sin olvidar las incursiones que más tarde se producirían en el norte de África y Asia Menor.

Por consiguiente, existen pocas dudas acerca de la influencia que ha ejercido la tecnología en el desarrollo militar, condicionando muchas veces la logística, las tácticas o el propio armamento. La asociación entre tecnología, ciencia e industria bélica es un hecho que podemos comprobar recientemente con la invasión de Ucrania por parte de Rusia. Este conflicto pone de manifiesto el interés de los distintos actores por evidenciar el amplio catálogo de armas y equipos para la guerra. Si se prefiere, y desde una perspectiva más alejada en el tiempo, la determinación de los bombardeos atómicos en Hiroshima y Nagasaki supuso el colapso de la guerra en el Pacífico y con ello la finalización de la Segunda Guerra Mundial. El nuevo orden internacional daría paso a las dos superpotencias que durante décadas habrían de dividir el mundo en dos áreas de influencia perfectamente diferenciadas. Solo a partir del cese del conflicto bélico en 1945, la utilización de la energía nuclear comenzó a verse desplazada a otros sectores, ya fuera para su aplicación como generadora de energía eléctrica, como elemento esencial para la agroindustria, incluso formando parte de nuevas especialidades médicas para combatir el cáncer.

Todos estos ejemplos no hicieron sino reforzar la idea que situaba el conocimiento científico y tecnológico como una unión más del poder en todas sus vertientes y procedimientos. No debe sorprendernos, pues, la paradoja de que los cambios que han permitido mejorar nuestras vidas, gracias a los avances técnicos, también hayan supuesto ampliar los procesos de destrucción para la humanidad, poniendo en cuestión la propia supervivencia del planeta. Es también un hecho constatado que el grado alcanzado en el desarrollo científico ha servido y sirve todavía como elemento diferenciador, situando a los países en categorías y escalas muy desiguales. Así, podemos ir desde sociedades subdesarrolladas a otras que están plenamente avanzadas, sin olvidar a los países que se han quedado a medio camino, es decir aquellos que están en vías de desarrollo. Esta circunstancia implica la existencia de grandes potencias capaces de ejercer un férreo control en los procesos políticos y sociales, incluso desde una perspectiva internacional.

En esta misma línea, las circunstancias actuales en relación con la tecnología estarían reforzando el viejo principio de la redistribución del poder. Según este mismo principio, los avances técnicos, además de asegurar la supremacía a nivel global, estarían trastocando el equilibrio entre los países, produciéndose el control de unos sobre otros. Los diferentes patrones tecnológicos habrían creado su propio orden geopolítico inherente a cada uno de ellos, incrementando de esta forma la pugna por la hegemonía y la interdependencia. Ejemplo de todo ello es la política internacional adoptada en muchos países del Oriente Medio a través de la comercialización de los combustibles fósiles, lo que ha provocado un estrecho control sobre el transporte a nivel mundial. Otro paradigma es el que vemos asociado a las tecnologías de la información y las comunicaciones (TIC), que operan y explotan los datos mediante una vasta integración de las telecomunicaciones, aprovechando el uso de líneas telefónicas, señales inalámbricas, ordenadores, etc. Para este nuevo cometido son esenciales las tierras raras y los semiconductores, siendo este último el cuarto producto más comercializado del mundo, después del petróleo crudo, el petróleo refinado y la fabricación de automóviles.

La nueva geopolítica, derivada de la necesidad de producir semiconductores a buen precio y en cantidades suficientes para la industria de las telecomunicaciones, ha traído consigo el regreso de regiones olvidadas o relegadas a un cometido menor como Taiwán, China o la República de Corea que, junto a los Estados Unidos y Japón, son los mayores fabricantes del planeta. Una situación que también ha alterado el equilibrio internacional a nivel industrial si tenemos en cuenta la magnitud y el poder de algunas compañías tecnológicas. De hecho, hoy sabemos que existen grandes empresas cuyo capital económico, político o social es mayor al de un buen número de países soberanos.

A propósito de estas afirmaciones, se ha hecho hincapié en el papel destacado que ejercen estas compañías transnacionales, llegando a tener comportamientos abusivos en distintos órdenes. Desde el Fondo Monetario Internacional (FMI) se ha llegado a manifestar el poder de gigantes tecnológicos como el grupo *GAFA* o *GAFAM*, que incluye empresas de gran relevancia como Google, Amazon, Facebook, Apple o Microsoft. Estos grandes consorcios empresariales norteamericanos, siguiendo las mismas fuentes del FMI y recogidas en un singular artículo publicado por Marble Headhunter, habrían alcanzado en 2019 una capitalización en el mercado (CM), con un valor muy superior al de varios países del mundo. En concreto: «… la CM de Alphabet (Google) era más grande que la suma del PIB de 38 países africanos, la de Microsoft superaba el PIB de nueve países de Europa oriental combinados, y la de Apple equivalía a más de la mitad del PIB de Rusia»[3].

En el empeño de estas grandes compañías tecnológicas está el seguir ejerciendo su influencia para ubicar a su personal, industrias, oficinas y cuentas ban-

---

3 Headhunter, M. (02 de julio de 2020). El poder y la influencia mundial de la tecnología vs. los países. Artículo en: https://www.marbleheadhunter.com/el-poder-y-la-influencia-mundial-de-la-tecnologia-vs-los-paises/

carias en distintos países con condiciones favorables para su continuidad y manejo de las economías satélites. En el caso del continente asiático, empresas similares, a diferencia de las occidentales, cuentan con el apoyo del gobierno, evitando de este modo las fricciones constantes que sufren las primeras con las Administraciones de los gobiernos de los países en los que están ubicadas[4]. Esto no hace sino confirmar que las grandes corporaciones tecnológicas tienen la suficiente capacidad para desafiar a los gobiernos de cualquier país, favoreciendo sus propios intereses, sin que sea posible limitar sus actuaciones en muchos casos, debido a los problemas derivados de la globalización y la multilateralidad.

Teniendo en cuenta todo lo que hemos comentado, algunos investigadores y especialistas en el tema han coincidido en remarcar la posibilidad de que estuviéramos a las puertas de un nuevo orden mundial erigido precisamente por estas grandes compañías poseedoras de importantes proyectos tecnológicos. En su favor están la capacidad para dirigir los mercados, así como para influir en las decisiones políticas mediante la manipulación y tergiversación de la información para contener a la opinión pública. Nada mejor, en este sentido, que reproducir las palabras del periodista Carlos Gómez, en relación con el control ejercido por las corporaciones transnacionales en la sociedad actual: «La fuerza de un poder financiero desregulado junto al avance imparable de las tecnologías digitales están convergiendo para impulsar una transformación acelerada de la humanidad, muy por delante de la capacidad de estados y gobiernos para proteger los derechos de los ciudadanos, evitando impactos sociales y ambientales en algunos casos irreversibles que ya se están causando»[5].

No cabe duda de que los progresos tecnológicos han representado un avance muy importante para la humanidad desde tiempos remotos. En su evolución, este desarrollo nos ha dotado de nuevas capacidades para vencer y superar las necesidades biológicas, sociales y culturales que han ido surgiendo sin solución de continuidad. Aun así, los avances individuales y colectivos han ido paulatinamente ampliando las desigualdades, dañando en muchos casos las bases más fundamentales de la convivencia y denotando una concentración de poder en beneficio de las grandes corporaciones y multinacionales con capacidad para administrar nuestros datos personales.

---

4 En efecto, en China existen grandes compañías tecnológicas como Baidu, equivalente a Google, Alibaba, similar a la estadounidense Amazon, siendo Tencent la mayor empresa de videojuegos del mundo y Xiaomi una de las más importantes en la fabricación de dispositivos móviles inteligentes a nivel internacional. Asimismo, en el verano de 2019, el Departamento de Justicia de los Estados Unidos anunció la apertura de una investigación contra Google, Facebook y Amazon, con el fin de investigar las prácticas comerciales de dichas plataformas, una cuestión que no ha dejado de producirse en otros países de Europa con las mismas características.

5 Gómez Gil, C. (31 de octubre de 2019). Oligarquías digitales. *Palabras Gruesas*. Artículo en: https://carlosgomezgil. com/2019/10/31/oligarquias-digitales/

Una revolución que ya ha sido capaz de provocar el desplazamiento de los centros de producción y empresas financieras hacia plataformas basadas en la digitalización, facilitando el seguimiento constante de los registros en diversos ámbitos de nuestra vida a partir de cálculos y procesos informáticos avanzados.

Como veremos en los capítulos que se exponen más adelante en este libro, el acceso a nuestro espacio personal ha llegado a cuestionar el propio concepto de propiedad privada. La cesión de aquel ha pasado a formar parte, también, de una nueva economía en la que nuestras vivencias y deseos han sido rápidamente transformados y devueltos en forma de ofertas para la compra de productos y objetos, condicionando así nuestras conductas y nuestros comportamientos sociales. La observación y el control de datos ha provocado un sometimiento cada vez más amplio sobre las sociedades, los gobiernos y las economías del mundo, lo que nos obliga a pensar en la necesidad de articular nuevos patrones legislativos, además de actitudes políticas capaces de garantizar el bienestar y la prosperidad que parecen estar diluyéndose con los avances tecnológicos. Un progreso que, como podremos comprobar, ha terminado demostrando su disposición para dirimir nuestras vidas.

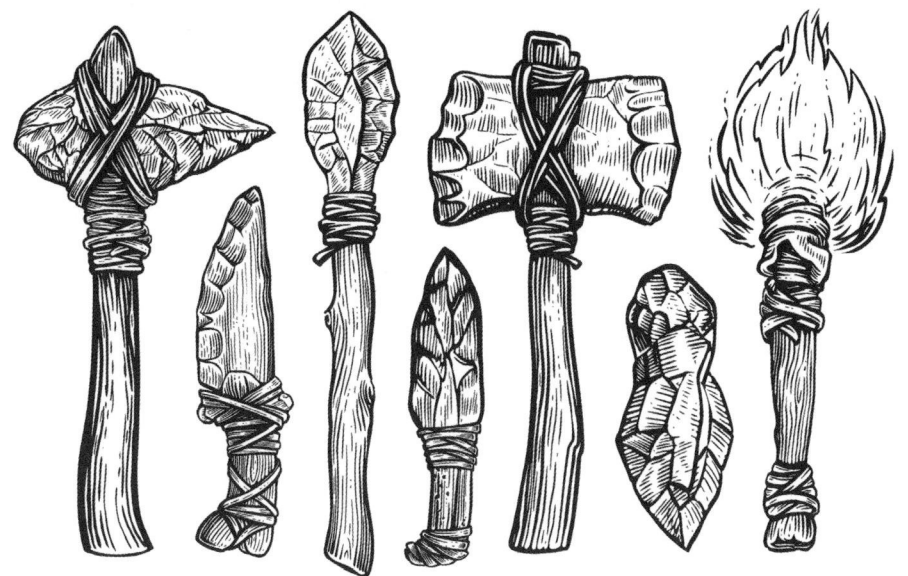

EL CONOCIMIENTO Y LA TÉCNICA ANTES DE LA HISTORIA

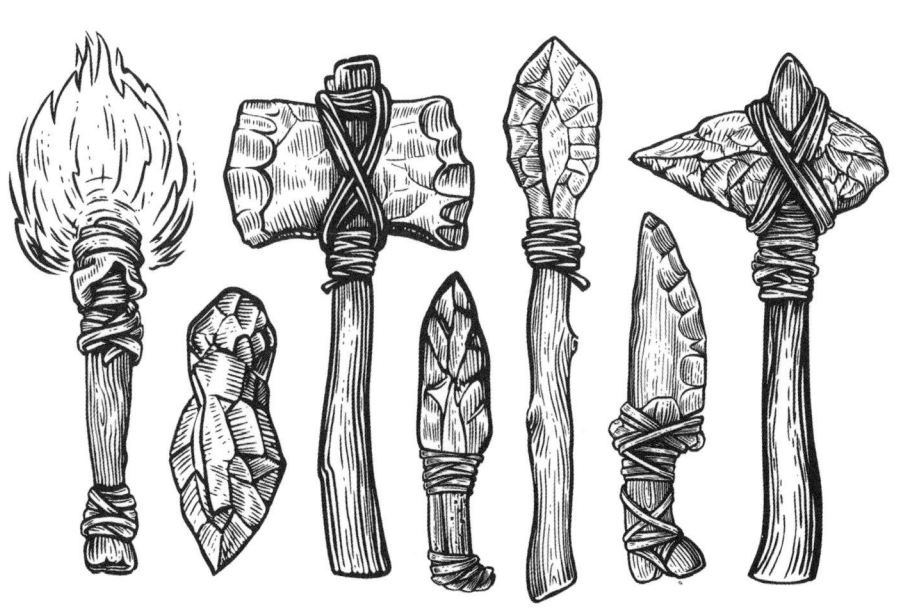

La prehistoria y el fuego.
La intrascendencia del género

El descubrimiento del fuego

De todos los descubrimientos e invenciones del ser humano, el conocimiento y posterior control del fuego ha sido el más determinante, convirtiéndose en uno de los mayores hitos en su evolución. Su dominio representó un importante salto cualitativo y cuantitativo para su subsistencia, favoreciendo un nuevo tipo de alimentación, la dilatación de los periodos de luz o la protección de los refugios y campamentos. También desempeñó un papel esencial en la integración de las actividades domésticas, favoreciendo la socialización, el desarrollo del lenguaje articulado, y contribuyendo al proceso de hominización y encefalización[6].

Cabe suponer que los primeros humanos se habituaron a convivir con el fuego de una forma natural, ya fuera por incendios provocados por tormentas en pastizales y bosques o por elementos incandescentes provenientes de algún volcán en erupción. También se ha planteado la posibilidad de la existencia de fuegos producidos por la combustión natural del metano en las marismas. En la actualidad, gracias al seguimiento realizado a chimpancés de la región de Fongoli (Senegal), se ha sugerido que pudo existir una cierta determinación debido a la capacidad de inferir los movimientos de los incendios, haciendo posible que se pudieran mantener brasas o lumbres durante algún tiempo con el fin de obtener luz y calor[7].

Resulta prácticamente imposible hacer una reconstrucción de los primeros momentos en los que la humanidad pudo relacionarse con el fuego. Solo podemos deducir su control y domesticación a través de los restos de hogares delimitados por piedras o en hoyos excavados en el suelo. En 2019, la arqueóloga

---

6 Nieves, J. M. (2006). *Hablemos de ciencia* (p. 283). Madrid. EDAF.

7 Pruetz, J. D. y LaDuke, T. C. (2010). Brief communication: Reaction to fire by savanna chimpanzees (Pan troglodytes verus) at Fongoli, Senegal. Conceptualization of «fire behavior» and the case for a chimpazee model. *American journal of physical anthropology*, 141(4), pp. 646-650.

y paleoantropóloga norteamericana Sarah Hlubik publicó un estudio que evidenciaba el uso del fuego por parte de los humanos hace 1,5 millones de años en el yacimiento de Koobi Fora (Kenia). El hallazgo de un hogar junto a varias herramientas de piedra, advierten ya de la existencia de grupos humanos que disponían de luz y calor, además de protección contra los depredadores, aunque esta se realizara de una manera eventual y dependiendo de las circunstancias de la naturaleza.

La Edad de Piedra y la aparición de los homínidos

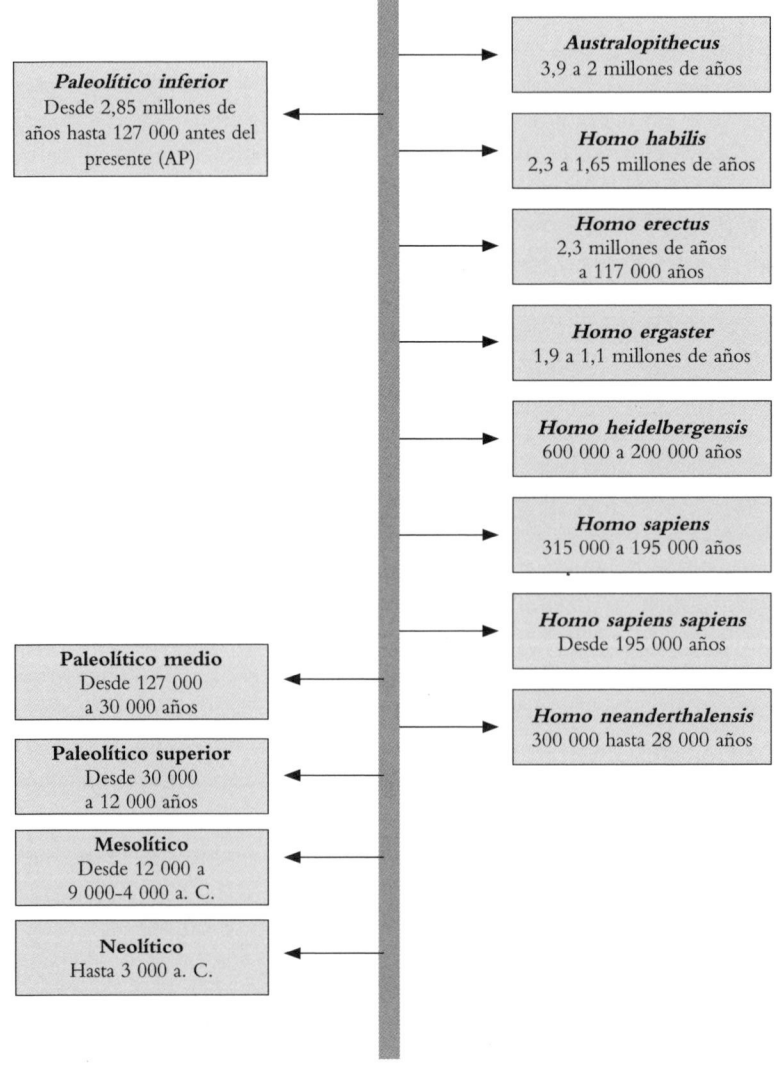

La importancia de este descubrimiento permitiría explicar los cambios en el aspecto físico del *Homo erectus,* diferenciándolo de su predecesor el *Homo habilis,* con características más primitivas. En 1988, se encontraron evidencias similares en los yacimientos de Swartkrans, en Sudáfrica. Estas consisten en fragmentos de huesos quemados de antílopes, jabalíes, cebras y mandriles, con una antigüedad de hasta1,4 millones de años. También se han encontrado restos de huesos y plantas quemadas en la cueva de Wonderwerk, en África del Sur, datados en 1 millón de años. La sucesión de hallazgos de hogares en los que existen evidencias del uso del fuego está muy repartida por diversos lugares del planeta, desde Panxian Dagong, en la provincia de Guizhou (China), hasta los restos de cenizas y huesos calcinados en la Cueva Negra, próxima a la localidad de Caravaca de la Cruz, en la provincia de Murcia (España). Todos ellos demuestran que el *Homo erectus* disponía ya de ciertas capacidades para desarrollar estrategias derivadas del fuego[8].

Sin embargo, sobre su uso y control definitivo, existen evidencias arqueológicas que constatan la presencia de hogares con un fuego mantenido y prolongado en el tiempo, lo que se ha demostrado por la acumulación de huesos calcinados y restos líticos con rastros que indican haber soportado altas temperaturas. En este sentido, los registros más importantes se han encontrado en Pont des Filles de Jacob (Israel), datado en unos 790 000 años, o el yacimiento de Stranska Skala y de Prezletice, en la República Checa, con una antigüedad de 650 000 años. Sin embargo, los mejor documentados en Europa no llegan a superar los 400 000 años, encontrándose hogares que evidencian ya un cierto dominio por parte de los grupos humanos[9].

Las condiciones de nuestros antepasados antes de su aproximación al fuego debieron de ser muy diferentes a las que se encontraron después de su «domesticación». Plantas cuyos componentes eran poco digeribles, como la celulosa o el almidón, quedaron fuera de la dieta. Algunas partes como los tallos, las raíces voluminosas o los tubérculos, fueron igualmente desechadas por su difícil digestión. La alimentación, pues, debió de estar compuesta principalmente de flores, semillas y frutos carnosos, lo que supuso un aporte de azúcares y carbohidratos.

---

8 El *Homo habilis* fue una especie humana que predominó durante el Pleistoceno inferior, viviendo en el sur y este del continente africano desde hace unos 2,3 hasta 1,65 millones de años. Por su parte, el *Homo erectus* fue un homínino que vivió entre 1,9 millones de años y 117000 años, durante el Pleistoceno inferior y medio. En comparación con el anterior, este último se desarrolló en Asia oriental.

9 Los restos son muy diversos, encontrándose desde regiones como Beeches Pit (Inglaterra); Menez Dregan y Terra Amata (Francia); Bilzingsleben (Alemania); Solana del Zamborino (España) y Cueva de Qesem (Israel). Todos ellos muestran restos de fuegos y hogares con registros que oscilan entre los 414000 y los 300000 años de antigüedad. Puede consultarse un buen compendio de yacimientos en: Gwenn, R. (2016). *Le temps sacré des cavernes. De Chauvet à Lascaux, les hypothèses de la science.* Paris. Éditions Corti.

Este tipo de alimentación influyó en la baja esperanza de vida, afectando también al desgaste dental causado por la consistencia y dureza de los alimentos.

De la misma forma, suponemos que la mortalidad y morbilidad tuvieron que ser muy elevadas como consecuencia de las deficiencias nutricionales. En este sentido, la arqueóloga africanista norteamericana, Ann Brower (1984), apuntó que: «Las hojas y legumbres, ambas posibles fuentes de aminoácidos esenciales, deben descartarse como los principales proveedores para los homininos que no utilizaban el fuego: las hojas, por su contenido de celulosa y las legumbres por su contenido en compuestos tóxicos. Esta limitación en la disponibilidad de proteína vegetal refuerza la inferencia de que los primeros homininos debieron ingerir pequeñas partes de proteína animal de forma regular» (pp. 151-168).

Los grupos humanos durante los primeros años del Paleolítico inferior, es decir, con anterioridad al control del fuego, vivieron en una total dependencia de su medio natural. En comparación con otros seres vivos de su entorno, los homininos contaban con algunas ventajas competitivas, como un cerebro comparativamente mayor, un dedo pulgar oponible, la posibilidad de caminar erguido o una visión de profundidad más clara y específica. Además, podía emplear herramientas de madera y piedra a modo de cuchillos y hachas, una tecnología que no evolucionaría de manera sustancial durante miles de años. Sin posibilidades de transformar su hábitat, se vieron frecuentemente obligados a subsistir y adaptarse a su entorno, adoptando, si ello era preciso, las mismas habilidades empleadas por otros animales.

Claramente, el fuego tuvo un impacto notable en la dieta. Para Lévi-Strauss, antropólogo y etnólogo francés, el salto dado desde la naturaleza a la cultura estuvo motivado por la aparición de la cocción de los alimentos, especialmente de la carne. La energía necesaria para digerir un alimento cocido es menor que la necesaria para hacerlo con un trozo de carne cruda. Además, la gelatinización del colágeno localizado en pieles, tendones o huesos facilita «...la apertura de las moléculas de carbohidratos fuertemente entrelazadas, facilitando el proceso de absorción de nutrientes»[10]. Cuando aquellos homininos se alimentaban de carne cocida, sin saberlo, estaban eliminando la mayoría de los microorganismos, parásitos y bacterias. Este hecho conllevó una evolución del tubo digestivo, el cual acabó reduciendo su tejido, contrayéndolo y permitiendo el desplazamiento de la energía al cerebro[11].

---

10 Gibbons, A. (2007). Food for Thought. *Science*. Vol. 316, p. 1558.

11 Ibid, pp. 1558-1560. Para que nos hagamos una idea, si en la actualidad ingiriésemos alimentos crudos necesitaríamos alrededor de unas nueve horas para alimentar nuestro cerebro. También en: Gibbons, A. (22 October 2012). Raw Food Not Enough to Feed Big Brains. *Science Now*. American Association for the Advancement of Science.

El hecho de que la masticación no necesitara la misma fuerza de los músculos masticatorios libró al cráneo de la presión que estos ejercían, reduciendo a su vez el tamaño del canino y los molares. También disminuyó el volumen oral y el tamaño facial, aumentando, por tanto, las amilasas salivares, una enzima que ayuda a digerir los carbohidratos, mejorando la deglución de los almidones en la boca. Sabemos por la neurociencia que existe una correlación entre el número de neuronas y la cantidad de energía necesaria para alimentar el cerebro. Esto nos lleva a pensar que la cocción de alimentos proporcionó más energía a este órgano. En este sentido, los estudios antropológicos han revelado que hace aproximadamente 500 000 años, se produjo una fase rápida de encefalización relacionada directamente con la cocción de los alimentos.

Otra de las consecuencias obtenidas tras el dominio del fuego fue la modificación de los ritmos de vida naturales existentes hasta entonces. La ocultación del sol no impedía, por ejemplo, la continuación en el trabajo, posibilitando también el refugio en cavernas ante la presencia de cualquier inclemencia climática. Las consecuencias fisiológicas de la ampliación de las horas de luz tuvieron efectos en los ritmos circadianos. Estos cambios se producen con regularidad en el estado físico y mental, generalmente durante un día completo. Estos ritmos están controlados por un área de nuestro cerebro influida por la luz, constituyendo el llamado «reloj interno» de cada persona.

Como ya hemos comentado, la luz y el calor de las hogueras propiciaron agrupamientos sociales al abrigo de depredadores, así como de otros grupos humanos que no tenían todavía un control total sobre el fuego. Mantener una llama encendida no fue seguramente la labor de una sola persona, lo que exigió la colaboración del resto de individuos y, por ende, una primera división y planificación de las tareas de la comunidad. En el yacimiento de Beeches Pit, ubicado en la región de Suffolk (Inglaterra), con unos 400 000 años de antigüedad, se han encontrado evidencias de que el fuego no podía ser encendido de forma intencionada. Esta eventualidad demandaba la necesidad de conservar el hogar encendido durante largos periodos de tiempo. De esta manera, podía ser compartido o no con otros humanos, lo que seguramente contribuyó al desarrollo de las redes sociales más colaboradoras. Sin que todavía se pueda hablar de poder o de superioridad de unos grupos sobre otros, cabe intuir que, en realidad, el fuego, junto con la mejora de lanzas y hondas, ofrecieron una clara ventaja a quienes podían custodiarlo y protegerlo durante un extenso periodo de tiempo para mantenerlo vivo.

La invención y elaboración de armas arrojadizas y el control del fuego crearon nuevas condiciones en las que la carne fue más importante en la dieta. Los alimentos podían ser cocidos y asados. Los grupos ocupaban amplias áreas y el dimorfismo sexual disminuyó con el desarrollo de la caza mayor. Emergieron la división sexual y pragmática del trabajo, el establecimiento de normas que controlaban el emparejamiento y la creación de redes de intercambio más estables. (Sanahuja, 2012, p. 105)

Además, el manejo del fuego, mediante el cuidado y control selectivo de lumbres y fogatas, permitió la dispersión de las sociedades humanas hacia el norte, a regiones donde la climatología era más adversa, pudiendo sobrevivir a los periodos glaciares, ya fuera manteniendo el calor en grutas y cuevas mientras dormían o descongelando los alimentos. En yacimientos como los de Stillbay, en Sudáfrica, con unos 72 000 años de antigüedad, se han encontrado piedras de sílice o silcretas, en las que el fuego habría mejorado sus propiedades para ser convertidas posteriormente en herramientas. La técnica ha dado nombre a toda una industria denominada Stillbayense.

El efecto del fuego sobre los materiales dio lugar a un incipiente desarrollo técnico, una vez que se comprobó que su carbonización dotaba de nuevas características a los distintos útiles haciéndolos más resistentes. Para ello, se exponía el material al fuego, lo que lo endurecía. También propició a los seres humanos el descubrimiento de sus capacidades artísticas, dando comienzo a la pintura rupestre y adquiriendo la posibilidad de disponer de luz en el interior de las cuevas. Sin embargo, con toda seguridad dicho aprendizaje no fue fácil, produciéndose un desarrollo desigual en el tiempo.

De acuerdo con este último aspecto, desde la Antigüedad, autores como Tito Lucrecio Caro, en el siglo I a. C. ya mostraron un claro interés por la vida de los primeros seres humanos. En su obra *De rerum natura*, el poeta y filósofo romano relataba distintos momentos de la existencia de aquellos antes del conocimiento del fuego. Asimismo, el ingeniero y tratadista Vitruvio, en su obra *De Architectura* subrayó el modo en el que supuestamente vivieron las primeras comunidades de hombres y mujeres primitivos: «En los primeros tiempos, los humanos pasaban la vida como las fieras salvajes, nacían en bosques, cuevas y selvas… en un lugar donde espesos bosques eran agitados por las tormentas y los vientos continuos, con la fricción de unas ramas con otras provocaron el fuego, asustados por sus intensas llamas, los que vivían en sus aledaños emprendieron la huida. Después… acercándose más… constataron que las ventajas eran muchas junto al calor templado del fuego»[12].

---

12 Saldarriaga Roa, A. (2002). *La arquitectura como experiencia. Espacio, cuerpo y sensibilidad* (p. 111). Bogotá. Villegas editores.

ESQUEMA I. VENTAJAS DEL USO DEL FUEGO (Fuente: *Bellomo,* 1994)

Las especulaciones acerca del momento y la forma en la que se produjo el control del fuego no han dejado de sucederse desde que Jean-Jacques Rousseau hiciera mención de ello en su *Discours sur l'origine de l'inégalité parmi les hommes* de 1755. La falta de hallazgos esclarecedores referidos a los medios para obtenerlo no ha significado que aquellos no existieran, sobre todo si tenemos en cuenta que muchos de los materiales carbonizados no eran perdurables. Rousseau argumentó cómo habrían sido los primeros pasos dados por las comunidades prehistóricas: «Con las pieles de animales muertos a sus manos, se cubrieron en los países fríos. Un volcán, el rayo, cualquier feliz casualidad les dio a conocer el fuego, nuevo recurso contra el rigor del invierno; así, aprendieron a conservar este elemento, a reproducirlo después, y, por último, a asar en él las carnes que antes devoraban crudas»[13].

Universidad Nacional de Colombia.

13 Gómez de la Rúa, D. y Díez Martín, F. (2009). La domesticación del fuego durante el Pleistoceno inferior y medio. Estado de la cuestión. *Veleia: Revista de prehistoria, historia Antigua, arqueología y filosofía clásica,* 26, p. 192.

Durante los periodos críticos de la Edad de Hielo más reciente, iniciada hace aproximadamente 110 000 años, la sabana podía permanecer durante varios meses muy seca. Esta eventualidad activaba la posibilidad de que un relámpago provocara un incendio, lo que nos hace suponer que, en amplias zonas de las llanuras del África Oriental, cubiertas de pastizales y hierbas, los incendios se produjeran con bastante asiduidad. Solo en las regiones de estepa llana podemos intuir que las tormentas escasearon durante las estaciones de sequía. Con los incendios, muchas presas y animales salvajes perecían como consecuencia de la caída de rayos dejando a la intemperie cuerpos quemados o abrasados[14].

Esta particularidad seguramente provocó la curiosidad de muchos grupos de homininos que se acercarían a las presas abatidas en la tormenta. El biólogo evolutivo y ecologista alemán Josef H. Reichholf, propuso en su momento la posibilidad de que aquellas comunidades probaran la carne quemada debido al hambre que pasaban. Una vez extinguido el incendio, los habitantes de la sabana calcinada disponían de alimentos «cocinados» al mismo tiempo que podían descubrir las huellas de los animales. Con ello, durante miles de años, aquellos colectivos, que por lo general eran nómadas, tuvieron a su disposición la capacidad para aprender del fuego natural y encontrar las formas más propicias de adaptación al mismo.

Sabemos bien que los incendios naturales han formado parte de los procesos de estabilización y transformación de los ecosistemas, produciéndose generalmente de forma aleatoria. A las tormentas, habría que añadir otras causas como la fricción de ramas, la percusión de dos cantos en un desprendimiento de piedras o, como ya se dijo, las erupciones volcánicas. En lugares más localizados, las llamas pueden iniciarse como consecuencia de la combustión espontánea de carbón o de gas. Se ha barajado la posibilidad de acotar la concentración de fuegos debido a la baja densidad humana durante el Paleolítico, lo que no impide pensar en que un número suficientemente importante de grupos pudieran conservar y posteriormente producir lumbres y brasas para su propio beneficio.

El brasileño Sydney Possuelo, experto en sociedades indígenas de la Amazonia, ha explicado en sus trabajos cómo algunos indios todavía conservan fuegos encendidos por sus antepasados en el interior de troncos, llevándolos incluso en sus desplazamientos y permaneciendo junto a ellos. Possuelo ha descrito igualmente las formas de cultivo basadas en la roza y quema, similares a las practicadas por las comunidades humanas prehistóricas.

---

14 La llamada glaciación de *Wurm* se prolongó hasta aproximadamente los 10000 años a. C.

[…] un pequeñísimo espacio de bosque que se despeja bajo fuego controlado, se desbroza y se siembra con la ayuda fertilizante de las cenizas. El sembradío se repetirá hasta que la tierra, con la que se vive en estrecha intimidad, les avise que necesita descansar, que es hora de abrir otro espacio, siempre reglado por los permisos que ella les dé. Porque la tierra sabia le enseñó al indio la página de la dialéctica materialista donde dice que la acumulación de cambios cuantitativos, inadvertidos y graduales, eclosiona de pronto en el cambio cualitativo, de manera que si no se la cuida, la selva, un día, derivará en desierto. (Malamud, 2020, p. 56)

Podríamos considerar entonces que la obtención de fuego durante la prehistoria se realizó poco después de aprender a aprovechar los incendios naturales, manteniéndose esta circunstancia hasta que las comunidades humanas fueron capaces de provocarlo. Con seguridad existieron grupos más avanzados, tanto en su utilización como en su producción, mientras que otros permanecieron ajenos a las técnicas que permitían lograrlo. Lo que sí es evidente es que su empleo supuso un avance tecnológico, sin que ello implicara una invención, puesto que formaba parte de la naturaleza. Sin embargo, sí implicó un «descubrimiento» al producirse un cambio en las actitudes y en los comportamientos hasta entonces desconocidos.

A propósito de lo anterior, el *Homo erectus* fue la especie encargada de domesticar y dominar el fuego, hasta la aparición del *Homo sapiens*, hace aproximadamente 315 000 años. La observación continua del comportamiento de la naturaleza debió de alentar la imitación en aquellos individuos, iniciándose un largo y complejo proceso que terminó en la fricción, bien de materiales como la madera o el pedernal. En el caso de la primera, aquella podía realizarse mediante un rozamiento circular o por aserradura. Asimismo, el movimiento de rotación rápido realizado a través de una varilla producía un calentamiento considerable como para iniciar una combustión. La fricción a modo de sierra debía realizarse entre dos maderas de distinta dureza logrando el mismo efecto y obteniendo el calor suficiente para prender un material fácilmente inflamable.

La percusión mediante dos piedras duras o contra nódulos metálicos proporcionaba la energía capaz de prender la estopa o las hojas secas. Para lograrlo, el choque debía producirse entre un canto de pedernal o sílex y otro rico en hierro, como la pirita o la marcasita. El resultado obtenido era similar al de las cerillas actuales. Como luego veremos, con técnicas análogas los primeros humanos llegaron a fabricar armas rudimentarias con las que pudieron defenderse de un entorno agresivo marcado sobre todo por los depredadores. En definitiva, fuego y armas terminaron siendo determinantes para la supervivencia y el progreso humano.

La perspectiva de género

Dada la importancia que en la actualidad están adquiriendo los estudios con perspectiva de género, también debemos tener en cuenta las dificultades para determinar si existía una división del trabajo y de las actividades grupales en aquel momento de la historia. Seguramente, los hombres y las mujeres de la prehistoria disponían de las mismas capacidades para encender un fuego o fabricar herramientas. El descubrimiento de un esqueleto femenino de 9000 años de antigüedad, enterrado con armas y objetos de piedras cortantes en el yacimiento de Wilamaya Patjxa, en el distrito de Puno, próximo a la cordillera de los Andes peruanos, nos lleva necesariamente a replantearnos una de las ideas más extendidas que daba por reconocido el papel cazador de los hombres y de recolección en la mujer entre las primeras comunidades.

Algunas de las opiniones presentadas como científicas proceden del siglo XIX, después de que Charles Darwin publicara en 1871 su obra, *The descent of man, and selection in relation to sex*, en el que aseguraba que: «El hombre difiere de la mujer por su talla, su fuerza muscular, su velocidad, etc., como también por su inteligencia, como sucede entre los dos sexos de muchos mamíferos… La principal diferencia entre las capacidades intelectuales de los dos sexos se demuestra en que el hombre alcanza una eminencia superior a la de la mujer en todo lo que desarrolla, ya sea en aspectos de pensamiento profundo, razón o imaginación»[15]. Sin embargo, apenas un siglo y medio después de que Darwin publicara sus «convicciones», las realidades han demostrado ser muy distintas a las que expresara en su momento el naturalista y científico británico.

En un artículo publicado en 2020 por la revista *Science Advances*, un equipo multidisciplinar dirigido por el arqueólogo norteamericano Randy Hass, de la Universidad de California, aseguró de forma concluyente que la mujer joven enterrada en Wilamaya Patjxa se dedicaba a la caza mayor y participaba activamente en la persecución de ciervos y vicuñas que, por otro lado, suponía una parte importante de la dieta alimenticia de su comunidad. Las investigaciones recientes apuntan más hacia la idea de que solo en periodos posteriores a las primeras sociedades humanas, se produjo una efectiva división del trabajo y de las actividades entre los distintos géneros. De las interesantes conclusiones que se mencionan en el citado artículo se podrían destacar las siguientes:

---

15 Las líneas están extraídas de la obra de Darwin, *El origen del hombre…* recogidas en A. Guruceaga Zubillaga y I. Fuertes Gutiérrez (2018). Hominización desde una óptica de género: visibilización de la mujer en la evolución de la especie humana. Una propuesta didáctica para las materias de ciencias. *Enseñanza de las ciencias de la tierra: Revista de la Asociación Española para la Enseñanza de las Ciencias de la Tierra, 26*(2), p. 136.

La caza mayor es un comportamiento abrumadoramente masculino entre las sociedades recientes de cazadores-recolectores. Tales observaciones parecerían sugerir que este patrón de comportamiento de género es ancestral y aparentemente se deriva de rasgos de la historia de vida relacionados con el embarazo y el cuidado infantil, que limitan las oportunidades de subsistencia de las mujeres. Sin embargo, varios estudiosos han teorizado que dicha división del trabajo habría sido menos pronunciada, completamente ausente o estructuralmente diferente entre nuestros primeros ancestros cazadores-recolectores. Las primeras economías de subsistencia que hacían hincapié en la caza mayor habrían fomentado la participación de todos los individuos capaces. La aloparentalidad, que parece tener profundas raíces evolutivas en la especie humana, habría liberado a las mujeres de las demandas de cuidado infantil, permitiéndoles cazar. La caza comunitaria, que también parece tener profundas raíces evolutivas, habría alentado la contribución de mujeres, hombres y niños, ya sea conduciendo o enviando animales grandes. (Haas et al., 2020, p. 1)

Algunos estudios tafonómicos realizados sobre poblaciones neandertales han identificado una diferenciación de actividades entre géneros, observada a través del análisis de la secuencia de heridas óseas y marcas en los dientes[16]. A pesar de todo, las tesis anteriores contrastan con otros trabajos en los que queda patente la participación del género femenino en la producción de pinturas rupestres. En este sentido, un reciente trabajo publicado por investigadores e investigadoras de las universidades de Alcalá de Henares, Granada, Autónoma de Barcelona y Durham, ha determinado, en efecto, que varias mujeres trabajaron en el refugio rocoso del Cerro de los Machos, en Granada. Prospecciones posteriores han dado como resultado que las manos aparecidas en diferentes cuevas prehistóricas de Francia y España no eran de individuos varones.

No existen, pues, las suficientes evidencias científicas que avalen la idea de que existiera un domino de lo masculino, ni siquiera en lo que concierne a las relaciones sociales y de género durante el Paleolítico superior, hace ahora 30 000 años, ya fuera entre *sapiens* o neandertales. La prehistoria, debemos recordarlo una vez más, no comenzó a ser considerada una disciplina científica hasta mediados del

---

16 Estalrrich, A. y Rosas, A. (2015). Division of labor by sex an age in Neandertals: an approach through the study of activity-related dental wear. *Journal of Human Evolution*. Vol. 80, pp. 51-63.

siglo XIX. Los condicionamientos religiosos y una mala interpretación, en muchos casos de conceptos anatómicos equivocados, imposibilitó que la mujer fuese incluida en los diferentes estudios sobre las sociedades primitivas. En este sentido, hoy sabemos que el tamaño del cráneo debe ser proporcional al del esqueleto, sin que ello signifique poseer una inteligencia menor. Esta cuestión, ignorada hasta hace un siglo, explicaría que el cerebro de las mujeres sea, por lo general, un 11 % inferior al de los hombres. Sin embargo, para los historiadores y prehistoriadores decimonónicos su desconocimiento y torpeza supuso que las mujeres fuesen alejadas de cualquier protagonismo histórico, asignándoseles un papel inferior.

Otro asunto revelador es la información que se desprende del estudio y análisis del ADN. Sabemos, por los restos óseos de las excavaciones arqueológicas, que los grupos humanos del Paleolítico tenían brazos musculados, independientemente de su sexo. Esto demuestra una vez más que ambos sexos estaban capacitados para realizar actividades similares, incluidas las relacionadas con la caza o la recolección de alimentos. El género no impidió, por tanto, la capacidad para elaborar conceptos, pensamientos, así como para relacionarse con otros semejantes, ya fuera para fabricar herramientas, útiles, etc., sin olvidar la obtención de fuego con piedras y maderas.

También resulta difícil conocer la posición social de hombres y mujeres en los primeros grupos humanos, sus vínculos sexuales, etc., cuestiones imposibles de resolver con los escasos restos localizados en los yacimientos arqueológicos. Si bien esto es así, cabe apuntar, no obstante, algunas reflexiones como las realizadas por la antropóloga Michèle Coquet, en las que, basándose en estudios etnográficos, llegó a la conclusión de que los cazadores-recolectores habrían preferido relaciones monógamas, dándose pocos casos de poligamia. La tesis estaría justificada al tratarse de sociedades poco numerosas donde no era favorable una alta natalidad. Por otra parte, los grupos de *sapiens* durante el Paleolítico superior ya eran conscientes de la relación entre el acto sexual y la fecundación[17].

De todo lo anterior se deduce que, durante gran parte de la prehistoria, los grupos humanos participaron de la colaboración, contribuyendo ambos géneros a la supervivencia de la especie. Por ello no cabe pensar que optaran por organizarse en grupos basados en una jerarquía rígida. La antropología, la etnografía y la arqueología están contribuyendo a aclarar el papel de las mujeres paleolíticas. Sabemos que la participación en todas las ocupaciones y labores eran compartidas.

---

17 Una buena explicación de dichos comportamientos está recogida en la obra de T. Cirotteau, J. Kerner É. y Pincas (2022). *Lady Sapiens. La mujer en tiempos de la prehistoria*. Madrid. La esfera de los libros, S.L.

Si nos atenemos a las conclusiones de Michèle Coquet, aunque el género femenino hubiera representado un rol concreto, debido principalmente a la fecundidad, lo cierto es que no hay pruebas para hablar de un predominio de unos sobre otros. El reconocimiento social a las tareas y actividades femeninas, por parte de todas las comunidades humanas, ha quedado demostrado a través de los adornos y otros útiles hallados en las sepulturas de los yacimientos arqueológicos. Lo razonable, entonces, sería pensar que las mujeres no ocuparon un papel inferior al de los hombres, estableciéndose relaciones de igualdad. Otra cuestión por estudiar sería cuándo y por qué razones aparecieron y se consolidaron las sociedades patriarcales.

En definitiva, con el descubrimiento y dominio del fuego, así como la posterior redistribución del trabajo, la posibilidad de disponer de más tiempo para pensar y desarrollarse en comunidad terminó provocando una serie de ventajas para quienes debían enfrentarse a la dureza de la vida prehistórica. En el caso del fuego, su importancia fue tan significativa que la mayoría de las civilizaciones posteriores tratarían de explicarlo a través de mitos y leyendas, tal y como sucedió con el coloso Prometeo de la Grecia clásica, quien terminó arrebatándoselo a los dioses para entregarlo a los hombres. Utilizado para endurecer y fabricar armas o herramientas, su control sirvió para acotar un «poder» frente a quienes todavía no podían o sabían dominarlo. Tanto su calor como su extraordinaria presencia en la naturaleza, pusieron en marcha los mecanismos innatos de la curiosidad y de la creatividad en los primeros seres humanos en los que una ventaja tecnológica podía suponer la redención de sus vidas o sucumbir frente a la muerte.

Arcos y flechas.
La desventaja neandertal

Las primeras armas

Durante las primeras etapas del Paleolítico, las habilidades para fabricar herramientas y utensilios que fueran capaces de satisfacer las necesidades de supervivencia de los grupos humanos se fueron haciendo cada vez más necesarias. Las adversidades climáticas habían dejado de ser un obstáculo importante para el *Homo erectus*, precisando, a medida que evolucionaba, una mayor cantidad de territorios para cubrir sus necesidades al mismo tiempo que nuevos «ingenios» con los que defenderse. Al igual que sus predecesores, con el paso del tiempo los grupos de *sapiens* fueron conscientes de sus debilidades y carencias frente a la naturaleza, dando comienzo a un periodo de construcción de armas y herramientas que contribuiría a modelar los cimientos de nuestra evolución.

El uso de arcos y flechas en África comenzó aproximadamente hace ahora unos 70 000 años. En Europa, su datación llega a los 54 000 años, gracias al hallazgo de pequeñas puntas de pedernal en la Gruta Mandrin, en el valle medio del Ródano, al sur de Francia. Las dificultades para encontrar restos de madera, cuero o resinas siguen siendo evidentes, puesto que se trata de materiales perecederos que no han podido resistir el paso del tiempo. A través de la arqueología experimental, los investigadores han podido reproducir el modo de utilización de aquellas armas, fabricando las puntas de flecha y lanzándolas con un arco contra animales muertos, comprobando que las fracturas habían sido hechas por impacto. Junto con las puntas de flecha, en la gruta se localizaron restos de huesos de caballos, bisontes y ciervos, lo que nos lleva a pensar que podrían ser parte del alimento.

Los arcos y las flechas forman en conjunto un arma de proyectil, habiendo permanecido como un elemento esencial en las guerras y en la caza desde la prehistoria hasta la llegada de las primeras armas de fuego, con la aparición de la pólvora durante el siglo XVI en Europa. Aun cuando la guerra con arcos en el continente se mantuvo hasta un siglo después, su uso se prolongó hasta finales del siglo XIX dentro de las culturas orientales y en los conflictos tribales en algunas regiones de América y del África subsahariana. En la actualidad siguen siendo utilizados, tanto para la caza como para la práctica de deportes de tiro.

A lo largo de todo el Paleolítico, la utilización de huesos afilados, piedras talladas y lascas fue una constante entre las poblaciones humanas. Aunque con ciertas reservas, todos estos elementos podemos considerarlos como las primeras armas que fueron empleadas para la supervivencia, además de servir para la confección de vestimentas fabricadas con pieles de animales para protegerse del frío. Aun tratándose de instrumentos muy simples y rudimentarios, todos ellos se mostraron eficaces para la agilización del trabajo diario, significando un avance técnico considerable. La posesión de lanzas, hachas o garrotes podía suponer la diferencia entre la vida y la muerte. Quizá por esa razón, nuestros antepasados se esforzaron en perfeccionar aquellas armas simples, lo que eventualmente llevó a la fabricación de armas más evolucionadas como los arcos y las flechas.

En lo que se refiere a la utilización de hachas de mano, los primeros restos encontrados se remontan a 1,6 millones de años en la Garganta de Olduvai, al norte de la actual Tanzania. Hachas más complejas, realizadas con filos sobre la piedra, comenzaron a elaborarse hace alrededor de 44 000 años en distintos lugares del continente asiático. Su pequeño tamaño permitía un fácil transporte, siendo útil para cortar huesos o madera, separar cáscaras de algunos frutos, abatir animales pequeños y cortar la piel de estos. Formada por una piedra afilada, esta quedaba sujeta a un palo de madera confiriéndole una notable eficacia al liberar uno de los brazos. En el registro fósil, las evidencias encontradas de mangos de madera son escasas, aunque sí que se han descubierto restos de brea de abedul y cuero con los que se fijaban las hojas. Entre las herramientas más toscas y accesibles de la prehistoria estaba también el garrote, compuesto por una rama de árbol y una piedra atada en la parte superior que seguramente fue utilizado para matar a las presas a golpes. Al igual que sucedía con las hachas, podía ser transportada con facilidad.

Las lanzas también adquirieron una importancia considerable. La observación y la capacidad creativa impulsaron a los *sapiens* y los neandertales a pensar en la posibilidad de alargar el soporte de las hachas, consiguiendo así un mayor alcance. Fabricada a partir de una piedra afilada y puntiaguda atada a un largo palo de madera, se consolidó como una herramienta muy eficaz en la caza de animales. Su longitud concedía al portador la oportunidad de poder defenderse mejor del ataque de animales, incluso de otros seres humanos, al poder ser lanzada desde distancias más amplias. Su relativa facilidad de elaboración y utilización han hecho de la lanza un arma que ha perdurado durante miles de años a lo largo de toda la historia. Se cree que fragmentos encontrados de piedras talladas en África y con una antigüedad de unos 500 000 años podrían pertenecer a puntas construidas para dicho fin. En Europa los restos más antiguos se remontan a unos 300 000 años y fueron localizados en una zona minera de Alemania, en el yacimiento de Schöningen. Se trataba de un conjunto de ocho lanzas de madera encontradas entre 1995 y 1998, utilizadas probablemente por grupos de *Homo heidelbergenseis*.

Pero fue el perfeccionamiento del arco y la flecha, durante la transición del Paleolítico superior al Mesolítico, lo que produjo un salto cualitativo a la hora de afrontar desafíos como la caza de animales más inaccesibles, reduciéndose también el riesgo asociado a la proximidad. Frente a otros humanos, la posesión de un arco determinaba poder retrasar el combate cuerpo a cuerpo, incluso evitarlo, aumentando la distancia y la precisión del tirador respecto al objetivo a abatir. Atendiendo a todo ello, no es de extrañar que, para muchos especialistas, historiadores y arqueólogos, el arco y las flechas se convirtieran en una de las invenciones más importantes para la supervivencia humana.

En el verano de 2010, un equipo de investigadores dirigidos por Lucinda Backwella del Bernard Price Institute, por Francesco d'Errico, de la Universidad de Burdeos, así como por Lyn Wadley, del Institute for Human Evolution, dieron a conocer el hallazgo de tres piezas de hueso, además de una flecha, en la cueva de Sibudu, en Kwazulu Natal (Sudáfrica). Durante la investigación se descubrieron restos de sangre, hueso y adhesivo obtenido de una resina de plantas que permitía asegurar la punta de flecha a una varilla de madera. Este hallazgo –datado en 60 000 años de antigüedad– confirmaría que, cuando el *Homo sapiens* salió de África, este tipo de arma ya era utilizado en las regiones del sur. Además, este descubrimiento demuestra el desarrollo de una capacidad cognitiva, lo suficientemente exigente, como para «fabricar» un pegamento por parte de un ser humano. Este aspecto por sí solo ya supondría una innovación tecnológica muy sobresaliente[18].

La actividad de la caza con arco y flechas demandaba una serie de situaciones que requerían la coordinación de todo el grupo, a veces complejas, como la preparación del material y las herramientas, pero sobre todo la comunicación social entre ellos. Ni que decir tiene que la fabricación de las armas exigía la posesión de habilidades, en ambos géneros, ya fuera para preparar las maderas, las puntas de flecha o las cuerdas. Los arcos completos más antiguos encontrados hasta la actualidad son los de Holmegaard, en Dinamarca, que fueron tallados en

---

18 Gill, V. (11 de marzo de 2010). Oldest evidence of arrows found. *BBC News*. Artículo en: https://www.bbc.com/news/science-environment-11086110

madera de olmo y tienen una antigüedad de 11 000 años. Con el paso del tiempo, los arcos y las puntas de flecha fueron sufriendo variaciones, desde el arco simple o monolítico, hecho de una sola pieza de madera, al arco compuesto, generalmente constituido por un cuerpo, las palas y una empuñadura que ya se utilizaba en el II milenio a. C. Todas las partes requerían de una fijación o encolado, lo que complicaba sobremanera su fabricación haciéndolo más costoso y frágil. Por su forma, al liberar la cuerda, la energía acumulada era mayor, hecho que confería a las flechas una velocidad de propulsión considerable.

Neandertales y *sapiens*

A propósito de arcos y flechas, en los últimos años ha surgido un debate que relaciona esta tecnología y el poder de estas armas, con el encuentro entre neandertales y *sapiens*. Algunos restos de puntas de flecha encontrados en la cueva de Mandrin han venido a demostrar que las primeras poblaciones de humanos modernos ya contaban con estas herramientas. Lo realmente interesante es que lo hacían en territorios dominados por neandertales, lo que prueba que la gruta esté considerada como uno de los yacimientos más importantes de Francia. En su interior se encontraron puntas triangulares con una serie de marcas que probaban su uso como proyectiles, careciendo en algunos casos de ángulos en su vértice debido a los impactos[19].

Hace alrededor de 200 000 años, el *Homo sapiens* comenzó su dispersión por el mundo desde el continente africano produciéndose los primeros encuentros con neandertales en el Cáucaso y en Asia Menor. Ambas especies convivieron sin que sepamos con exactitud de cuánto tiempo se trató. Sin embargo, la superioridad tecnológica de los *sapiens* parece que terminó debilitando la supervivencia de los grupos neandertales. Acerca de la extinción de estos últimos se siguen barajando varias teorías, una de ellas relacionada con la capacidad que ambas especies tuvieron para la fabricación de armas.

Gracias al arco y las flechas, los *sapiens* no necesitaban acercarse a sus presas, eludiendo al mismo tiempo ser descubiertos. Los neandertales, sorprendentemente, siguieron utilizando lanzas más pesadas logrando un número inferior de capturas. Así, se cree que mientras estos últimos disminuyeron como especie, las comunidades

---

19 Entre los restos rescatados en Mandrin se encontraron armas compuestas de arcos y flechas. Esta circunstancia solo se produjo después de la llegada de humanos modernos a Europa y Asia. El hallazgo más llamativo fue un diente de niño perteneciente a la especie *Homo sapiens*, entre varios de neandertales. Criado, M. Á. (24 de febrero de 2023). Pedernales de 54000 años de antigüedad sugieren que el Homo sapiens ya disparaba flechas cuando entró en contacto con los neandertales. *El País. Ciencia*. Artículo en: https://english.elpais.com/science-tech/2023-02-24/54000-year-old-flints-suggest-homo-sapiens-were-already-shooting-arrows-when-they-made-contact-with-neanderthals.html

de *sapiens* aumentaron significativamente tomando, además, los mejores territorios para cazar. Parece evidente, pues, que su desaparición estuvo más relacionada de lo que pueda parecer, con la llegada de *Homo sapiens* a la misma franja temporal y avanzar sobre los mismos territorios.

> Es lógico pensar que, de alguna manera, la presencia de estos *(sapiens)* influyó en su desaparición, quizás no tanto por luchas entre ambas partes, pues no se conocen evidencias de ello, sino simplemente porque competimos con ellos por los mismos asentamientos y por las mismas zonas de caza. Éramos mayoritarios en número y con sociedades más complejas. Los neandertales se agrupaban en grupos más pequeños, y este les ponía en inferioridad, teniendo en cuenta que posiblemente también compitieran entre ellos […] la desaparición neandertal se produjo por una combinación de diversos factores, entre los que indudablemente se encuentra la llegada, a sus zonas de influencia, de los humanos modernos. (Varo Navarro, 2021)

Aunque nuevamente tengamos que recordar que no podemos hablar de grupos más poderosos que otros durante las etapas del Paleolítico, sí podemos inferir una secuencia de hechos y datos que ayuden a comprender mejor la desaparición de una especie como los neandertales. Sabemos que coexistieron con sociedades de *sapiens,* tanto en Francia como en el norte de España, durante dos o tres mil años. No obstante, quizás nunca lleguemos a conocer bien las interrelaciones que se dieron entre ambas especies o cuáles fueron finalmente las causas que indujeron a la extinción del *Homo neanderthalensis*. Las evidencias que se encuentran en el registro fósil no van más allá de los 28 000 años, momento en el que finalmente pudieron desaparecer.

Pintura rupestre de Satukunda (India) que muestra una escena de caza con arcos y flechas.

Todo lo anterior confirmaría que el empleo de una tecnología más eficaz favoreció a los humanos modernos, ya desde sus primeras incursiones en territorios ocupados por neandertales. Laure Metz, arqueóloga de la Universidad Aix-Marseille, en Francia, nos recuerda que esta «ventaja» se debió en mayor medida al modo en el que los *sapiens* utilizaron los materiales de sus armas, sobre todo hueso, sílex y madera, lo que ella misma ha denominado «competición tecnológica». Incluso, cabe la posibilidad de que la fabricación de nuevas armas les permitiera pescar, una capacidad que las poblaciones de neandertales, afincadas miles de años atrás, no lograron alcanzar. Incluso podemos imaginar a grupos de *sapiens* con sus arcos y flechas a sus espaldas, en contraposición con las comunidades de neandertales portando pesadas lanzas con puntas más toscas y menos eficaces.

Sabemos que, desde un punto de vista arqueológico, el arco y las flechas eran una herramienta utilizada principalmente para cazar. Los restos de huesos de animales encontrados en las cuevas así lo corroboran. Por otra parte, no tenemos evidencias de que fueran empleados para la «guerra». Como reconoce la propia Metz, se trataría solo de un detalle de la arqueología, puesto que desde una perspectiva puramente etnográfica no ha existido ninguna sociedad humana que no haya hecho la guerra a sus semejantes. Además, la posesión de armas cada vez mejor desarrolladas suponían una clara ventaja en un posible enfrentamiento, ya fuera contra animales o frente a otros seres humanos. Se han realizado trabajos de campo en la actualidad con poblaciones africanas, como los Male y los Tsaïmai, demostrando la reserva en su uso, debido, entre otras razones, a que: «… usarlo no era propio de hombres, prefiriendo seguir sin usar el arco y morir por las tradiciones»[20].

La evolución y transformación del arco, en concreto del llamado arco «largo», jugaría un papel decisivo miles de años después influyendo en numerosos enfrentamientos durante la Edad Media, como en las batallas de Crécy o de Agincourt, en el transcurso de la Guerra de los Cien Años. De esta forma, con la pérdida puntual de un buen número de arqueros en los enfrentamientos de Patay, Inglaterra quedó abocada a la derrota. Si bien este tipo de arco moderno era más preciso y rápido que las armas de pólvora negra empleadas tiempo atrás, la decisión de mantener entre las tropas de los reinos europeos un cuerpo de arqueros hizo que su mantenimiento llegara a ser muy costoso. Con anterioridad al comienzo de la guerra civil inglesa, un cuadernillo titulado *The Double-Armed Man*, impulsaba el

---

20 Marcos, L. (23 de febrero de 2023). Arcos, flechas y lanzas: la tecnología armamentística de los humanos modernos que pudo acabar con los neandertales. *Público*. Artículo científico publicado en: https://www.publico.es/ciencias/arcos-fle-chas-lanzas-tecnologia-armamentistica-humanos-modernos-pudo-acabar-neandertales.html

entrenamiento de soldados con arco largo y pica, un consejo que no fue respaldado por la tropa y los oficiales. La última vez que se utilizaron estos arcos en una batalla fue en la conocida escaramuza de Bridgnorth, en octubre de 1642.

Los indios nativos de América, especialmente los de Norteamérica y norte de México como los apaches, navajos, arapahoes o cheyennes, continuaron fabricando y utilizando diferentes tipos de arcos, de acuerdo con los materiales que les proporcionaba la naturaleza e imitando a los primeros grupos de humanos en el continente africano o europeo. Su prolongación y su utilidad a lo largo de la historia dan una idea de la importancia que tuvo su invención. Por ello, durante siglos, arcos y flechas siguieron siendo de gran utilidad para la caza, la pesca y, por supuesto, para la guerra. En nuestros días, algunas tribus de América del Sur o de África siguen creyendo en su poder tecnológico. Una circunstancia que nos anima a pensar en un más que improbable final de su existencia.

La importancia del carro de guerra en Mesopotamia

Sociedades sedentarias

La transformación de las sociedades cazadoras-recolectoras en agricultoras y ganaderas se inició alrededor de los 12000-10000 años a. C., sobre todo en áreas de Anatolia y Siria. Sin embargo, no sería hasta tres milenios más tarde cuando comenzarían a surgir las primeras comunidades plenamente agrícolas en Mesopotamia. Hacia el 5500 a. C., en las regiones del sur como Sumeria, los agricultores ya empleaban el método del riego a partir de las aguas del Tigris y del Éufrates. Las nuevas técnicas de producción no tardaron en estimular la creación de núcleos habitados como Buqras, Yarim Tappeh o Tell es-Sawwan, dando lugar a lo que más tarde sería la aparición de las primeras ciudades en el mundo.

En torno al año 4500 a. C., pueblos nómadas llegados de las regiones de Irán e Irak comenzaron a incrementar las poblaciones de aquellas urbes preliminares, siendo necesarias nuevas transformaciones y dando origen a la llamada cultura El Obeid, considerada el primer estadio de la civilización sumeria. De este período datan los primeros restos de edificios religiosos integrados en las ciudades. Construcciones que estaban diseñas en forma de terrazas con plantas rectangulares y techos planos que más tarde serían conocidos como zigurats. Durante este mismo periodo se produjeron nuevos avances en la agricultura mediante la construcción de canales de riego, manteniéndose un importante comercio con otros pueblos vecinos, gracias a la pequeña industria derivada de la cerámica elaborada a partir de tierra de terracota, además de otras piedras como el lapislázuli e incluso el oro.

El periodo conocido como de Uruk, entre los años 4000 a. C. y 2900 a. C., consolidó el crecimiento de las ciudades y de la vida urbana gracias a la aparición de núcleos próximos dedicados a la agricultura, lo que permitió un excedente de alimentos. Los avances alrededor de Uruk se tradujeron en la aparición de elementos mecánicos como los primeros tornos de alfarero. Esto nos indica un aumento en la demanda de objetos de cerámica y la sustitución de métodos más primitivos, iniciándose de esta forma una «producción en cadena». Y durante esta etapa se produciría un incremento en el uso de metales como el cobre, pero especialmente el bronce, una aleación obtenida a partir del primero, junto al estaño o al arsénico.

Todo ello, junto a la explotación del oro, no tardó en conferir una cierta importancia y autoridad a determinados estratos sociales, dando lugar a la formación de las primeras clases poderosas. Sabemos que algunas regiones del norte de Mesopotamia ya desempeñaban, a comienzos del III milenio a. C., un papel decisivo en lo relativo al control de las rutas de determinados metales, así como en el uso de tecnologías para su transformación. La importación de este tipo de metales suponía un esfuerzo considerable a la hora organizar su traslado. Quizás por ello, el control comercial acabó convirtiéndose en un elemento cada vez más decisivo entre las élites dirigentes, ya que reforzaba su autoridad y posicionamiento entre las sociedades urbanas[21].

Además de la rueda, cuya aparición significó una revolución en el transporte, la escritura en Mesopotamia constituyó una nueva forma de control del comercio y la agricultura. Desarrollada en varias etapas, se han encontrado fragmentos de arcilla cocida conteniendo grabados, cuya función, según su tamaño y tipo, era la inspección y observación de los productos que se comercializaban. El tipo de escritura pictográfica e ideográfica se desarrolló hacia el IV milenio a. C., en áreas de Sumeria, al sur de Mesopotamia. En estas inscripciones se observan figuras incisas en la arcilla de peces, pies, círculos, etc., para expresar números. Con posterioridad, uno de los avances más decisivos fue la utilización de símbolos fonéticos donde cada uno de ellos representaba un sonido, incluso una idea general. Con la llegada de la escritura cuneiforme la representación de ideas, sonidos y figuras quedó materializada en forma de cuñas sobre tablas de arcilla, dando origen al nacimiento de dos pueblos diferenciados por sus lenguas: sumerios y semitas[22].

Entretanto, Uruk implicó un periodo de crecimiento económico y control político. Alrededor de los principales núcleos urbanos, se formó una sucesión de territorios rurales adyacentes desde los que se abastecía a las ciudades. Todo este progreso se tradujo enseguida en el desarrollo de la arquitectura y de las artes, sobresaliendo una clase social por encima de las demás: los sacerdotes. Estos

---

21 Montero Fenollós, J. L. (mayo 2014). De Uruk a Mari. Innovaciones tecnológicas de la Primera Revolución Urbana en el Medio Éufrates meridional. *Anejos de NAILOS. Estudios Interdisciplinares de Arqueología*. Número. 1. Asociación de Profesionales Independientes de la Arqueología de Asturias. Oviedo, pp. 139-155.

22 Las investigaciones para desvelar la escritura cuneiforme se iniciaron en el siglo XIX. Henry Rawlinson, diplomático y orientalista británico, fue el primero que copió una inscripción cuneiforme trilingüe que, previamente, había sido esculpida por orden del rey Darío I, aproximadamente en el año 520 a. C., con el fin de ser traducida. Asimismo, el irlandés y apasionado por la cultura Caldeo Asiria, realizó importantes trabajos con el fin de descifrar importantes fragmentos en escritura cuneiforme acadio.

comenzaron a controlar los asuntos políticos y a establecer en cada una de las ciudades-estado, un dios responsable de las buenas cosechas y conductas. Así, el estamento religioso acabó convirtiéndose en la única forma de intermediación entre los hombres y los dioses.

El perfeccionamiento de la producción agrícola, además del control de sus excedentes y del comercio exterior, fue dotando a las ciudades de gobiernos más poderosos. Tras el dominio de Uruk, surgieron otros complejos urbanos como Ur y Kish, produciéndose también en ellos una fuerte lucha por el control político y militar. Durante el periodo Dinástico Arcaico, entre 2900 a. C. y 2350 a. C., las ciudades-estado quedaron consolidadas, llegando a alcanzar alguna de ellas los 50 000 habitantes. Las primeras dinastías mesopotámicas se dedicaron a la organización de los ejércitos y el control de la economía. Y, por supuesto, la construcción de lujosos palacios representaba otro aspecto utilizado para demostrar la autoridad total del rey.

Durante esta época, las ciudades de Uruk y Ur llegaron a adquirir una importancia estratégica y política considerable, poniendo en riesgo la autoridad de Kish. La *Lista Real Sumeria*, datada en el siglo XVII a. C., presenta a Gilgamesh, hijo de la diosa Ninsun y de un sacerdote llamado Lillah, como rey de Uruk y responsable de la guerra con Agga, rey de Kish. Tras su victoria sobre este último, su fama llegó a ser tan grande que pasó a formar parte de la obra conocida como el *Poema de Gilgamesh*, considerada la obra literaria más antigua del mundo.

Aproximadamente en el año 2600 a. C., Ur, con su rey Mesh-Ane-Pada a la cabeza, ya gobernaba Kish, por lo que llegaría a ser reconocido como «Señor de Sumeria». Tras la muerte de Mesh-Ane-Pada, los conflictos y guerras recurrentes entre Ur, Uruk y Kish sumieron a la región en continuos ataques externos, particularmente procedentes del reino de Elam, al suroeste de lo que hoy es Irán. La ocupación de territorios por parte de los elamitas favoreció el florecimiento de otras ciudades-estado situadas más al norte, como Lagash. Sin embargo, el rey Eannatum, consiguió expulsarlos hacia el 2450 a. C., manteniendo su dominio sobre la práctica totalidad de Sumeria. La *Estela del rey Eannatum* describe la batalla entre el monarca de la ciudad sumeria de Lagash y la de Umma. Este documento, que establece los términos de paz entre ambos, es considerado el primer tratado diplomático de la historia y el primer conflicto bélico registrado.

A medida que el Imperio acadio se consolidaba, entre los años 2350 a. C. y 2160 a. C., las ciudades fueron creciendo y aumentando su población. La división política ocurrida hacia el año 1800 a. C. en Ur, produjo su invasión por parte de los pueblos amoritas. Con la entrada de los elamitas por el Este llegaría la derrota de la última de las dinastías sumerias y la destrucción de Ur. Los nuevos dueños de la región de origen semita entrarían desde el golfo Pérsico hasta el Mediterráneo instaurando nuevas dinastías en las antiguas ciudades-estado. Sumeria y Acadia pasaron a ser parte del nuevo Imperio babilónico, situando su capital en la mítica ciudad de Babilonia. Con Hammurabi en el trono, se produjeron importantes avances en la literatura, las matemáticas o la astronomía, especialmente después de la construcción de centros como las *edubas*, dedicados a recopilar el saber y la cultura. Sabemos que en muchas ciudades llegaron a realizarse operaciones de cataratas, trepanaciones o cesáreas, y entre los pueblos sumerios existía una creencia que aseguraba la vida después de la muerte.

En tiempos de Hammurabi, las jerarquías sociales ya estaban perfectamente definidas, existiendo un primer grupo, *awlium*, compuesto por militares de alto rango, oficiales de palacio, sacerdotes y grandes señores poseedores de tierras. El *tamkarum*, considerado el banquero de la ciudad, era el responsable del comercio interno y de administrar los préstamos. En un segundo escalón se hallaban los *mushkenum*, pequeños comerciantes, propietarios y artesanos. Los *redum* eran los encargados de las cosechas, la vigilancia o la milicia. Finalmente, los esclavos sin derechos procedían de las guerras y, en algunos casos, de las deudas impagadas. Solo podían adquirir la libertad si el amo se la concedía.

Con anterioridad al código de Hammurabi, entre el 2112 a. C. y 2095 a. C., se realizaron un buen número de sentencias con el fin de regular algunas actividades concretas en la ciudad de Ur. Para ello, el monarca Ur-Nammu ordenó la elaboración de un código en el que se detallaban crímenes, fuga de esclavos, adulterios, así como otras faltas y delitos. Por lo general dichas infracciones eran castigadas con multas. Aunque es considerado el texto legal más antiguo, gran parte de la comunidad científica no lo considera como tal, ya que no constituye un conjunto de leyes en el sentido estricto del término.

Por su parte, el código de Hammurabi recoge una serie de 282 decisiones reales. Datado hacia el 1700 a. C., en la estela se representa al propio rey de Babilonia recibiendo de Samash, dios del Sol y de la justicia, las reglas que debían cumplirse para la tranquilidad de su pueblo. En su prólogo, el documento ensalza al propio rey por sus cualidades políticas, presentándolo como un hombre justo. Del código se deduce una sociedad bastante avanzada en la que ya existía un procedimiento judicial lo suficientemente reglado. Asimismo, muestra a jueces, testigos y funcionarios conformando un Estado organizado y ordenado. Entre las casi 300 causas jurídicas recogidas, algunas de ellas recuerdan al de Ur-Nammu, especialmente en lo referente a la propiedad, los esclavos o el comercio. La muerte y en algunos casos la mutilación, eran los castigos reservados para los delitos más graves como el incesto, el adulterio o la brujería.

1 Si alguno ha embrujado a un hombre haciéndole objeto de un maleficio, sin motivo alguno, merece la muerte [...] **127** Si alguien difama a una sacerdotisa o a la mujer de un hombre libre, sin aportar la prueba, se le llevará delante del juez y se le afeitará la frente. **128** Si alguien se casa con una mujer sin que medie contrato, esta mujer no está casada. **129** Si una mujer casada ha sido sorprendida durmiendo con otro, se les atará juntos y se les arrojará al agua, a no ser que el marido le de cuartel o el rey a su servidor. **130** Si alguien violentando la mujer de un hombre, mujer (aún) virgen, y que vive (aún) en casa de su padre duerme con ella y es sorprendido, tal hombre merece la muerte y la mujer será absuelta. **131** Si una mujer ha sido maldecida por su marido, aun cuando éste no la hubiese sorprendido durmiendo con otro, la mujer jurará por el nombre de Dios y retornará a su casa, al hogar de su padre. (Franco, 1962, pp. 335-338)

A lo largo de toda su historia, Mesopotamia —un término griego que significa «entre dos ríos», en alusión a los ríos Tigris y Éufrates— sería gobernada por asirios, acadios y sumerios, prácticamente durante tres milenios. El control de la región por el Imperio neobabilónico, bajo el mando de monarcas como Nabopolassar o Nabucodonosor II, entre los años 626 a. C. y 562 a. C., llevaron las fronteras hasta Siria y Palestina, conquistando el reino de Judá y destruyendo Jerusalén. La subida al trono de Nabonido alrededor del año 556 a. C., después de un sinfín de conspiraciones internas, produjo la debilitación de su gobierno, siendo invadido finalmente por los ejércitos de Ciro II el Grande, en el 539 a. C., dando paso a lo que sería conocido como el Imperio aqueménida. Enseguida, todo el territorio mesopotámico pasó a ser controlado por los persas, llevándose consigo a sus reyes y dejando a sus ciudades sumidas en el olvido, sepultadas bajo las arenas de lo que hoy es Irak.

Como cabe suponer, la necesidad de mantener seguras las fronteras durante tanto tiempo exigió de una capacidad defensiva por parte de sus habitantes. Precisamente, la historia de Mesopotamia es una crónica de luchas continuas, unas veces para sofocar rebeliones y otras para rechazar invasiones de potencias extranjeras. No es de extrañar, por tanto, que la primera guerra documentada sea la que tuvo lugar entre sumerios y elamitas hacia el 2700 a. C. Casi al mismo tiempo, nos encontramos con el enfrentamiento de Gilgamesh —monarca de Uruk— contra su propio pueblo, quien dirigió a sus tropas en busca de cedros para la construcción de un nuevo templo.

Sin embargo, aun sin disponer de documentación específica, las guerras comenzaron mucho antes. Las primeras pictografías que describen ejércitos en combate están datadas hacia el año 3500 a. C. y proceden del reino de Kish. Las excavaciones arqueológicas en la región de Jericó han demostrado la existencia de núcleos habitados con murallas de más de 4 metros de altura antes del año 7000 a. C. En algunos casos contaban con un foso de 3 metros de profundidad, lo que nos advierte de la importancia de estas defensas en las primeras ciudes. Además, proteger las fortificaciones eran un símbolo claro de su identidad política, del mismo modo que debemos entender que los templos representaban la mejor expresión de su identidad religiosa.

Lanzas y carros

Por lo que se refiere a la guerra en Mesopotamia, no hay dudas acerca de que la tecnología y las capacidades técnicas de la época ayudaron a la elaboración de armas y a su perfeccionamiento. Alrededor del año 4000 a. C., los sumerios dominaban la fundición del cobre. Incluso, hacia el 3000 a. C., ya eran capaces de conseguir bronce mediante aleaciones de cobre con estaño y arsénico. Sabemos que las primeras ruedas de cerámica fueron utilizadas durante el periodo de Uruk. El hallazgo de restos de carruajes enterrados en la región de Sumeria demuestra, una vez más, las capacidades que tenían sus habitantes para crear vehículos de transporte, del mismo modo que para el combate.

En este último contexto, los avances logrados por los pueblos mesopotámicos en la fundición de metales permitieron el desarrollo y la mejora de nuevas armas, destacando por encima de todas ellas las puntas de lanza. Sin duda, la idea de insertar un extremo metálico a un astil o mango fue la consecuencia de los avances surgidos en la metalurgia, una circunstancia que comenzaría a partir del Calcolítico y culminaría en la Edad del Bronce. Simultáneamente, la introducción del metal en las armas pronto transformó las tácticas de combate, influyendo además en las sociedades y mentalidades[23].

La producción de armamento exigió una especialización de las sociedades en la que el reparto de tareas fue fundamental. Para su elaboración, era necesario considerar cada proceso, desde la extracción del mineral hasta el fundido del metal, su transporte, etc., lo que dotaba de mayores capacidades a toda la comunidad. El éxito de las lanzas con punta metálica se evidenció de inmediato al mostrar una mayor penetración y letalidad, siendo incorporada a la caza y a la guerra a partir del II milenio a. C. Este aspecto siguió manteniéndose hasta la Edad Moderna.

---

23 Almagro-Gorbea, M. (2017). La *lancea* como arma de la Edad del Bronce: de la tecnología al mito. En M. Gajate Bajo y González Piote, L. (Eds.). *Guerra y Tecnología. Interacción desde la Antigüedad al Presente.* Madrid. Fundación Ramón Areces, pp. 57-81.

La mayoría de las lanzas se construyeron inicialmente en cobre, siendo después fabricadas en bronce o estaño. Las primeras puntas de metal fueron diseñadas como jabalinas para ser lanzadas, lo que las dotaba de una mayor eficacia en los combates frente a puñales, espadas o hachas. Convertida en un símbolo de victoria, la lanza terminó identificándose con valores como el poder o la autoridad, otorgando un estatus especial a quienes la portaban, siendo enseguida empleada por la guardia personal de reyes y sacerdotes para su protección.

A medida que se generalizaba su uso, la lanza pasó a ser el arma más utilizada por el ejército y la guardia en Mesopotamia, creándose cuerpos de lanceros que ya aparecen documentados a mediados del III milenio a. C., durante el periodo de Uruk. Aunque parecieran simples, las innovaciones constantes en Oriente generaron diversas formas de puntas y sistemas para asegurarlas al astil, incluyendo mangos tubulares que eventualmente reemplazarían a los de espiga. Desde Oriente, las lanzas y sus revolucionarias formas llegarían a extenderse por todo el Mediterráneo, siendo todavía en Roma, muchos siglos después, un atributo de poder[24].

Uruk es un extraordinario ejemplo del importante papel que ejercieron las ciudades-estado sumerias en todo lo relativo a la defensa y al gobierno de sus territorios. La tecnología aportó la capacidad de control y de organización que requerían las élites para ejercer su influencia en los frecuentes conflictos por el dominio del agua, necesaria para la irrigación y el cultivo de las tierras. La prosperidad política de las culturas mesopotámicas estuvo siempre ligada al progreso en la agricultura y el comercio exterior. Para ello, además de controlar el agua, tuvieron que gestionar la producción de mineral para la industria de armamento. En consecuencia, planificar el ejército y garantizar un equipamiento militar adecuado se convirtieron en las principales prioridades de todos los gobiernos[25].

La aparición y explotación de los metales en la región significaron una marcada preocupación por asegurar y proteger los canales de aprovisionamiento, principalmente de cobre y estaño. De esta forma, la adquisición de un buen arsenal garantizaba el poder y el prestigio de sus gobernantes. A comienzos del III milenio a. C., ciudades como Mari y Ur ya ejercían un rígido control sobre las

---

24 La lanza fue tomada como un símbolo de poder, atribuyéndosele propiedades mágicas. Por esta cuestión se arrojaba al campo enemigo con el fin de declarar la guerra o tomar posesión de un territorio conquistado. Esta práctica duraría hasta la Edad Media. Ibid, p. 66.

25 Montero Fenollós, J. L. (2003). El armamento defensivo del soldado de Súmer y Mari. *Aula orientalis: revista de estudios del Próximo Oriente Antiguo*, 21(2), pp. 213-227.

Estandarte de Ur, en el que se observan carros sumerios del 2500 a.C.

rutas del metal. Paralelamente, el interés por el espacio geográfico circundante en las regiones sirio-mesopotámicas generó frecuentes enfrentamientos haciendo que se intensificara cualquier intento por subyugar todo lo concerniente a la obtención de materias primas y la producción de alimentos.

Otro de los elementos decisivos para la consolidación del poder fueron los carros de guerra. La primera representación de este tipo de armamento aparece en el *Estandarte de Ur*, en Mesopotamia meridional, hacia el año 2500 a. C. Construido alrededor de otra invención, la rueda, el carro ha constituido, sin ningún género de dudas, uno de los mayores y más antiguos avances tecnológicos de la historia de la humanidad. Tanto la rueda de carro como la empleada en los tornos de alfarero parecen haber tenido un origen cronológico similar. Los primeros carros o carretas estaban construidos con un doble eje del que tiraban bueyes o asnos.

Los primeros proto-carros diseñados en Mesopotamia debieron de utilizarse para la carga y el desplazamiento de personas. Montados sobre cuatro ruedas macizas tripartitas, estaban construidos en madera. Compuestos por una caja rectangular unida a una plataforma adicional, eran manejados por lanceros y un conductor o *auriga*, lo que proporcionaba un aumento en su peso para la guerra. El carro habría de pasar por una revolución tecnológica muy sobresaliente, llegando a transformarse en el II milenio a. C., en un vehículo de asalto con ruedas radiadas, simbolizando después el poder militar de reyes y generales en el campo de batalla. Esta posición de privilegio alcanzada por los pueblos sumerios se logró debido a la superioridad que ofrecía el carro de combate, al tratarse de un arma de guerra muy avanzada desde el punto de vista tecnológico, siendo decisivo para imponer «… por la fuerza de las armas su cultura a los pueblos vecinos»[26].

---

26 Villaespesa, M. F. (2017). El uso militar del carro en Mesopotamia durante el Dinástico Antiguo. *Nova Tellus. Historiae,* 14, p. 15.

La necesidad de seguir afianzando el poder condujo a que las innovaciones técnicas no se detuvieran. Con la rueda radiada se había logrado una mayor ligereza, así como un mejor diseño que reducía considerablemente su peso. Además, los correajes también cambiaron, pasando de una sola brida sujeta con una argolla a un bocado descubierto que perfeccionaba la conducción. La superioridad que confería el uso de carros en el campo de batalla obligó a todos los ejércitos a estar equipados con un gran número de ellos y a establecer cuerpos especialmente entrenados. También protegía a sus tripulantes, gracias a la instalación de un panel frontal. Desde su interior, estos podían arrojar lanzas y jabalinas o cargar contra las filas enemigas situadas a cierta distancia. En conjunto, debido a su rapidez, el carro logró un impacto letal y psicológico frente a sus enemigos.

La posesión de carros ofrecía también otras capacidades diferentes a las del combate propiamente dichas. Utilizado como transporte para las comunicaciones en el campo de batalla, aumentaba la rapidez en la toma de decisiones, pero también el prestigio de las personas que querían demostrar su poder. Por ello, es muy probable que durante mucho tiempo solo las élites tuvieran acceso a su uso, lo que reflejaba su estatus social o militar. En palabras del profesor, arqueólogo e historiador español, Fernando Quesada (2005): «... debemos entender los "carros de guerra sumerios", más que como un arma decisiva en el campo de batalla, sobre todo como vehículo de prestigio asociado a un Estado incipiente capaz de construirlos y mantenerlos, y en particular asociado a la monarquía» (p. 21).

En resumen, los carros de combate, después de varias evoluciones tecnológicas, se convirtieron en un arma de guerra polivalente desde el que se podía luchar a distancia al estar dotados de una plataforma de disparo efectiva. Igualmente, permitían la lucha cuerpo a cuerpo cargando contra las tropas enemigas o persiguiendo a los vencidos. Desde esa perspectiva, la superioridad psicológica frente a los enemigos se hizo cada vez más evidente, siendo adoptado como vehículo de prestigio para un determinado grupo social. Solo las élites pudieron ordenar su construcción al disponer de los recursos materiales y humanos necesarios, reafirmando su poder y estatus en todos los ámbitos de la vida social, política y militar.

A medida que las ciudades-estado fueron adquiriendo prestigio político y económico en Mesopotamia, las necesidades para otorgarles la suficiente protección se hicieron más urgentes. A partir de pequeñas organizaciones comunales fueron surgiendo entidades de mayor peso dirigidas por una jerarquía cada vez más estricta, necesitada de herramientas y elementos que pudieran asegurar su continuidad. Con la transformación de aquellos núcleos, el encuentro con los avances técnicos dio lugar al desarrollo de ingenios y máquinas que muy pronto pasaron a formar parte de los grupos sociales más privilegiados. Una realidad que sería perfectamente resumida por el académico y escritor británico, Paul Kriwaczek en el siguiente párrafo:

> La mayor parte de la tecnología básica que sostuvo la vida humana hasta que la producción industrial comenzó a dominar el mundo, hace apenas dos siglos, fue ideada por primera vez en esta época y en esta parte del mundo: en el hogar, el vaso o cuba de cerveza, el horno de alfarero y el telar; en los campos, el arado, la sembradora y el carro de labranza; en los ríos y canales, la veleta y el barco de vela; en la música, el arpa, la lira y el laúd; en la tecnología de la construcción, los ladrillos cocidos, la bóveda y el arco verdadero. (J. Mark, 2009)

Qadesh y el colapso de un imperio

Dos imperios enfrentados

En el año 1274 a. C., en torno a las llanuras de la ciudad de Qadesh, próximo a la frontera de Siria con Líbano, dos formidables ejércitos se enfrentaron en uno de los mayores combates de la Antigüedad. Ramsés II, faraón de Egipto, y Muwattali II, rey de los hititas, se disputaban el control del Levante mediterráneo, una zona de Oriente Próximo entre el desierto del Sinaí y Mesopotamia. Miles de carros se desplegaron en el campo de batalla enfrentándose sin piedad. La irrupción hitita contra la infantería egipcia, respondida por un Ramsés confiado y arropado por su guardia personal, no serviría finalmente para resolver el combate.

Sin esperanzas de lograr una victoria y consciente de que su enemigo había perdido también toda posibilidad de ocupar Qadesh, Muwatalli detuvo la ofensiva final. Defendida por el ejército hitita, la ciudad quedó bloqueada haciéndola inexpugnable para los soldados egipcios. Sin vencedores ni vencidos, ambos monarcas llegaron a un acuerdo, dejando la primera gran batalla de la historia en tablas y sin perspectivas de victoria para ninguno de los dos bandos. Pero las tropas hititas con más de 17 000 soldados y alrededor de 3 000 carros, habían prescindido de la que quizás hubiera sido el arma definitiva en la guerra: el hierro.

Durante mucho tiempo, parte de la comunidad científica asumió como cierta la versión egipcia, según la cual, la batalla de Qadesh habría supuesto una clara victoria de Ramsés II sobre las tropas hititas. Los resultados de investigaciones posteriores determinaron que la realidad había sido muy diferente sin que ninguno de los contendientes pudiera lograr una victoria concluyente. Desde una perspectiva estratégica, el enfrentamiento representó un duro golpe para los egipcios, ya que no lograron recuperar los territorios perdidos antes de la ascensión de Ramsés al poder. Consciente de todo ello, el faraón trató de cambiar la realidad frente a sus súbditos mediante una falsa propaganda. Muwatalli no sospechó entonces que su reino colapsaría tan solo un siglo después, desapareciendo junto con otros pueblos, y marcando el comienzo del tránsito de la Edad del Bronce a la Edad del Hierro.

Con la desaparición del pueblo hitita también se perdieron una buena parte de los documentos que habrían hecho posible una reconstrucción más fiable de lo sucedido en Qadesh. Olvidados en los registros históricos hasta prácticamente hace un siglo, los hititas conformaron un reino próspero y dispar. Erigido sobre parte de la antigua Anatolia y las regiones al norte de Siria, rivalizó con otras potencias de Oriente Próximo, desde los siglos XVII-XIII a. C., hasta su eclipse definitivo alrededor del año 1200 a. C. Considerado el primer monarca de Hatti, Hattusili I, consiguió realizar algunas conquistas militares y controlar el paso fundamental de las rutas caravaneras que unían Mesopotamia con Siria y su reino. De esta manera transportaban el estaño extraído de Asia Central, tan necesario para la obtención del bronce y la posterior fabricación de armas y herramientas. Con los avances originados en la región, gracias al desarrollo de la metalurgia, se incrementó la demanda de materias primas, lo que llevó a un período de búsqueda y comercio de metales.

Comparable a la aparición de las herramientas de piedra, el dominio del fuego o la agricultura, el uso del hierro supuso un cambio tecnológico muy importante para la historia de la humanidad. Su escasez lo convirtió en un metal muy valioso, una circunstancia que cambiaría hacia el año 700 a. C., cuando, según Hesíodo, se convirtió en un metal de uso común[27]. Solo después de que comenzara a obtenerse a partir de óxidos minerales por medio de un proceso de reducción en hornos, podemos hablar de una auténtica Edad del Hierro. Además de las minas, se necesitaban extensas superficies de bosques de los que se obtenía carbón, algo difícilmente imaginable en los territorios de Mesopotamia o Egipto. Quizás por esta misma razón, los hititas, un pueblo indoeuropeo instalado en Anatolia, fueran los primeros en fabricar hierro. Desde allí, la tecnología empleada para su fabricación acabaría extendiéndose por todo Occidente.

Gracias a ello, el Imperio hitita alcanzó su máximo esplendor entre los años 1700 a. C. y 1190 a. C., en paralelo al auge de otros pueblos como el egipcio y el babilónico. No obstante, casi todo lo que conocemos de su civilización permaneció en el olvido durante miles de años. Basta mirar los libros de historia de hace más de un siglo para comprobar que no existían registros o datos relacionados con los hititas. En 1834, el arqueólogo Charles Félix Tesier, descubrió las ruinas de una ciudad antigua, próximas a la aldea turca de Bogazköy, que posteriormente serían identificadas como Hattusas, la que fuera capital del Imperio. Unos años después, en su obra titulada

---

27 En efecto, el poeta y filósofo griego del siglo VII a. d C., Hesíodo, menciona el hierro en su famosa obra *Trabajos y días*, hablando incluso de la existencia de una «estirpe de hierro». Hesíodo. *Trabajos y días*. México. Fundación Carlos Slim, p. 6.

Description de l'Asie Mineure, Tesier afirmó que los vestigios hallados en Turquía correspondían a una cultura desconocida.

En el 1822 el explorador suizo Johann Ludwig Burckhardt, descubridor de Petra en 1812, afirmó haber encontrado una lápida funeraria con jeroglíficos desconocidos, algo que entonces pasaría inadvertido. No sería hasta 1863 cuando dos norteamericanos, el cónsul Augustus Johnson y el misionero doctor Jessup, lograrían seguir los pasos de Burckhardt llegando hasta Hamath, al norte de la actual Damasco, en la región central de Siria. Aquella búsqueda no solo sirvió para encontrar la lápida mencionada por Burckhardt, sino también otras tres similares con más inscripciones y signos. Johnson comunicó el descubrimiento a la *American Palestine Exploration Society*, un año más tarde, sin que este pudiera realizar un borrador o reproducción debido a las amenazas sufridas por los indígenas de la zona[28].

Años después, la aparición en Alepo de otra piedra con inscripciones «jeroglíficas» similares demostraba que todo aquello debía pertenecer a una cultura todavía desconocida. Los indígenas les habían atribuido desde tiempos remotos propiedades curativas, siendo suficiente un roce en la frente con la piedra para encontrar el remedio oportuno. Tuvieron que pasar algunos años más para que el misionero irlandés William Wright, afincado en Damasco, examinara detenidamente uno de aquellos hallazgos. Trasladadas las piedras a Constantinopla, desde allí emprendieron el viaje hasta el Museo Británico de Londres.

Los descubrimientos, primero de Tesier y luego de Wright, no habían sido suficientes. Un nuevo trabajo arqueológico a orillas del Éufrates, en esta ocasión protagonizado por W. H. Skeene y George Smith, dio como resultado el hallazgo de un formidable cerro repleto de ruinas. Los restos de Jerablus mostraron unas figuras con los mismos símbolos, constituidos por cabezas, manos y pies de personas, mezclados con círculos, obeliscos y cabezas de animales. Los signos descubiertos en Ivriz y Esmirna evidenciaban la existencia de una civilización que se extendía desde la costa del mar Egeo a través de Anatolia, llegando hasta el interior de Siria. En definitiva, una misma forma de escritura revelaba una misma cultura.

Desde 1891 en adelante, el éxito en las excavaciones de Tell-el-Amarna por parte del arqueólogo inglés William Flinders Petrie, proporcionó una amplia colección de «tablillas» e información relativa a un periodo situado hacia mediados del II milenio a. C. Su traducción fue relativamente sencilla al estar escritas en

---

28 Ceram, C. W. (1985). *El misterio de los hititas* (p. 14). Barcelona. Ediciones Orbis, S.A.

caracteres cuneiformes, conocidos desde hacía mucho tiempo, y en idioma acadio o «babilónico», una lengua igualmente utilizada por la diplomacia en Oriente Medio.

Sin embargo, el mayor de los descubrimientos se produjo entre 1905 y 1909 por parte de Hugo Winckler, en una expedición al este de Turquía, en Bogazköy. La recuperación de unas 10 000 tablillas con textos bilingües permitió descifrar lo que pareció ser una especie de archivo nacional y en las que se afirmaba que las ruinas halladas pertenecían a Hattusas, capital del antiguo Imperio hitita. Las investigaciones para descifrar definitivamente la lengua de aquella cultura se prolongaron hasta 1952. Solo unos años antes, en 1946, Johannes Friedrich publicó el *Manual hitita*, al que se sumaría después un *Diccionario de lengua hitita*, en 1954.

El reino hitita tuvo diferentes períodos de dominio, algunos de ellos caracterizados por un gran poder e influencia. El Reino Antiguo, entre los años 1650 a. C. y 1500 a. C., fue el de mayor expansión, entrando en una fase de decadencia durante el Reino Medio, hacia el año 1500 a. C. Durante el Reino Nuevo y hasta el año 1430 a. C., los hititas terminaron consolidando su poder político y económico, sometiendo a otros pueblos fronterizos. Fue el monarca Tudhalia I quien aseguró las bases del último periodo al conseguir restaurar el prestigio logrado en el Reino Antiguo. Después de los sucesos de la batalla de Qadesh contra Egipto, los siguientes reyes hititas procuraron contener el poder asirio, hasta la derrota de Tudhalia IV en Nihriya. A pesar de ello, logró expandir el dominio hitita en la región.

Finalmente, Shubiluliuma II, hijo del anterior monarca, no pudo rechazar los ataques de los «pueblos del mar» que, unido a las invasiones bárbaras kaska, terminaron por provocar la desaparición de los hititas. Considerados los responsables del ocaso de la Edad del Bronce, entre los años 1250 a. C. y 1150 a. C., estos pueblos se constituyeron como una confederación de tribus navales que atacaron las ciudades costeras mediterráneas, especialmente en Egipto, hasta el año 1178 a. C. Sin embargo, su verdadera composición sigue sin ser explicada, encontrando algunas referencias egipcias relacionadas con varias batallas, como en la de *Estela de Tanis*, donde se reconoce que: «... vinieron del mar en sus barcos de guerra y nadie pudo oponerse a ellos»[29].

---

29 J. Mark, J. (2 de septiembre de 2009). Los pueblos del mar. *World History Encyclopedia*. Artículo publicado en: https://www.worldhistory.org/trans/es/1-181/los-pueblos-del-mar/#:~:text=Los%20pueblos%20del%20mar%20eran,a.C.%2C%20concentr%C3%A1ndose%20especialmente%20en%20Egipto.

Geográficamente, los hititas se asentaron en territorios próximos al río Kizil-Irmak, el más largo de Turquía, donde fundaron su capital. Conocido comúnmente como el país de Hatti, este limitaba al norte con los pueblos kaskas. Hacia el sur se situaba el antiguo reino hurrita de Kizzuwadna, muy cerca de lo que hoy es el golfo de Alejandreta. Capaces de desarrollar una gran cultura y una escritura y tecnología única hasta entonces, los hititas nos siguen sorprendiendo al minimizar el uso del hierro hasta prácticamente su extinción. Esta circunstancia debió de otorgar algunas ventajas a sus adversarios en el campo de batalla, lo que nos lleva a reflexionar sobre qué habría ocurrido en realidad si en lugar de armas de bronce se hubieran utilizado armas de hierro. Este hecho, confirmado en Qadesh, nos conduce inmediatamente a preguntarnos también qué motivos imposibilitaron a los hititas a utilizar el nuevo metal en la guerra.

Bien es cierto, que entre sus habilidades destacaban la fundición y el trabajo del bronce, así como la obtención del hierro directamente de las menas. Los hititas aseguraron esta tecnología guardándola en secreto con el fin de proteger lo que, sin duda, era la base de su comercio y su economía. Las menas debían extraerse de las propias minas, donde se les daba forma de lingotes. Estos se transportaban a las ciudades para su refino y para su posterior transformación en herramientas y, en menor medida, en armas. De hecho, a los habitantes del país de Hatti, llegaron a conocerlos como los «forjadores del hierro». Pero quizás fue el alemán C. W. Ceram, divulgador científico del siglo xx, el primero en responder a la pregunta acerca del celo de los hititas por generalizar su uso[30].

Para Ceram, el conocimiento del hierro en la región era ya una realidad hacia el año 1600 a. C. La imposibilidad de fabricar armas de guerra con dicho metal estaba justificada dada su factura, al no poder competir con las armas de piedra o de bronce. Este hecho lo llegó a convertir en un verdadero artículo de lujo. La circunstancia de que su precio sobrepasara en 5 partes el precio de otros metales como el oro y en 40 el de la plata hizo que su empleo se limitara solo a actos ceremoniales o decorativos. Por ello, el éxito de los hititas no se debió a la utilización del hierro para fabricar armamento, sino más bien a su estrategia política y militar, así como al perfeccionamiento de los carros de combate[31].

---

30 C. W. Ceram, era el seudónimo de Kurt Wilhelm Marek. Nacido en Berlín en enero de 1915, su vida transcurrió entre el periodismo político y la crítica literaria. Posteriormente sería conocido por sus obras sobre arqueología, entre las que destacaría *Dioses, tumbas y sabios*.

31 Alonso y Royano, F. (2000). Iconografía y clasificación de las armas hititas. *Espacio, Tiempo y Forma, Serie II, Historia Antigua*, 13, 72. En otro orden de cosas, un análisis de una de las dagas encontradas en la tumba de Tutankamón reveló que el metal del que está compuesto es hierro procedente de un meteorito. Esta idea también nos pone en situación del valor que, en un primer momento, se le otorgó al hierro entre las civilizaciones antiguas.

Durante muchos siglos, el trabajo del hierro fue un secreto bien guardado por los herreros de Kizzuwadna, una región ubicada cerca de las montañas del Tarso y ricas en mineral. Contrariamente a lo que se ha creído hasta ahora, la influencia del nuevo metal descubierto no influyó de un modo inmediato en el curso de la historia. Se ha conservado una misiva del siglo XIII a. C., enviada por el rey hitita Hattusili III a un gobernante en la que se demuestra la detallada supervisión que realizaba el Estado en todo lo relacionado con la industria del hierro. En aquella comunicación se especificaban: «… dificultades de producción y las escasas existencias de hierro fundido están retrasando la entrega de los artículos solicitados»[32]. Igualmente, se han conservado algunas de las peticiones que los faraones dirigían a los monarcas hititas solicitándoles hierro. En este sentido, sabemos que las demandas fueron rechazadas de un modo arrogante, puesto que los controles en la obtención y en la fabricación eran muy estrictos.

Existía una fuerte organización militar dentro de la estructura estatal de los hititas. El ejército, compuesto por cuatro cuerpos, estaba fuertemente diferenciado y dirigido por las diversas graduaciones miliares, desde las tropas profesionales hasta las encargadas de dar protección al rey. Estas últimas siempre acompañaban al monarca y se encontraban en la capital. Las armas de infantería estaban constituidas principalmente por espadas y escudos, siendo el arco el más utilizado por la caballería. Predominaba la llamada espada «larga», fabricadas primero en bronce y en etapas ya muy tardías, en hierro. Sobre esto último, parece cierto que hacia el año 600 a. C., otros ejércitos, como el asirio y el persa pasaron a utilizar exclusivamente el hierro para la confección de espadas y corazas[33].

El carro hitita

Los carros ligeros o de ataque utilizados por los hititas llegaron a lograr un diseño que, desde un punto de vista técnico, presentaba importantes mejoras que lo hacían superior al de sus antecesores. Si la batalla de Qadesh supuso la culminación de las tensiones generadas entre Egipto y el Imperio hatti, hemos de decir que la utilización de estos carros de combate fue decisiva, dando lugar a la creación de un verdadero cuerpo de élite dentro del ejército. Precisamente, un ataque de estos sobre los egipcios determinó la ruptura de las líneas enemigas, lo que confirma que los hititas lograron organizar un ejército dotado de una mayor movilidad que ocasionaba temor a sus enemigos.

---

32 Ibid.

33 Poveda Ramos, G. (1992). *El hierro, de los hititas a Colombia* (p. 94). Repositorio Digital Academia Colombiana de Ciencias Exactas, Física y Naturales (ACCEFYN). Publicado en: https://medellin.unal.edu.co/revista-extension-cultural/images/revista/rec29-30/REC_29-30-93-106.pdf

Cada carro estaba tirado por dos caballos, portando a un conductor y a un arquero. En ocasiones se armaba con soldados provistos de jabalinas o lanzas. Su evolución, aunque lenta, tuvo detalles técnicos de una gran visión para el combate. Además de disponer de carros pesados conformados por un gran cajón de carga, utilizados para el transporte de pertrechos de guerra, traslado de enfermos, etc., los hititas llegaron a construir los llamados «carros-arietes», con el fin de llevar a cabo asedios contra murallas y almenas. Estos iban provistos de un grueso tronco ahuecado con ruedas, sobre los que se situaban un grupo de arqueros con armaduras acorazadas, arcos y flechas.

Aunque en un principio los carros eran lentos y pesados, con ruedas macizas y tirados por asnos, podemos afirmar que la introducción de radios en sus ruedas causó una verdadera innovación militar en la época. Esta novedad pronto sería adoptada por todos los ejércitos, entre ellos el egipcio. Los carros ligeros de combate arrastrados por dos ruedas ya están documentados tanto en la tumba de Tutankamón, hacia los años 1352 a. C. y 1344 a. C., como en la batalla de Qadesh entre Ramsés II y Muwattali II. Se trataba de vehículos muy ligeros con ruedas de radios construidos con gubias y escoplos de bronce, herramientas que también tuvieron que sufrir una manifiesta transformación. La madera era arqueada con técnicas de calor y los ensamblajes fabricados para la ocasión se sujetaban con un correaje de cuero[34].

Los carros de combate terminaron por extenderse con rapidez a las diversas culturas antiguas debido a su poder que necesariamente reportaban. Esto se confirma por el hallazgo de restos de carros en regiones tan alejadas de Hatti, como el Ahaggar, en Marruecos o en regiones próximas al Sahara, como en Mauritania. Así, en las

Relieve con un carro hitita donde se aprecian los radios de las ruedas. Museo de las civilizaciones de Anatolia, en Ankara, Turquía.

---

34 En efecto, la iconografía de los carros de guerra muestra la diferencia existente entre las ruedas de 6 y 8 radios, en contraste con las macizas utilizadas por los sumerios, unos mil años antes. A este respecto puede consultarse Alonso y Royano, F., op. cit., p. 109.

ruinas de Tin Abú Teka o en Ala-n-Edument están representados carros micénicos. Su utilización en la guerra ha demostrado la combinación de dos acciones tan fundamentales como eran la maniobra y la potencia de fuego. Podía optarse por un ataque frontal o contener una formación enemiga a distancia utilizando lanceros equipados con extensas picas. Hacia los años 1600 a. C. al 750 a. C., el carro ya se había consolidado como el arma decisiva, permitiendo la existencia, también entre los hititas, de una aristocracia política y militar. La Biblia, a través del conocido *Libro II de los Reyes,* escrito entre los años 1015 a. C. y 561 a. C., se refiere al poder otorgado al carro, describiendo también sus efectos: «Porque el Señor había hecho que en el campamento de los sirios se oyese estruendo de carros, ruido de caballos y estrépito de un gran ejército; y se dijeron unos a otros: He aquí, el rey de Israel ha contratado contra nosotros a los reyes de los heteos (hititas) y a los reyes de los egipcios para que vengan contra nosotros»[35].

A diferencia del carro egipcio, el modelo hitita fue construido con el eje en la parte central de la caja, en vez colocarlo en su parte trasera. Esta posición centrada lo dotaba de una mayor solidez, permitiéndole una capacidad inmejorable para los combates. A pesar de perder velocidad, esta opción resultó ser decisiva, puesto que los egipcios utilizaban el carro para hostigar al enemigo armados con arcos y flechas, mientras los hititas preferían tener un arma que permitiera el choque con formaciones cerradas, pudiendo prescindir de una mayor movilidad. Los despliegues tácticos dependían de la disponibilidad de estas modernas armas. Su uso exigía al Estado un programa eficaz para el adiestramiento de hombres y caballos.

Asimismo, los carros de combate sirvieron como elemento disuasor para sembrar el miedo entre los súbditos y las poblaciones sometidas. El propio faraón Ramsés II lo empleó para dirigir un ataque contra los hititas durante el asedio a Qadesh, siendo emulado al momento por su enemigo Muwattali II. La aparente victoria de este último sobre Ramsés, le permitió conservar los territorios que hasta entonces mantenía en su poder, además de reorganizar toda la administración imperial. El desarrollo tecnológico concebido para la guerra, logró forjar a los ejércitos más grandes jamás reunidos hasta entonces. En este sentido, y en palabras de Heródoto, la función de un rey debía ser consecuente a su poder: «El gran rey, el rey de Egipto, debe tomar su infantería y sus carros para ejercer por sí mismos, y él debería gastar su oro, su plata y sus caballos, su cobre y sus metales para llevar a Urhi-Teshub a Egipto»[36].

---

35 *Libro de los Reyes II. La Santa Biblia* (2009). Utah. EE. UU. pp. 627-628.
36 González León, D. (2015). *Relaciones interestatales de Egipto durante el Bronce Final 1600-1100 a.C.: Algunos aspectos. La entrada a escena de un modelo diferente.* Trabajo fin de Grado (p. 21). Universidad del País Vasco. Departamento de Estudios Clásicos. Texto íntegro disponible en: https://addi.ehu.es/bitstream/handle/10810/21409/TFG_Gonzalez_Leon.pdf?sequence=2

La aparición del hierro y su transformación tecnológica tuvo un efecto fundamental en la sociedad. Aunque con un desarrollo ralentizado en el tiempo, debido, primero a su escasez y después al celo de sus descubridores para su comercialización, lo cierto es que el nuevo metal posibilitó la fabricación de armamento más resistente. Además, permitió el desarrollo de importantes avances en la agricultura con la introducción de nuevas herramientas para trabajar la tierra. El aumento en la producción de alimentos facilitó el crecimiento de las ciudades, haciendo con ello que las sociedades evolucionaran y se transformaran en núcleos urbanos más complejos. El camino del Bronce al Hierro significó la llegada de un proceso que se desplegó a distintos ritmos dependiendo de las culturas. Actualmente el hierro, bien en su forma original o enriquecido con carbono, sigue siendo el metal más utilizado. Una realidad que ha seguido produciéndose desde su descubrimiento.

LA EPOPEYA TECNOLÓGICA EN EL MUNDO ANTIGUO

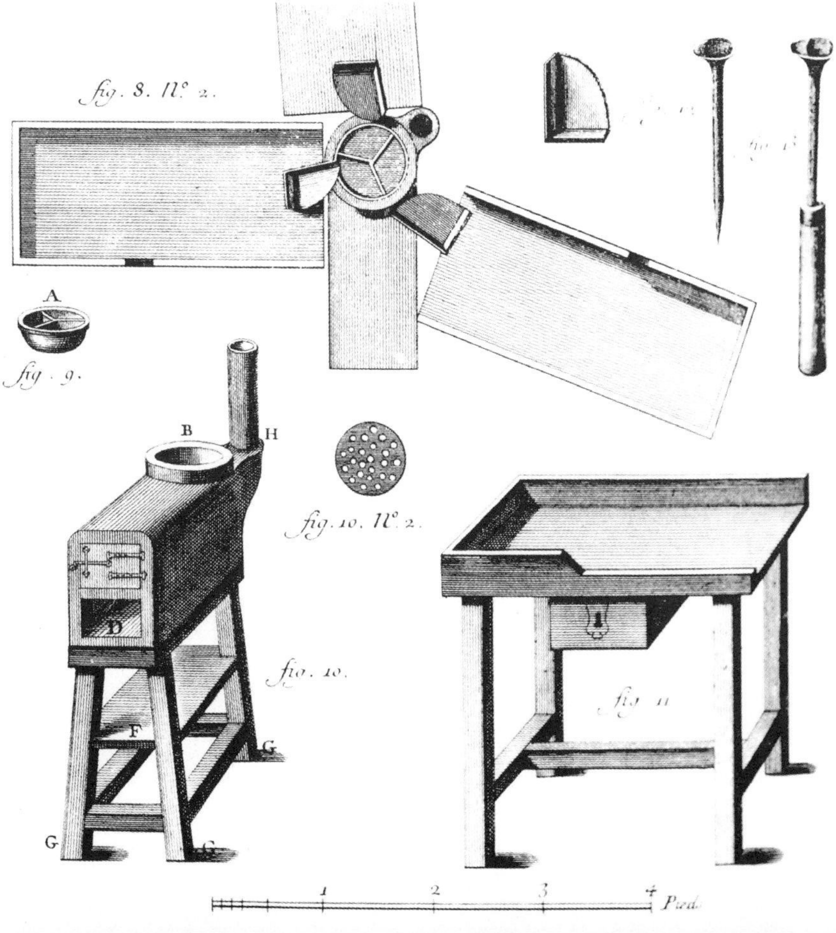

China. Entre la pólvora y la medida del tiempo

Relojes y calendarios. Las primeras dinastías

Cuando los primeros europeos llegaron a China, pensaron equivocadamente que su tecnología permanecía anclada en los relojes de fuego o de arena y que todavía no conocían otros mecanismos para medir el tiempo. Sin embargo, la sorpresa de aquellos viajeros fue evidente al comprobar que ya en el siglo XI las técnicas para calcularlo superaban todas las perspectivas posibles. En esa misma época ya existían relojes con funcionamiento hidráulico y mecanismos de escape, como en la antigua ciudad de Kaifeng, la mayoría de ellos construidos por el ingeniero Su Song[37].

El mecanismo de escape utilizado entonces había sido concebido mucho tiempo antes, hacia el año 725, por un monje budista llamado Yi Xing. De hecho, la conocida torre del reloj construida por Su Song constaba de 133 sistemas mecánicos distintos con cadenas de transmisión que indicaban y hacían sonar las horas. Finalmente, la estructura fue desmantelada y destruida a consecuencia de la invasión de los ejércitos Jurchen en 1127. Debido a su importancia, Song escribió en el año 1092 el tratado *Xinyi Xiangfayao*, que hacía referencia a esta torre.

Según algunas leyendas, se piensa que la astronomía ya era una práctica común hacia el año 2637 a. C., durante el reinado de Huangdi, primer emperador de la civilización china. A este mismo monarca se le atribuye también la invención de un calendario lunar que sería perfeccionado en el 1400 a. C., con un ciclo sexagesimal y utilizado para medir los meses y los días. La trascendencia de los anuarios fue tan significativa que, hasta el final del Imperio en 1911, el calendario

---

37 En efecto, los jesuitas Mateo Ricci y Nicolás Trigault, ya mencionaron los relojes chinos, indicando que funcionaban con un sistema de transmisión en cadena. Asimismo, el mecanismo o ritmo de escape de un reloj está constituido por un volante que gira hacia una dirección y retorna a un ritmo preciso de oscilación determinado. La unidad de tiempo debe ser regulada a través de la resistencia proporcionada por una espiral fijada a un volante y al eje del mismo.

y, en consecuencia, la medida del tiempo quedó entendida como un atributo de la soberanía imperial. Asimismo, la astronomía adquirió pronto el rango de ciencia del Estado, pasando a manos de los funcionarios y de la administración gubernamental. La medida del tiempo para los antiguos chinos siempre fue muy importante. La población, supeditada a la agricultura, precisaba de anuarios, mientras que para la vida privada utilizaban los gnomones verticales y relojes de combustión.

China posee la cultura más antigua del mundo. Su nombre, procedente del sánscrito Cina y derivado de la pronunciación de la dinastía Qin (Chin), fue traducido después por los persas como «Cin», y difundido a través del comercio en la Ruta de la Seda. Para griegos y romanos, «Seres» representaba la región desde la que llegaba la seda. El primer registro del que se tienen noticias no aparecerá en Occidente hasta 1516, gracias a la obra publicada por el explorador portugués Duarte Barbosa durante su viaje a la India y conocida como *Livro em que dá ralação de que viu e ouviu no Oriente*.

Antes de la existencia de una civilización en la región, la prehistoria estuvo condicionada por la aparición de algunos homininos como el hombre de Yuanmou, cuyos restos fueron encontrados en 1965 y datados en 1,7 millones de años. En 1927, cerca de la capital de la actual China, se encontró el fósil de un cráneo perteneciente al llamado hombre de Pekín, y cuya datación arrojó cifras entre los 700 000 y los 300 000 años. Estos hallazgos demuestran que estos homininos eran capaces de fabricar herramientas de piedra y usar el fuego. Además de estos hallazgos, también hay evidencias de antiguos pobladores del Neolítico en la aldea de Banpo, cerca de Xi'an, compuesta de unas 45 casas construidas alrededor de los años 4500-3750 a. C., y que demuestran la existencia de una cultura muy avanzada.

Los comienzos de la civilización china hay que buscarlos en el valle del río Amarillo, muy cerca de la provincia de Henan. Es aquí donde, alrededor del año 5000 a. C., surgieron los primeros grupos poblacionales. En 2001, un equipo multidisciplinar de arqueólogos encontró esqueletos ocultos en una casa destruida. Junto a ellos, además de utensilios de piedra y jade, se hallaron las estructuras de una plaza y de un altar. De las primeras comunidades agrícolas surgieron los primeros gobiernos centralizados, en concreto la dinastía Xia, iniciada por Yu el Grandeentre los años 2070 a. C. al 1600 a. C. Considerada solo una leyenda, las excavaciones realizadas entre 1960 y 1970 demostraron su existencia.

Bajo el mandato de Yu, se consiguieron controlar las inundaciones del río Amarillo, gracias al trabajo de los agricultores y del propio rey. La solidez de la estructura social y política favoreció la conquista de otros territorios y pueblos como la tribu Sanmiao, estableciéndose desde entonces un sistema de sucesión hereditaria y, por ende, la idea de dinastía. Las élites, junto a las clases dirigentes, pasaron a ser parte de los nuevos centros urbanos, mientras que la población campesina quedó relegada a las zonas rurales. Tras la muerte de Yu, su hijo Qi heredó el poder, permaneciendo así hasta que Jié, conocido también como Lu Gui, último monarca de la dinastía Xia, fue vencido por Shang Tang en la batalla de Mingtiao, aproximadamente hacia el año 1600 a. C.

Se cree que Tang aprovechó el descontento de algunas tribus con el gobierno Xia —debido a las cargas tributarias y al lujo ejercido por esta— para levantarse en armas y derrocar al monarca. Esta batalla se conoce históricamente como «La promesa de Tang». Tras la derrota, Jié se refugió en Kuenwu, trasladándose después a Nanchao —actual Chao— hasta su muerte. Concluida la revuelta, Tang derrotó a las fuerzas restantes de Xia, estableciendo un gobierno feudal y esclavizando a los campesinos.

Con la dinastía Shang se desarrolló la escritura, la metalurgia del bronce, la arquitectura y la religión. Con anterioridad, la población rendía culto a varios dioses, siendo Shangti el dios supremo. Este estaba considerado el gran predecesor del panteón chino protegiendo la guerra, la agricultura, el clima y el gobierno. Según las creencias, la muerte proporcionaba a las personas fallecidas poderes divinos, pudiendo ser invocadas en caso de necesitar su ayuda. Los monarcas eran los intermediarios directos entre la vida y la muerte, además de asumir las responsabilidades seculares. Quizás por esto último, durante la dinastía Shang se desarrollaría con más fuerza la idea del vínculo entre el gobernante justo y la voluntad divina. Un principio que se consolidaría durante el reinado Zhou. Mientras, la sociedad, basada en la agricultura, la caza y la ganadería, estuvo limitada por el territorio circundante, por lo general estepas y desiertos. Esto limitó considerablemente las relaciones con el exterior, haciendo que su cultura se desenvolviera sin apenas influencias, al mismo tiempo que se reforzaba su originalidad.

Durante los gobiernos Shang, se controlaron amplios territorios al norte de China, dando lugar a continuos enfrentamientos con asentamientos vecinos de las estepas del Asia interior. Capitales como Yin, próxima a la actual ciudad de Anyang, en la provincia de Henan, pronto se transformaron en agitados centros de poder. Las sucesivas etapas de estabilidad en el gobierno, sobre todo desde el reinado de Tai Jia hasta el de Tai Wu, entre los siglos XVII-XVI a. C., favorecieron un rápido desarrollo económico y social. Con la muerte de Tai Wu, comenzó un periodo de decadencia provocado por las luchas sucesorias, dando lugar al continuo traslado de la capital hasta el reinado de Pan Geng, quien la fijaría en la mencionada Yin durante los siguientes 273 años.

Hay que recordar que a lo largo del mandato de Wu Ding, entre los años 1250 a. C. y 1192 a. C., el poder dinástico Shang alcanzó su mayor expansión y prosperidad ocupando pueblos y regiones de la periferia. Tras la muerte de este, la dinastía volvió a zozobrar con Zu Geng y Zu Jia, sucediéndose toda suerte de conflictos derivados de la dejadez política de ambos reyes. Todo ello provocó una época de feroces revueltas y pobreza en la población. Di Xin, conocido también como Shang Zhouwang, fue el último rey Yin, perdiendo la vida tras ser derrotado por el cabecilla del clan Zhou, en la batalla de Muye, alrededor del año 1046 a. C. A partir de esos momentos quedaría establecida una nueva dinastía bajo el nombre de Zhou, que se dividiría en dos etapas diferentes. Una primera que transcurriría entre los años 1046 a. C. al 771 a. C., con la llamada dinastía Zhou occidental, y otra entre los años 771 a. C. y 256 a. C., con la dinastía Zhou oriental.

Desde sus inicios, China sufrió constantes conflictos y guerras, unas veces originadas por diferencias entre distintas etnias y tribus, otras por las disputas producidas dentro del mismo seno familiar. Lo cierto es que su historia militar está repleta de acontecimientos e innovaciones tecnológicas que cambiaron el curso de la política y del gobierno durante los distintos linajes monárquicos. Los chinos fueron pioneros en la utilización de ballestas, en la normalización del uso del metal en las armas, siendo también los primeros en utilizar la pólvora con fines bélicos. En sus comienzos, los ejércitos estaban compuestos principalmente por partidas de campesinos dependientes de las autoridades feudales o del propio rey.

Precisamente, durante las épocas Shang y Zhou, la guerra estuvo considerada más como un asunto aristocrático que como un hecho concebido para la destrucción total. Los caballeros *shi* eran portadores de un estricto código de caballerosidad, cuyo comportamiento exigía un continuo respeto al adversario. De ahí que ningún gobernante pudiera terminar con la vida de los descendientes rivales, puesto que estos debían también respeto a sus antepasados. Durante este periodo los ejércitos ampliaron sus territorios más allá del río Amarillo, hasta las llanuras del norte de China. Dotados de armas de bronce, arcos y armaduras, lograron vencer a los pueblos bárbaros de Dongyi, así como a las tribus nómadas de los Xirong, en las fronteras occidentales. Gracias a los progresos técnicos, los *shi* escalaron posiciones en el poder, pasando de ser caballeros a pie a ocupar posiciones destacadas en carros de combate, debido al nuevo armamento compuesto por espadas de doble filo o *jian*, y por armaduras mucho más resistentes.

Ese poder se vio más reforzado después de que los monarcas concedieran tierras como recompensa a los *shi* por sus éxitos en la guerra. Así, las cuestiones militares se convirtieron en una prioridad, especialmente durante la dinastía

Shang. En consecuencia, los reyes Shang no dudaron en asumir las funciones de comandante de la defensa, cediendo a otros miembros de la realeza y de la nobleza puestos destacados en el campo de batalla. Los hallazgos de numerosos carros y restos de caballos encontrados en tumbas sugieren que ambos se utilizaron durante los enfrentamientos, siendo especialmente valorados los oficiales que los montaban y que desempeñaban un destacado papel de mando[38].

Durante el reinado Zhou, la cultura floreció dando lugar a una considerable expansión de la civilización. Entre sus señas de identidad más destacadas está la codificación de la escritura y la cada vez más sofisticada técnica en el manejo del hierro. En este momento destacan diversos filósofos y poetas como Confucio, Mencio, Mo Di, Lao Tze o Tao Chien, así como Sun Tzu, conocido por su obra *El Arte de la Guerra*, considerado el mejor libro de estrategia de todos los tiempos y que inspiraría a figuras posteriores como Maquiavelo, Napoleón o Mao. El carro de guerra, introducido en tiempos de la dinastía Shang, se perfeccionó tanto que continuó ofreciendo importantes ventajas a las clases gobernantes y a los reyes posteriores. Las luchas y enfrentamientos siguieron transformándose, estratificándose por clases y requiriendo altos niveles de preparación y entrenamiento. Esto, a su vez, derivó en una mayor diferenciación de los roles de género.

> Si bien los *shi* de la época de Confucio ciertamente fueron entrenados en artes marciales como parte de su educación básica, fue extraordinario que hombres que seguirían siendo reconocidos como *shi* mil quinientos años después recibieran una formación similar. La sociedad y la cultura chinas no fueron estáticas y, a medida que cambiaron, la práctica de las artes marciales y el significado de esta también se modificaron. Incluso, dentro de un periodo de cinco años, los individuos que practicaban artes marciales, dependiendo de su sexo o etnia pudieron comprobar dichos cambios de una manera dramática. De hecho, algunas mujeres ya habían adquirido conocimientos de artes marciales, la mayoría de ellas asociadas a grupos étnicos. (Lorge, 2012, p. 2)

El mandato de los señores feudales chinos no solo fue debido a los incuestionables avances en la tecnología militar. El progreso económico posibilitó la capacidad para disponer de armamento, además de un buen número de seguidores. Durante siglos, China fue introduciendo de manera gradual diversas técnicas como el trabajo del hierro, la labranza con el arado y animales, etc., incrementando de este modo el ritmo productivo y la riqueza de la población. En

---

38 Sawyer, R. D. (2011). *Ancient Chinese Warfare* (pp. 203-224). New York. Basic Book.

los años correspondientes al periodo de las Primaveras y Otoños, entre los años 772 a. C. y 476 a. C., y el llamado Reino de los Combatientes, finalizado en el 221 a. C., se sucedieron una serie de problemas, como guerras y levantamientos sociales, lo que dio origen a la formación de Escuelas políticas de sabios y científicos con el propósito de buscar soluciones, contribuyendo a la creación de gobiernos más justos y pacíficos. En su convencimiento, Confucio, filósofo que vivió entre los siglos VI-V a. C., llegaría a sugerir que: «El aumento del conocimiento depende de la investigación de las cosas. Cuando se investigan las cosas aumenta el conocimiento. Cuando aumenta el conocimiento, entonces la voluntad se vuelve sincera»[39].

En su voluntad por mejorar la agricultura y la irrigación, las primeras dinastías llevaron a cabo mediciones de la precipitación pluvial y la canalización del agua, llegando a desarrollar siglos después la construcción de ruedas hidráulicas. El éxito en el tratamiento de la seda o la manufactura de la porcelana, también contribuyeron a la estabilidad social y económica. Debido al aislamiento geográfico, las matemáticas de las regiones chinas permanecieron al margen de las desarrolladas por griegos, egipcios o babilónicos, conociéndose definitivamente en Occidente ya bien entrado el siglo XVII. Dichos conocimientos fueron muy importantes a la hora de concebir construcciones civiles o templos religiosos. Se cree que, desde el siglo III a. C., los chinos ya habían desarrollado una forma original del teorema de Pitágoras, llegando a calcular el número π por aproximación o realizando cálculos con ecuaciones de primer grado. Durante el I milenio a. C., también existió un sistema de numeración decimal, el más avanzado de su tiempo, permitiendo posteriormente la realización de cálculos mediante el *suanpan* o ábaco chino.

Un ejemplo de cómo los chinos utilizaban el sistema decimal lo podemos ver en una inscripción del siglo XIII a. C., en la que «547 días» se escribe «quinientos más cuatro décadas más siete días». Los chinos escribían con caracteres en lugar de con un alfabeto. En el alfabeto occidental, al escribir números mayores que nueve, se utilizan palabras nuevas (por ejemplo, diez, once, etc.). Con los caracteres chinos, diez es diez en blanco y once es diez uno (el cero se dejó como espacio en blanco: 405 es «cuatro cinco en blanco»). Esto era mucho más fácil que inventar un carácter nuevo para cada número. Tener un sistema decimal desde el principio fue una gran ventaja para lograr avances matemáticos. La primera evidencia de

39 González Díaz Lombardo, F. X. (2004). *Compendio de Historia del Derecho y del Estado* (p. 69). México. Editorial LIMUSA, S.A.

decimales en Europa se encuentra en un manuscrito español del año 976 d. de C. (Traducción del original, 2003, artículo: *Chinese Mathematics. The use of the decimal system*)

Además de las matemáticas, la astronomía –considerada más antigua que la desarrollada en Europa y Oriente Próximo– fue otro campo dominado por los científicos chinos. De hecho, llegaron a ser más constantes y precisos que los astrónomos árabes durante la Edad Media[40]. Dividido en 284 constelaciones, el firmamento fue distribuido en 28 templos o «cuadrículas». Existen evidencias de la existencia de un calendario solar en el año 2357 a. C., siendo datado el primer eclipse en el año 2137 a. C. A su vez, desde mediados el 1 milenio a. C., era común la utilización de un calendario lunar con un ciclo de 19 años. La constatación de manchas solares se realizó en el siglo IV a. C. y alrededor del año 350 a. C. se catalogaron unas 800 estrellas. Todo esto dio lugar a la publicación del primer catálogo estelar que se conoce, *Gan Shi Xing Jing*, elaborado por el astrónomo chino Shi Shen. Finalmente, en su concepción más primitiva, la tierra y el cielo fueron considerados planos, estando ambos separados por una distancia considerable. Una idea que iría modificándose con el paso del tiempo.

> Según la teoría del *Kai t'ien* (que significa: el cielo como cubierta), el cielo y la Tierra son planos y se encuentran separados por una distancia de 80.000 li (un li equivale aproximadamente a medio kilómetro). El Sol, cuyo diámetro es de 1.250 li, se mueve circularmente en el plano del cielo; cuando se encuentra sobre China es de día, y cuando se aleja se hace la noche. Consideraban el universo como una naranja que colgaba de la estrella polar [...] Sin embargo, hasta el siglo I a. C. no se realizaron estudios [...] la nueva versión, en el llamado tratado de *Kai t'ien*, el cielo y la Tierra eran semiesferas concéntricas, siendo el radio de la semiesfera terrestre de 60.000 li. El texto no explica cómo se obtuvieron las distancias mencionadas [...] Alrededor del siglo II d. de C. surgió una nueva concepción del universo, la teoría del *Hun t'ien* (cielo envolvente), en la que ya se planteaba la esfericidad de la Tierra; se comparaba el cielo con un huevo de gallina, redondo como una bala de ballesta, siendo la Tierra la yema del huevo, sola y en el centro. Y se empezó a utilizar la esfera armilar como un modelo mecánico de la Tierra y el cielo. (Las Heras, 2006, pp. 32-33)

---

40 Needham, J. (1995). *Science and civilisation in China. Volume 3. Mathematics and the sciences o the heavens and the earth* (pp. 175-176). New York. Cambridge University Press.

Murallas y ballestas. La defensa de un imperio

En el año 221 a. C., Shi Huangdi se hizo con el poder, estableciendo la dinastía Qin e iniciando la llamada era imperial de China, hasta 1912. La llegada al trono de Huangdi supuso otro impulso para la expansión de los territorios, primero asegurando sus fronteras en el norte con el envío de unos 100 000 hombres, para posteriormente llevar a un ejército de 500 000 soldados a territorios ocupados por tribus del sur. A pesar de los logros obtenidos en las campañas del norte, lo habitual era que los territorios conquistados no permanecieran vigilados durante mucho tiempo. La tribu Xiongnu, asentada en las regiones de los Ordos, al noroeste de China, producía importantes fracturas administrativas, unas veces mediante rápidos ataques y asaltos, otras con incursiones y saqueos a las poblaciones de las aldeas fronterizas.

Shi Huangdi logró su propósito al conquistar todos los estados y regiones que se oponían a su gobierno. En su afán de imponer una administración centralizada y evitar la autoridad de los señores feudales, ordenó la destrucción de todas las fortificaciones y construcciones amuralladas que, hasta entones, habían separado los diversos estados entre sí. Para terminar definitivamente con las incursiones de los Xiongnu, el monarca envió al general Meng Tian a aniquilarlos para, posteriormente, construir una gran muralla por toda la frontera norte del reino, conectando así un gran número de fortificaciones.

> Se extendía por más de 5 000 kilómetros (3 000 millas) a través de colinas y llanuras, desde las fronteras de Corea en el este hasta el problemático desierto de Ordos en el oeste. Fue una enorme tarea logística, aunque durante gran parte de su recorrido incorporó tramos de murallas anteriores construidas por los distintos reinos chinos para defender sus fronteras septentrionales en los siglos IV y III. (Scarre y M. Fagan, 2008, p. 382)

Sin embargo, no existen registros históricos que puedan confirmar la longitud exacta y el trazado de la muralla construida durante la dinastía Qin. Para acometer un proyecto de tales magnitudes fue necesario transportar una gran cantidad de materiales, por lo que en un primer momento se utilizaron los recursos locales, principalmente piedras y tierra prensada. Shi Huangdi, además de defender su imperio mediante la edificación de un imponente muro, construyó una red de carreteras con las que impulsó el comercio.

> Cinco carreteras principales partían de la capital imperial en Xianyang, cada una de ellas provista de fuerzas policiales y puestos de posta. La

mayoría de estos caminos estaban construidos con tierra apisonada y tenían 15 metros (50 pies) de ancho. El más largo corrió hacia el suroeste a lo largo de 7 500 kilómetros (4 500 millas) hasta la región fronteriza de Yunnan. El paisaje era tan escarpado que hubo que construir tramos de la carretera a partir de acantilados verticales sobre galerías de madera salientes. (Scarre, & M. Fagan, op. cit., p. 382)

El emperador también ordenó la construcción del Gran Canal en el sur, redistribuyendo las tierras para un mejor aprovechamiento agrícola y ganadero. A pesar de sus importantes proyectos de construcción y sus éxitos militares, su gobierno se volvió más autoritario con el tiempo. Siguiendo los consejos de su principal consejero, Li Siu, amenazó con destruir todos aquellos textos de historia y filosofía que no trataran sobre su linaje familiar o el Estado Qin. Asimismo, y creyéndose poseedor de un mandato celestial, inició una represión de todas las corrientes filosóficas, excepto el legalismo que había sido concebido por Shang Yang, un príncipe Wey emigrado a Qin. Según este pensamiento el pasado no debía servir como modelo a un gobernante: «Un hombre sabio crea leyes, pero un hombre sin valor es controlado por ellas; un hombre de talento reforma rituales, pero un hombre sin valor es esclavizado por ellos»[41].

La supresión de las libertades impuestas por Shi Huangdi no fue aceptada por todos. Algunos intelectuales y sabios intentaron evadir el decreto, bien escondiendo libros o memorizando las obras de Confucio. Muchos fueron descubiertos y castigados a realizar trabajos forzados en la Gran Muralla, mientras otros fueros ajusticiados y ejecutados. Todo ello hizo que la popularidad del rey decayera, volviéndose cada vez más paranoico y obsesivo con la muerte. En su deseo de asegurarse una vida eterna ordenó la construcción de un mausoleo de grandes dimensiones, encerrando en él a más de 8 000 soldados fabricados en terracota, junto a un importante contingente de carros, caballería, así como diversos animales. Se ha escrito que murió obsesionado por conseguir la inmortalidad, dejando al país en un estado de rebelión generalizada[42].

Tanto la defensa exterior del Imperio como la del nuevo estado burocrático, creado durante la dinastía Qin, exigió un esfuerzo militar considerable. El ejército

---

41 Schneewind, S. (30 de octubre de 2022). Las políticas legalistas de Shang Yang en Qin. *LibreTexts*. University of California. San Diego. Artículo distribuido y publicado en: https://espanol.libretexts.org/Humanidades/Humanidades/Historia/Historia_del_Mundo/Un_esquema_de_la_historia_del_este_de_Asia_hasta_1200_(Schneewind)/03%3A_De_Estados_Combatientes_Dos_Imperio_(480_aC_-207_aC)/3.04%3A_Las_pol%C3%ADticas_legalistas_de_Shang_Yang_en_Qin

42 Durant, W. (1954). *Our Oriental Heritage* (p. 697). New York. Simon & Schuster.

posibilitó la unificación de China utilizando las técnicas más avanzadas. El equipamiento de la época quedó detallado en las diferentes divisiones de infantería enterrados en el mausoleo de Shi Huangdi, destacando la utilización de los carros y de la caballería. Fabricado en hierro o bronce, el armamento era variado, prevaleciendo el uso de la lanza cuya hoja de bronce alcanzada los 35 cm, junto con la alabarda, de mayor longitud. Los soldados disponían de dagas, cuchillos y espadas, pero el arma más devastadora fue la ballesta, un elemento revolucionario de ataque y defensa que permitía lanzar flechas punzantes a más de 300 metros de distancia. La protección se obtenía mediante corazas de plaquetas enredadas, especialmente reforzadas para los oficiales de alto rango.

Inventada por los chinos hacia el siglo VII a. C., el uso generalizado de la ballesta permitió el despliegue de tropas con una alta potencia de fuego y una capacidad de avance entre los ejércitos enemigos nunca antes vista. Algunos de los textos describen el empleo de hasta 10 000 ballesteros en los combates. Su fabricación exigía un elevado conocimiento técnico, debido a la complejidad del percutor. Se ha llegado a afirmar que dicho mecanismo exigía obreros altamente competentes. Así, si el enemigo capturaba la ballesta, esta no podría reproducirse al no conocerse su funcionamiento y su elaboración. La munición, además, solo podía ser utilizada en ballestas similares, siendo inútiles en arcos convencionales. En palabras del historiador Homer Dubs: «Si el mecanismo del disparador de una ballesta quedaba desalineado en no más del tamaño de un grano de arroz, no funcionaba»[43].

Tras caer la dinastía Qin, China volvió a entrar en una fase de disputas, siendo los generales Liu Bang de Han y Xiang Yu de Chu, quienes protagonizarían el mayor de los enfrentamientos para hacerse con el control del país. La victoria del primero dio lugar a su proclamación como emperador, bajo el nombre de Gaozu de Han. Con él, se retomó el comercio con Occidente y se comenzó la primera redacción de la historia de la cultura china. La dinastía Han, cuyo nombre procedía del lugar de nacimiento de Liu Bang, en la provincia de Hanzhong, consiguió gobernar China durante los 400 años siguientes, con un breve periodo de interregno, entre los años 202 a. C. hasta el 220 de nuestra era.

Para entonces, los conocimientos en medicina, fundamentados en la filosofía taoísta, ya eran conocidos, sobre todo desde la primera mitad del II milenio a. C. Tras la llegada al poder de la nueva dinastía Han, el documento más antiguo sobre

---

43 K. G. Temple, R. (1986). *The Genius of China: 3.000 Years of Science, Discovery, and Invention* (p. 220). New York. Simon & Schuster.

medicina, el *Canon Interior del Emperador Amarillo*, fue codificado para su difusión. En él se recogían prácticas curativas, creencias populares, nociones extraídas del pensamiento confuciano, etc., con indicaciones de remedios a base de hierbas, alimentos, dietas específicas y ejercicio. Con el tiempo se desarrollarían terapias con agujas, bien a través de la acupuntura o de la moxibustión, realizada a base de calentar los puntos de acupuntura por medio de la hierba artemisa.

Algunos eruditos chinos de la época trataron de establecer una estrecha correlación entre el universo y el organismo humano. Una especie de *yin* y *yang*, esto es, dos conceptos provenientes del taoísmo que representaban a las dos fuerzas fundamentales, opuestas y a la vez interconectadas, cuya presencia podía percibirse en todas las cosas. En cualquier caso, alrededor de los siglos x y xi, los chinos fueron capaces de desarrollar un tipo de vacuna, conocida como *variolación* o inoculación, para prevenir la viruela. En junio de 2019 la Organización Mundial de la Salud incluyó la medicina tradicional china en el llamado «Compendio de diagnóstico global», a pesar de no contar respaldo de toda la comunidad científica. Sin embargo, persiste la preocupación sobre el uso de plantas, partes de animales y otros compuestos naturales, ya que en muchos casos sus componentes han demostrado ser potencialmente tóxicos.

La escritura, el papel y la imprenta

Otro rasgo importante del periodo Han fue la transformación y la evolución de la escritura en China. Después de que el primer emperador unificara China a comienzos del siglo iii a. C., se llevaron a cabo reformas encaminadas a unificar la escritura. Estas fueron recogidas en la *Lista de Cang Jie*, la cual contenía alrededor de 3 300 caracteres, constituyendo la llamada «escritura sigilar menor». Para que el nuevo «estilo» fuese aceptado por todos los pueblos, Shi Huangdi mandó quemar todos los libros y textos escritos con otros caracteres, estableciendo la pena de muerte para quienes los usaran. Sin embargo, este sistema de escritura unificada tuvo un corto recorrido, imponiéndose finalmente un modelo diferente basado en la disminución del número de trazos, transformándolos en más regulares y rectos.

Desde entonces, la conocida como «escritura regular» comenzó a imponerse, sobre todo a finales de reinado Han, marcando un avance significativo hacia la estandarización y la regulación de los caracteres. Esta imposición incluía reglas estrictas sobre el orden de escritura y el número de trazos que debían tener. Derivada de este mismo estilo, la «escritura cursiva», desarrollada durante el mismo periodo, permitía realizar los trazos sin levantar el utensilio del papel, perdurando hasta la actualidad.

Dinastías de la antigua China

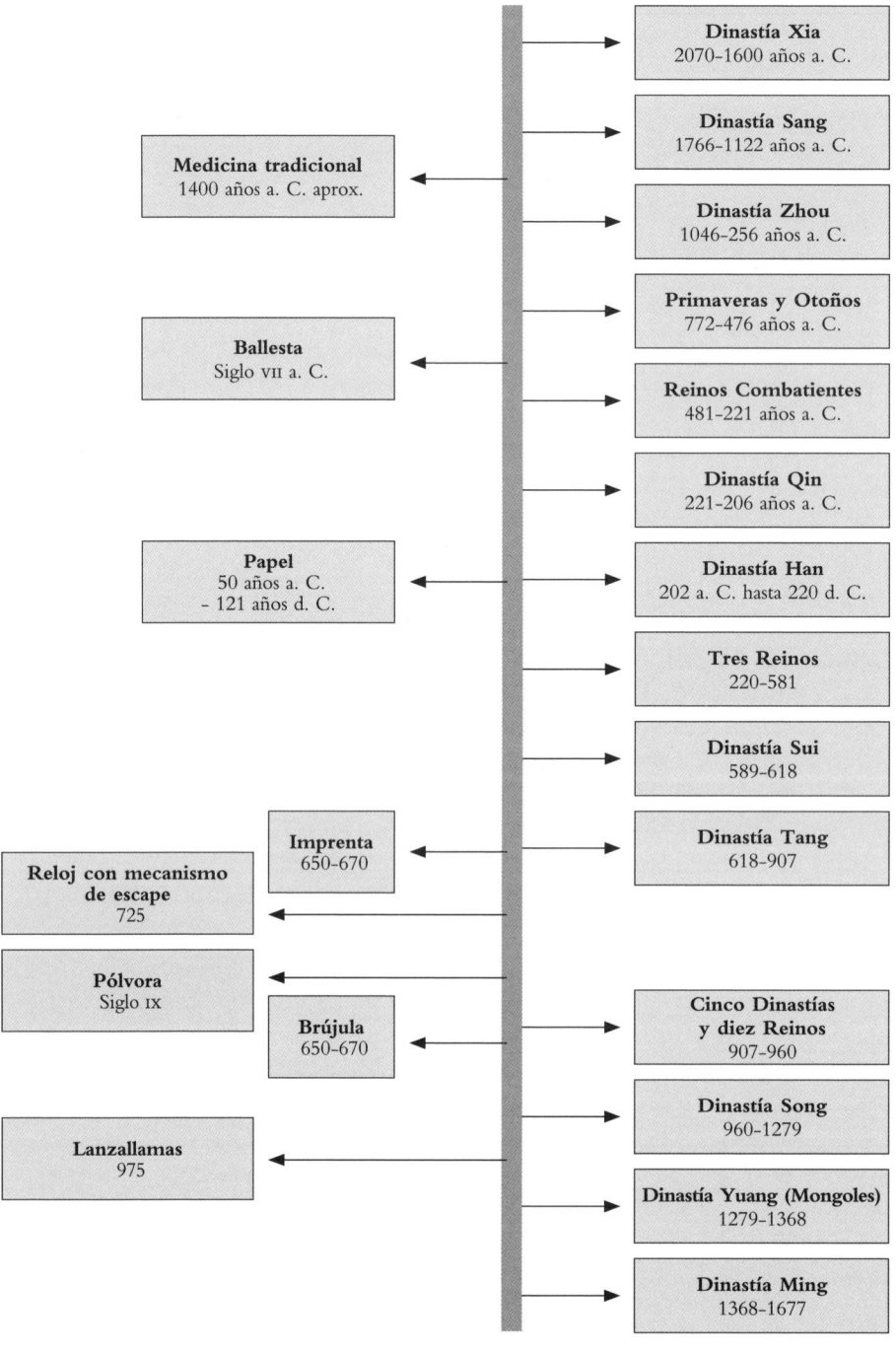

Por otro lado, la llegada del papel marcó un avance técnico y cualitativo crucial para agilizar la comunicación y documentación de datos históricos. Existen registros que datan del siglo I en los que se evidencia el uso del papel como material de escritura. Se cuenta que hacia el año 105, Tsahi Lun, eunuco y consejero imperial, se presentó ante el emperador Han Ho Ti, manifestándole lo siguiente: «Las tablillas de bambú son tan pesadas y la seda tan cara, que busqué la manera de mezclar fragmentos de corteza, bambú y redes de pescar e hice un material muy delgado y que es apropiado para escribir en él»[44]. Durante el siglo III, el papel se convirtió en el medio de escritura más comúnmente utilizado, sustituyendo a las tiras de bambú o de seda, así como a las tablillas de arcilla húmeda o de madera.

El primer fragmento de papel escrito fue hallado en las ruinas de una torre de reloj en Tsakhortei, después de que las tropas Han hubieran abandonado el lugar en el año 110. Todavía habrían de pasar seis siglos más para que se utilizara como soporte de impresión. Lun, en su afán por perfeccionar el invento, creó una nueva técnica consistente en impermeabilizar encolados a base de almidón, arroz y zumo extraído de las raíces del tororo aoi. Todos los componentes se trituraban para posteriormente ser sumergidos y cocidos en agua durante varios días, obteniéndose de este modo una pasta que debía ser extendida para su secado al sol. Todo este proceso evitaba la formación de grumos o rugosidades, lo que facilitaba la escritura. Tras la fase de secado, las láminas se cortaban según las necesidades, siendo a menudo utilizadas también en la construcción[45].

El descubrimiento y fabricación del papel en China condujo a una revolución tecnológica y literaria. Debido a su importancia, el proceso de fabricación se mantuvo en secreto. Cualquier intento de revelación estaba castigado con la pena de muerte. Unos siglos después, hacia el año 751, los árabes capturaron a unos trabajadores del papel chinos, revelándoles entonces, bajo tortura, el secreto de su fabricación. Precisamente, serían estos últimos los que introducirían su uso en Europa en el siglo X, donde todavía se utilizaba el pergamino, hecho con pieles de cabra o carnero. Su influencia, como después veremos, tuvo un impacto significativo en el desarrollo de las técnicas de escritura e impresión.

---

44 J. Rodríguez, R. (mayo 1995). Historia de la ciencia y la técnica en la antigua China. *Historia de la Ciencia*, 3(2), p. 2. Artículo en: https://www.researchgate.net/profile/Rodolfo-Rodriguez-Rodriguez/publication/318921202_Historia_de_la_ciencia_y_la_tecnica_en_la_antigua_China/links/59855ca5aca27266ad9a2f89/Historia-de-la-ciencia-y-la-tecnica-en-la-antigua-China.pdf

45 Si bien en el Antiguo Egipto la escritura se realizaba sobre papiros vegetales, la realidad es que el papel, tal y como lo conocemos hasta nuestros días, debemos considerarlo una invención del chino Tsahi Lun. Véase Cotterell, Maurice. (2004). *The Terracotta Warriors: The Secret Codes of the Emperor's Army* (p. 11). Rochester. Bear & Company.

Antes del final del reinado Han, el mantenimiento de la Gran Muralla sufriría algunos abandonos temporales. A cambio de su desatención, el poder y las políticas aplicadas por la dinastía lograron objetivos tan importantes como la apertura de la Ruta de la Seda, hacia el año 130 a. C., o la construcción de escuelas a lo largo del Imperio con el fin de fomentar la alfabetización y las enseñanzas confucianas, por entonces convertidas ya en la doctrina oficial del Estado. Con el gobierno de Wu Ti, se emplearon millones de trabajadores en la construcción de nuevas carreteras y obras públicas, lo que mejoró significativamente el transporte y el comercio. Estas acciones provocaron un aumento exponencial de la riqueza, además de la consolidación del poder en manos de los grandes señores feudales, favoreciendo el empobreciendo de los campesinos y de las clases más humildes.

En el año 9 d. C., Wang Mang tomó por la fuerza el gobierno del país, reclamando el Mandato del Cielo y terminando con la dinastía Han. El nuevo periodo dinástico Xin solo duraría hasta el año 23. Los conflictos entre la aristocracia terrateniente y el campesinado se mantuvieron durante bastantes años por lo que China tuvo que asistir a varias revueltas y motines como la Rebelión de las Cinco Medidas de Arroz, en el año 142, o la Rebelión de los Turbantes Amarillos. Distintas dinastías y clanes familiares fueron sucediéndose entonces de forma fugaz en el gobierno. Nombres como los de Wei, Jin, Wu Hu o Sui, solo pudieron impulsar proyectos personales entre los años 208 al 618, siendo el último de los linajes quien lograría nuevamente unificar el país, en el año 589. La dinastía Sui se distinguió por su capacidad para instaurar una burocracia eficaz, sobre todo durante los reinados de Wen y de su hijo Yang. Estos proyectos de construcción y las campañas militares agotaron considerablemente los recursos del tesoro, pero antes de que esto sucediera, se logró completar la construcción del Gran Canal y se amplió la Gran Muralla.

Con la llegada al trono de la dinastía Tang, China conoció la «Edad de Oro» de su civilización, entre los años 618 al 907. Su primer emperador, Gao Tzu, evitó realizar proyectos innecesarios, tanto en el ámbito civil como en el militar, modificando la administración de sus predecesores Sui. Durante el mandato de la primera y única emperatriz, Wu Zetian, desde el año 690 y hasta el 704, se mejoraron las condiciones de vida en la mayor parte de los territorios del Imperio, fortaleciéndose la imagen del monarca. La estabilidad lograda por Zetian hizo que floreciera nuevamente el comercio impulsando la Ruta de la Seda. Más aún, y tras la división del Imperio Romano de Occidente, Bizancio pasó a ser un importante comprador de seda china.

Durante el reinado del emperador Xuanzong, entre los años 712 y 756, China pasó a ser el país más extenso, a la vez que el más poblado y próspero del mundo. Su elevado número de habitantes hizo posible el reclutamiento de miles de soldados, asegurando el éxito en las campañas militares contra pueblos nómadas como los túrquicos, o la obstaculización de revueltas internas. Tanto en el periodo Tang como en el posterior, correspondiente a la dinastía Song, el desarrollo tecnológico y científico alcanzó su máximo esplendor. A ello se sumó un incuestionable florecimiento de las artes, sobresaliendo entre todas ellas, la escultura y la orfebrería.

Durante los años 618 al 1234 se experimentó una fase de progreso y desarrollo que no estuvo exenta de rebeliones regionales persistentes. Esto llevó al Imperio a situaciones de incertidumbre en el comercio y la recaudación de impuestos. La dinastía Tang siguió soportando altercados y desórdenes internos, sobre todo durante los levantamientos de Huang Chao, durante los años 874 hasta el 884, dejando una vez más al país dividido. Desde ese momento y hasta el definitivo ascenso al poder de los Song, se produciría un periodo de gobiernos conocidos como de las Cinco Dinastías y Diez Reinos, desde el año 907 hasta el año 960.

Para entonces, el uso de la impresión mediante sellos de madera, la encuadernación o la fabricación de la pólvora eran ya realidades que venían sucediéndose desde hacía tiempo. El primer ejemplo conocido de una impresión por sellos es un sutra *dhâranis*, un tipo de discurso ritual de una sola hoja escrito en lengua sánscrita. La impresión se realizó en un papel de cáñamo y su datación arroja fechas alrededor del año 660.

Por otro lado, el llamado *Kaiyuan Za Bao*, considerado el primer periódico de la historia, se distribuyó hasta el año 713 y el primer libro impreso conocido hasta el momento es el *Sutra del Diamante*, realizado durante la dinastía Tang, hacia el año 868. Se trata de un pergamino de papel de algo más de cinco metros de largo, impreso durante el mandato de Yingzong, cuya caligrafía fue descrita como muy avanzada y refinada. También se sabe que los calendarios chinos impresos más antiguos que se conocen fueron confeccionados entre los años 877 y 882[46].

Antes de que finalizara el primer milenio, la impresión con tipos móviles era ya una práctica habitual en muchas ciudades chinas. En su trabajo titulado *Men Xi Bi Tan*, el escritor chino Shen Kuo describió el proceso de elaboración y separación de tipos para imprimir utilizando caracteres de arcilla cocida. Aunque

---

46 Needham, J. (1986). *Science and Civilization in China: Volume 5, Chemistry and Chemical Technology, Part 1, Paper and Printing* (pp. 149-151). Taipei. Caves Books, Ldt.

con anterioridad los primeros tipos se habían elaborado en madera, hacia el siglo XIII su perfeccionamiento ya permitía la utilización de materiales como el bronce o el estaño. Sin duda, los avances en la imprenta, ya en el siglo IX, marcaron una verdadera revolución al permitir la impresión de libros en papel, folletos, etc., en diversos estilos, acentuándose su desarrollo durante las dinastías Tang, Song y Ming.

La imprenta y el papel facilitaron la comunicación civil y militar, ya fuese para difundir la literatura china o para la preparación de informes. La conflictividad interna y externa a lo largo de todas las dinastías necesitó de un gran número de guerreros permanentes, aumentando la instrucción y el reclutamiento. Incluso para la vigilancia de los puestos en la Gran Muralla se necesitaba un contingente cercano a los 10 000 hombres, además de un cuantioso ejército profesional para proteger las fronteras. La tecnología ayudó a mantener territorios y a preservar el poder de las clases mejor situadas, incluidos los privilegios reales, si bien todavía quedaban invenciones por llegar.

La magnitud de la pólvora y las brújulas flotantes

Aunque no existe una certeza precisa, el uso de la pólvora en China parece que se produjo durante el periodo de las Cinco Dinastías y los Diez Reinos, entre los años 618 y 907. Las primeras instrucciones sobre su fabricación fueron redactadas por Zeng Gongliang, Ding Du y Yang Weide en un manuscrito militar titulado *Wujing Zongyao*, o *Libro del dragón de fuego*. Además de nitrato, sulfuro y carbón, la formulación contenía albayalde (carbonato de plomo), cera, resina de pino y arsénico. Se cree que mientras unos alquimistas buscaban una fórmula para hallar la inmortalidad, estos se encontraron inesperadamente con una receta que iba a cambiar el curso de la humanidad.

> […] una explosión sacudió la ciudad de Yangzhou. El ruido —escribía un residente— fue como un volcán en erupción, un tsunami rompiendo. Toda la población estaba aterrorizada. La onda expansiva —o, como la gente lo llamada, el "viento de la bomba"— lanzó vigas […] y tejas. Al principio, los residentes pensaron que se trataba de un ataque, pues la guerra se había apoderado de su mundo durante generaciones, pero pronto se dieron cuenta de que era un accidente: el arsenal de Yangzhou acababa de despedir a sus expertos fabricantes de pólvora y los nuevos habían estado moliendo sulfuro sin prestar demasiada atención. Una chispa descontrolada había aterrizado sobre unas lanzas de fuego y estas habían empezado a escupir llamas y a agitarse «como serpientes asustadas». (Andrade, 2017, p. 23)

Durante toda la dinastía Song, tuvieron lugar los avances militares más significativos de la historia. Los primeros experimentos con pólvora, tras años de investigación, no resultaron efectivos para atacar fortificaciones, pero sí para acabar con el enemigo. Los ejércitos imperiales la incorporaron cuando sus fronteras se vieron amenazadas por los Jin, una dinastía ascendente manchú, a partir del año 1115. Estos atacaron Kaifeng, la capital Song, en el año 1126. Durante su asedio, se utilizaron las llamadas «bombas de trueno», precursoras de las granadas de mano. En otros momentos las bombas eran lanzadas desde catapultas o bajadas desde las murallas mediante cadenas de hierro manipuladas por palancas. En la crónica escrita del asedio se llegó a escribir que: «Por la noche se utilizaban bombas de trueno, que alcanzaban bien las líneas del enemigo y lo sumían en una gran confusión»[47].

A partir del siglo XIII, las fórmulas de la pólvora incrementaron su potencial debido a un notable aumento del nitrato en su composición, transformando las armas y volviéndolas más avanzadas y mortíferas. Construido hacia el año 1298, durante la dinastía Yuan, el cañón de Xanadú es el más antiguo que se conoce. Sin embargo, alrededor del año 905, ya se había construido la «lanza de fuego», consistente en un tubo de bambú o metal que se unía a una lanza llena de pólvora. Una vez encendida, su alcance podía llegar a los 5 m, siendo capaz de mutilar o matar a varios soldados a la vez. La importancia de estas armas se comprende mejor al saber que Zhu Yuanzhang, fundador de la dinastía Ming, ordenó la construcción de cientos de cañones similares.

Con un peso aproximado de 6 kg y una longitud de 35 cm, la fabricación del cañón de Xanadú, poco más o menos en serie, obligó a que algunos ejércitos chinos contaran con al menos un 10 % de artilleros. A partir del período Song, hubo una transformación en las guerras, pasando de depender principalmente de arcos, flechas y lanzas a contar con armamento más sofisticado como lanzas de fuego y cañones. Como señala Andrade: «En China había más artilleros que caballeros, soldados y pajes en Francia, Inglaterra y Borgoña juntas». Pero más importante aún fue la capacidad que demostraron para mantener un fuego continuo, algo que en Europa se tardaría todavía varios siglos en lograr[48].

Las bombas explosivas fueron otra innovación tecnológica desarrollada por los chinos durante el siglo X. Construidas como piezas redondas cubiertas de papel o bambú, su contenido en pólvora era capaz de explosionar al contacto con

---

47 Armada Díaz, J. (29 de diciembre de 2019). Pólvora: la «medicina» que iba a transformar la guerra para siempre. *La Vanguardia*. Artículo en: https://www.lavanguardia.com/historiayvida/edad-media/20191229/472510870796/polvora-china-guerra.html
48 Ibid.

cualquier cuerpo, incendiando todo cuanto podía haber a su alrededor. Conocidas también como «bombas de estruendo», se utilizaban para la defensa frente a asedios. Su facilidad en el montaje y manejo provocaron que otros ejércitos enemigos de China, como los jurchen o los mongoles, no tardaran en utilizarlas. De hecho, en el transcurso del periodo dinástico Jurchen Jin, está documentado el uso de bombas fabricadas con pólvora y hierro fundido contra los ejércitos mongoles.

Desde las embarcaciones de combate también comenzó a emplearse de manera masiva el lanzallamas. Los constructores chinos llegaron a diseñar navíos impulsados por ruedas con paletas. Así consta desde el año 975 en enfrentamientos ocurridos en el río Yangtze entre la armada de los Tang del Sur y los ejércitos de Song. Estos artefactos sirvieron, igualmente, para la defensa de las ciudades, situándose un número destacado de soldados en sus murallas con el fin de quemar a los ejércitos asaltantes. Asimismo, en el transcurso de la dinastía Ming se perfeccionaron algunos diseños de proyectiles incendiarios, llegando a adquirir la capacidad suficiente para la construcción de cohetes multietapa ideados para el combate naval.

En el mencionado manuscrito *Wujing Zongyao* también aparece la descripción más antigua de un cohete de dos etapas que activaban de forma automática un número determinado de flechas. Los cohetes más pequeños eran lanzados desde el extremo frontal del «misil», cuya forma era similar a una cabeza de dragón. Esta invención ha sido considerada por muchos historiadores como el antecesor de las actuales bombas de racimo modernas. En otras ocasiones, el arma se configuraba en tres tubos unidos a un mismo bastón. Cuando se disparaba el primero de los tubos se prendía una carga en el cilindro principal que disparaba un polvo cegador y lacrimógeno al enemigo.

Sin embargo, no todos los avances tecnológicos empleados en la navegación tuvieron un propósito bélico. Durante los siglos I y II, y especialmente después del inicio de la dinastía Han, las primeras brújulas de la historia comenzaron a utilizarse en la navegación. En los textos *Guanzi*, *Lüshi Chunqiu* y *Huainanzi*, fechados entre el siglo VII a. C. y el año 139 a. C., se encuentran las primeras descripciones relativas a la atracción de la magnetita y el hierro. Más adelante, el libro *Louen-Heng*, escrito hacia el año 83 d. C., recoge la atracción magnética de una aguja por la magnetita. Al situar un fragmento de esta piedra dentro de un círculo, observaron que siempre apuntaba hacia la misma dirección. Aunque en sus comienzos esta práctica fue utilizada como una «máquina» de adivinación, lo cierto es que no tardaron en darse cuenta de que podía servir para la orientación.

En la actualidad desconocemos quién o quiénes fueron los artífices de este invento. Algunas descripciones nos hablan de una cuchara tallada en hierro imantado que, posada sobre una placa de bronce pulimentado, era capaz de fijar su mango en una dirección concreta. Esta circunstancia permitió que, durante el siglo IX, se idearan las primeras brújulas sobre agua flotante o pivotante. El desarrollo técnico fue de tal envergadura que ya en el año 940, el ingeniero chino Chen Koua fabricó imanes después de enfriar una barra de acero orientada al norte-sur. Las brújulas permiten determinar la dirección respecto de la superficie de la Tierra, gracias a una aguja imantada que señala el Norte magnético, el cual difiere del Norte geográfico. Esta aguja indica la dirección del campo magnético terrestre apuntando hacia los polos norte y sur, permitiendo la medición de ángulos sobre el terreno en relación con este Norte magnético, lo que comúnmente llamamos rumbos.

A partir del año 1080, las brújulas comenzaron a construirse con agujas de hierro, siendo magnetizadas mediante la fricción de su punta contra una piedra de imán. Después se situaban en un recipiente con agua para indicar el norte. Este avance permitió la seguridad en la navegación marítima de altura. Para entonces, Shen Kuo, astrónomo y cartógrafo ya había descrito perfectamente el funcionamiento de la brújula magnética en su obra *Mengxi Bitan*. En 1117, un libro escrito por Zhu Yu detallaba por primera vez los sistemas de orientación utilizados en la navegación: «El navegante mira las estrellas por la noche y la posición del sol durante el día, y si está oscuro y nublado, se deja guiar por la brújula»[49].

La historia del desarrollo tecnológico en la antigua civilización China revela la singularidad de su legado, superando notablemente las innovaciones europeas a lo largo de los siglos. Seguramente, la cultura china estuvo entre las más adelantadas, manteniéndose a la vanguardia hasta, aproximadamente, el siglo XV. La propia disposición geográfica proporcionó un aislamiento en relación con otros

Brújula china con una cuchara de hierro imantada sobre una placa de bronce.

49 Allenton, V. y Lackner, M. (1999). *De l'un au multiple. Traduction du chinois vers les langues européennes* (p. 175). Paris. Éditions de la Maison des Sciences de l'homme. También en Morales, A. (21 de junio de 2021). La historia de la brújula: un invento determinante en el avance de la navegación. *Panorama cultural*. Artículo en: https://panoramacultural.com.co/historia/8050/la-historia-de-la-brujula-un-invento-determinante-en-el-avance-de-la-navegacion

pueblos desarrollados, dando paso a una cadena de poderes centralizados, sometidos a clanes y linajes bajo la tutela de un emperador. La colosal red de ciudades surgida en todo el mapa político y económico exigió, como ya sucediera en Mesopotamia o Egipto, una organización militar importante dotada de medios muy modernos para proteger el poder real y el de los grupos sociales más privilegiados.

Hay que recordar la represión y la persecución que bajo los gobiernos imperiales se ejerció para desactivar cualquier intento de cambio. Una vez más, la ciencia en China quedó confinada y relegada a pequeños grupos de intelectuales, sabios y pensadores al servicio del emperador, por lo que cualquier aspecto relacionado con la tecnología solo pudo emplearse en función de las necesidades de las clases nobles y del gobierno impuesto por la fuerza. Esta circunstancia limitó en gran medida el progreso y la competencia en la exploración y la investigación, dado que la sociedad carecía de libertad. Sin embargo, esto no ha impedido que su desarrollo científico y sus invenciones sigan siendo fundamentales para entender los orígenes de nuestra ciencia moderna.

El conocimiento y el poder en el mundo helénico

Barcos y catapultas

Las primeras sociedades humanas registradas en territorio griego se remontan al Paleolítico, hacia el año 7000 a. C. Un milenio más tarde, a comienzos del Neolítico, también tuvieron lugar la expansión de la cerámica y el surgimiento de asentamientos. Probablemente fue alrededor de año 2000 a. C., cuando comenzaron a llegar las primeras oleadas de grupos y etnias a la zona, iniciándose el llamado periodo heládico que se extendería desde el año 2600 a. C., hasta aproximadamente el año 1150 a. C.

Durante los primeros siglos, numerosos pueblos agrarios de las regiones egeas fueron fusionándose con otros llegados de fuera, como los aqueos y los jonios, trayendo consigo nuevos conocimientos y técnicas agrícolas y alfareras. Conocedores de los metales, no tardaron en introducir el carro de guerra y el ámbar, levantando magníficas fortalezas como las de Micenas, Pilos y Tirinto para terminar expandiendo sus dominios a Mileto, Rodas o Chipre. Para sus habitantes, la *Hélade* comprendía varios territorios continentales, como la península balcánica y las regiones costeras de Asia Menor, actualmente Turquía, además del conjunto de islas del mar Egeo, entre las que se encontraban Creta, el archipiélago Dodecaneso o las Cícladas.

La llamada civilización micénica alcanzaría su cenit en el siglo xv a. C., colapsando en el año 1150 a. C., sin conocerse todavía las causas del mismo. Destacada por Homero en la *Ilíada* y la *Odisea*, existen algunas teorías que explican la caída de Micenas como una consecuencia de la invasión de pueblos como los dorios, beocios y tesalios. Otra teoría sugiere que la llegada a Grecia de los pueblos del mar pudo haber sido un factor. Aunque tampoco se descarta la posibilidad de un desastre natural como parte de la causa. Simultáneamente, la cultura minoica, con la isla de Creta como referente, alcanzó un elevado nivel tecnológico, como demuestran sus proyectos urbanísticos que incluían instalaciones sanitarias, pozos higiénicos o pinturas minuciosamente elaboradas.

Desde un punto de vista cronológico, el estudio de la antigua Grecia se divide en cuatro etapas; la Edad Oscura, entre los años 1100 a. C. y 750 a. C.: la Grecia arcaica, que abarca desde el 750 a. C. al 480 a. C.; la Grecia clásica, desde el 480 a. C. al 323 a. C.; y el periodo helenístico, que comenzó en el 323 a. C., tras las Guerras de Alejandro Magno y que concluyó con la caída a manos de la República de Roma en el año 146 a. C. Durante todas ellas, su cultura se destacaría por el arte, la literatura, además del legado filosófico con pensadores como Sócrates, Platón o Aristóteles. El ideario griego impactaría después en el Imperio romano y en el Renacimiento, siendo considerado uno de los principales pilares en la cultura occidental.

Además de la escasa evidencia arqueológica, solo contamos con algunos textos que mencionan momentos de la Edad Oscura. La desaparición de la escritura micénica provocó que algunas de las tradiciones y leyendas permanecieran gracias a la transmisión oral. De estas reducidas fuentes conocemos que durante dicha época se produjo un drástico descenso de la población, con oleadas migratorias en distintas áreas del Peloponeso y Creta, principalmente, por parte de los dorios. Otras comunidades como los jonios se extendieron por las Cícladas. En suma, se trató de un momento marcado por la escasez y la pobreza dominado por una agricultura de subsistencia en la que, además, la falta de Estados era evidente. Excepcionalmente, Atenas mantuvo su acrópolis como símbolo de la civilización, aunque sus instituciones más importantes terminaron desmoronándose, obligando a sus ciudadanos a transitar hacia una profunda transformación.

Hacia el siglo VIII a. C., muchos territorios griegos comenzaron a prosperar. Tomando como base el alfabeto fenicio, los griegos crearon su propio alfabeto, lo que marcó el comienzo de la escritura con estos caracteres. Grecia se fragmentó en distintas comunidades y regiones más pequeñas, cada una exhibiendo las características de las migraciones previas y el aislamiento geográfico. Entre los años 710 a. C. y 650 a. C., la guerra Lelantina enfrentó a las ciudades-estado de Calcis y Eretria, sufriendo ambas un fuerte declive. Sin embargo, a comienzos del siglo VII a. C., comenzaron a percibirse algunos cambios, como la aparición de una clase mercantil o el uso de la moneda, comprometiendo a las clases aristocráticas que hasta entonces habían gobernado las *polis*. Esto hizo que tuvieran que protegerse para evitar ser reemplazados por tiranos populistas, τύραννος *tyrannos*, o «soberanos ilegítimos»[50].

---

[50] «En el sentido exacto, un tirano es un individuo que se arroga a la autoridad real sin tener derecho a ella. Así entendían los griegos la palabra "tirano": la aplicaban indiferentemente a príncipes buenos y malos cuya autoridad no era legítima (Rousseau, *El contrato social*)». Traducción del original en inglés *Etymology Dictionary*.

El crecimiento demográfico desencadenó tensiones entre pobres y ricos en numerosas ciudades-estado. Como resultado, las guerras mesenias en Esparta, a mediados del siglo VIII a. C., terminaron con la conquista de Mesenia y la esclavitud de su población. Conocidos como *ilotas*, estos estaban obligados a labrar y trabajar para el Estado espartano, mientras las élites se preparaban para la milicia. A pesar de la militarización de la sociedad, este comportamiento disminuyó gracias a las reformas emprendidas por el legislador Licurgo, las cuales eliminaron las diferencias entre clases y redujeron los conflictos sociales.

A lo largo del siglo VI a. C., fueron varias las ciudades-estado que dominaban Grecia. Atenas, Esparta, Corinto y Tebas disponían de una organización basada en el control de las áreas rurales, además de una importante flota con las que controlar el comercio marítimo. Durante un largo periodo de tiempo, el desarrollo económico de todas las regiones experimentó un crecimiento considerable. Atenas pasó a depender del tirano Pisístrato y de sus herederos Hipias e Hiparco. En el año 510 a. C., el monarca espartano Cleómenes I, requerido por Clístenes de Atenas, acabó con la tiranía asumiendo él mismo el poder ateniense.

No obstante, viendo que el reinado de Esparta podía prolongarse, Clístenes propuso una reforma política sin precedentes en la que todos los ciudadanos pudieran compartir el poder, indistintamente de la clase o estatus social. La «democracia» fue inmediatamente bien acogida por los atenienses provocando la destitución de Iságoras, arconte que había sido impuesto por su predecesor Cleómenes I. Con el triunfo de las ideas de Clístenes, Atenas quedó inmersa en una etapa de progresos, llegando incluso a rechazar una invasión por parte de Esparta, cuya intención no era otra que la de restituir a Iságoras.

Durante el apogeo de la Grecia clásica, la rivalidad entre Atenas y Esparta se vio interrumpida debido al intento del rey aqueménida Darío I de someter a Grecia bajo su poder. Con la invasión persa en el año 490 a. C. y su posterior derrota en la batalla de Maratón, Jerjes I, heredero de Darío I, intentó lo que su predecesor no había logrado. El plan era la respuesta a la derrota sufrida años antes en la primera guerra médica. Para esta ocasión, Jerjes reunió un colosal ejército con el fin de ocupar Grecia. A pesar de ello, los 250 000 mil hombres —dos millones según Heródoto— no lograron vencer a la alianza helena y fueron detenidos en el famoso paso de las Termópilas bajo el mando del general ateniense Temístocles. A este éxito militar se sumaron las victorias en Salamina, Mícala y Platea, además de la neutralización de la armada persa en el estrecho de Artemiso, terminando el conflicto en el año 449 a. C., con el fortalecimiento de la Confederación de Delos. El fin de las guerras médicas supuso la liberación de la influencia persa en regiones como Macedonia, Tracia o las islas del Egeo, pero no marcó el fin de los problemas regionales[51]. El dominio ateniense en el mar sentó las bases para una nueva rivalidad, esta vez con Esparta y la Liga del Peloponeso, constituida por ciudades-estado de la Grecia continental. En el año 405 a. C., una poderosa flota al mando del oficial espartano Lisandro venció a la armada ateniense en Egospótamos, finalizando la guerra y dejando a Esparta como potencia hegemónica durante varios años. El debilitamiento de los territorios de la Grecia central facilitó la expansión de Macedonia que, encabezada por su rey Filipo II, conquistó Tesalia y Tracia. La invasión culminó en el año 338 a. C., gracias a una serie de innovaciones militares.

Filipo había reformado el ejército, creando la falange como unidad básica de combate. En ella se aunaban dos características originales. Por un lado, una formación compacta de las unidades y por otro, un armamento pesado en el que destacaba una nueva lanza conocida como *sarisa*. La llegada al poder de Alejandro Magno, heredero de Filipo II, no hizo sino reavivar la guerra derrotando al rey persa Darío III, acabando así con la dinastía aqueménida y anexionándose la totalidad de los territorios macedónicos. Tras su muerte en el año 323 a. C., el poder de Grecia era prácticamente absoluto, comenzando un nuevo periodo, el helenístico, que se prolongaría hasta la ocupación romana en el año 146 a. C.

En cuanto a las innovaciones tecnológicas empleadas en la guerra, dos sobresalieron por encima de las demás. Para proteger las costas griegas de posibles ataques, tanto ingenieros como inventores se esforzaron por garantizar la superioridad marítima frente a sus enemigos. El empeño significó una de las más importantes aportaciones en el campo de la navegación: el trirreme griego. Por otro lado, a consecuencia de las sucesivas incursiones de pueblos rivales se hizo necesaria la creación de un ejército terrestre capaz de contrarrestar el poder militar de sus adversarios. En ambos casos, la tecnología griega funcionó.

Las difíciles relaciones entre los griegos y sus países vecinos se vieron muchas veces afectadas también por las condiciones geográficas imperantes en la zona. El mar asumió un papel fundamental, ya fuera para protegerse o simplemente para mantener una administración eficaz en las comunicaciones y el comercio. Teniendo en cuenta todo ello, los progresos en la navegación no dejaron de producirse, primero en la construcción de puertos y, casi al mismo tiempo, en la mejora de navíos para el transporte y la guerra. En el primero de los casos, el ejemplo más notable es el de la isla de Samos, donde se edificaron rompeolas y un malecón para proteger la bahía. Tampoco podemos olvidar la construcción del

---

51 El nombre de guerras médicas aludía al nombre dado por los antiguos griegos a una franja colindante con Persia, denominada Media que, desde el año 550 a. C., estuvo sometida a dicho Imperio.

primer faro del que se tienen noticias. Levantado en el reinado de Ptolomeo II, entre los años 280 a. C. y 247 a. C., en la isla de Faros (Alejandría), este faro se convirtió en un punto de referencia para ubicar el puerto.

El paradigma de la marina griega siempre fueron los barcos cretenses y fenicios, navíos que emergían considerablemente del agua y que tenían un amplio espacio para el aprovisionamiento en pisos superpuestos bajo su línea de flotación. Construidos generalmente con madera de pino de Siria, en el fondo se amontonaban minerales o lingotes de cobre. El casco debía ser calafateado, esto es, sellado en las juntas de las tablas, con un betún obtenido en Oriente. En principio, las primeras embarcaciones, mucho más lentas que las que se construirían con posterioridad, se utilizaron para rutas comerciales y el transporte de personas.

Dado que el mar era un medio fundamental de supervivencia, los griegos no dudaron en utilizar el barco como un arma decisiva en la guerra. Las mejoras técnicas hicieron posible que los cascos, antes anchos y pesados, se convirtieran en estrechos y ligeros con el fin de aumentar su velocidad. Se les dotó de remos y armas para hundir otros navíos, incorporando un espolón de bronce, junto a soldados equipados para combatir a distancia armados con arcos y jabalinas. A comienzos del siglo VII a. C., el constructor corintio Ameinocles diseñó una nave con una cubierta de dos pisos capaz de alojar hasta cien remeros. Conocida con el nombre de *birreme*, muy pronto construiría un barco superior o *trirreme*, que se haría célebre en las guerras de Sicilia contra Cartago, siendo decisivo en los enfrentamientos que posteriormente tendrían Atenas y Esparta.

> Los barcos de guerra servían ante todo para transportar soldados, que remaban ellos mismos, hasta el territorio enemigo. El trirreme clásico, por el contrario, estaba diseñado ante todo para lograr rapidez y maniobrabilidad. Su adopción extendida significaba una traslación de la prioridad del transporte al combate, y del combate sobre las cubiertas a la embestida. Para la batalla naval, los trirremes formaban normalmente en una línea larga simple y se empeñaban en duelos uno contra uno en los que giraban en torno a otro buscando la ocasión de superar de flanco la nave enemiga, espolonearla y retroceder rápido antes de que volcase. Esto exigía mucho de las capacidades de remeros y marineros, especialmente el timonel, y fomentaba mucho el empleo de tripulaciones al menos semiprofesionales. (de Souza, 2008, p. 116)

Su mayor virtud era la velocidad, debida principalmente a la forma de su casco y su eslora, lo que permitía una menor resistencia al agua. Esto llevó a que la técnica naval alcanzara uno de sus puntos más destacados en la historia de la navegación marítima con la aparición de estos barcos. El trirreme fue un desarrollo a partir de otros navíos como el *pentecóntero*, más corto, pero que contaba ya con una vela. Aun así, se trataba de un barco con unas exigencias, tanto desde una perspectiva tecnológica como de personal, muy elevadas. Con una capacidad de volumen o arqueo de 100 toneladas, precisaba de una tripulación de 200 hombres. Sus 35 metros de eslora y los 4 de manga le dotaban de una capacidad para colocar 24 remos largos por cada lado, un timón doble y una vela cuadrada. En el amplio puente podía armar un sinfín de medios ofensivos, obteniendo una velocidad aproximada de 10 nudos.

Además, su ángulo de inclinación y el recorrido de sus remos demandaba un estricto entrenamiento de la tripulación. A ellos se sumaba una concentración en los esfuerzos para conseguir una mayor potencia en tramos de navegación cortos durante el combate. Solo de esa forma el uso del espolón de proa, una pieza de madera recubierta de bronce podía garantizar el éxito en el abordaje. La primera de las batallas de las que se tiene noticia del uso de trirremes fue en la de Salamina, en el año 480 a. C., donde la flota ateniense venció a la armada persa a pesar de su inferioridad numérica. Así, durante los siglos v y x, los conocidos dromones bizantinos se convirtieron en los herederos directos del trirreme. De estos, surgirían las galeras en el siglo xii, una nave dotada también de remos que colocó castillos a proa y a popa. Construido con dos palos y velas latinas, la galera no tardó en ser el paradigma de las naves de combate durante la Edad Media, navegando por el Mediterráneo hasta bien entrado el siglo xvii. Su mayor celebridad la alcanzaría en la batalla de Lepanto, en 1571.

Además de las aportaciones técnicas en el campo de la navegación, también se desarrollaron otras que pronto se incorporaron a la guerra. La tecnología militar en Grecia no fue muy distinta a la de otros pueblos y culturas. Para la guerra del Peloponeso, el ejército de Beocia, aliado de Esparta, construyó lanzallamas vaciando el interior de troncos de árboles. Partidos en dos mitades, su mecanismo mortífero resultó tan simple como efectivo. Sobre uno de sus extremos situaron un recipiente con betún y azufre y, en el otro, un fuelle. Armados sobre carros, al acercarse a la línea del frente se apuntaba con el tubo. Al comprimir el fuelle, una llamarada surgía del receptáculo, creando una brecha de fuego que facilitaba el asalto a las defensas enemigas.

Otra de las innovaciones griegas fue la construcción de artefactos capaces de lanzar piedras de hasta 45 kg. Las catapultas o *euthytonon* adquirieron una importancia cada vez mayor al permitir arrojar jabalinas y otros proyectiles por encima de muros y almenas. Sobre estos combates, Vitruvio dejó algunos relatos relacionados con algunas máquinas griegas diseñadas para tal fin. Entre las más llamativas figuraba un puente móvil capaz de superar obstáculos como fosos o murallas.

> Las Tortugas eran unas torres grandes de madera anchas y poco altas, que andaban sobre seis ú ocho ruedas, cubiertas de pieles de Buey recién muerto, para precaverse del fuego. Usabanlas para cubrirse quando se acercaban á minar las Murallas ó batirlas con el Ariete. Las Torres de madera servian para levantar á los Sitiadores á la altura de las Murallas, á fin de auyentar á los Sitiados con tiros de flechas, y con los Escorpiones; y también para pasar á los Muros sobre Puentes levadizos. La altura de estas Torres llegaba algunas veces á ciento y ochenta pies, con veinte altos ó suelos. Cubrianlas como á las Tortugas con pieles frescas de Buey: y las guarnecian con cien hombres, que se empleaban unos en moverlas, y otros en tirar los Sitiados. (*Compendio de los diez libros de Arquitectura de Vitruvio*, escrito por Claudio Perrault y traducido al castellano por D. Joseph Castañeda, 1761, p. 133)

Pero sin duda, el arma más letal fue la lanza larga o *sarisa*, ideada para dañar sin ser arrojada. Utilizada por el ejército macedonio desde su invención en tiempos de Filipo II, todavía hoy sigue siendo motivo de investigación. Pocas armas han suscitado tantos interrogantes como la sarisa macedónica, siendo el primero en hablar sobre el tema el filósofo Teofrasto, quien llegó a asegurar que las más largas llegaron a alcanzar los diez y doce codos. La idea más aceptada es que los doce codos iniciales equivaldrían a una longitud de 5,3 metros[52].

Por su tamaño y envergadura, el arma requería de una pericia y un manejo complejos, sobre todo dentro de las formaciones en falange. Esto ha llevado a pensar que en su momento la sarisa pudo haber sido desmontable, estando formada por dos piezas que, unidas mediante una abrazadera, la hacían manejable lejos de la batalla. La solución mecánica fue, sin duda, uno de los avances más importantes al permitir que un arma tan larga pudiera ser manejada al mismo tiempo que acarreada a las zonas de conflicto. Friedrich Wilhelm Miesen, miembro de *Hetairoi*, una asociación cultural interesada en devolver a la historia los conocimientos olvidados en tiempos de Alejandro Magno, ha asegurado que los soldados desmontaron las lanzas durante las marchas para facilitar su transporte[53].

---

52 Gajate Bajo, M. y González Piote, L. (2017). *Guerra y tecnología. Interacción desde la Antigüedad al Presente* (p. 84). Madrid. Editorial Centro de Estudios Ramón Areces, S.A.

53 Miesen defiende esta tesis, sobre todo si tenemos en cuenta que el rey macedonio persiguió a Darío a una velocidad actual de unas 36 millas diarias, es decir, casi 60 km, lo que exigía que las armas fueran manejables en todo momento. Ibid, p. 91.

Grabado de una moneda de plata del 321-281 a.C. con la imagen de Alejandro Magno.

Las continuas conquistas de Alejandro determinaron la ampliación de las fronteras griegas, provocando migraciones continuas hacia los nuevos territorios en el este, como Antioquía o Alejandría, e incluso hasta regiones de Pakistán y Afganistán. Tras su muerte, todo el Imperio quedó repartido entre sus generales, lo que marcó el inicio del período intermedio durante el cual las ciudades-estado pudieron recuperar parte de la libertad perdida. Durante la Grecia helenística fueron la Liga Aquea, a la que pertenecían Tebas, Corinto y Argos, y la Liga Etolia, con Esparta y Atenas a la cabeza, las protagonistas de las tensiones y de los nuevos enfrentamientos.

En el año 168 a. C., después de que Roma y Cartago se enfrentasen, las guerras macedónicas concluyeron. Tras la victoria de Roma, Macedonia quedó dividida en cuatro repúblicas independientes bajo prohibición de que entre sus habitantes no existiera ni el comercio ni el matrimonio.

Tanto la Liga Etolia como la Aquea fueron finalmente anexionadas a la República en el año 146 a. C., tras la batalla de Corinto. La ocupación territorial y política tuvo un efecto de retorno para los romanos, ya que terminaron adoptando muchos de los aspectos de la cultura griega. Así, la lengua de Homero y Arquímedes se volvió común en muchas casas nobles, y muchos de sus hijos fueron educados bajo la atención de algún preceptor griego. Además, la sociedad en Grecia comenzó a cambiar, con la desaparición de la clase media y el surgimiento de patricios y plebeyos.

Arquitectura e ingeniería hidráulica

Durante siglos, los distintos sistemas de gobierno contribuyeron a fomentar el interés por su cultura. Además de la dedicación al deporte y a la organización de grandes eventos relacionados con el mismo, en el periodo helénico algunas ciudades-estado crearon las primeras escuelas públicas en las que los niños varones accedían a la lectura, aprendiendo a escribir y a cantar con algún instrumento. Esto no significaba que el Estado renunciara a la obligación de proporcionar un adiestramiento militar desde una edad temprana. Las niñas, por su parte, también podían leer y escribir, además de practicar la aritmética con el único propósito de dirigir el hogar familiar. En consecuencia, el estudio servía para adquirir las condiciones necesarias para convertirse en un buen ciudadano. Solo una minoría de los niños podían continuar su educación después de la adolescencia a través de la *agogé* espartana, aprendiendo de un mentor. Los más ricos tenían acceso a maestros de prestigio asistiendo al Liceo, fundado por Aristóteles, o bien a la Academia platónica, instaurada por Platón de Atenas[54].

El acceso a la educación se tradujo en un gran desarrollo de las ramas del saber, como la arquitectura, la escultura, la filosofía, la economía, o de sectores tecnológicos vinculados a la industria hidráulica o textil, entre otras muchas. Quizás, una de las disciplinas con mayor influencia en el mundo occidental fue la filosofía. Dicho término se utilizó por primera vez en el siglo VI a. C., gracias al filósofo y matemático griego Pitágoras. A él se debe la creación de la conocida *Hermandad Pitagórica*, una escuela fundada en Crotona, al sur de Italia, a la que asistían cientos de personas diariamente. Sus seguidores se autodenominaban *matematikoi*.

En la *Hermandad* se realizaban estudios sobre cualquier aspecto relacionado con la ciencia. Su filosofía se centraba en la función de la razón y de la investigación. A Pitágoras le siguieron otros filósofos e intelectuales como Sócrates, Platón o Aristóteles, quienes, considerados los padres de la filosofía occidental, creían en la posibilidad de alcanzar un verdadero conocimiento sobre el ser humano, la justicia, la política y la sociedad. Cabe destacar el pensamiento aristotélico, que abarcó prácticamente todos los aspectos de la investigación a nivel intelectual. La filosofía, definida por él mismo como ciencia, quedó distribuida en tres ramas o saberes. La primera era el saber práctico, que incluía la ética y la política. La segunda especialidad era el saber productivo, dedicado al estudio de las artes. Finalmente, el saber teórico comprendía la física, las matemáticas y la metafísica.

Grecia dio a Occidente autores como Homero o poetas tan conocidos como Esopo, además de dramaturgos como Aristófanes y Sófocles, este último creador de *Antígona* y *Edipo Rey*. Los griegos consideraban las artes como motor fundamental de la vida, sobre todo la música, la poesía, el teatro o la danza. Conceptos tan destacados como la polifonía proceden de los tiempos de Pericles, años en los que la proliferación de templos para la representación artística coincidiría con el

---

54 A lo largo de la historia de Grecia fueron muchos los eventos dedicados a los juegos deportivos. Esta serie de acontecimientos comenzaron en el año 1251 a. C., con los llamados Juegos Nemeos, competiciones panhelénicas que se disputaban en una sede denominada Nemea. Los primeros registros de los Juegos Olímpicos arrancan en el año 776 a. C., en Olimpia, disputándose cada cuatro años por parte de hombres libres. Los últimos tuvieron lugar en el año 393 a. C. Además, todos los años a partir del 566 a. C., se comenzaron a celebrar los Juegos Panatenaicos, una especie de fiestas religiosas con competiciones deportivas que tenían lugar en Atenas en homenaje a la diosa Atenea. A las anteriores se sumaron otras efemérides como los Juegos Píticos, comenzados en el año 590 a. C. y dedicados a Apolo, que tenían lugar en el santuario de Delfos. Por último, los Juegos Ístmicos, organizados en honor al dios Poseidón, comenzaron a celebrarse a mediados del siglo VI a. C. Cada dos años durante varios días hombres y mujeres se daban cita en el istmo de Corintio, en el santuario panhelénico de la divinidad de Istmia. Existen registros de victorias de mujeres, tanto en competiciones deportivas como en poéticas y musicales, desconociéndose si su participación tenía un carácter habitual o esporádica.

auge de la escultura de Alcámenes, Fidias y Mirón. La influencia mitológica y el ideal de la belleza definieron las características claves de la escultura en bronce y mármol de la época clásica, diferenciándose de los modelos en madera realizados en etapas anteriores.

Por otra parte, en una sociedad en la que la agricultura era la principal fuente de sustentación, conformada por cultivos como la vid, la cebada y el olivo, las técnicas agrícolas apenas sufrieron modificaciones. El Estado griego protegía el cultivo del olivo, del que obtenía un valioso aceite que luego exportaba a cambio de trigo de otras regiones. Este aceite se utilizaba como combustible para iluminar hogares, así como para tratar quemaduras solares y fabricar ungüentos y perfumes. Aunque las herramientas para el campo tampoco vivieron cambios sustanciales, a los griegos se le atribuye la invención de una trilladora que era arrastrada por caballos sobre un suelo enlosado, lo que facilitaba la obtención del grano para su posterior molienda[55].

En el siglo IV a. C. el empleo de la madera, junto con el adobe y las tejas eran parte esencial de la arquitectura en las ciudades. Las paredes de las viviendas solían estar revestidas de cal, y las casas más prósperas contaban con mosaicos o pinturas murales. La habitabilidad de las más pobres se intentaba mejorar orientándolas al sur, existiendo en muchos casos bañeras construidas a base de barro cocido, piedra o ladrillo. Además de los baños públicos, las ciudades disponían de lugares para el ocio erigiendo gradas junto a las colinas con el fin de aprovechar las pendientes y mejorar la audición. Los arquitectos e ingenieros griegos llegaron a utilizar grúas y rampas en las construcciones de los templos, ayudando al manejo y la conducción de bloques cuyo peso alcanzaba las 10 toneladas. La imposibilidad de utilizar carros, debido al excesivo peso de los materiales, hizo que se ideara un sistema muy ingenioso consistente en la fijación de columnas a unos pivotes, dentro de una estructura circular de madera, de tal forma que los bueyes pudieran tirar de ella a modo de rodillo.

> Ctesiphon, y Metagenes su hijo, Arquitectos del Tempo de Epheso, inventaron Maquinas para conducir las piedras de las Columnas y Arquitrabes. La que se hizo para las Columnas era simplemente un bastidor del mismo largo que ellas […] También se inventó otra Maquina para transportar la gran Piedra, que debia serbir de Basa á la Estatua colosal de Apolo. Esta Piedra, que era de doce pies de largo, de cinco y medio de grueso, y de siete y quatro pulgadas de ancho, estaba contenida y sostenida

---

55 Álvarez Arroyo, G. (2011). La tecnología en la Antigua Grecia. *Revista de Claseshistoria*, 157, pp. 3-4.

entre dos ruedas grandes, unidas ambas por unos usillos que componian una especie de linternas, en los quales se enroscaban las maromas de que habian de tirar bueyes. [...] La segunda Maquina era mas poderosa que la primera; porque las poleas del moton estaban multiplicadas, y en lugar del torno habia una rueda grande, cuyo cilindro tiraba la maroma, que pasaba por estas poleas; y sobre la rueda habia otra maroma enroscada y tirada por un Torno vertical. Algunas veces disponia que la rueda mayor fuese hueca, para que pudiesen andar hombres dentro. (*Compendio de los diez libros de Arquitectura de Vitruvio*, op. cit. pp. 122-124)

Las aportaciones tecnológicas en el ámbito de la ingeniería hidráulica estuvieron dirigidas a la mejora de infraestructuras urbanas, sobre todo en lo relativo a la explotación de aguas subterráneas, la construcción de acueductos y sistemas de alcantarillado. A ello se sumaron la construcción de fuentes y la aplicación de técnicas para evitar inundaciones. Hay que decir que las *polis* o ciudades-estado fueron evolucionando sobre la idea de un plano ortogonal, pasando a ser más regulares cuanto mayor era la organización. Dicha planificación estaba pensada para contar con calles trazadas en ángulos rectos, con pocas vías principales en sentido longitudinal, dejando la ciudad dividida en franjas paralelas o *strigas*. Unas urbes cuyas medidas ideales debían permitir ser recorridas de un extremo a otro en dos días, y llegaron a ser una de las claves principales del progreso y crecimiento griego.

Entre los saberes griegos, la astronomía proporcionó descubrimientos muy significativos. Hiparco de Nicea, matemático y geógrafo nacido en el año 190 a. C., estudió la precesión de los equinoccios. Por su parte, Aristarco de Samos dedujo que la Tierra giraba alrededor del Sol. Los griegos realizaron, además, notables progresos técnicos elaborando instrumentos específicos para comprender los movimientos planetarios, creando esferas armilares y mecanismos como astrolabios y cuadrantes.

Otro aspecto importante de la ciencia en Grecia fue la medicina. Los primeros griegos creían que las enfermedades provenían de los dioses como castigo lanzado a la humanidad. En consecuencia, los primeros remedios se realizaron a través de sacrificios en los templos. Fue gracias a los egipcios que se establecieron las primeras escuelas de medicina en Alejandría. Posteriormente, Hipócrates creó su propia academia en Cos, dando origen a la Medicina Hipocrática o *Corpus Hippocraticum*, basada en la teoría de los cuatro elementos o humores. Para algunos contemporáneos de la época, las enfermedades se encontraban en la sangre, lo que hizo que surgiera una corriente partidaria de realizar extracciones en pacientes, siendo finalmente las hierbas el remedio más celebrado.

Comprende esta 2.ª clase los tratados en que se halla la teoría de los cuatro humores (sangre, bilis amarilla, bilis negra y pituita). […] Los contemporáneos de Hipócrates y aun los anteriores á él, se valieron en sus explicaciones ya de las cuatro cualidades derivadas de los cuatro elementos (calor, frío, humedad y sequedad). […] Los antiguos vieron, como los modernos, que se compone el cuerpo de elementos mediatos é inmediatos. Los primeros eran en su concepto, el fuego, el aire, el agua y la tierra, como son entre nosotros el oxígeno, el hidrógeno, el carbono y las otras sustancias indescomponibles que la química ha encontrado. (Santero, 1842, pp. 115-117)

Con toda probabilidad, el carácter científico de Grecia y Egipto confluyeron en la ciudad de Alejandría, entre los siglos III a. C. y II de nuestra era, con trabajos y científicos destacados como la geometría de Euclides, la geografía de Ptolomeo o el cálculo de la circunferencia de la Tierra desarrollado por Eratóstenes de Cirene. Entre la pléyade de sabios de la época también destaca Arquímedes de Siracusa, originario de la colonia griega de Sicilia que vivió entre 287 a. C. y 212 a. C. Para muchos, es considerado el primer físico de la historia por haber explicado la ley de la palanca y el principio de la hidrostática o *Principio de Arquímedes*.

Hijo del astrónomo Fidias, probablemente conoció las matemáticas gracias a su padre. Plutarco llegaría a decir de él que tenía una inteligencia sobrehumana. Durante su aprendizaje en Alejandría tuvo como maestro al matemático Conón de Samos, conociendo en algún momento de su vida a Eratóstenes, al que dedicaría su *Método* para calcular áreas y volúmenes. Tras pasar algún tiempo en Siracusa, volvió a Egipto trabajando como ingeniero para los Ptolomeo, desarrollando allí su primer invento, la cóclea o *Tornillo de Arquímedes*, utilizado para elevar las aguas y regar los terrenos que no podía inundar el Nilo. Esta aportación tecnológica, basada en un cilindro hueco sobre un plano inclinado y un tornillo «sin fin» sigue siendo utilizada, tanto para sistemas hidráulicos en el bombeo de fluidos como para la extracción de materiales excavados en minas. En su aplicación de la mecánica a la geometría llegó a explicar: «… que pesaba imaginariamente áreas y volúmenes desconocidos para determinar su valor»[56].

De su biografía, llena de hechos y anécdotas, sobresale la referida al método que utilizó para comprobar si existió fraude en la fabricación de una corona de oro, encargada por el tirano de Siracusa, Hierón II, protector del propio

---

56 Ibid, p. 8.

Arquímedes. Se cuenta que aquel, no conforme con el trabajo realizado por el joyero y pensando que en la corona había incluido otros metales como la plata, pidió al matemático que determinase los mismos sin romperla. Después de pensar la forma en la que debía realizar dicho trabajo y mientras se encontraba en unos baños públicos, Arquímedes advirtió que el agua rebosaba de la bañera a medida que él iba introduciéndose en la misma. De esta observación pudo resolver el problema impuesto por Hierón. Si sumergía la corona en un recipiente colmado hasta el borde y medía después el líquido desalojado podría conocer su verdadero volumen. Bastaría después comparar su volumen con el de un objeto de oro del mismo peso.

El planteamiento quedó reflejado en su obra *Sobre los cuerpos flotantes*, un trabajo pionero de hidrostática que sería retomado muchos siglos después por otros científicos fundadores de la ciencia moderna como Galileo. De aquella experiencia, se pudo determinar que, en efecto, el orfebre había engañado al tirano. Una idea cuyo principio se basaba en que: «Todo cuerpo sumergido en un líquido experimenta un empuje hacia arriba. El empuje es igual al peso de la cantidad del líquido que desaloja»[57].

Arquímedes destacó también en la fabricación y la mejora de objetos y artilugios de guerra. Precisamente, su muerte se ha relacionado con la defensa de Siracusa durante el asedio romano. Se dice que sus ingenios bélicos permitieron a la ciudad resistir tres años el intento de ocupación pretendido por Marcelo. Tras la conquista definitiva impuesta por Roma y mientras la ciudad era saqueada, un soldado se acercó a Arquímedes para preguntarle quién era. Existen dos versiones que argumentan su muerte. La primera es que el matemático no le respondió. Otra interpretación sugiere que Arquímedes le pidió que no le molestara ni le dañara sus dibujos trazados en la arena. En cualquiera de los casos, el soldado lo mató. Marco Claudio Marcelo, cónsul encargado de la toma de Siracusa, al enterarse de su muerte quedó tan afligido que ordenó que se levantara un monumento, obteniendo su figura de los dibujos realizados en el tratado *Sobre la esfera y el cilindro*.

Eupalinos de Megara, un arquitecto considerado el primer ingeniero hidráulico de la historia, fue otra de las grandes figuras griegas dedicadas a la ciencia. Poco se sabe de él. Si acaso, que fue hijo de Naustrophos, atribuyéndosele principalmente la construcción de acueductos y túneles. Entre estos últimos, destacaba el realizado en el año 530 a. C., durante el gobierno del tirano

---

57 Hopp, V. (2022). *Fundamentos de Tecnología Química* (p. 178). Barcelona. Editorial Reverté, S.A.

Polícrates, en la isla de Samos. La galería se excavó en roca caliza como apoyo a la construcción del acueducto que debía abastecer de agua a la capital de la isla, además de servir como escape en caso de asedio. Es, por añadidura, el segundo túnel conocido que tuvo que ser excavado desde ambos extremos y el primero en emplear un enfoque metodológico para su consecución.

De su interior se extrajeron 7 000 m³ de roca, empleándose para ello más de 4 000 esclavos y tardándose 10 años, tanto para su construcción como para la del acueducto. Su perfección y utilidad fueron tales que estuvo funcionando durante más de 1 000 años, siendo considerada como una de las tres maravillas del mundo heleno. Pensada como una de las obras más importantes de la ingeniería durante la Antigüedad, en la actualidad sigue siendo visitada y admirada. Eupalinos incurrió en algunos errores de trazado, inicialmente, lo que conllevó un desvío total de unos 425 metros. Debido a la suave pendiente, lo que dificultaba la circulación del agua, hubo que dotarlo de mayor profundidad a medida que se alejaba de su entrada norte[58].

Con Anaximandro de Mileto, filósofo, astrónomo y geómetra nacido en el 610 a. C., la idea de la esfericidad de la Tierra y del giro en torno a su eje comenzaron a ser consideradas desde una perspectiva científica. Discípulo de Tales, fue asiduo en la escuela de Mileto, sucediendo a este en la dirección de la misma. Anaximandro dedicó sus investigaciones a la elaboración de mapas para mejorar la navegación, destacando el realizado sobre el mar Negro. Asimismo, se le atribuyen la fijación de los equinoccios y solsticios o el cálculo de algunas distancia y tamaños de varias estrellas. Se sabe que participó en la construcción de un reloj de sol y de una esfera celeste, así como de un gnomon en Esparta, seguramente inspirado en otros instrumentos similares realizados tiempo atrás por los babilonios.

Por último, a Herón de Alejandría, físico y matemático de los siglos I y II, se le ha considerado como uno de los científicos e inventores más destacados de su época debido a sus contribuciones en el campo de la mecánica, siendo el descubridor de la ley de acción reacción. Su mayor descubrimiento fue decisivo para la industria de los siglos posteriores, al inventar la eolípila o máquina de vapor. Consistente en una pequeña caldera hecha en latón, esta se llenaba de alcohol y luego se calentaba. El vapor expulsado pasaba por un tubo estrecho consiguiendo de este modo alcanzar una temperatura elevada. Mediante la utilización de este vapor, Herón fabricó dispositivos como palancas y poleas, incluso una bomba

---

58 Álvarez Arroyo, G., op. cit., pp. 9-10. También en: Yepes Piqueras, V. (2016). El túnel de Eupalinos en la isla de Samos. *Universitat Politècnica de València*. Artículo publicado en: https://victoryepes.blogs.upv.es/tag/eupalinos-de-megara/

empleada para sofocar incendios. Charles Delaunay, en su *Curso elemental de mecánica teórica y práctica*, publicado en 1864, describía el ingenio a vapor de Herón de Alejandría con las siguientes palabras:

> El primer ejemplo del empleo del vapor como fuerza motriz, es el de la eolipila, inventada por Herón de Alejandría. Para formar idea de este aparato, bastará referirnos al de reacción [...] En él, la salida del agua por tubos curvados de una manera conveniente, determina un movimiento de rotación del vaso que contiene el líquido. Si este vaso contuviese vapor en vez de agua, siendo su fuerza elástica capaz de hacerle salir con cierta velocidad por los tubos curvos, se producirá igualmente un movimiento de rotación: este es, pues, el principio fundamental de la eolipila. (p. 612)

De acuerdo con la magnitud de los descubrimientos y el desarrollo técnico alcanzados, podríamos asegurar que, de todas las civilizaciones de la Antigüedad, probablemente la griega es la que ha dejado una huella más honda en nuestra historia. La civilización griega aportó, gracias a la *tekhné*, los cimientos necesarios para crear un mundo tan novedoso como diferente. Platón definió la idea griega sobre la vida en uno de sus diálogos con Fedro, donde este le advierte que para ser un artista excelente no basta con depender exclusivamente de la técnica, sino que debe existir la inspiración de las musas. Esto nos lleva a reflexionar sobre hasta qué punto debemos permitir que avance la tecnología y si debemos apartarnos de la genialidad del alma.

La capacidad de combinar el saber científico y la filosofía se la debemos, sin duda, a la civilización griega, que supo partir de la razón y el talento para llegar a lo práctico y a lo político. Conscientes del poder que otorgaba la tecnología, gobiernos y monarcas la emplearon para consolidarse en las polis. La *tekhné*, además de aportar un significado físico, también contribuyó a reflexionar sobre la idea del pensamiento, ofreciendo al mundo griego primero y a Roma después, un verdadero avance intelectual, modificando las pautas sociales y de poder desde una ética más efectiva. Esta nueva forma de ilustración acabaría ejerciendo una influencia decisiva en todo el mundo, llegando siglos más tarde a transformar nuestra percepción de la realidad con la aparición del Renacimiento y el Humanismo en Europa.

Roma. Tecnología, fuerza y poder

Monarquía y república

Según una antigua leyenda, Rea Silva, hija de Numitor, quedó embarazada después de que Marte se enamorara de ella mientras dormía a orillas de un río. De aquel encuentro nacieron dos niños gemelos llamados Rómulo y Remo. Su madre, para proteger a sus hijos y sabiendo que su tío Amulio había expulsado a su padre del trono y matado a sus hermanos, los dejó en una cesta sobre el río Tíber con la esperanza de que no sufrieran el mismo destino. La fortuna quiso que los pequeños fueran amamantados por una loba, Luperca, y después recogidos por el pastor Fástulo y su mujer, quienes los cuidaron hasta su regreso a Alba Longa para matar a Amulio.

De nuevo en el trono, Numitor les entregó tierras al noroeste del Lacio para que, según la tradición etrusca, Rómulo y Remo crearan la ciudad de Roma en el año 753 a. C., en el lugar preciso donde años atrás la cesta había quedado varada. Después de una fuerte disputa que culminó con la muerte de su hermano a manos de Rómulo, la ciudad fue fundada en el *pomoerium* palatino, la frontera sagrada de la misma. Una vez establecido en el poder, Rómulo fundó el Senado, compuesto por 100 miembros o *patres* cuyos descendientes serían reconocidos más tarde como patricios. La ciudad acabó dividida en 30 curias. Finalmente, Rómulo murió alrededor del año 716 a. C. Existen varias versiones sobre su muerte, pero ninguna ha sido definitivamente aceptada por la historiografía[59].

Lo cierto es que la ciudad de Roma fue erigida después de que grupos y tribus latinas, sabinas y etruscas se establecieran progresivamente alrededor

---

[59] Sobre la muerte de Remo se dice que, en el momento de la fundación de Roma, después de que Rómulo trazara su recinto con un arado, proclamó una serie de maldiciones para quienes se atrevieran a franquearlo sin autorización. Remo, no tomando en serio las advertencias de su hermano, saltó el foso, sin que la leyenda explique si el hecho fue por desobediencia o burla. El caso es que Rómulo lo mató, afianzándose de ese modo su autoridad sobre la ciudad que acababa de fundarse. En Pearson, I. R. (1930). *Historia de Roma* (p. 20). Buenos Aires. Editores: Ferrari Hnos.

de los territorios conocidos como las siete colinas: Campidoglio, Esquilino, Viminale, Quirinale, Palatina y Aventia, próximas al mar Tirreno. Fueron los propios historiadores romanos quienes establecieron la fecha de su fundación, lo que marcó el inicio de su propio calendario. Aunque sus orígenes son bastante imprecisos, parece que la Monarquía, *Regnum Romanum*, fue la primera forma de gobierno desde su fundación hasta el año 510 a. C.

La historia del periodo monárquico nos ha llegado a través de autores clásicos como Tito Livio, Plutarco o Dionisio de Halicarnaso. Parece claro que todos los reyes fueron elegidos para gobernar de modo vitalicio, sin que figuren reseñas que nos animen a creer que en algún momento se utilizara la fuerza militar para conseguirlo. El rey era ungido como jefe de todas las legiones romanas, al tiempo que era proclamado soberano a través del *imperium*. Durante dicha etapa, los etruscos transfirieron a los romanos sus conocimientos técnicos y su alfabeto. Gobernada por reyes procedentes de Etruria, destacó Servio Tulio, alrededor del siglo VI a. C., quien estableció instituciones sociales y protegió a la ciudad mediante una muralla que se mantuvo en pie durante varios siglos.

La Monarquía desapareció hacia el año 510 a. C., siendo sustituida por la República. Según la tradición, una revuelta palaciega provocó la destitución de Lucio Tarquinio, quien acabó exiliándose en Etruria y dejando a Roma en manos de un sistema de gobierno ejercicio por magistrados o cónsules elegidos por asambleas de ciudadanos, *comitia centuriata*.

Las funciones del rey comenzaron así a ser ejercidas por dos magistrados anuales con igualdad de poderes gracias al mencionado *imperium* o poder omnímodo, cuyo origen se atribuía al dios Júpiter. Acabado el mandato, regresaban a sus anteriores actividades como ciudadanos retomando las funciones propias de su clase o profesión. Durante su mandato, los cónsules tenían autoridad para convocar al Senado, presidir la asamblea, o ejercer como caudillos del ejército, salvo en casos de guerra. Aunque sus decisiones debían ser respaldadas por el Senado, Roma nunca llegó a tener una democracia como la de Atenas. La República siempre delegó los asuntos públicos en los patricios, procurando el mantenimiento de un poder minoritario, oligárquico y plutocrático.

Tras ellos, se situaba el pretor –*práetor*–, un magistrado encargado de asumir el poder judicial, así como el gobierno de las provincias. Se encargaban de presidir los tribunales durante un año y, una vez finalizado, podían convertirse en propretores gobernando un año más sobre determinados territorios. Los ocho pretores nombrados actuaban como ayudantes de los cónsules, asumiendo sus funciones en su ausencia. Hasta el año 337 a. C., el cargo estuvo restringido exclusivamente a patricios, siendo después ampliado a los plebeyos. Desde el año 246 a. C., el poder de los pretores se fragmentó, coexistiendo los cargos de *Praetor Urbanus* y *Praetor Peregrinus*.

Junto a los cónsules y pretores, la administración romana durante la República se completó con otros cargos como los censores. Estos tenían funciones, principalmente presupuestarias, a la vez que controlaban el censo de ciudadanos y la propuesta de renovación de senadores. Con el fin de cubrir las vacantes producidas por las guerras, a partir de la llamada *Lex Ovinia*, aprobada en el año 318 a. C., la facultad de elegir nuevos miembros para el Senado recayó en los censores. Con el transcurso de los años la clase plebeya pudo acceder a dichos cargos, si bien, Sila, en el año 81 a. C., exigió el requisito de haber ejercido previamente el cargo de cuestor.

Para la redacción de las leyes e informes del Senado existían 10 decenviros, integrados por patricios y plebeyos. Junto a ellos, los cuestores se encargaban de los casos de asesinato y alta traición. Nombrados para cada caso, hacia mediados del siglo III a. C. perdieron sus prerrogativas judiciales. La existencia de cuestores administrativos permitió que también asumieran la gestión de los fondos públicos. Asimismo, los ediles vigilaban el orden público, encargándose de la vigilancia de los servicios cotidianos como los mercados, juegos, baños, etc. Tiempo después de la fundación de la República, hacia el año 494 a. C., surgió uno de los cargos más importantes que debía ser elegido por los ciudadanos, en contraposición a las prerrogativas que mantenía el cónsul. En efecto, los tribunos de la plebe, nombrados por el *Concilium plebis*, surgieron después de que se produjera una amenaza de rebelión, logrando que finalmente los patricios cedieran.

> El Tribuno también tenía poder para ejercitar la pena capital sobre cualquier persona que interfiriese en el ejercicio de sus actividades. El carácter sacrosanto del Tribuno se reforzaba mediante un juramento solemne de todos los plebeyos de matar a cualquier persona que dañase a un Tribuno durante sus actividades. El Tribuno era la única persona con poder para convocar el *Concilium Plebis* y actuaba como presidente del mismo, siendo el único con capacidad para proponer legislación a la Asamblea. El Tribuno también podía convocar al Senado y presentar propuestas en esa institución. Como los Cónsules, los tribunos de la plebe eran dos, siendo elegidos por las Curias. Más tarde se amplió su número a cinco y finalmente el número de Tribunos se incrementó hasta 10. (Sanz Díaz, 2010, p. 5)

El poder de los tribunos podía llegar a ser trascendental, anulando decisiones consulares y disponiendo del derecho a veto ante cualquier fallo o sentencia dictada por magistrados romanos. A pesar de ser plebeyos, tenían inmunidad y amplias facultades en juicios y asuntos penales, incluso podían impedir el arresto de un ciudadano por deudas o por negarse a realizar el servicio militar. En un principio carecieron de la consideración de magistrados, aspecto que más tarde terminaría corrigiéndose, obteniendo igualmente el derecho para asistir a las reuniones del Senado, aunque sin voto. Por lo general, los cargos de tribuno siempre recayeron en plebeyos bien posicionados, incluso ricos, aunque no podían ser senadores.

Otra de las figuras destacadas, dentro del gobierno y el poder en Roma fueron los dictadores. En asuntos de cierta gravedad, las funciones de los dos cónsules podían ser asumidas por un solo magistrado o *dictator*, es decir, «el que dicta». Sus funciones no podían extenderse más allá de los seis meses o hasta que se cumpliera la misión para la que había sido nombrado. En primer lugar, el Senado debía emitir el *senatus consultum*, un decreto que autorizaba a uno de los cónsules a ser designado dictador. Si ambos cónsules querían ser nombrados, entonces se elegía de común acuerdo. En caso contrario, se disputaban a suertes tal responsabilidad. Por último, la *comitia curiata*, concedía el *imperium* al candidato mediante la disposición *lex curiata de imperio*. Un *dictator* no disponía del contrapoder que cualquier otro magistrado podía ostentar con idénticas funciones. Conviene aclarar que las dictaduras desempeñadas por Sila y César no fueron magistraturas, por tratarse, como ya sabemos, de auténticas alternativas políticas al poder representado por la propia República[60].

En sus inicios, solo los patricios adquirieron los derechos plenos que garantizaban la ciudadanía romana. Por debajo, los plebeyos se servían de algún patricio a cambio de fidelidad y de algún auxilio o beneficio. Sin embargo, la necesidad de defender Roma obligó a la admisión de los plebeyos en el ejército, obteniendo así el acceso a los derechos cívicos. Solo así lograron su participación en los comicios, además del derecho a ser elegidos en las distintas magistraturas, llegando en algunos casos hasta el Senado.

A mediados del siglo iv a. C., las desigualdades políticas habían mermado, no así las diferencias económicas y sociales. La combinación de plebeyos adinerados y patricios dio lugar a una nueva clase elitista u *optimates*, ejerciendo así el control político hasta el final de la República. La ciudadanía romana se fue ampliando en el espacio y en el tiempo, a la vez que se ampliaban los territorios ocupados.

---

60 Sanz Díaz, B. (2010). Roma, República e Imperio. *Historia del Pensamiento Político Premoderno*, Universitat de València, p. 5. En: https://docplayer.es/21041310-Historia-del-pensamiento-politico-premoderno-profesor-dr-beni-to-sanz-diaz.html

Prácticamente al final del periodo, la situación social comenzó a descomponerse debido a las interminables guerras de conquistas, las cuales ahogaban a los pequeños propietarios y favorecían la escasez y la pobreza después de que la aristocracia se hiciera con las tierras más productivas.

Bajo la presión de las élites, los plebeyos fueron sustituidos por esclavos, al tiempo que eran apartados de sus haciendas. Esto provocó el surgimiento de un proletariado conflictivo que acabó concentrándose en las ciudades. A cambio de pequeños beneficios, decidieron entregar su voto a la aristocracia dejándola en posesión del gobierno y de la administración económica, generándose una clase senatorial exclusiva y ambiciosa. En consecuencia, la guerra y el comercio sirvieron de estímulo a quienes deseaban también aspirar al control de Roma. Por otra parte, los tributos impuestos a los pueblos conquistados contribuyeron a incrementar los recursos de los romanos mejor situados, que se vieron libres en la obligación de sufragar económicamente las cargas del Estado.

> Con tal avalancha de riquezas los romanos se vieron exentos de pagar impuestos y sobrevino una época de esplendor, sobre todo para la clase adinerada, que se enriqueció aún más con la compra del *ager publicus,* las tierras del Estado. […] las largas guerras habían cambiado la faz de la sociedad romana. Los pequeños agricultores habían sido sustituidos por los grandes latifundistas. La clase senatorial y los administradores y funcionarios de la República, bien en Roma o bien en las provincias conquistadas, hicieron grandes fortunas […] Por el contrario, la masa de proletarios crecía con la avalancha de campesinos que emigraban a la ciudad. Constantemente disminuía el número de ciudadanos libres y aumentaban los esclavos que sumaban un nuevo problema a la lucha existente entre los plebeyos y los patricios. (Frayle Delgado, 2012, p. 62)

El Senado resultó ser la institución más preciada entre los romanos a lo largo de toda su historia. Tenía la responsabilidad de autorizar todas las propuestas políticas o administrativas de los cónsules y otros magistrados que hubieran obtenido un voto asertivo. Inicialmente estuvo compuesto por 300 miembros pertenecientes a la nobleza, lo que implicaba poseer la condición de ser patricio. Con el paso del tiempo se determinó que 164 asientos pasarían a ser de plebeyos o nuevos admitidos, los llamados *conscripti.* Una situación que solo se mantuvo formalmente, puesto que, mientras los senadores patricios asumían su cargo de manera vitalicia, los plebeyos representaban un papel secundario.

Incluso los cónsules debían obediencia al Senado, ya que en caso contrario podían ser desposeídos de fondos. Entre sus cometidos estaban los nombramientos de dictadores, además de otras medidas relacionadas con la aprobación de instrucciones concretas dirigidas a los altos magistrados de la República. También podía tomar decisiones sobre asuntos religiosos, resolver conflictos entre diversos cargos, abordar cuestiones militares y financieras, negociar con otros Estados y firmar tratados. El Senado podía ser convocado por cualquier magistrado, principalmente por cónsules, dictadores, prefectos, pretores o tribunos de la plebe. En estos casos, el convocante estaba obligado a presidir la reunión. Sin duda, una de sus principales responsabilidades era presentar y aprobar proyectos de ley, los cuales eran sometidos a debate.

En cualquier caso, el sistema republicano entró en una profunda crisis en el siglo I a. C., aflorando los problemas que venía padeciendo en la vida política y social. Los enfrentamientos entre *optimates* y el resto de la ciudadanía provocaron una brecha muy profunda, dando lugar a una guerra civil entre los años 91 a. C. y 88 a. C. Con toda probabilidad, las instituciones que habían servido para gobernar la ciudad-estado de Roma habían dejado de ser aptas para gestionar un extenso territorio que iba más allá de la península itálica y del Mediterráneo. Es posible que todo esto contribuyese al primer golpe militar protagonizado por Sila en el año 88 a. C. Atribuyéndose los poderes dictatoriales, Sila utilizó las legiones imponiendo su fuerza al Senado y demostrando que el ejército era el principal mecanismo que mejor podía ejercer el control del Estado.

Entre los años 74 a. C. y 71 a. C., se produjeron las llamadas rebeliones de los esclavos, iniciándose una guerra que sería finalmente dominada por las legiones romanas. Durante el año 63 a. C., Cicerón denunció la conocida conjura de Catilina que desembocaría en seis años de sangrientas luchas por el poder, momento que dio paso a un periodo marcado por los dos triunviratos romanos. Su denominación oficial era *Triumviri Rei Publicae Constituendae Consulari Potestate*, es decir, Triunvirato para la Constitución de la República con Poder Consular, y otorgaba a los triunviros un control absoluto sobre las instituciones romanas y de las personas por un periodo de cinco años. Durante el Primer Triunvirato, ejercido por Pompeyo, Marco Licino Craso y Cayo Julio César, hubo guerras en las Galias y Persia. Con la implantación del Segundo Triunvirato, en el año 43 a. C., formado por Octavio Augusto, Marco Antonio y Marco Emilio Lépido, todos los territorios en posesión de Roma quedaron distribuidos entre ambos.

Si bien Octavio mantenía un continuo enfrentamiento para pacificar los disturbios en los territorios romanos, Marco Antonio gozaba de una vida lujosa en Egipto junto a su reina Cleopatra. A pesar de todo ello, Octavio logró acabar con todos y cada uno de sus enemigos manteniendo el orden entre plebeyos y nobles. En el año 36 a. C., despojó de sus tierras a Lépido, apartándole de la vida pública, preparando a su vez un poderoso ejército que fuese capaz de derrotar definitivamente a Marco Antonio. Por su parte, el matrimonio de Marco Antonio con la reina egipcia, además de sus derrotas militares, hicieron que la opinión pública apoyara los planes de Octavio. Así, en el año 31 a. C., el Senado declaró a Marco Antonio y Cleopatra enemigos de Roma. Tras la batalla de Accio, el Senado concedió en el año 27 a. C. el sobrenombre o *cognomen* a Octavio, pasando a denominarse Augusto y convirtiéndose de esta manera en el primer emperador romano o *Imperator Caesar Augustus*.

Acueductos, puentes y calzadas

Las victorias sobre los territorios conquistados durante la República no fueron gratuitas. Además de unas instituciones sólidas, Roma necesitó de unas condiciones técnicas y humanas capaces de superar los retos impuestos por sus enemigos. Durante este período, se produjo la llamada helenización, que implicó que las regiones conquistadas de Grecia y Macedonia fuesen incorporadas a los dominios de la República. Como resultado, el arte y las ciencias fueron rápidamente adoptadas, y elementos como el arco, la bóveda o la cúpula se convirtieron en elementos principales de la arquitectura romana.

A medida que las ciudades crecían, las necesidades alimentarias también lo hacían. El aumento de la población se produjo gracias a los progresos derivados de la agricultura intensiva, propiciados en parte por la creación del arado romano, permitiendo una mayor productividad en los cultivos de cereal, olivo y vid. A ello se sumó la domesticación de animales y un avance muy significativo en la ganadería. También la pesca ocupó un lugar importante, utilizándose por primera vez algunas de las técnicas más seguras en la conservación de alimentos perecederos, como la deshidratación al sol, la fermentación o el ahumado.

Todo ello hizo que los romanos concibieran desde las ciudades-estado uno de los mayores imperios jamás vistos en la historia. De acuerdo con esta idea, fue necesario crear una organización eficaz, además de profesionalizar un ejército que debía ser decisivo en la expansión y en la posterior consolidación de las tierras conquistadas. Esto fue posible también gracias a la construcción de carreteras o calzadas que permitieron la comunicación, agilizando los desplazamientos de personas, materiales y alimentos. Detrás, un ingente cuerpo de funcionarios se ocupó de impedir el desmoronamiento de todo el armazón logístico, así como de vigilar la organización necesaria para la construcción y el mantenimiento de las numerosas infraestructuras romanas.

Para mantener el poder, Roma, además de proteger militarmente sus dominios, cuidó igualmente a sus ciudadanos proporcionándoles todo aquello que pudiera satisfacer las necesidades más básicas que demandasen. Uno de los aspectos con mayor repercusión fue la red de conducción de agua. Los acueductos fueron las construcciones encargadas de transportar agua hasta las ciudades. El primer acueducto del que se tienen noticias fue construido en el año 312 a. C. y denominado *Aqua Appia*. Estas obras contaron con un elemento inmejorable: el hormigón. En el interior de estas construcciones el agua quedaba sometida a la gravedad, a menudo teniendo que vadear depresiones de varios metros, por lo que fue preciso elaborar sifones que forzaran su paso mediante vasos comunicantes.

Los acueductos debían conseguir un alto grado de exactitud, sobre todo en su grado de inclinación, para que el agua pudiese fluir hasta la ciudad. La erosión de los canales se sorteaba con un revestimiento de yeso, conocido como *opus signinum*. Según la longitud y el recorrido, los arquitectos tuvieron que realizar mediciones para que la velocidad en el canal no pudise superar en ningún caso los 0,5 m/s. En un primer momento, el uso del agua estaba muy limitada en cuanto a sus usos domésticos. Gracias a los acueductos, embalses y canalizaciones, comenzaron a introducirse nuevos hábitos relacionados con el aseo personal y el gusto por los baños[61].

Las primeras termas privadas utilizadas por los ciudadanos romanos comenzaron a extenderse, iniciándose las primeras construcciones con carácter público en el siglo I a. C. Esto mejoró la higiene proporcionando también un lugar de encuentro al contar con diferentes estancias, entre las que destacaba el *caldarium*, provisto de agua caliente. A la misma se accedía después de pasar por el *apoodyterium* o vestuario y por el *tepidarium*, una habitación pensada para la sudoración previa al baño. Finalizada la sesión, en algunos casos se contaba con una cuarta sala o *frigidarium*, que disponía de agua más fría para refrescarse. El recinto también disponía de suelos calientes gracias al *hipocausto*, un sistema que proporcionaba calor gracias a un fuego controlado bajo el pavimento de las habitaciones.

Otra innovación surgida del urbanismo romano fue la construcción de una red de alcantarillado con la que evacuar los residuos de las ciudades, evitando enfermedades y mejorando la salubridad. Aunque las primeras instalaciones de este tipo se realizaron en el valle del río Indo hacia el III milenio a. C., se tiene constancia de la existencia de un sistema similar alrededor del año 600 a. C., durante el reinado de Lucio Tarquino Prisco.

---

61 de la Peña Olivas, J. M. (2010). Sistemas romanos de abastecimiento de agua. *V Congreso de Obras Públicas Romanas. Las técnicas y construcciones en la Ingeniería romana*, pp. 252-254. Publicado en: https://www.traianvs.net/pdfs/2010_10_delapena.pdf

Con el tiempo, la instalación de letrinas y sumideros mejoró el tratamiento de los desechos, sobre todo después de que los romanos estructurasen sus nuevas ciudades alrededor de dos calles principales y perpendiculares entre sí. Esta disposición facilitó el diseño y levantamiento de un entramado de alcantarillado que conducía las aguas residuales hacia cauces alejados de la ciudad.

Para facilitar el acceso al agua potable, hubo que desarrollar, además de los mencionados acueductos, una serie de conductos integrados por tuberías con la finalidad de facilitar su distribución, consiguiendo así que llegara a baños, termas y viviendas particulares. En su *Compendio de Arquitectura*, Vitruvio proporcionó una descripción detallada y precisa de cómo captar y transportar agua, incluyendo los materiales necesarios para realizar estas tareas. Había dos tipos diferentes de tuberías que se manufacturaban en la época. Dichas cañerías podían ser de piedra o barro, *tubuli*, o fabricadas en diversos metales como el plomo o el cobre y conocidas como *fistulae*. Conscientes de que el plomo era nocivo para la salud, cuando se requería una mayor pureza del agua se empleaban tuberías de barro. Sin embargo, no siempre se pudo utilizar este tipo de conductos, ya que en algunas ocasiones estos debían adaptarse al superar presiones muy elevadas. En estos casos y debido a su maleabilidad, el plomo fue el elemento mejor aprovechado[62].

La elaboración de las *fistulae* recayó en los *plumbarii*, obreros encargados de su colocación, mantenimiento y reparación. Una vez preparado un manto de arena, a partir de unos lingotes se conseguían unas planchas de plomo rectangulares. Calculados el ancho y grosor de las mismas, dependiendo del caudal y de la presión que debían soportar, se procedía a curvar las láminas utilizando un mandril que le daba forma cilíndrica. Con el fin de asegurar la unión entre los distintos tramos de cañerías, en los extremos se colocaban unos manguitos que dotaban a la instalación de la suficiente seguridad y resistencia [63].

Por otro lado, una de las invenciones que mejor representaron el poder de Roma fueron las calzadas. Realizadas para facilitar el desplazamiento de las legiones a través de todos los territorios sometidos, la importancia de las calzadas en la economía también resultó ser muy significativa. Limitadas en ocasiones, la circulación estuvo siempre controlada al tratarse de un elemento estratégico y militar. Con anterioridad, los romanos habían utilizado los caminos para desplazarse desde Roma hasta sus alrededores. Uno de los primeros grandes trazados, la Vía

62 Ortega Durán, J. (2021). *Inventos ingenieriles de la época romana que perduran hasta nuestros días. Trabajo de Fin de Grado* (pp. 7-8). Universidad de Sevilla (España). Disponible en: https://idus.us.es/bitstream/handle/11441/127693/TFG-3861-ORTEGA%20DURAN.pdf?sequence=1&isAllowed=y
63 Ibid, p. 8.

Apia, se llevó a cabo durante el mandato de Apio Claudio el Ciego, en el 312 a. C., para unir Roma con Capua. Al final de la República, toda la península itálica ya había sido provista de calzadas o *viae*, cada una de las cuales estaba designada con el nombre del cónsul que había ordenado su construcción.

Se cree que en total se llegaron a realizar un total de 248 549 millas romanas de calzadas, lo que equivaldría a unos 400 000 km. A diferencia de otras culturas mediterráneas, Roma utilizó tanto su amplia red viaria como su flota mercante. Esta actitud en el comercio terrestre y marítimo, además de provocar una evidente expansión comercial, puso en marcha una primera «globalización» en el Mediterráneo. Dada su longitud, la administración romana tuvo que levantar «estaciones» de paso o *mansio* a intervalos regulares en las que se podía descansar. Asimismo, se crearon oficinas de postas para posibilitar el envío de mensajes oficiales o privados por todas las provincias romanas.

La financiación de las calzadas era responsabilidad del gobierno de Roma. Sin embargo, su mantenimiento se dejaba en manos de las diferentes provincias. Para ello, los *curatores viarum*, funcionarios recaudadores de impuestos, solicitaban a particulares e interesados los fondos necesarios para su reparación. En ocasiones, los censores encargados de las obras públicas financiaban las restauraciones y arreglos con su propio dinero, o *suâ pecuniâ*. A pesar de su particular rectitud en el trazado, los romanos no disponían de una cartografía fiable ni de brújulas u otros instrumentos capaces de permitir un diseño acorde a los accidentes geográficos. A cambio, los oficiales del ejército disponían de una especial percepción para comprender la topografía del terreno. No está claro todavía cómo pudieron llegar a ejecutar trazados tan rectos y efectuar las conexiones entre tramos con la facilidad que hoy observamos, sobre todo en lo que se refiere a puntos distantes a través de terrenos montañosos, bosques, etc.

Proceso de construcción de las calzadas romanas

DEFORESTACIÓN	Retirada de todo el material vegetal
EXPLANACIÓN	Alisado/allanado del terreno y nivelación
DELIMITACIÓN DEL FIRME	Acotado del ancho de calzada
CIMENTACIÓN	Colocación de piedras para la creación de una capa sólida en su pavimento
CAPAS INTERMEDIAS/ MANTENIMIENTO DE LA CONSISTENCIA	Prensado de arena, grava y hormigón
CAPAS DE RODADURA	Apisonado de cantos rodados

Fuente: Ortega Durán, J. (2021). *Inventos ingenieriles de la época romana que perduran hasta nuestros días*. pp. 47-48.

Las primeras calzadas se realizaron con grandes bloques de piedra para asegurar la estabilidad debido a su propio peso. La ruta, confiada entonces a los *mensores* o topógrafos, se trazaba con la ayuda de *dioptras*, instrumentos con los que se podían replantear las alineaciones de la calzada. Finalizada la medición, los propios topógrafos esbozaban sobre el terreno la ruta mediante hitos. Para Vitruvio era imprescindible que toda carretera o calzada tuviera las siguientes capas: *statum, rudus, nucleus* y *pavimentum*. Estacio, profesor de retórica en tiempos del emperador Domiciano, describió las obras de la nueva calzada entre Roma y Campania de la siguiente manera:

> La primera tarea es empezar las zanjas y abrir el camino, y luego, profundizando, excavar la tierra. Después se rellena el foso abierto con otros materiales y se prepara un recubrimiento sobre el que puede colocarse la capa de afirmado, par que no se hunda la tierra o ésta, malévola, forme un lecho inseguro a los bloques apisonados. Luego, con piedras de bordillo muy próximas a ambos lados y con muchas grapas, se afianza la calzada. (Derry y Williams, 1995, pp. 244-245)

Las calzadas romanas se han considerado las vías más avanzadas técnicamente hasta comienzos del siglo XIX. Cabe imaginar la rapidez con la que podían trasladarse legiones enteras a cualquier punto de la geografía romana o la de sus territorios ocupados, portando un gran contingente de armas y avituallamientos. De ahí que, aunque no se tratara de un elemento propiamente miliar, fuesen importantes para el mantenimiento del poder y del orden. A lo largo de las *viae*, los romanos instalaron los *miliaria* o *lapides*, columnas de piedra que podían llegar a medir 6 metros de altura y medio metro de diámetro, con inscripciones en los que se anotaban la milla en la que estaba situada. Una *milia passuum* o millares de pasos, equivalía a 1 472 metros actuales.

Diseñadas con un ancho de hasta 6 metros, en algunas provincias romanas, destacaron sobremanera al tener que atravesar cauces y cunetas e incluso túneles. Aunque, probablemente, lo más señalado de su ingeniería, aparte del ya mencionado diseño a «ciegas» de su trazado, fueron los puentes. Estos llegaron a ser tan valiosos que, sin su desarrollo y construcción, hoy sería imposible comprender la singularidad y la envergadura de una red de comunicaciones que sirvió para dominar la mayor parte del continente europeo. Los más antiguos fueron construidos en madera, manteniéndose estructuras similares en muchos de los territorios ocupados, como así sucedió con el puente de Trajano, cerca de las Puertas de Hierro sobre el río Danubio[64].

---

64 Derry, T. K y Williams, T. I. (1995). *Historia de la tecnología. Volumen 1. Desde la Antigüedad hasta 1750* (p. 246). Madrid.

La construcción de un puente a menudo implicaba realizar cambios para ajustarse a las necesidades específicas del terreno. En el caso de los ríos, los ingenieros sopesaban las posibilidades para la instalación de contrafuertes, ordenando a los obreros la excavación de concavidades para examinar las condiciones del subsuelo. Una vez más, el mayor problema era el agua, para lo cual se construían recintos herméticos a base de troncos. Alrededor de la zona que había que socavar se colocaban unas bombas para evacuar el agua dejando el resto del espacio drenado y seco. Los primeros puentes realizados en piedra se construyeron con grandes bloques tallados con mucha precisión y unidos sin argamasa. Algunos todavía están en uso, como el levantado sobre el Marecchia, en Rímini y nos recuerdan que: «... soportó la marcha de las legiones»[65]. Mientras, otros como el de Alcántara, en España, llegaron a inscribir junto a él, el deseo de su arquitecto, Caius Iulius Lacer, de que la obra perdurase: «... por siempre en los siglos del mundo»[66].

La importancia estratégica de los puentes romanos se evidencia en el hecho de que muchos de ellos fueron destruidos en conflictos bélicos. En otras ocasiones, su destrucción se debe a las crecidas de los ríos.

Construido hacia el 142 a. C., el Ponto Rotto es el puente de piedra romano más antiguo que se conserva en Italia. El más grande construido fue el puente de Trajano, sobre el río Danubio, que durante mil años fue considerado el más largo, tanto en longitud como en número de apoyos. No obstante, lo que ha quedado demostrado es la utilización militar que se otorgó a una obra civil pensada para trasladar a personas, mercancías y animales desde una orilla a la otra de los ríos. Ello nos da una idea del esmero y la inteligencia que Roma puso en todos y cada uno de los detalles que se precisaron para su construcción.

Además del diseño y de los materiales, la construcción de un puente requería el uso de maquinaria y herramientas que podían ir desde carretillas a sencillos artefactos elevadores y grúas más complejas. Para levantar los sillares se emplearon pinzas o *ferrei forfices*, cuyos extremos en punta se ajustaban a unos pequeños orificios que se realizaban sobre la piedra para facilitar su sujeción. El aparejo de la sillería se disponía en hiladas alternas de cuerdas y troncos o palos de madera. Para las bóvedas se preparaban previamente cimbras apoyadas sobre el cauce o en la propia fábrica. Precisamente, los puentes romanos sirvieron de inspiración muchos siglos después, entre los maestros canteros de la Edad Media y

---

Siglo XXI.
65 Ibid, p. 247.
66 Durán Fuentes, M. (2002). Análisis constructivo de los puentes romanos. *Ponencia presentada y publicada en el I Congreso sobre las Obras Públicas Romanas*. Mérida, p. 1.

los arquitectos del Renacimiento. Como muy bien señala Durán Fuentes: «Todavía a principios del XVIII, según se puede ver en la primera edición (1716) de la obra de Henri Gautier, la referencia técnica a las obras romanas y su estudio era muy frecuente»[67].

Los romanos crearon un nutrido catálogo de herramientas, destacando las grúas, de las que llegaron a construirse tres tipos diferentes conforme al número de poleas que se empleaban. El uso de múltiples poleas permitía la obtención de una «ventaja» mecánica, lo que garantizaba el levantamiento de mayores pesos dependiendo de la magnitud de la obra a realizar. El número máximo de poleas utilizadas por los obreros romanos en un sistema simple fue de cinco, ya que de haber sido mayor no hubiera proporcionado la misma capacidad. En palabras de Jaime Ortega: «La ventaja mecánica se origina por el número de trozos de la cuerda que ejercen tensión en sentido contrario al peso del objeto… la cuerda al ser un objeto no elástico, al aplicar una tensión en el extremo… se prolonga esa tensión por toda la cuerda. Y al haber más de un trozo de cuerda con esa misma tensión en sentido contrario al peso, se origina un sumatorio de tensiones que se oponen al peso del objeto»[68].

La grúa más sencilla fabricada fue el *trispasto*, consistente en dos vigas verticales provista de una determinada inclinación que se podía anclar al suelo. Al disponer de tres poleas podían levantarse pesos de 150 kg, puesto que se daba por hecho que una persona podía subir una carga aproximada de 50 kg. La siguiente grúa fue el *pentaspastos*, compuesta por cinco poleas que permitía trabajos con lastres superiores. Mayores esfuerzos implicaban otro tipo de mecanismos como los *polyspastos*. En estos, la estructura debía ser mayor y más resistente al tratarse de un sistema más complejo de poleas. Consistía en tres series de cinco poleas cada una, lo que permitía cargas de hasta 6 000 kg que podían ser levantados por dos hombres.

Aunque se desconoce quién pudo inventar la polea, se ha especulado mucho, llegándose a pensar que fue Arquitas de Tarento. En la obra de Plutarco, *Vidas paralelas*, se menciona una conversación entre Arquímedes y el rey Hierón en el que el primero le dice al monarca que conoce la forma para mover objetos muy pesados. Al parecer, el sabio fue capaz finalmente de conseguirlo, gracias a una cuerda, lo que ha llevado a pensar que seguramente también

---

67 Ibid, p. 20.
68 Ortega Durán, J. (2021), op. cit., p. 19.

utilizó poleas. La realidad es que fueron los constructores e ingenieros romanos quienes perfeccionaron este sistema dotándole de unas posibilidades nunca antes alcanzadas. Al mismo tiempo fueron capaces de calcular las propiedades de la madera midiendo su densidad, dureza y resistencia, lo que permitió la realización de trabajos que exigían mayores esfuerzos.

Vitruvio también habla sobre otros «hallazgos» descubiertos por los romanos, esta vez sobre un compuesto que resultó claramente insustituible para la construcción. En su *Libro II* afirma: «Cuando la cal queda apagada, se mezcla con arena de cantera, en proporción de tres cuartas partes de arena por una de cal; si se trata de arena de río o de mar se mezclarán dos partes de arena por una de cal; así se hará una exacta y justa proporción de la mezcla»[69]. El arquitecto y tratadista romano se refería al hormigón con el que se erigieron numerosas construcciones y que llegaron a soportar condiciones tan extremas como los terremotos. En este sentido, un equipo de la Universidad de Harvard, junto a varios laboratorios italiano y suizos publicaron los resultados de unas investigaciones relativas a las propiedades del hormigón, concluyendo que, además de proporcionar una alta resistencia, dicho compuesto era capaz de «recomponerse» con el paso del tiempo.

Vitruvio ya advirtió que la solidez de aquel material compacto y endurecido era capaz de resistir la fuerza del mar. En efecto, con anterioridad a que se pudiera estudiar la composición del hormigón romano, se pensó que sus cualidades eran debidas a la puzolana, una ceniza volcánica que se encuentra cerca de la bahía de Nápoles. Dicho «polvo» gris, después de reaccionar con el hidróxido de calcio formaba un compuesto similar al cemento proporcionándole una gran resistencia. Sin embargo, Admir Masic, profesor de ingeniería civil y ambiental del Instituto Tecnológico de Massachusetts, en su estudio aseguró que el hormigón contenía también unas pequeñas sustancias minerales denominadas clastos de cal. Con ello: «... de manera automática se "curaban" las grietas de los edificios antes de que pudieran extenderse por toda la construcción y amenazar su estabilidad»[70].

---

69 Ibid, p. 49.

70 Lo que conocemos coloquialmente como cal es un óxido de calcio que suele formarse en rocas calizas por la calcinación a altas temperaturas. En estos casos, la cal necesita la presencia de aire para endurecerse. Existe la llamada cal hidráulica, la cual no necesita aire para fraguarse, produciéndose este proceso bajo el agua. Para obtener mejores resultados, suele mezclarse agua y óxido de calcio, es decir «cal viva», obteniéndose hidróxido de calcio. Para ello es preciso calentar la piedra caliza a una temperatura próxima a los 900 grados centígrados. Este proceso de mezcla «en caliente» era capaz de producir unas nanopartículas a partir de los mencionados clastos de cal. Los investigadores concluyeron que dicha fuente de calcio otorgaba al hormigón la capacidad de regenerarse cuando quebraba. Véase: Sadurní, J. M. (10 de enero de 2023). Un estudio revela el secreto de la resistencia del hormigón romano. *National Geographic*. Artículo publicado en: https://historia.nationalgeographic.com.es/a/un-estudio-revela-el-secreto-de-la-resistencia-del-hormigon-romano_18951

Armada e imperio

Los periodos de Pompeyo y César al igual que los de Marco Antonio y Octavio, conformaron la última etapa de la República y el inicio del Imperio. Finalizada la Tercera Guerra Civil en el año 42 a. C., la mayor preocupación de Augusto fue la de impedir que los generales romanos continuaran con sus tentativas militares para acceder al poder. Julio César había aprendido que los soldados de las legiones reclutadas en situaciones delicadas y de emergencia profesaban una lealtad exclusiva hacia sus generales que les proveían de salarios y victorias, facilitándoles tierras en la jubilación. Como consecuencia de todo ello, el propio Octavio eliminó esta realidad estableciendo una nueva estructura dentro del ejército, la Guardia Pretoriana, formada por miembros de élite que defendían al emperador.

Durante el Alto Imperio, instituciones como el Senado y los cargos consulares se mantuvieron, aunque el emperador adquirió la capacidad para dirigir las tropas y proponer a los candidatos a las distintas magistraturas. Esto lo consolidó como el verdadero poseedor del poder político, siendo reconocido como el *Pontifex Maximus*. Durante el largo mandato de Augusto, entre los años 27 a. C. y 14 d. C., Roma alcanzó su mayor apogeo hasta esos momentos, ampliando las fronteras del Imperio e impulsando todas las ramas del saber y de la cultura. Con la llegada de sus sucesores al poder, los territorios se ampliaron con la conquista de Britania en el siglo I y de las regiones de Dacia y Mesopotamia durante el mandato de Trajano en el siglo II. En este tiempo, destacaron diversos poetas e historiadores como Quinto Horacio, Publio Virgilio Marón o Tito Livio, entre otros muchos.

En los dos siglos posteriores a la muerte de Augusto, la romanización se consolidó en la Galia, Britania e Hispania, con un aumento en la fundación de ciudades y en el número de campamentos militares en las provincias más apartadas del Imperio. La conquista de nuevas fronteras siguió reportando importantes ventajas políticas y económicas a las clases dominantes, acrecentando el prestigio público *virtus* y *triumphus* gracias a la obtención de esclavos, lo que suponía la adquisición de mano de obra barata para explotaciones y talleres. Tácito, al referirse a las palabras de un valiente líder británico llamado Calgaco, criticó el comportamiento del ejército romano, señalando el desprecio por la libertad individual y por las culturas extranjeras que a veces mostraba Roma.

Saqueadores del mundo, cuando les faltan tierras para su sistemático pillaje, dirigen sus ojos escrutadores al mar. Si el enemigo es rico, se muestran codiciosos; si es pobre, despóticos; ni el Oriente ni el Occidente han conseguido saciarlos; son los únicos que codician con igual ansia las riquezas y la pobreza. Al robar, asesinar y asaltar llaman con falso nombre imperio, y paz al sembrar la desolación. (Sanz Díaz, 2010, p. 16)

La tendencia expansionista de Roma hizo que los territorios situados en el *lime* romano a menudo adoptaran una postura ofensiva hacia sus conquistadores, obligando a estos a emprender numerosas campañas militares. Con frecuencia se ha argumentado que la hegemonía romana se logró gracias al poder de las legiones. Sin embargo, las innovaciones más importantes en este sentido se dieron sobre todo en el ámbito naval. Conscientes de la importancia que tenía para su economía y para la consolidación del poder, tanto durante la Monarquía como la República, Roma trató de controlar las rutas comerciales. Desde el siglo VI a. C. y hasta finales del siglo IV a. C., ya existían vías de comercio marítimo por las que discurrían una gran cantidad de productos de ultramar. La progresiva desaparición de los pueblos etruscos y las relaciones comerciales con las colonias griegas en el sur de Italia permitió la ocupación de numerosos puertos asumiendo como suya la *Lex Rhodia*[71].

Durante el periodo clásico de Grecia, la diferencia entre el barco mercante y el de guerra ya eran evidentes. Este último estaba movido principalmente por múltiples filas de remos situados a ambos lados de la embarcación adoptando las formas del trirreme. Todas las embarcaciones iban provistas de una quilla evolucionada y de un tablazón construido con juntas e hiladas de tablas unidas por los extremos. Los mercantes estaban diseñados con un fondo más ancho y construidos con cañizos de protección bajo el combés, contando con un solo mástil y una vela cuadrada. Una disposición que estaba justificada por las dificultades que el comercio marítimo de la época tenía para asumir el pago de remeros o adquirir esclavos con el fin de servir como tripulación[72].

Para mantener su estatus de potencia comercial en el Mediterráneo, Roma construyó grandes barcos de carga. Diseñados alrededor de un casco resistente con tres o más cintas de protección a su alrededor, su eslora podía llegar a ser tres o cuatro veces su manga. La popa estaba pensada para poder elevarse cuando las olas incidían en su flanco, disponiendo de dos timones, uno a cada lado de la embarcación. Los armadores romanos situaron un palo mayor en el medio y otro como trinquete a proa. La estructura delantera de los barcos romanos era más

---

71 La *Lex Rhodia* regulaba todas las cuestiones relacionadas con el avituallamiento y averías, Cicerón en su obra *De la invención retórica*, afirmaba que dicha ley permitía la apropiación de barcos de guerra encontrados en los puertos conquistados o abandonados. En: Peñaloza Gómez, M. T. (2019). Portus, Classe Naviculariusque: Roma y el control del mar Mediterráneo (s. VI a.C-IV dC). *Revista de Historia*, 26(1), p. 151.
72 Derry, T. K. y Williams, T. I., op. cit., p. 284.

baja que la de los veleros modernos, ya que preferían la navegación con viento a favor. Poco antes de llegar a los puertos y debido al tamaño de las embarcaciones, unas barcazas se encargaban de transportar el grano, muchas veces remolcadas por bueyes hasta llegar a tierra[73].

En cuanto al contexto militar, en el año 338 a. C. la armada romana destruyó la flota naval de Anzio, poniendo fin a la Liga Latina y controlando uno de los puertos más importantes de la península itálica. Tras la conquista, otros puertos y astilleros como los de Ponza y Campania corrieron la misma suerte, obligando a sus élites a disponer de medios y personas para el suministro y reparación de las naves. Todo ello, junto con la necesidad de perfeccionar las técnicas navales, dio lugar en el año 311 a. C. a la creación de los *duoviri navales classis ornandae et reficiendae*, encargados de prestar asistencia a las escuadras navales de los pueblos costeros. Asimismo, con el propósito de eludir las amenazas piratas tirrenas, se ordenó que en cada ciudad costera al menos 10 naves *trirremes* permanecieran dispuestas para cualquier eventualidad relacionada con su defensa.

Antes de la primera guerra con Cartago en el año 264 a. C., Roma se sirvió de los *socci navales* de Tarento, Locres, Velia o Nápoles, para proteger sus rutas comerciales al disponer de una flota de guerra insuficiente manejada por tripulaciones de origen griego y etrusco. Cartago disponía de una armada poderosa mientras sus adversarios romanos no dependían de sí mismos para defender sus costas. Frente a estas circunstancias, y con el fin de impedir el dominio de los cartagineses en el mar, Roma decidió tener sus propios barcos modificando y perfeccionando puertos y astilleros.

La evidente desigualdad de fuerzas permitió que se modificaran las naves romanas con dos tipos de armas. Gracias al cónsul Cayo Duilio se construyeron unos ganchos que se lanzaban para sujetar a los barcos enemigos. Los llamados «cuernos» de Duilio se complementaron con otra innovación que contribuyó a devolver el control marítimo

Grabado con la ilustración de la proa de un barco romano.

---

73 Ibid, pp. 285-286.

a Roma, mediante el uso de un puente de abordaje o *corvus*. De acuerdo con las nuevas perspectivas militares romanas, en el año 243 a. C., el cónsul Cayo Lutacio Catulo ordenó la construcción de 200 barcos dotados con víveres y hombres entrenados para el combate. Catulo derrotó a los cartagineses conquistando Sicilia pasando a controlar todo el Mediterráneo occidental.

Durante el siglo ii a. C., la armada romana dominaba el mar. Solo a partir del año 89 a. C., como consecuencia de las guerras civiles, el poder naval en Oriente se vio afectado de manera negativa. La escasez de recursos y, especialmente, la falta de estabilidad económica llevaron a que la financiación de las campañas militares y navales recayera en los ciudadanos más adinerados. Tras la derrota de Marco Antonio, Octavio Augusto estabilizó el Imperio reforzando el poder militar y político mediante la creación de un ejército permanente y otorgando una especial importancia a la armada. Los antiguos *quaestores classis* de la República fueron sustituidos por una nueva magistratura, poniendo cada flota y astillero en manos de un *Praefectus Classis*, quien ostentaba el control de las naves de guerra.

Con el establecimiento del Imperio, la paz se consolidó en el Mediterráneo, lo que permitió el desarrollo de embarcaciones más ambiciosas. Roma asumió la defensa de los mares con la construcción de galeras propulsadas por remos, colocados en dos o tres filas, con un pequeño mástil delantero para permitir maniobras de alejamiento en caso necesario. Durante esta época, se aumentó la potencia del espolón frontal de los barcos. Sin embargo, la innovación más importante, que se mantuvo desde las guerras púnicas, fue el *corvus*, un portalón basculante utilizado para abordar al enemigo. Esta invención permitió a los romanos compensar su falta de habilidad en el mar y contrarrestar la destreza de Cartago, que utilizaba un espolón en la proa de sus barcos. El abordaje romano ofrecía una ventaja considerable al disponer de más capacidad. Con ello, la efectividad de esta táctica dependió de la capacidad de abordaje entre las naves y del número de efectivos dispuestos para el combate.

Las pasarelas fueron ampliamente utilizadas en embarcaciones que a menudo contaban con más de 300 remeros y unos 120 soldados. Además, la administración imperial junto con ingenieros y armadores, trataron de invertir una gran cantidad de recursos en la construcción de barcos comerciales más avanzados. Conocidos como *corbita*, estaban destinados a navegar hasta el mar Rojo.

El Mediterráneo, a menudo denominado el «lago privado» de los romanos, estuvo bajo su poder desde el siglo i hasta el siglo iv, manteniéndose constante la construcción de embarcaciones militares. Precisamente, las continuas diputas imperiales y civiles obligaron al mantenimiento de una fuerza naval permanente. Todavía en tiempos de Constantino, los escuadrones del Miseno y de la región de Propóntide disponían de trirremes, birremes y liburnas.

Heredera de una parte importante del mundo helénico, Roma se consolidó como una potencia militar, política y económica a lo largo de más de un milenio, sometiendo primero a los pueblos circundantes y después a las regiones más distantes como Egipto o Mauritania. A partir de la República, el Estado fomentó la construcción de importantes infraestructuras para controlar las fronteras terrestres y desarrollar una poderosa armada que garantizase el control del mar. El extenso entramado de calzadas y puentes que todavía forman parte de nuestro entorno, es un testimonio del énfasis que los romanos pusieron en el uso de la tecnología y en su deseo de consolidar su poder. Con el declive del Imperio, las sociedades romanizadas experimentaron un cambio significativo, dando comienzo a un nuevo periodo de la historia conocido como la Edad Media. Aunque apartada de los conceptos clásicos, esta tampoco defraudaría en el progreso y el desarrollo de los avances científicos.

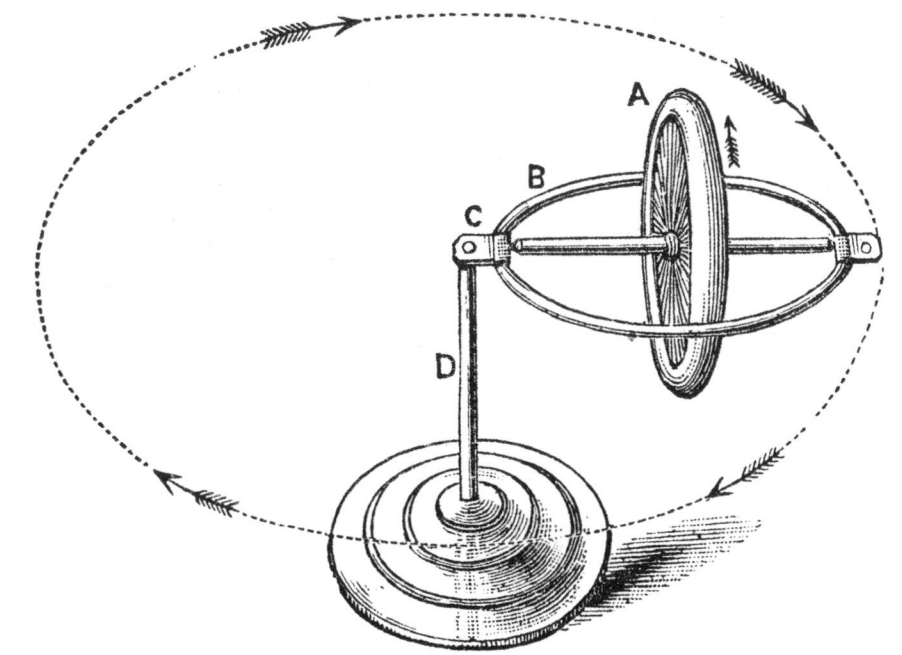

DE LA EDAD MEDIA AL RENACIMIENTO

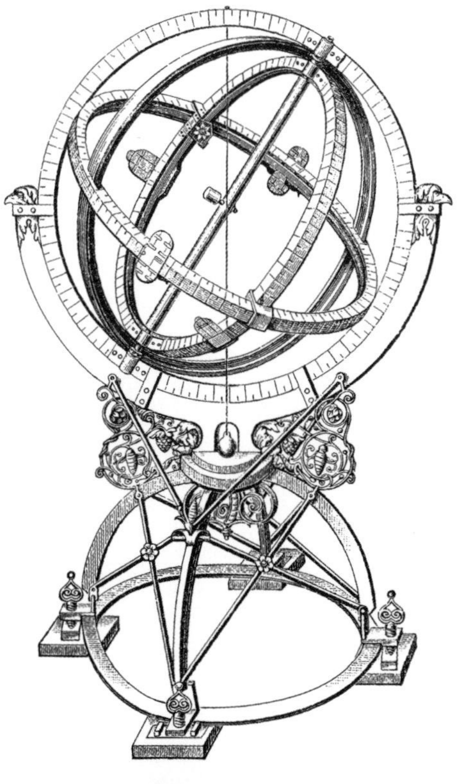

El conocimiento científico en el Medievo

El arado en la sociedad feudal

La caída del Imperio romano en Occidente supuso la descentralización de la vida en Europa, limitando en cierta manera las relaciones entre las diferentes regiones. Las importaciones desde Oriente, si bien nunca quedaron interrumpidas, no fueron suficientes para estimular una economía que en otro tiempo había condicionado muchas áreas del continente. Las calzadas y los puertos comenzaron a deteriorarse. Las amenazas, consecuencia de la piratería y de las guerras, tampoco animaron al desarrollo de intercambios a gran escala. Finalmente, tras el derrumbe de las estructuras educativas romanas, las escuelas monacales fueron las encargadas de recoger el saber colectivo, transmitiéndolo más tarde a las universidades, siendo el último refugio del conocimiento en Occidente.

Durante la Alta Edad Media la ruralización se acentuó y el comercio se debilitó, iniciándose un periodo de inseguridad política y administrativa. La aparición del feudalismo determinó una estructura piramidal de la sociedad dividiéndola en nobles, alto clero y siervos vasallos, respondiendo a un sistema de economía autárquica o de subsistencia. Los menos favorecidos tuvieron que trabajar la tierra para su propio consumo en las posesiones feudales de los señores. Este sistema evolucionó hacia un arrendamiento del campo por el que los vasallos recibían una renta en especie y más tarde en dinero, garantizando a la nobleza unos ingresos estables. Esta desigualdad en derechos y deberes quedó consagrada por unos valores bien diferenciados entre los distintos estamentos sociales, donde la religión y la guerra contrastaban con el desprecio a lo mundano y a la vida servil de los campesinos.

Además de las armas en el campo de batalla, el poder pasó a depender también de las nuevas estrategias militares basadas en el control de las fuentes de riqueza. La capacidad de los ejércitos para arrasar o defender los campos se volvió crucial. Así, el control de las ciudades pasó a convertirse en una cuestión trascendental, ya que desde allí se gobernaba a quienes trabajaban las tierras cercanas. Los ejércitos se vieron obligados a destruir las cosechas del enemigo, a la vez que protegían las suyas. Solo cuando se buscaba destruir al enemigo en caso de invasiones o incursiones, se producían batallas a campo abierto. Este tipo de acciones fueron muy frecuentes en la Guerra de los Cien Años, libradas por Francia e Inglaterra, incluso en las Cruzadas donde los reinos cristianos trataron de dominar lugares estratégicos en Tierra Santa con la intención de mantener el poder en la región.

La Iglesia adoptó un papel decisivo en la economía, promoviendo también el desarrollo científico y tecnológico. Los monjes de los monasterios más ricos fueron los primeros en convertirse en terratenientes, impulsando la mejora de la agricultura en la Edad Media. Los grandes propietarios se vieron en la obligación de realizar innovaciones para que las explotaciones agrarias se transformaran en núcleos más productivos y generar excedentes con los que mantener el escaso comercio. Así, la rotación bienal romana se vio sustituida por la rotación trienal. A este uso más intensivo se sumó un notable aumento de la superficie cultivada, gracias a la roturación o incorporación de nuevas tierras procedentes de bosques y otros terrenos no cosechados.

A medida que las tierras de cultivo del norte de Europa fueron extendiéndose, la colonización emprendida por los germanos en la Marca Oriental de Carlomagno fue adquiriendo unos progresos muy significativos. De esta forma pudieron ser introducidos los primeros arados de desfonde en tierras eslavas acostumbradas al *uncus curvo*. El uso de la vertedera, aunque generalizado a partir del siglo XII, apareció por primera vez al este de Europa, llegando después hasta el norte de Italia en el siglo VIII. El nuevo sistema de arado resultó un elemento esencial en las regiones septentrionales del continente provocando una profunda transformación en los cultivos y la economía.

Mientras que los antiguos arados romanos habían removido la tierra superficialmente durante siglos, la incorporación de una rueda y un vertedero permitió una mejor preparación de la siembra. Este proceso permitía al labrador la posibilidad de arrojar las semillas esparciéndolas sobre el terreno, en vez de vertiéndolas en los surcos superficiales que dejaban los viejos arados. Una vez esparcidas, una grada o rastra dentada las soterraba bajo el suelo cultivable. Las nuevas técnicas de arado permitieron la aceleración de la descomposición de rastrojos, reduciéndose la aparición de malezas en el suelo.

Junto al arado, la evolución en el herrado de animales de carga y tiro favorecieron el transporte de cargas más pesadas en terrenos duros y poco accesibles. Entre los siglos VI y IX se produjo un considerable avance en los aparejos para mejorar la fuerza de tracción animal. El arnés clásico se transformó en un collar, aumentando la potencia y la capacidad de arrastre en los arados más pesados. Hacia finales del siglo XI, y coincidiendo con un calentamiento del clima, la producción agrícola comenzó a prosperar propiciando un aumento en las actividades del campo. Los avances tecnológicos y la publicación de tratados de agronomía también contribuyeron al rendimiento, repercutiendo en la alimentación y en el descenso de las enfermedades y hambrunas. Con todo ello, la población aumentó dando lugar a la roturación de nuevas tierras dirigidas por los señores feudales, construyendo redes de canalización y drenando numerosos pantanos para su aprovechamiento agrícola. El fuego, la tala de bosques y el arado hicieron redujeron la masa forestal, provocando en muchos casos la escasez de madera y la transformación del paisaje en Europa occidental[74].

Por otra parte, la desaparición de la esclavitud en la Edad Media acentuó la falta de mano de obra, lo que motivó a buscar otras alternativas. Entre ellas, los diferentes tipos de molinos surgidos en la época se presentaron como un elemento económico y social de primer orden, tanto por su función, imprescindibles para moler el trigo y hacer pan, como por los diferentes tipos de propiedad y explotación existentes en esos momentos. Así, la rueda hidráulica evolucionó notablemente en los siglos VI y VII. El molino de agua más antiguo que se conoce es el llamado molino griego o escandinavo, cuyo eje era vertical y a cuyo extremo inferior se incorporaban una serie de cangilones o paletas, quedando estas sumergidas bajo una corriente de agua. Utilizados para moler el grano, el eje pasaba a través de una piedra inferior al que después se acoplaba otra superior para hacerla girar.

Los molinos de agua, considerados los precursores de las turbinas hidráulicas, fueron por lo general pequeños y lentos debido a que la piedra debía girar a la misma velocidad que la rueda, impidiendo que pudieran moler grandes cantidades de grano. Vitrubio ideó en el siglo I a. C. un molino diferente con un eje horizontal y una rueda vertical, consistente en una secuencia de recipientes colocados alrededor de aquella, la cual giraba mediante el empuje de animales. Los molinos más antiguos estaban impulsados desde la parte inferior. Sin embargo, años después se decidió que la rueda fuera movida desde arriba, por lo que el agua caía llenando los cubos. Si bien este sistema proporcionaba una mayor energía, previamente el agua debía embalsarse en una especie de alberca desde la que llevar el caudal hasta la rueda.

74 González, M. y Guzmán, J. (29 de octubre 2014). La Agricultura en la Edad Media. *Historia Universal*. Artículo publicado en: https://mihistoriauniversal.com/edad-media/la-agricultura-en-la-edad-media

Los molinos diseñados por Vitrubio no se generalizaron hasta el siglo IV. Hacia el año 1086 ya funcionaban alrededor de 5000 molinos de agua en Inglaterra, lo que supuso un profundo cambio en la forma de vida. Empleada en un principio para moler el grano, la rueda hidráulica pronto comenzó a ser aplicada para la irrigación de campos de cultivo, así como en otras actividades agrícolas e industriales tan diversas como la fabricación de papel, aserraderos, para mover los fuelles de las fundiciones e incluso para el forjado de metales adaptando un martillo pilón[75].

A finales del siglo XII, la llegada de los molinos de viento introdujo una nueva fuente de energía mecánica. Originados en Persia, ya en el siglo X eran usados como un método más de irrigación en la provincia de Sistán. En sus inicios, el molino persa tenía un eje vertical similar al de la rueda hidráulica. Dividido en dos plantas, en la superior se colocaban las piedras para moler, mientras que en la inferior había una rueda impulsada por aspas que pasaba el movimiento al bloque anterior. Estas aspas tenían cubiertas de tela que capturaban la fuerza del viento y la transmitían a un conjunto de engranajes que generaban el movimiento necesario. Las primeras menciones relativas a los molinos de viento aparecen ya en la región de Normandía en el año 1100.

Por diferentes razones estratégicas, durante la Edad Media se pusieron en marcha los llamados «molinos flotantes» formados por una rueda hidráulica situada entre dos embarcaciones fijadas sobre un curso de corrientes rápidas. En cada una de las barcas se instalaba un eje horizontal y una rueda vertical. Esta última se introducía en la corriente para obtener la energía necesaria para moler. Se cree que esta tecnología fue desarrollada como consecuencia de la destrucción de acueductos y canales durante las invasiones de los ostrogodos, tanto en Roma como en la península ibérica a partir del siglo VI. Lo cierto es que estos molinos fueron utilizados durante muchos siglos en toda Europa, sobreviviendo hasta hace relativamente poco tiempo.

Brújulas y astrolabios. El transporte en la Edad Media

Los caminos durante la Edad Media se sirvieron, la mayoría de las veces, de las viejas calzadas romanas y de otras vías usadas ya por civilizaciones anteriores. Su reutilización respondió a criterios de construcción, puesto que los trazados romanos todavía permitían el paso por vados y desniveles con relativa facilidad. Aunque

---

75 Satizábal Villegas, A. E. (2004). *Molinos de trigo en la Nueva Granada. Siglos XVII-XVIII* (p. 26). Bogotá. Universidad Nacional de Colombia.

no hubo grandes avances en los medios de transporte, los pesados carros de cuatro ruedas, las carretas más ligeras de un solo eje y los animales de carga fueron los métodos más comunes para el transporte terrestre.

Las mercancías pesadas o voluminosas eran acarreadas por arrieros profesionales que se agrupaban en gremios privilegiados para la época. Por lo general, se realizaban viajes cortos a nivel local o regional hacia mercados y ferias que se celebraban con regularidad. Por entonces, animales y personas transitaban por los llamados «caminos de herradura». Las pocas carreteras disponibles eran utilizadas principalmente por carros, pero eran peligrosas debido al bandolerismo, a veces impulsado por algunos señores feudales. A la incertidumbre del viaje se añadían los impuestos y las tasas que debían pagar toda la mercadería a su paso por puentes o ciudades, aparte de las tierras que la nobleza parcelaba para aumentar la recaudación.

El transporte marítimo fue el medio más utilizado en el comercio internacional durante el Medievo. Únicamente las grandes urbes marítimas bajo la protección del Estado podían fletar barcos mercantes regulares escoltados por naves de guerra. Además de la piratería, otro gran obstáculo fue la limitada capacidad y la vulnerabilidad de las embarcaciones en grandes travesías. A pesar de que el desarrollo naval fue lento, hubo cambios y avances notables, a pesar de que su construcción suponía una fuerte inversión de capital. Por si fuera poco, los precios del transporte no solo dependieron de la velocidad o de los medios técnicos, sino también de la organización del tráfico y, especialmente, de los mercados.

Otro de los problemas que surgió fue debido a la escasa capacidad que presentaban las naves para el comercio a gran escala. El crecimiento del tráfico marítimo generó la necesidad de mejorar el diseño de los barcos, iniciándose una carrera tecnológica para aumentar su capacidad y así facilitar las transacciones entre los diferentes puertos. De las regiones escandinavas surgió el *drakkar*, un barco utilizado por los vikingos entre los siglos VIII y XI y destinado a tareas militares. Se trataba de embarcaciones de gran longitud, estrechas y con poco calado, dotadas de remos, un único mástil y una vela rectangular para las travesías más largas. Casi todas estas embarcaciones fueron construidas sin cuadernas, esto es, basadas en la idea de un casco trincado, con planchas de madera superpuestas unas a otras. Gracias a su peso ligero y escaso calado, el *drakkar* podía navegar en aguas poco profundas y ser arrastrado por sus tripulantes en tierra firme.

No fue hasta la aparición de los pesados *koggen* hanseáticos, adaptados al transporte de mercancías más voluminosas, cuando se consiguió alcanzar el millar de toneladas en los desplazamientos. A comienzos de la segunda mitad del siglo XII, numerosas ciudades al norte de Alemania iniciaron el desarrollo de un comercio marítimo, uniendo regiones del mar del Norte con el Báltico. En ciudades como Lübeck, Rostock o Danzing, la burguesía ya había alcanzado el poder, lo que les permitió organizar un comercio marítimo incipiente y construir una flota para protegerlo. La llamada Liga Hanseática pudo de esta manera establecerse como una federación comercial, a la vez que defensiva, en lo que hoy son los Países Bajos, Suecia, Polonia, Letonia y el norte de Alemania.

Las diferentes circunstancias marítimas obligaron a utilizar modelos muy dispares de barcos, siendo muy desigual la navegación que se practicaba por el Mediterráneo a la de los navíos en el norte de Europa. Mientras que en el Mediterráneo se usaban carracas genovesas para transportar especias y algodón, en el norte de Europa se utilizaban *koggen*, que, aunque lentos, podían transportar grandes cargas. A lo largo de los tres últimos siglos de Medievo europeo, los ingenieros trabajaron en aumentar la capacidad de carga de estos barcos, pero su lentitud los hizo inadecuados para la guerra.

Los avances en las técnicas de navegación modificaron las rutas mercantiles, aumentando considerablemente los tonelajes y disminuyendo el número de escalas, así como la concentración del comercio en grandes puertos que admitían el almacenaje y la redistribución. Durante el periodo bajomedieval, las infraestructuras portuarias llegaron a ser tan escasas que las embarcaciones quedaban varadas en las orillas. Las de mayor calado fondeaban a cierta distancia de las costas, trasladando la carga a tierra firme mediante barcas que admitían una menor profundidad. Con el tiempo, algunos núcleos costeros fueron adquiriendo un mayor peso en el comercio, gracias a la posibilidad de combinar la actividad pesquera con el intercambio por mar[76].

A partir del siglo XIII comenzaron a aparecer una serie de inventos que mejoraron las embarcaciones. El timón de codaste, la vela latina, la brújula o los progresos científicos aplicados a la cartografía, permitieron solventar muchos de los inconvenientes surgidos durante la Edad Media. La mejora en la precisión de las mediciones espaciales y temporales, gracias a las matemáticas y la geografía, mejoraron la contribución romana, cuyos mapas habían servido más a la política y a la guerra que a los asuntos económicos. Hacia el año 150 d. C., Ptolomeo se propuso «reformar el mapa del mundo», basándose en un trabajo del geógrafo Marino de Tiro, sin saber que la longitud de un grado era inferior a lo calculado

---

76 Molina Molina, Á. L. (2000). Los viajes por mar en la Edad Media. *Cuadernos de Turismo*, 5, pp. 116-118.

por Eratóstenes. Esto explica que en su modelo cartográfico el mar Mediterráneo apareciera un tercio mayor de su tamaño real. Aunque solo se han conservado copias de sus mapas en los que ya figuraban las costas del mar Rojo, lo cierto es que nunca supo que la India era una península o que el Índico no tenía la condición de *mare clausum*[77].

La hegemonía del cristianismo durante la Edad Media no ayudó tampoco a la conservación del legado científico griego y mucho menos a su espíritu crítico, haciendo que trabajos sobre el origen, la composición y el movimiento terrestre quedaran prácticamente en el olvido. A pesar de esto, en el siglo XII surgió un interés científico por la geografía, impulsado por la traducción de tratados y textos árabes y por el crecimiento de la navegación, que redujo la influencia del pensamiento religioso. La necesidad de encontrar soluciones a los problemas en el mar animó a muchos cartógrafos y matemáticos a elaborar mapas más ajustados a la realidad, apareciendo los primeros portulanos en los que se detallaban con precisión las costas mediterráneas con dibujos de rumbos escritos en latín.

El uso de estas cartas de navegación, elaboradas sobre pergaminos, estuvo presente hasta el siglo XVII, llegando en ocasiones a ser descritas como auténticas obras de arte por la elegancia en los trazos y los adornos pictóricos que mostraban. Los contactos con el islam resultaron también fundamentales, sobre todo los trabajos de Al-Idrisi e Ibn Battuta, entre los siglos XI y XIV. Idrisi, geógrafo y viajero hispanomusulmán, fue el primero en influir en el contexto cristiano gracias a sus relaciones con Roger II de Sicilia y a su obra *Recreo de quien desea recorrer el mundo* o *Libro Rogeriano*, escrito en 1154. El trabajo se publicó en Roma en 1552 en una de las imprentas de los Médici, viendo la luz en España en 1882, en el *Boletín de la Sociedad Geográfica de Madrid*. En ella empleó diversos estudios ptolomeicos, además de conocimientos griegos para describir y representar las tierras conocidas, incluyendo unos 70 mapas para los que invirtió 15 años de esfuerzos[78].

Después de recorrer una buena parte de los territorios orientales conocidos, los geógrafos Ibn Battuta y Ibn Khaldun realizaron los primeros estudios demográficos de los que tenemos noticias. Todo este progreso técnico minó las ideas monásticas que hasta entonces habían influenciado la creación de mapas basados

---

77 Derry, T. K. y Williams, T. I., op. cit., p. 333.

78 Encargada por el rey Roger II de Sicilia, la *Tabula* fue realizada gracias a una extensa red de informadores enviados a una gran parte de los lugares conocidos de la época. En la obra aparece dibujada Al-Ándalus con forma de triángulo algo distorsionado coincidiendo con la situación entre los paralelos 44° y 35°, con indicación de las principales cadenas montañosas y cuencas fluviales. Su estudio supuso un importante avance en relación con la cartografía simbólica cristiana. Para un análisis detallado véase: Franco Aliaga, T. y López-Davalillo, J. (2004). La representación cartográfica- del mundo en la Edad Media. *Espacio, Tiempo y Forma, Serie III*, t. 17, pp. 161-164.

en interpretaciones de las Sagradas Escrituras. Desde entonces, y una vez publicado en 1375 el llamado *Atlas catalán*, las cartas de navegación fueron adquiriendo un carácter menos fantástico, aproximándose cada vez a la realidad científica[79].

Las técnicas de orientación astronómicas utilizadas durante la Edad Media alcanzaron también una complejidad considerable y se convirtieron en uno de los temas más destacados en la navegación náutica. Las observaciones comenzaron a recogerse en los conocidos *tractatus*, siendo uno de los más importantes de la época el realizado por el erudito luso Jacobo de Saá, titulado *De nauigatione libri tres, quibus Mathematicae disciplinae explicantur*. Unido a la práctica de la astronomía y las teorías matemáticas, los instrumentos permitieron a los navegantes realizar travesías marítimas más seguras. Existe la certeza de que parte de la instrumentación empleada en Occidente llegó gracias al prestigio que ya había logrado en los países de Oriente. Tanto el astrolabio como la brújula o el nocturlabio, llegaron a ser tan importantes que no tardaron en ser mejorados en Europa. Con el paso del tiempo, sobre todo a partir del siglo XVI, otros instrumentos como la ballestina, el cuadrante o la corredera fueron encontrando también su sitio en la navegación[80].

Se desconoce su procedencia exacta, pero se cree que los primeros astrolabios aparecieron en algún lugar del Mediterráneo. Basado en la proyección estereográfica de una esfera, los primeros instrumentos se construyeron sobre un disco de cobre o latón que se suspendía de una anilla con el objeto de que pudiera mantener la verticalidad. Originalmente se confeccionaron con una placa de coordenadas de horizonte distinta para cada latitud. Esta circunstancia quedó resuelta en el siglo XI, después de que el astrónomo Azarquiel diseñara una única placa que podía ser utilizada para todas las latitudes. El astrolabio permitía la observación de las estrellas con bastante precisión al tiempo que se determinaban la latitud y la hora nocturna en ese lugar y

Réplica de un astrolabio medieval que determina las coordenadas y la posición de los objetos celestes.

---

79 El *Atlas catalán* o *Mapamundi de los Cresques* contiene varios mapas manuscritos que cubrían el mundo conocido por los europeos de la época. El original está guardado en la Biblioteca Nacional de Francia y está considerado uno de los trabajos cartográficos más importantes de la Edad Media. Aunque sin firma ni fecha de producción se da por hecho que tuvo que ser realizado en el año 1375 al ser el dato que figura en el calendario que incluye. Su autoría está atribuida al judío mallorquín Cresques Abraham y es igualmente el primer atlas que incorpora una rosa de los vientos.
80 González Marrero, J. A. y Medina-Hernández, C. (2009). Técnicas astronómicas de orientación e instrumentos náuticos en la navegación medieval. *Fortunatae. Revista canaria de Filología, Cultura y Humanidades*, 20, pp. 22-23.

en ese mismo instante. Los musulmanes llegaron incluso a utilizarlo para conocer la dirección a la Meca y el momento correcto en el que debían realizarse las oraciones. Todo ello hizo que se convirtiera en un instrumento obligatorio para la navegación.

> *Quicumque astronomicae peritiam disciplinae et coelestium sphaerarum geometricaliumque mensurarum altiorem scientiam diligenti ueritatis inquisitione altius rimari conatur, et certissimas horologiorum quorumlibet climatum rationes, et quaelibet ad haec pertinentia, industrius discriminare nititur, hanc walzacoram23, id est, planam sphaeram Ptolomaei seu astrolapsum solerti indagatione perquirat et discat, et perquisitam tenaci memoriae firmiter commendet, ita ut, cum quaslibet perigraphias partitionesque anaglypharias in ea scriptas et insculptas cognouerit, singulas nominatim retineat. Nam si horum diligenti discussione summam amplectitur, et celebri intentionis iugitate his studiosus utitur, maximam ex hoc colliget utilitatem, et in astronomicis et geometricis studiis subtilem profunditatem. Inueniet autem per eam, secundum sphaericae uolubilitatis circuitum, certos ortus et occasus omnium siderum singulis quibusque horis, et quotus decanus, quotaque pars cuiuslibet signi oriendo emergatur, aut occidendo demergatur, et per uniuersas coeli regiones motus siderum, et situs signorum, et gradus solis, et altitudinem eius diurnam seu menstruam, et quot terreni orbis stadia permeet, similiter et stellarum fixarum signa et altitudines: ad haec noctium et dierum horas certissimas, naturales siue artificiales, cum augmentis et detrimentis. Quarum cognitio quam necessaria sit in diuinis ministeriis, quam ad exercitandum utilis [...]* [81].

Con la aparición de la brújula se produjo otro gran salto cualitativo proporcionando una mayor precisión y eficacia en el cálculo de la posición. Este instrumento estaba formado por una aguja imantada que sobre un recipiente lleno de agua era capaz de señalar el norte magnético. Tuvo un avance significativo gracias a la sustitución del agua por un eje rotatorio al que se le añadió una rosa de los vientos con el fin de que el observador pudiera calcular las diferentes direcciones. Su facilidad de manejo, incluso con cielos cubiertos, hizo que su uso se generalizara inmediatamente por todo el Mediterráneo.

---

81 Ibid, pp. 25-26: *Quienquiera que intente profundizar en la astronomía, en la ciencia de las esferas celestes y en la geometría, y se esfuerce en saber por qué hay distintos usos horarios según los lugares, debe conocer e instruirse en el uso de la «alzacora», es decir, en la esfera plana de Ptolomeo o el astrolabio, de tal manera que recuerde cada una por su nombre cuando haya trazado las perigrafías y las particiones anaglifarias que están escritas en la esfera. Si el estudioso llega a comprender sus operaciones y hacer uso de una aplicación continua, le sacará mayor provecho y conseguirá profundizar en las investigaciones astronómicas y geométricas. Con esta esfera y atendiendo a la variabilidad de su perímetro, obtendrá ortos y ocasos de todas las estrellas en la hora correspondiente, qué cálculo de las doce casas y qué parte de cualquier signo se muestra al salir o se oculta al ponerse, los movimientos de las estrellas por las distintas regiones celestes, la posición de los signos, los grados del sol, su altura diurna o mensual, cuántos estadios del orbe terrestre atraviesa, los signos y alturas de las estrellas fijas, y, además, las horas exactas del día, sean naturales o no naturales, con aumentos o mermas. El conocimiento de estas se considera necesario en los servicios divinos y útil en el trabajo [...].*

La primera referencia occidental relativa a la brújula aparece entre 1175 y 1186, y pertenece al británico Alexander Neckam, quien menciona las características de este instrumento en sus obras *De naturis rerum libri duo* y en *De nominibus utensilium*. Es en esta última donde describe físicamente el ingenio y su utilidad a la hora de calcular la posición y una dirección determinada bajo cualquier irregularidad climática: «*Qui ergo munitam uult habere nauem... Habeat etiam acum iaculo suppositam, rotabitur enim et circumuoluetur acus donec cuspis acus respiciat orientem, sicque comprehendunt quo tendere debeant naute cum cinosura, latet in aeris turbacione, quamuis ad occasum nunquam tendat propter circuli breuitatem*»[82].

No menos importante fue el nocturlabio, también llamado nocturbio. Aunque no se conoce todavía su origen debido a las escasas referencias, se estima que su uso se generalizó durante el siglo XIII. Compuesto por un cuerpo circular sobre el que sobresalía una aguja, era esta última la que con su movimiento indicaba la posición en la esfera. Sobre la misma se colocaba un disco con diferentes escalas que permitían calcular la latitud y la hora. En el primer caso bastaba con tomar como base la altura de la estrella polar sobre el horizonte. Así, la latitud se infería de la observación de uno de los mangos que poseía la aguja, mientras que la hora se determinaba por el otro en el que se colocaba una regla graduada[83].

En definitiva, las innovaciones en el ámbito de la cartografía y de la navegación durante la Edad Media en Occidente fueron posibles gracias al deseo irrenunciable de un grupo de intelectuales por entender mejor el mundo, al que se sumaron los conocimientos desarrollados por las culturas anteriores. De acuerdo con ello, las matemáticas, la filosofía y la lógica demostraron su alcance a la hora de encontrar el camino hacia la exactitud y la determinación. No obstante, no debemos olvidar que cualquier mejora civil, obtenida mediante el comercio y la navegación, también significó el afianzamiento de quienes seguían detentando el poder político, económico y militar en una sociedad donde el principio innovador, entendido como herramienta de conocimiento, nunca fue sinónimo de libertad. La coyuntura social durante la Edad Media, sacudida por las constantes guerras y conflictos surgidos durante el periodo bajomedieval, encontraría en las universidades el mejor intento por contrarrestar la irracionalidad y el oscurantismo, justificando las ideas humanistas que alcanzaría su cenit años más tarde con la aparición del Renacimiento.

---

82 Ibid, p. 27: *Quien quiera tener una embarcación sólida... que tenga una aguja colocada sobre una flecha. La aguja gira y se mueve hasta que su punta señala el oriente y, de ese modo, los marineros entienden a dónde deben dirigirse bajo las constelaciones. Se mantiene en continuo movimiento porque está protegida dentro de un pequeño recipiente, aunque nunca señalará el occidente.*
83 Ibid.

Monasterios y reyes. La universidad medieval

No existe un acuerdo claro sobre el momento exacto del comienzo de la Baja Edad Media. Por lo general, se considera que durante los siglos XIV y XV las transformaciones y los cambios comenzaron a ser más evidentes en Europa, lo que no impide pensar que el periodo bajomedieval comenzara a dar señales inequívocas de algunos reajustes y variaciones pocos siglos antes. La coronación de Carlomagno como emperador el 25 de diciembre del año 800 supuso un antes y un después en lo relativo a la educación en el viejo continente. Para el fortalecimiento del Imperio, el nuevo monarca decidió emprender una reforma que afectó al saber clásico, con el desarrollo de un programa concreto de estudios: el *trivium* –enseñanza literaria que comprendía la gramática, retórica y dialéctica– y el *quadrivium* –enseñanza científica compuesta por la aritmética, geometría, astronomía y música–.

La promulgación de varios decretos permitió la creación de nuevos centros o escuelas tuteladas por monasterios, catedrales o ayuntamientos. Así nacieron las llamadas escuelas *monacales*, *catedralicias* y *municipales*. Además, el propio Estado, a través de sus Cortes, obtuvo la potestad de fundar instituciones de igual carácter, dando lugar a lo que después serían las escuelas *palatinas*. Estas instituciones, pensadas y creadas para el estudio mediante las ordenanzas de Carlomagno, pasaron a convertirse en universidades y centros de renombre durante los siglos XII y XIII. De esta manera, el poder, hasta entonces sustentado en la justicia, la milicia y la fiscalidad, pasó también a administrar los patrones del conocimiento y la razón.

Esta influencia fue tan evidente que muy pronto la Iglesia católica y las monarquías europeas comenzaron a conceder el título de *Studium Generale* a aquellas escuelas e institutos de enseñanza más prestigiosos del continente. Los primeros *Studium* se localizaron en Bolonia y Oxford, en los años 1088 y 1096, respectivamente. A los anteriores les siguieron otros similares como los de Palencia, en 1208, y Salamanca en 1218, siendo este el primero con estudios de medicina. Junto a los llamados poderes universales conformados por el Pontificado y el Imperio, el nuevo poder emergente surgido de las monarquías feudales provocó una fuerte rivalidad, intensificándose el control sobre las nuevas instituciones escolásticas. La autonomía de los *Studium* comenzó a verse comprometida, siendo muy restringida por la facultad papal en cuestiones relacionadas con las diferentes materias y textos que se podían enseñar[84].

---

84 Wischer, E. (1989). *La legislación imperial y papal en materia de educación durante los siglos XII y XIII y el nacimiento de las universidades y de los estudios generales de las órdenes* (pp. 169-170). Madrid. Akal.

En el contexto de las escuelas monásticas o catedralicias, la reforma carolingia, acometida entre finales del siglo VIII y comienzos del siglo IX, trató de instruir a una clase específica de funcionarios para la corte del rey que se vería complementada con la aparición de los *Studium* y posteriormente con las universidades. Para el año 1400 ya se habían fundado más de medio centenar de universidades, de ellas una treintena por iniciativa papal. Transformada en una institución universitaria en el año 1180, Bolonia se identificó con el nuevo renacer urbano de las ciudades del norte de Italia y con el derecho escrito, en un momento en el que el Papado y el Imperio oficializaban sus enfrentamientos. Poco tiempo después, nacería en París un centro de similares características procedente de distintas escuelas eclesiásticas tradicionales y privadas, abiertas por maestros independientes, donde prevalecerían la gramática, la medicina y el derecho.

Otras universidades fundadas en la época fueron la de Medicina de Montpellier en 1220, bajo autoridad eclesiástica, y la de Oxford, cuyos estatutos papales se concederían en 1214, posteriormente complementados con cédulas reales. A ellas fueron sumándose otras como las de Arezzo instaurada durante el año de 1215, la Universidad de Nápoles, creada a iniciativa del emperador Federico II Hobenstaufen en 1224, o la de Siena, fundada en 1246. En la península ibérica, Palencia fue la primera ciudad en tener una universidad en el año 1212. En Salamanca, durante el año 1218, Alfonso IX de León otorgó la categoría de *Studii Salmantini* a las escuelas situadas en dicha ciudad, dotándola posteriormente el rey Alfonso X el Sabio con los estatutos universitarios en el año 1254. Con un carácter puramente jurídico, la Universidad de Salamanca se diferenció de otras instituciones similares europeas, como las universidades de Oxford o París, más identificadas con los estudios de artes y teología.

A lo largo de todo este periodo las cortes medievales comenzaron a transformarse en instituciones esenciales para las funciones del Estado, incorporando especialistas como juristas, recaudadores, notarios o secretarios, cuyas funciones eran las de aconsejar al rey. El llamado *concilium*, pasó a tratar asuntos tan diversos como las relaciones diplomáticas, la impartición de justicia o la recaudación de impuestos, además de cuestiones relacionadas con la guerra. Entre los funcionarios de palacio, los escribanos destacaron por ser los encargados de redactar todo tipo de documentos, a través de los cuales se administraban los territorios del reino o gestionaban las relaciones políticas con otros países. De este modo surgió el cargo de canciller real, encargado de supervisar la validez de los informes y expedientes. A ellos se sumaron otros cargos como los de procuradores, contadores mayores, alguaciles y chancilleres, todos con responsabilidades en el funcionamiento de la Administración. En relación con estos últimos, el Código de *Las Partidas*, redactado durante el reinado de Alfonso X, puntualizaba lo siguiente:

El Chanciller es el segundo oficial de la casa del rey de aquellos que tienen oficio de secretos, pues bien, así como el capellán es medianero entre Dios y el rey espiritualmente [...] Y por ello el rey debe escoger tal hombre par este oficio que sea de buen linaje, y tenga buen seso natural, y sea bien razonado y de buena memoria, y de buenas costumbres y que sepa leer y escribir, tanto en latín como en romance; y sobre todo, que sea hombre que ame al rey naturalmente, y a quien él pueda acusar por el yerro, si lo hiciere, por el que merezca pena. Y de buenas costumbres y apueste de ver, porque sepa bien recibir los que a él vinieren, y honrar aquel lugar que tiene. Y leer y escribir conviene que sepa en latín y en romance, porque las cartas que le mandare hacer sean dictadas y escritas bien y apuestamente, y otrosí las que enviaren al rey, que las sepa bien entender. (de Salazar y Acha, 1995, p. 312)

A partir del siglo XII, instituciones como las Cortes experimentaron un importante desarrollo asumiendo competencias políticas, sociales y económicas. Surgieron entonces los conocidos Memoriales de Cortes que exponían los asuntos que afectaban al Reino. Recibidas todas las peticiones presentadas al rey, los procuradores de cada ciudad con representación estamental exponían sus demandas. Después, un secretario actuaba como referendario real y se encargaba de presentar dichos Memoriales al monarca. La complejidad de la documentación requería el apoyo de un incontable grupo de personas ilustradas, miembros del Consejo entendidos en diversas materias y donde prevalecían la jurisprudencia y las ciencias del derecho[85].

Precisamente, entre las responsabilidades asignadas a las universidades durante el periodo bajomedieval estuvo el de proveer de funcionarios a los altos estamentos de los gobiernos europeos, proporcionando también apoyo ideológico y contribuyendo al fortalecimiento de su poder. Es innegable que las universidades se involucraron en asuntos políticos y sociales, y diferentes poderes lucharon por controlarlas para utilizarlas en favor de sus intereses. Un ejemplo de esto lo encontramos en un acuerdo de 1344 entre el papa y el rey de Castilla en el que se hace mención a los distintos dominios a los que la Universidad de Salamanca debía servir: «E vimos en como dijeron que en razón de las tercias, que el Papa auia tirado al Rei, onde se solian pagar los Maestros del Estudio de Salamanca, é que por esta

---

85 Los monarcas de la época no tenían los conocimientos suficientes para dar respuesta a todas las cuestiones del Estado. Es probable que un escribano fuese el encargado de anotar las decisiones reales bajo la supervisión de un secretario de Cortes. Véase en: Puñal Fernández, T. (2004). El Memorial Medieval de Cortes. *Norba. Revista de Historia*, 17, pp. 196-197.

razon el Estudio parecia, si algún recaudo non quisiesse de pagar los Maestros, á esto que seria muy grande daño del Rei e de todo el Reino, e señaladamente de la Iglesia, é de la Villa de Salamanca»[86].

La universidad también intervino en casos de relevancia social como las herejías. En octubre de 1307, los miembros de la orden de los Templarios fueron detenidos en Francia. Tras su arresto, sus propiedades fueron confiscadas y mandados a los inquisidores para ser juzgados por blasfemia e inmoralidad. Emprendidas las acciones papales contra los acusados, el rey Felipe IV de Francia escribió una carta a la Facultad de Teología para solicitar orientación y frenar el poder del pontífice en territorio francés. Los teólogos justificaron las acciones del papa alegando que los herejes debían ser castigados de acuerdo con los deseos de la Iglesia[87].

Uno de los casos más destacados de vinculación de una universidad con el poder se produjo en la resolución del Gran Cisma que dividió a Europa durante los siglos XIV y XV. La división de la Iglesia católica afectó a las monarquías y al poder eclesiástico, con consecuencias para toda la cristiandad. Después de que la residencia papal se trasladara a Aviñón en 1309, en 1378 Gregorio XI la trasladó nuevamente a Roma, falleciendo poco tiempo después. Los cardenales franceses nunca reconocieron a Urbano VI como sucesor del papa Gregorio, nombrando en su lugar a Clemente VII, quien decidió continuar su papado en Francia. La coexistencia de ambos pontífices dividió lealtades, complicando aún más la situación después del concilio de Pisa en 1409, con el nombramiento de Alejandro V y la eventual entronización de una tríada papal.

Aunque la Iglesia y el papado tenían cierto control sobre el sistema universitario, también enfrentaron resistencia de poderes contrarios a las resoluciones alcanzadas. La Universidad de París, a través de sus maestros y doctores, recomendó al rey que reconociera al papa Clemente VII en lugar de a Urbano VI. Esta intervención, probablemente instigada por el monarca Carlos VI de Francia, quedó recogida en dos documentos a finales del siglo XIV, donde se expresaba su apoyo al anti-papa francés.

Durante la Edad Media, el papado otorgó beneficios a las instituciones universitarias para asegurarse su favor. Desde su elevado estatus, no dudó en apoyar a un buen número de universidades para intentar su separación del poder

---

86 Vidal y Diaz, A. (1869). *Memoria histórica de la Universidad de Salamanca* (pp. 25-26). Salamanca. Imprenta de Oliva y Hermano.

87 Carañana, J. P. (2012). La misión de la universidad en la Edad Media: servir a los altos estamentos y contribuir al desarrollo de las ciudades. *Nómadas. Revista Crítica de Ciencias Sociales y Jurídicas*, 34(2), pp. 3-4.

secular, consiguiendo la mayoría de las veces someterlas bajo su jurisdicción. Especialmente desde la Universidad de París, la jerarquía católica buscó fortalecer su influencia frente a los poderes laicos. Un ejemplo de ello fueron las dos bulas papales que prohibieron la enseñanza del derecho civil en favor del derecho canónico y la teología. En concreto, la bula *Super Speculam* dictada por Honorio III en 1219, excluyó el derecho romano en las cátedras de París. Entre otras cuestiones la bula especificaba lo siguiente:

> *Honorius III innovat statutum Concilii Lateranensis IV de theologis per singulas metropoles statuendis; praecipit ut ab ecclesiarum praelatis et capitulis ad theologicae professionis studium aliqui docibiles destinentur, concedit studentibus in eadem facultate per quinque annos fructus beneficiorum suorum. Innovat decretum Concilii Turonensis, ne regulares exeant ad audiendum leges vel physicam, et extendit illud ad omnes clericos personatus habentes et ad presbyteros. Insuper statuit ne Parisiis sive in civitate sive aliis locis vicinis quisquam docere vel audire ius civile praesumat sub paena excommunicationis, et Parisios declarat locum, ubi theologia debeat doceri*[88].

Finalmente, las universidades combatieron los movimientos que desafiaban el orden establecido para mantener su poder. No obstante, las corrientes contrarias trataron de mantenerse dentro de las facultades, como un movimiento intelectual promoviendo la desobediencia y denunciando la moral establecida por la Iglesia. En este sentido, los goliardos, surgidos en París durante las protestas de los siglos XII y XIII, fueron un grupo de estudiantes procedentes de clases más humildes que, recorriendo diferentes universidades, terminaron por seguir las enseñanzas y maestros que más les convenían. Con bastante frecuencia, estos debían trabajar como bufones y juglares para obtener algún ingreso. Sus textos, basados en los placeres terrenales, trataban principalmente del amor, el sexo o el juego. Además, los goliardos no dudaron en atacar los estamentos medievales criticando al poder y a quienes lo ejercían.

Sin embargo, este movimiento universitario terminó desapareciendo debido a la intervención eclesiástica y al apoyo de las universidades. Así, muchos centros universitarios empezaron a exigir que cada estudiante estuviera asociado a un

---

88 Ibid, pp. 13-14: *Honorio III renueva el estatuto del Concilio Lateranense IV, que trata sobre el establecimiento de teólogos en las metrópolis. Prescribe que algunos de los prelados y cabildos de las iglesias con buena capacidad de aprendizaje se dediquen al estudio de la profesión teológica y concede a los estudiantes disfrutar durante cinco años de los beneficios de la facultad. Renueva el decreto del Concilio Turonense, en el que se prohíbe que los reglares se retiren a recibir lecciones de leyes o medicina, y lo extiende a todos los que son considerados clérigos y a los presbíteros. Además, ordena a los parisinos de la ciudad de París o de la vecindad que ninguno pretenda enseñar o aprender justicia civil, bajo pena de excomunión, y declara un lugar a los parisinos donde se enseñe teología.*

maestro y que residieran en los colegios mayores. De esta forma, universidades como la de Viena acabaron adoptando una serie de ordenanzas limitando los estudios a personas que no residieran en la ciudad. En muchas facultades francesas se produjeron situaciones análogas con los llamados *Martinets*, grupos de estudiantes externos afines a los goliardos de París.

Las monarquías pronto comprendieron que las universidades podían contribuir a proteger el orden social, mejorar la economía o incrementar el prestigio territorial. La interdependencia entre el poder, los doctores y maestros fue aumentando, igual que sucedía en los asuntos de Estado. Para los emperadores del Sacro Imperio Romano Germánico, el derecho civil pasó a ocupar una buena parte de la organización imperial. Federico II llegó a afirmar que el trono debía articularse alrededor de la fuerza de las armas y de la ley. A este respecto, Federico I Barbarroja fundamentó su Imperio en el derecho romano. El llamado *Corpus iuris civilis* justificó sus ambiciones imperiales respecto al poder papal, introduciendo el carácter *Sacrum*, un concepto que respaldaba su poder al emanar de la voluntad de Dios. En el año 1158, el propio Federico reconoció oficialmente a través de la Carta Magna, *Authentica Habita*, la importancia y el trabajo de la Universidad de Bolonia, haciéndose evidente el interés imperial por los estudios universitarios.

Federico II de Hohenstaufen conocido como *stupor mundi*, rey de Sicilia y Jerusalén, además de emperador del Sacro Imperio Romano Germánico entre los años 1220 y 1250, trató de reunir en Nápoles a todos los intelectuales y estudiosos del reino instando a cerrar la Universidad de Bolonia y anular todas sus sentencias. Sin embargo, su intento fracasó después de que el papa tuviera que intervenir en dicho asunto. Este episodio refleja su esfuerzo por vincular las políticas territoriales del emperador con las universidades. A pesar de su derrota, el modelo se extendería tres siglos después, sobre todo una vez que el resto de las monarquías europeas culminaran el proceso de centralización. Más aún, las universidades proporcionaron los recursos intelectuales necesarios para afianzar las instituciones administrativas y de gobierno al instruir a funcionarios y consejeros, con el fin de reforzar su poder.

Espadas, fundíbulos y fuego griego

El mundo bajomedieval en Occidente coexistió entre varias realidades, ya fueran las innumerables guerras, los intentos científicos de eruditos y pensadores por cambiar el mundo o las calamidades provocadas por la Gran Peste en 1348. En Europa destacaron nombres como los de Tomás de Aquino, Guillermo de Ockham, Nicolás Oresme o Roger Bacon, contribuyendo todos ellos en áreas como la filosofía, las matemáticas o la geografía. Este último, junto con Robert Grosseteste, pondrían en marcha los conocimientos para la construcción de instrumentos como el telescopio y el microscopio.

Un importante número de ingenieros, académicos y médicos de la cultura islámica también destacaron durante esta misma época, siendo Avicena, entre los siglos x y xi, uno de los precursores de la medicina, tal y como la conocemos en la actualidad. En su obra *Cano de medicina*, compiló los estudios médicos y farmacéuticos de su tiempo, convirtiéndose en el libro de texto de referencia en las universidades de Lovaina y Montpellier a partir del año 1650. En este mismo campo, los trabajos de Razes o Bubakar significaron un importante avance en la observación de enfermedades como la viruela o el sarampión. Asimismo, la traducción por parte de los árabes de obras de Euclides y Ptolomeo permitió que los astrónomos europeos calcularan con exactitud la precesión de los equinoccios, proyectándose nuevas tablas astronómicas.

Por el contrario, los innumerables enfrentamientos territoriales durante la Edad Media provocaron el perfeccionamiento y la mejora de nuevas armas para la guerra. Durante siglos, Europa fue testigo de grandes conflictos, muchos de los cuales fueron guerras de religión promovidas por diferencias en el credo y la fe.

Entre estos conflictos, destacan especialmente las Cruzadas, ocurridas entre los años 1095 y 1272 y organizadas contra el islam por parte de los reinos cristianos occidentales. Antes de eso, desde el año 711, la península ibérica estuvo ocupada por los Omeya, desencadenando una larga disputa que culminó con la entrada de los ejércitos de Castilla y Aragón en Granada en enero de 1492. Otros enfrentamientos notables fueron la Guerra de los Cien Años —protagonizada por Francia e Inglaterra entre el 1327 y el 1453—, o la Guerra de las Dos Rosas —un enfrentamiento entre las dos principales ramas inglesas, York y Lancaster, durante gran parte del siglo xv—.

En cualquier caso, el desarrollo tecnológico no se detuvo. Muchos de los avances técnicos fueron el resultado del perfeccionamiento de armas orientales, produciéndose también un notable progreso en Europa durante todo el periodo medieval. Los ejércitos siguieron utilizando espadas de hierro y acero más pesadas que sus antecesoras, diseñadas para ser blandidas con ambas manos y perforar las armaduras. La expansión del cristianismo popularizó la forma de cruz en estas armas, mucho más largas y costosas de fabricar, por lo que se necesitaron un buen número de armeros con la suficiente habilidad para forjarlas. En consecuencia, las armaduras tuvieron que ser revestidas con placas de acero que cubrían todo el cuerpo, llegando algunas de ellas a alcanzar los 50 kg de peso. A esto hubo que añadir la elaboración de yelmos diseñados para proteger la cabeza, aunque limitaban la visión.

Las hachas de mano también fueron muy utilizadas en el Medievo. Su forma permitía usarlas con una o dos manos y eran muy eficaces en combates cuerpo a cuerpo. Junto a las anteriores, otras como el mangual adquirieron un cierto protagonismo. Consistente en un mazo al que se ataba una bola de metal con pichos, era utilizada para golpear el cuerpo del adversario a modo de látigo. Además, la construcción de arcos y ballestas se perfeccionó hasta tal punto que cualquier persona inexperta podía abatir a otra desde una cierta distancia. Esta revolucionaria forma de vencer al enemigo, sin que se precisara preparación o entramiento, quedó recogida por Miguel de Cervantes (1866) en su conocido *Curioso discurso que hizo D. Quijote, de las armas y las letras.*

> Bien hayan aquellos benditos siglos que carecieron de la espantable furia de aquestos endemoniados instrumentos de la artillería, á cuyo inventor tengo para mí que en el infierno se le está dando el premio de su diabólica invencion, con la cual dio causa que un infame y cobarde brazo quite la vida á un valeroso caballero, y que sin saber cómo ó por dónde, en la mitad del coraje y brio que enciende y anima á los valientes pechos, llega una desmandada bala, disparada de quien quizá huyó y se espantó del resplandor que hizo el fuego al disparar de la maldita máquina, y corta y acaba en un instante los pensamientos y vida de quien la merecia gozar luengos siglos. (p. 270)

El empleo de ballestas llegó a ser reprobado por la Iglesia debido a sus trágicas consecuencias en los combates. La utilización de proyectiles metálicos proporcionaba una potencia y alcance considerable, consiguiendo perforar una cota de malla a 150 metros de distancia. Debido a su letalidad, el papa Inocencio II prohibió su uso entre los ejércitos de la cristiandad durante el Segundo Concilio de Letrán, celebrado en el año 1139. En la que todavía es la primera bula papal contra un arma, en efecto, la Iglesia advirtió sobre su utilización a los soldados en los campos de batalla, debido al «peligro que representaba para la humanidad un arma semejante»[89].

El arco se mantuvo, sin embargo, como una de las armas preferidas, especialmente en Inglaterra. Fabricados en madera de fresno u olmo, los utilizados entonces llegaron a tener una longitud de 1,80 metros. Se ha demostrado que una flecha lanzada desde un arco largo inglés podía atravesar a un hombre a una distancia de unos 50 metros, disponiendo el lanzador de una cadencia de entre 10 a 12 flechas por minuto. Una potencia de disparo que solo se superaría en el siglo XIX. Con esta ventaja, el ejército francés quedó diezmado frente a los arqueros ingleses al servicio de Enrique II de Inglaterra.

---

89 Sierra, C. E. (2014). Tecnología bélica medieval. Giro en la historia de la tecnología. *Nómadas. Revista Universidad de Antioquia*, 315(2), pp. 53-54.

Por otro lado, dos de las invenciones bélicas que supusieron una evolución tecnológica durante la Edad Media fueron el fundíbulo y el fuego griego. Esencialmente, el fundíbulo se podría encuadrar dentro de los distintos modelos de catapultas que funcionaban gracias a la tensión y al contrapeso que se le proporcionaba. Las primeras catapultas estuvieron basadas en un mecanismo de tensión proporcionado por un arco de metal o madera, actuando con el mismo principio que un arco manual. Con el tiempo, estos dispositivos terminaron perdiendo fuerza y elasticidad. Con las catapultas de contrapeso, la utilización de una masa muy superior a la del proyectil permitió el aumento del tamaño de estos últimos. Por último, las llamadas catapultas de tracción se fabricaron para ser utilizadas con una palanca y una honda para aumentar la fuerza de salida del proyectil.

Ilustración de un fundíbulo medieval y su funcionamiento.

El fundíbulo, aunque basado en un principio mecánico sencillo y de aspecto tosco, tenía una gran eficacia en el campo de batalla, sobre todo en los asedios prolongados. Para construirlo, se necesitaba un brazo oscilante, a veces de hasta 18 metros de longitud, con un contrapeso de hasta 6 toneladas en un extremo. En el otro se colocaba una gran honda donde debía situarse el proyectil. La invención contaba con un sistema de poleas para levantar el contrapeso que, una vez liberado un gatillo, se dejaba caer súbitamente. Este sistema podía arrojar proyectiles de unos 500 kg a más de 200 metros de distancia. Como se puede suponer, su uso más práctico estuvo dirigido al derribo de muros y protecciones que presentaban las ciudades medievales. En ocasiones, se lanzaban cadáveres en descomposición, estiércol o cabezas de prisioneros para causar epidemias y quebrar la moral de los sitiados[90].

La precisión del fundíbulo era, por lo general, más aceptable que la de una catapulta de tracción. Su complejidad, sin embargo, no permitía cambiar con rapidez la dirección y el alcance del disparo. El aumento de este último se conseguía incrementando el contrapeso. En definitiva, las nuevas armas de asedio proporcionaron un notable aprovechamiento de la energía prolongándose su uso y coexistiendo durante algún tiempo con los primeros cañones de artillería. Alrededor del siglo XIII, el nuevo salto tecnológico permitió la evolución de las catapultas al fundíbulo y de este a la artillería con pólvora, logrando cambios en los ejércitos hasta entonces desconocidos en la Edad Media.

Con toda probabilidad, los primeros cañones europeos aparecieron en la península ibérica durante la ocupación árabe. Sabemos que estos utilizaban armas de fuego en el año 1147. El primer documento que menciona estas armas está en El Escorial, fechado en 1249, y hace referencia a la defensa de Sevilla. Existe también la certeza de que el cañón inglés fue usado por primera vez en la batalla de Crécy, en el año 1346, durante la Guerra de los Cien Años[91]. El empleo del cañón supuso un avance técnico al requerir el uso de pólvora. En este sentido, la primera mención específica acerca de su composición apareció en Oxford, en el año 1216, de la mano de Roger Bacon en su compendio *De nullitate magiae*. Años más tarde se referiría a su uso militar, en el tratado *Opus Maior* publicado en año 1248.

> Podemos, con salitre y otras sustancias, componer artificialmente un fuego que pueda lanzarse a largas distancias [...] Con solo utilizar una cantidad muy pequeña de este material se puede crear mucha luz acompañada de un estruendo horrible. Con él es posible destruir una ciudad o un ejército [...] Para producir estos rayos y truenos artificiales es necesario tomar salitre, azufre y Luru Vopo Vir Can Utriet. (Traducción de «Gunpowder». *Encyclopedia Britannica*. Londres 1771, p. 70)

Si bien el uso de la artillería no se generalizó hasta al menos el siglo XIV, los árabes la utilizaron en varios asedios contra posiciones cristianas. Estos, por su parte, comenzaron a construir artefactos similares más pequeños llamados cerba-

---

90 Ibid, p. 55.
91 Algunas crónicas de la batalla describen los *ribaldis* como un artilugio capaz de disparar flechas largas junto a una especie de metralla mermando a la caballería francesa.

tanas o culebrinas. Durante el asedio a la ciudad de Alicante en el 1331, el historiador y cronista español Jerónimo Zurita, llegó a definir estas nuevas armas como «... máquinas que causaban gran horror y arrojaban bolas de hierro con fuego»[92]. También el Imperio bizantino dispuso ya en el siglo XIV de un gran número de bombardas, cañones que no llegaban a alcanzar el metro de longitud. Estas piezas de artillería fueron empleadas por primera vez con eficacia durante el asedio realizado por el ejército otomano a la ciudad de Constantinopla en el 1396. El poder de estas armas facilitó la victoria a las tropas bizantinas provocando la retirada de los turcos.

Antiguo cañón de artillería.

A finales de la Baja Edad Media, el desarrollo técnico del cañón había revolucionado las tácticas militares e influido en el diseño arquitectónico de las defensas en la mayor parte de las grandes ciudades. Antes de la llegada de la artillería, los castillos en Europa se habían construido con murallas de gran altura y grosor, lo que no soportó el poder destructivo de los cañones enemigos. Las defensas comenzaron a cambiar pasando a construirse muros todavía más gruesos y angulados y disminuyendo la altura de las torres. Las transformaciones se hicieron evidentes también en Inglaterra, entre los años 1539 y 1540, con el inicio de los *devide forts*, fortalezas que ya disponían de baterías de cañones para defenderse de posibles ataques y asedios.

---

92 Partington, J. R. (1999). *A History of Greek Fire and Gunpowder* (p. 191). London. Johns Hopkins University Press.

Por último, la ingeniería militar transformó la guerra, especialmente la naval, al desarrollar el llamado fuego líquido o griego, obligando al desarrollo de nuevas formas de combate y anticipando armas modernas que se diseñarían siglos después. El fuego griego se mostró más poderoso y letal que las sustancias combustibles usadas por persas, griegos o romanos, ya que era capaz de producir una deflagración. A ello se sumaba su capacidad de alcance y, sobre todo, la imposibilidad de apagarlo con agua, por lo que podía seguir ardiendo bajo el mar. En el tratado sobre armas incendiarias titulado *Liber ignium ad comburendos hostes*, del alquimista Marcos el Griego, nos explica que solo «... el vinagre u orina vieja podía sofocarlo»[93].

Los detalles del fuego griego aparecen en varios tratados de guerra naval del siglo X. El primero en el *Taktika*, escrito por el emperador León VI. También destacan la obra anónima *Naumacika Suntacqenta to Basileiou*, el *Codex Vaticanus* o las miniaturas que aparecen en el *Codex Matritensis* en la que está contenida la obra del cronista bizantino Juan Skilitzes. Gracias a esta documentación y a las ilustraciones incluidas en dichos códices, conocemos los efectos y la forma en la que se manipulaban estos ingenios. Es precisamente en el *Codex Matritensis* donde está representado un dromon bizantino con un sifón instalado en su proa y accionado por tres hombres que, a su vez, lanzan un chorro de fuego líquido para incendiar una nave rival.

Los sifones estaban construidos con un tubo de bronce o *strepton*, pudiéndose orientar en varias direcciones. Uno de sus extremos debía insertarse en un depósito donde se encontraba la sustancia inflamable. La tecnología de estos «lanzallamas» disponía de un sistema de tiro compuesto de válvulas de disco y pistones con potentes fuelles que propulsaban la mezcla incendiable, llevándola a la boca del tubo de bronce. Una vez realizada la operación, el fuego líquido rociaba la cubierta o las posiciones enemigas. Llama la atención que el mecanismo de propulsión del sifón estuviera construido basándose en los trabajos de neumática e hidráulica de Ctesibio, de su discípulo Filón de Bizancio, además de Herón de Alejandría, científicos que habían vivido entre el siglo III a. C. y el siglo I d. C. Trabajos apoyados en principios físicos relacionados con el aire comprimido y la resistencia del aire.

La invención del sifón de mano o *cheirosifon* por León VI, a finales del siglo IX, revolucionó el uso del fuego griego al poder ser trasladado a cualquier lugar de la nave, además de permitir su desembarco y transporte por tierra para ser empleado en asedios a fortalezas. Esta eventualidad posibilitó igualmente el cambio de tácticas, permitiendo su instalación en una torre móvil para frenar cualquier

---

93 Gajate Bajo, M. y González Piote, L. (Eds.), op. cit., p. 115.

ofensiva arrojando la carga inflamable directamente al «cuerpo» del enemigo. Con idéntica mezcla que la de los grandes sifones, el fuego líquido solo se fabricaba en el puerto militar de Constantinopla, siendo un secreto de Estado su elaboración, transporte y manipulación.

Constantino VII Porfirogéneto, emperador de Bizancio desde el año 913, así lo explicaba en su obra *De Administrando Imperio*, donde advertía de la condena a muerte para quienes divulgaran el secreto del fuego. Este era transmitido de padres a hijos dentro de la misma familia, lo que no evitó que con el tiempo su fórmula desapareciera. Es muy probable que, en el asedio de los cruzados a Constantinopla durante los años 1203 y 1204, ya no se utilizase el fuego griego. En todo caso, por esas fechas, el Imperio bizantino había perdido el control de los depósitos de nafta en el mar Negro, tan necesarios para su fabricación. Las menciones al fuego a mediados del siglo xv probablemente se refirieran a copias menos efectivas, y es posible que estas fórmulas fueran importadas desde China o tierras árabes, donde ya se conocía su uso en el siglo ix. Eventualmente, los propios bizantinos recurrieron a estas fórmulas cuando la original se perdió. En cualquier caso, aún hoy no se ha logrado conocer su verdadera composición.

A mediados del siglo xv la Edad Media alcanzó su etapa definitiva, sin que ello significara el final de las guerras continentales. En el 1492, los reinos cristianos de Castilla y Aragón pusieron fin a un largo conflicto de casi 800 años, ocupando el reino nazarí de Granada y culminando de esta forma la llamada Reconquista. Apenas unas décadas antes, Gutenberg había logrado avances en la tecnología de la imprenta, publicando las primeras 180 copias de la Biblia que serían expuestas en la feria comercial de Fráncfort en el año 1454. Las más de 1 200 páginas impresas de cada uno de aquellos ejemplares advertían cambios en la sociedad y la llegada de un tiempo definido por la Modernidad y el nacimiento del espíritu científico. Durante 10 siglos, el Medievo aseguró a las monarquías europeas el control del poder añadiendo a su causa instituciones como las universidades. Esto sentó las bases para la aparición de la nueva burocracia que alcanzaría su apogeo durante el Renacimiento europeo.

El nacimiento del espíritu científico. La imprenta

Gutenberg. Xilografía e imprenta

La Edad Moderna, considerada la tercera etapa de la historia de la humanidad, se extiende aproximadamente desde el siglo XV hasta finales del siglo XVIII. Abarcó desde la caída de Constantinopla o la llegada a América por los europeos en 1453 y 1492, respectivamente, hasta la Revolución francesa en 1789. Una etapa determinada por el progreso, la comunicación y la razón, en oposición al periodo medieval donde había prevalecido el aislamiento social e intelectual. Entendida por algunos historiadores como un proceso continuo y paulatino, para otros se trató de un momento definido por una revolución científica que consolidaría la ciencia experimental.

El siglo XVI vivió una recuperación económica después de vivir una larga crisis desde la Baja Edad Media, coincidiendo con la llamada Era de los Descubrimientos, lo que permitió importantes cambios tanto a nivel social como tecnológicos. Los principales fenómenos de la Modernidad se vieron favorecidos por conceptos hasta entonces inexplorados como el capitalismo o el humanismo. A nivel político, la aparición de los estados nacionales, así como de los primeros imperios ultramarinos provocó un cambio en las estructuras de poder, mejorando las capacidades tecnológicas, también en el ámbito militar y del transporte.

En el aspecto religioso surgió la Reforma protestante como contrapunto a la Iglesia católica, siendo el Humanismo el encargado de reemplazar la Escolástica medieval y procurando una nueva visión del hombre y de la sociedad. Por otra parte, el desarrollo de la investigación empírica y de la ciencia moderna desempeñaron un papel destacado, desplazando en parte la influencia que antes tenían el clero y la nobleza en beneficio de una clase social que despuntó en las ciudades bajomedievales. La burguesía, dotada de nuevos valores ideológicos como el individualismo, el trabajo o el progreso, aumentó su influencia y poder gracias a su participación en las redes comerciales.

Durante este tiempo, mientras surgían nuevas estructuras sociales y económicas, Europa empezó a influir en varios continentes y civilizaciones, alterando sus formas de vida y condiciones. Con la Monarquía Hispánica, y después con otros países como Portugal, Holanda, Francia e Inglaterra, llegarían los llamados imperios coloniales, destinados a colmar de oro, plata y esclavos a las metrópolis europeas, estimulando la acumulación de capitales y ayudando al desarrollo de la industria y el comercio. Con todo ello, la práctica totalidad de las burguesías inglesas, francesas u holandesas, no tardaron en consolidarse dentro de las estructuras políticas de sus respectivos países, situación que contrastaba con la del resto de estados europeos. A finales del siglo XVII, reyes como Luis XIV disponían ya de ministros burgueses en detrimento de una vieja aristocracia que había dominado el sistema feudal y la política palaciega durante siglos.

Desde finales de la Edad Media, algunas monarquías pasaron a constituirse en estados nacionales, enfocándose en la defensa de sus costumbres, su religión o su idioma y consolidándose en el autoritarismo y absolutismo. Precisamente, serán estos nuevos reinos los que dedicarán parte de sus recursos a la financiación de exploraciones para llegar a tierras desconocidas, aprovechando avances tecnológicos como la brújula o mejorando las técnicas navales con barcos como la nao y la carabela. Esta expansión contribuyó al aumento de poder, en parte debido a la supresión de las estructuras feudales y la eliminación de la oposición al Estado. A menudo, estas acciones se justificaban en cuestiones religiosas como la expulsión de los judíos y moriscos en el caso de las monarquías hispánicas, el anglicanismo en Inglaterra o la persecución del protestantismo por parte de Richelieu en Francia. Esto respaldaba el principio *cuius regio eius religio*, esto es, la religión del rey ha de ser la religión del súbdito.

Tras la firma del Tratado de Westfalia, entre enero y octubre de 1648, por el que se ponía fin a las guerras de los Treinta y de los Ochenta Años, se establecieron nuevas bases para las relaciones internacionales, basadas en el pragmatismo y menos en la religión. En Occidente comenzó a surgir un nuevo concepto jurídico fundamentado en el estado de derecho. De un modo desigual, las naciones comenzaron a rechazar prácticas propias del absolutismo como la Inquisición, la tortura o los juicios de Dios, donde los acusados eran sometidos a pruebas para demostrar su inocencia, sin respetar la presunción de inocencia.

Paralelamente, las ciencias adquirieron una importancia notable gracias a una nueva forma de trabajar y estudiar, junto con el surgimiento de instrumentos más adecuados para las investigaciones. Aunque se basaron en principios básicos derivados de estudios y tratados griegos y romanos, los métodos empleados durante la Edad Moderna se centraron en la observación y la utilización de herramientas y tablas de datos, dando lugar a una metodología que aún perdura. El método hipotético-deductivo tuvo como premisa fundamental la explicación mediante hipótesis de los hechos observados, lo que supuso una verdadera revolución a nivel científico. En este caso conviene recordar las palabras de Hannah Arendt, una de las filósofas más influyentes del siglo XX que, en relación con los cambios de actitud en la investigación, llegó a manifestar lo siguiente:

> Productividad y creatividad, que iban a convertirse en los ideales más elevados e incluso en los ídolos de la Época Moderna en sus fases iniciales, son modelos inherentes al *homo faber*, al hombre como constructor y fabricante. Sin embargo, existe otro elemento y quizá más significativo en la versión moderna de estas facultades. El cambio del «qué» y «por qué» al «cómo» implica que los verdaderos objetos de conocimiento ya no pueden ser cosas o movimientos eternos, sino que han de ser procesos, y que por lo tanto el objeto de la ciencia no es ya la naturaleza o el universo, sino la historia, el relato de la manera de cobrar existencia, de la naturaleza o de la vida o del universo. (Arendt, 1993, pp. 322-323)

La nueva concepción metodológica produjo un notable desarrollo científico que culminó en el siglo XIX con la Primera Revolución Industrial. No fue hasta alrededor de 1747 que los avances científicos comenzaron a ser considerados como una verdadera «revolución», gracias al matemático y astrónomo francés del siglo XVIII, Alexis Claude Clairaut, quién llegaría a reconocer el papel desempeñado por Newton en la formación de la nueva mentalidad científica. El mismo término sería utilizado por Antoine Lavoisier en sus trabajos relacionados con el oxígeno. La llamada revolución científica, término empleado para explicar el inicio de la ciencia moderna, influiría también de manera decisiva en la Ilustración, un movimiento cultural e intelectual que alcanzaría su apogeo en Europa a mediados del siglo XVIII.

Se ha considerado que el inicio de la nueva corriente científica tuvo lugar con la publicación en 1543 de *De revolutionibus orbium coelestium*, obra del matemático polaco Nicolás Copérnico. A ella se sumaría el ensayo de Galileo Galilei publicado en 1632 y titulado *Dialogo sopra i due massimi sistema del mondo Tolemaico, e Coperniciano*. Finalmente, la obra que marcó un hito en la historia de la ciencia fue *Philosophiae naturalis principia mathematica*, de Isaac Newton, publicada por primera vez en 1687, mientras era profesor de Matemáticas en el Trinity College de Cambridge. Esta obra ha sido valorada como la obra científica más importante e influyente que jamás se haya publicado. En ella se presentaron por primera vez los fundamentos de la física y de la astronomía con demostraciones y teoremas sobre hidrostática, hidrodinámica y acústica. La *Principia*, como se la conoce universalmente está compuesta por tres libros precedidos de varios capítulos con definiciones y axiomas referidos a las leyes del movimiento.

Fue en el siglo XX cuando el filósofo e historiador de la ciencia, Alexandre Koyré, acuñó el término «Revolución Científica», apoyándose en Galileo. Desde la Antigüedad, conceptos como ciencia y filosofía habían ido de la mano, encontrando la primera diferenciación en la propia Edad Moderna al producirse una secularización intelectual y la diferenciación entre letras «humanas» y letras «divinas». A este cambio de actitud ayudó el pensamiento de personas como Francis Bacon, contribuyendo a la creación de sociedades científicas y destacando entre todas ellas la Royal Society, fundada en noviembre de 1660. En poco tiempo, nombres como los de Leonardo Da Vinci, René Descartes, Spinoza o Leibniz, serían parte del paradigma intelectual moderno.

La mayor parte de los descubrimientos científicos y tecnológicos originados desde la revolución copernicana provocaron una transformación que intensificaría los conflictos entre ciencia y fe. Prueba de ello fueron las ejecuciones en la hoguera de Miguel Servet y Giordano Bruno, eruditos de la circulación sanguínea y del heliocentrismo, respectivamente. Ambos juzgados por su pensamiento religioso. La condena papal hacia Galileo o la publicación de la obra de Copérnico después de su muerte, demostraron igualmente los resortes religiosos que todavía existían contra la ciencia. Sin embargo, otros científicos como el filósofo y matemático del siglo XVII, Blaise Pascal, lograrían reconciliar el pensamiento científico con el religioso, como se refleja en su trabajo incompleto *Pensées*, publicado en 1669[94].

El progreso científico siguió desarrollándose gracias a los descubrimientos del astrónomo danés, Tycho Brahe. Sus afirmaciones incluidas en la obra *Tabulae Rudolphinae* de 1627 sirvieron a Kepler para refutar el sistema ptolemaico. Solo unos años después, en 1678, el astrónomo, físico y matemático holandés Christian Huygens, expuso una teoría ondulatoria de la luz. Por su parte, Evangelista Torricelli comprobó el ascenso en un tubo cerrado al vacío del mercurio como efecto del empuje ejercido por el peso del aire de la atmósfera. La demostración de que el aire pesaba dio lugar al concepto de presión atmosférica, construyendo el primer barómetro de la historia en 1644. Después de que Bacon estableciera

---

94 Nicolás Copérnico, autor de la Teoría heliocéntrica, concluyó que la Tierra se movía alrededor del Sol, girando sobre su propio eje inclinado. Estas ideas serían rechazadas por la Iglesia por lo que, en el año 1516, sus trabajos fueron incluidos en una lista de libros prohibidos. Por otra parte, en la idea de Blaise Pascal dominó el criterio de que el hombre no estaba hecho, sino que debía de hacerse. Tras su conversión religiosa, Pascal pasó a llevar una vida asceta esperando alcanzar la purificación del espíritu. En su obra *Pensées*, defendió a ultranza la religión cristiana, lo que no impidió que mantuviera sus estudios sobre filosofía y matemáticas.

como válido el método experimental, Newton y Leibniz desarrollaron el cálculo infinitesimal, diferencial e integral.

Las nuevas aportaciones en matemáticas y las investigaciones en óptica y mecánica dieron como resultado una verdadera revolución científica, siendo uno de los más representativos de la misma el propio Newton. Teorías sobre el calor, a partir de los experimentos de Boyle Mariotte a finales del siglo XVII, influyeron decisivamente en los trabajos de Guillaume Amontons, Fahrenheit y Réaumur, comenzando la fabricación de los primeros termómetros en el mundo. Otros científicos como el sueco Anders Celsius, harían posible la medición de las temperaturas de ebullición y congelación. Antoine Lavoisier daría un salto cualitativo al establecer la primera nomenclatura química funcional en su *Traité Élémentaire de Chimie*.

El método científico aplicado desde el siglo XVII fue aceptándose de una forma paulatina incorporando la experimentación a la comunidad científica. Hasta entonces, la tradición aristotélica se había fundamentado en la observación y la búsqueda de respuestas a través del razonamiento. Sin embargo, con la aplicación del método científico, el mundo podía ser comprendido a través de leyes naturales, en lugar de depender únicamente de la voluntad divina y las explicaciones místicas, reduciendo la importancia de la teología. La revolución científica pasó a adquirir de esta forma un valor esencial gracias a la evidencia experimental, desempeñando un papel fundamental el empirismo iniciado por John Locke a partir de su obra *Ensayo sobre el entendimiento humano*. En ella, Locke argumentó que el único conocimiento cierto debía surgir de la experimentación y la deducción de axiomas, es decir, de teorías surgidas de un proceso de reflexión[95].

Conforme a estos planteamientos, la búsqueda de objetividad en la investigación practicada durante la revolución científica significó también el reconocimiento de un principio ético: la neutralidad. Muchos investigadores y eruditos quedaron convertidos así en una especie de marginados sociales, una exclusión que se interpretó como la complicidad y entrega hacia el Estado y al poder establecido. Sus trabajos pasaron a formar parte de una élite de gobernantes que debía decidir sobre su implicación en la sociedad. Cualquier hallazgo o disciplina pasó a depender directamente de la instrumentalización política materializándose en la creación de departamentos administrativos constituidos por una jerarquía distinguida y condescendiente de científicos[96].

---

95 René Descartes, a través del llamado racionalismo y su método deductivo, argumentó que era posible cuestionar todo lo que el ser humano podía conocer. A él se debe la conocida «duda metódica», basada en la conocida fórmula: «pienso, luego existo». Por su parte, Francis Bacon se basó en la experimentación y el método inductivo para llegar al único conocimiento válido.
96 Méndez, E. (2000). El desarrollo de la ciencia. Un enfoque epistemológico. *Espacio Abierto*. 9(4), p. 516.

Junto a la investigación, la invención y la mejora de instrumentos se mantuvo durante la Edad Moderna. En la segunda mitad del siglo XV, tras años de ensayos secretos, la difusión del conocimiento en Europa vivió una considerable aceleración gracias a Johannes Gutenberg y a su imprenta, inspirada en las viejas prensas de uvas usadas para elaborar vino que había visto funcionar desde niño. La obra más destacada, no así la primera, surgida de la imprenta fue la Biblia de 42 líneas, llamada así por el número de renglones a dos columnas que conformaban las más de 1 200 páginas de la obra. Gutenberg demostró que podía confeccionarse un libro, tal y como había sucedido con los manuscritos unos siglos atrás, realizando copias iguales[97].

A finales del siglo XIV comenzó a difundirse por Europa una técnica que permitía el grabado sobre madera conocido como xilografía, que más tarde se utilizaría para reproducir imágenes sobre tela o papel a partir de una sola plancha. Estas primeras «imprentas» estuvieron dedicadas a la reproducción de imágenes religiosas que, en combinación con otras, daban lugar a una especie de libretos. El mayor inconveniente de esta técnica residió en el tiempo que se necesitaba y en el deterioro que sufrían las planchas en cada impresión. Ante la falta de un sistema capaz de imprimir de manera mecánica comenzaron a idearse los tipos móviles, cuyas letras cinceladas sobre un metal permitían la formación de palabras y de líneas de texto. De esta forma la reproducción de escritos consiguió realizarse a una velocidad nunca vista hasta entonces.

Aunque existieron antecedentes en este sentido procedentes de Oriente, desgraciadamente estos no llegaron al continente europeo hasta el siglo XI. Algunos historiadores han llegado a afirmar que un orfebre de Aviñón, llamado Waldvoger, habría dado a conocer, entre los años 1444 y 1446, un artilugio capaz de «escribir artificialmente» con capacidad para contener dos alfabetos de acero y 48 piezas de estaño con los que habría reproducido textos hebreos y latinos. En Holanda suele citarse a Laurens Coster como otro de los inventores de la imprenta. En cualquier caso, Gutenberg fue finalmente la persona a la que se atribuye la verdadera autoría del ingenio. Su difusión por toda Europa desde la ciudad de Maguncia se produjo rápidamente, permitiendo su llegada a Roma en el año 1467, a París en el transcurso de 1469 y recalando en España hacia el 1472.

Aunque sin ser todavía una imprenta como la que después se desarrollaría por todo el continente europeo, esta introdujo innovaciones fundamentales como

---

97 Los primeros trabajos de Gutenberg en su imprenta estuvieron dirigidos a la elaboración de un manual para estudiar latín, además de unas cartas de indulgencia.

la fabricación de los caracteres a partir de una matriz que se grababan con un punzón. También se utilizó una tinta más intensa que la empleada hasta entonces en la xilografía. Conviene recordar que, durante años, la reproducción de textos solo se efectuó a través de copias manuscritas realizadas por escribanos. Este trabajo terminó por concentrarse en los escritorios de muchos monasterios, desplazándose posteriormente a las universidades donde terminaron habilitándose talleres para copistas. Con la introducción del papel, los trabajos de copia se abarataron, al resultar más asequible que el pergamino. Sin embargo, la peste negra, extendida por Europa a mediados del siglo xiv, diezmó a muchos monjes escribanos, lo que resultó en una notable disminución en la producción de ejemplares.

Precisamente estos religiosos fueron durante siglos los únicos depositarios de las fuentes escritas hasta el siglo xv. La invención de Gutenberg alteró el trabajo de los copistas, permitiendo la participación de otras empresas con capital suficiente para invertir en imprentas. De hecho, otra de las consecuencias de este control practicado por los monjes fue el bajo índice de alfabetización de la población. Con las nuevas perspectivas surgidas gracias a la aparición de la imprenta, una vez copiados los libros estos pasaban a solicitarse por encargo. Perdido el control por parte de las monarquías y el clero, las ideas y consignas contrarias al feudalismo comenzaron a extenderse provocando una respuesta en los gobiernos absolutistas por toda Europa.

La imprenta supuso una revolución que contrariaba a los poderes absolutos, sobre todo por su capacidad para extender el conocimiento. Esta situación provocó distintas reacciones por parte de las élites para controlar cualquier actividad relacionada con la impresión. Un ejemplo de todo ello lo encontramos en los reinos cristianos de la península ibérica a finales del siglo xv. Sabemos que la imprenta llegó al reino de Navarra en 1490, en el transcurso del reinado de Juan III, gracias al impresor francés Arnao Guillén de Brocar. Durante varios años trabajó en la publicación de libros litúrgicos destinados a la oración de frailes y religiosos de la capital del reino. La compleja

Grabado con dos operarios trabajando en la imprenta de Gutenberg.

situación política sufrida años después instigó a los poderes próximos al clero y a la monarquía a promulgar medidas para controlar la imprenta, hecho que provocó su traslado a Castilla en el año 1501[98]. La imprenta llegó a los reinos de Aragón y Castilla en 1470, dejando a sus monarcas fascinados por las oportunidades que ofrecía y promoviendo decididamente su apoyo y difusión hasta el punto de suprimir cualquier arancel que perjudicara su comercio. Pese a ello, desde los sectores próximos a la administración de los Reyes Católicos no tardaron en aparecer voces que advertían del peligro que suponía la publicación de libros con ideas perturbadoras y peligrosas. En consecuencia, en 1502 la «censura» decretó que todo texto impreso debía ser autorizado bajo licencia expresa antes de su definitiva publicación, coartando la libertad y dejando cualquier iniciativa ideológica o de credo en manos del poder[99].

En 1558, después de que la Reforma protestante quedara asentada en Europa, el emperador Carlos I ordenó el reforzamiento del control de la imprenta con el ánimo de prevenir «falsas doctrinas». Una decisión que ya contaba con el apoyo desde hacía varios años de la Inquisición española después de que esta publicara el primer *Catálogo* de libros prohibidos donde se indicaban las obras y autores lesivos para la fe. Lo que inicialmente había sido un interés en la imprenta se transformó en desconfianza, debido al riesgo percibido para el buen gobierno y el poder. Estas medidas de censura y control de las obras impresas volverían a sucederse tras la Revolución francesa[100].

Tampoco Gutenberg pudo esquivar la represión. En efecto, el arzobispo-elector Nassay ordenó la confiscación de su casa, exiliándose durante algún tiempo a la ciudad de Eltville. Se desconoce si a su regreso a Maguncia pudo reanudar su profesión o si llegó a supervisar otros trabajos dentro de su anterior actividad. En 1465, probablemente debido a su avanzada edad, el arzobispo de Maguncia, Adolfo von Nassau, decidió reconocer su legado siendo honrado con el título de *Hofmann* o caballero de la corte, incorporándolo a su palacio y adjudicándole una retribución anual. A su muerte, en febrero de 1468, se encontraron entre sus pocas posesiones papeles, instrumentos y algunas herramientas relacionadas con la imprenta. Pero para entonces, Gutenberg era ya un inventor que había revolucionado la forma de acceso al conocimiento y que no tardaría en difundirse por todo el mundo.

98 Itúrbide Díaz, J. (2022). El poder de la imprenta. En R. Fernández Gracia, P. Andreza Unama, y C. Jusué Simonena (coord..). *La imagen visual de Navarra y sus gentes. De la Edad Media a los albores del siglo XX* (p. 455). Pamplona. Universidad de Navarra. Fundación Fuentes Dutor.
99 Ibid, pp. 455-458.
100 Ibid.

Un tiempo para inventar

Además de la imprenta, otros avances científicos destacaron en este período, convirtiéndolo en uno de los momentos más fascinantes de la historia. Uno de estos inventos fue el microscopio óptico compuesto, fabricado hacia el año 1590 por Zacharias Janssen y su hijo Hans Janssen. Zacharias procedía de una familia dedicada a la fabricación de lentes, entonces un negocio muy lucrativo y restringido. Se dice que otro maestro en la fabricación de lentes, Hans Lippershey, podría haber sido el verdadero inventor del microscopio y del telescopio. En cualquier caso, después de haber realizado varias mejoras en algunas piezas y materiales, padre e hijo decidieron introducir dos lentes convexas en un tubo con el fin de comprobar su funcionamiento.

El resultado fue que los objetos podían observarse con mayor claridad, logrando aumentos de hasta 40 veces su tamaño real. En 1655 Robert Hook lo mejoró al identificar cavidades poliédricas en una lámina de corcho que relacionó con las celdas de un panal. La invención del microscopio compuesto constituyó un destacado avance para la ciencia al permitir a los investigadores ver objetos muy pequeños, influyendo de manera decisiva en una mayor comprensión de la biología y la medicina. Janssen siguió trabajando en la mejora de instrumentos ópticos llegando a contribuir en la fabricación del telescopio de Galileo. A su muerte en1632, su legado tecnológico fue aprovechado y mejorado con el tiempo.

En cuanto a su descubrimiento, existen dudas acerca de su verdadero creador. Históricamente se ha atribuido su invención a Hans Lippershey, alrededor de 1608. Sin embargo, investigaciones recientes apuntan a que fue un fabricante de lentes gerundense, Joan Roget, quien lo construyó a finales del siglo xvi. Se cree que el proyecto de Roget fue copiado años más tarde por Janssen, quien lo patentó en 1608, existiendo también un intento posterior por parte de Jacob Metius. Aunque también se ha querido atribuir el descubrimiento a Christiaan Huygens, se ha comprobado que nació después de que el telescopio fuese inventado[101].

Por otro lado, Galileo Galilei decidió realizar un nuevo diseño, construyendo y presentando el primer telescopio astronómico en 1609. Gracias a su tecnología, se pudieron realizar las primeras observaciones de las cuatro lunas de Júpiter en enero de 1610. Solo un año más tarde, Giovanni Demisiani denominó «telescopio»

---

101 En efecto, existe una clara referencia en este sentido en la obra de Sirtori, G. (1618). pp. 25-26. Reproducido en su versión original: https://books.google.cat/books?id=zmY_AAAAcAAJ&pg=PA25&dq=Sirturi+Girolamo+t elescopium+Gerundam&hl=ca&ei=C3hlTOv0HoSoOMD9-IQN&sa=X&oi=book_result&ct=result&res-num=1&ved=0CCgQ6AEwAA#v=onepage&q&f=false

a lo que hasta entonces había sido conocido como *lente espía*. Los primeros diseños de telescopios refractores utilizados por Galileo se realizaron empleando una lente convexa como objetivo y otra cóncava en el ocular. Johannes Kepler introdujo nuevas ideas al proponer un telescopio con lentes convexas en ambos extremos, y Huygens aumentó su potencia con oculares compuestos. En 1668, Newton incorporó un pequeño espejo diagonal plano con el que podía desviar la luz y llevarla hasta un ocular montado en un lateral del telescopio. Las sucesivas mejoras del instrumento dieron lugar a la confirmación del sistema heliocéntrico de Copérnico y a la obtención de un conocimiento más detallado del sistema solar.

A Galileo también se le atribuye la invención del termómetro, consistente en un balón de cristal lleno de aire. Desde este balón, un tubo parcialmente lleno de agua descendía hacia su parte inferior hasta otro recipiente que también contenía agua. Cualquier cambio en la temperatura provocaba una variación en el volumen del aire, lo que a su vez afectaba a la altura de la columna de agua que ascendía por el tubo. Este instrumento fue el primero que permitió medir la variación de la temperatura. Otto von Guericke, conocido por sus trabajos sobre presión atmosférica, electrostática y física del vacío en el siglo XVII, construyó un termómetro compuesto por una esfera de latón con aire y un tubo relleno de alcohol en forma de U. La temperatura estaba indicada por un «hombrecillo» colgado de una polea, conectado a su vez a una caja que flotaba sobre el líquido por un lado abierto del tubo.

Guericke no acertó al elegir una escala para la medición de la temperatura al situar su origen en la mitad del tubo. Esta ubicación no resultó ser efectiva, sobre todo cuando la temperatura descendía a niveles en los que se producían heladas. En 1703, el francés Guillaume Amontan publicó un trabajo sobre Newton para la Academia de Ciencias en Francia, proponiendo un nuevo modelo de termómetro basado en la variación de volumen de presión medidos al bloquear el aire con mercurio. Apoyado en dichas experiencias, Daniel Gabriel Fahrenheit construyó en 1724 el primer termómetro de mercurio moderno con el que pudieron elaborarse mediciones más fiables. Su escala graduada e indicada sobre el cristal permitió comprobar la temperatura con mayor rigor y fiabilidad.

Los siglos XVII y XVIII presenciaron la llegada de nuevos inventos que luego serían objeto de mejoras tecnológicas. Entre ellos cabe destacar el primer sumergible o submarino, puesto en marcha por el ingeniero neerlandés Cornelius Jacobszoon Drebbel, quien llegó a construir una embarcación con capacidad para navegar bajo el agua impulsado por remos. Se ha llegado a especular con la posibilidad de que Drebbel utilizara bocetos de Leonardo da Vinci para su ingenio. La idea de viajar bajo el mar procede de tiempos muy remotos. Ya en el siglo XIII un manuscrito mostraba a Alejandro Magno dentro de un barril de vidrio con el que parecía navegar sumergido durante la batalla de Tiro, en el año 322 a. C. En 1576 el matemático inglés William Bourne publicó un libro titulado *Inventions an Devices*, en el que se detallaba una embarcación submarina con tanques de lastre variables y un tubo para el flujo de aire, describiendo lo que sería el precursor del *snorkel*. Su diseño estanco estaba diseñado para permitir el desplazamiento de la nave bajo la superficie, utilizando los remos como forma de propulsión. La inmersión se lograba a través de unos tornillos que ajustaban el volumen interior, contrayéndose o expandiéndose y facilitando o dificultando su flotabilidad. Sin embargo, no se ha podido demostrar que este diseño fuera finalmente construido por Bourne[102].

En vista de la posible utilidad bélica del nuevo invento, el monarca Jacobo I de Inglaterra apoyó la construcción de un bote submarino que, en efecto, navegó por el río Támesis con una tripulación de 15 hombres, desde Westminster hasta Greenwich, haciendo el recorrido en inmersión a una velocidad de unos tres nudos. Para el proyecto, conocido como «Jacobo I», se empleó un bote de madera cerrado y forrado con piel de cabra, al que se incorporaron remos que podían ser accionados desde su interior. Lo que demuestra un verdadero avance tecnológico es que por primera vez se utilizaron sustancias químicas para regenerar el aire viciado por la respiración.

A lo largo del siglo XVII y hasta bien entrado el siglo XVIII, se acometieron varios proyectos de sumergibles inspirados en las ideas de Drebbel. En 1634, un sacerdote francés llamado Marin Mersenne presentó una teoría basada en la posibilidad de construir una nave de forma cilíndrica dotada de propulsores en sus extremos. Solo seis años más tarde, el obispo inglés John Wilkins expuso una teoría bastante avanzada que explicaba las ventajas estratégicas de este tipo de embarcaciones. Según figura en un documento de 1653 en el Maritime Museum de Roterdam, un francés apellidado De Son diseñó un submarino de casi 22 metros de largo conocido como «Roterdam Boat». Parece que este fue construido en Bélgica con el propósito de atacar a los barcos de la Royal Navy. Su propulsión era manual a través de una rueda con paletas. Sin embargo, una vez realizada su botadura sobre el agua, el barco jamás pudo sumergirse por problemas en su construcción[103].

La máquina de calcular fue otro de los grandes inventos del siglo XVII. En 1622, el matemático inglés William Oughtred creó las primeras reglas de cálculo

---

102 Villanueva Hering, P. (1998). *Errores, falacias y mentiras* (p. 60). Madison. Universidad de Wisconsin. También en Stefoff, R. (2007) pp. 21-22.
103 Sidoli, O. (agosto 2007). Prehistoria del submarino. *Historia y Arqueología Marítima*. En: https://www.histarmar.com.ar/InfGral/PrehistoriadelSubmarino-2-SXVII.htm

basándose en las escalas logarítmicas del clérigo Edmun Gunter. Un año después, Wilhem Schickard diseñó la primera calculadora automática o «reloj» calculador, cuyos bocetos se encontraron entre la correspondencia de Johannes Kepler.

La calculadora utilizaba un complejo sistema de engranajes y varillas con las que se mecanizaban las operaciones que previamente se habían realizado de forma manual. Schickard escribió una carta a Kepler en la que le decía: «Lo que has hecho por medio del cálculo yo lo he intentado por medio de la mecánica. He concebido una máquina consistente en una serie de once ruedas dentadas competas y seis incompletas. Realiza cálculos instantáneamente y automáticamente a partir de números provistos, pudiendo sumar, restar, multiplicar y dividir»[104].

Blaise Pascal (1623-1662), matemático, físico y filósofo francés.

Con un sistema similar a base de ruedas y engranajes, el filósofo y matemático francés Blaise Pascal construyó otra «máquina de aritmética» en 1642, considerada la precursora de los actuales ordenadores. La calculadora de Pascal constaba de unas ruedas dentadas en su interior conectadas entre sí, conformando una cadena de transmisión. Cada giro completo de una de ellas hacía avanzar un diente a la siguiente posición. Cada uno de ellos equivalía a un número, desde el 0 hasta el 9, por lo que las ruedas, distribuidas en 10 pasos, simbolizaban el sistema decimal. De las ocho ruedas de las que constaba, seis representaban los números enteros, mientras que las dos ruedas restantes se empleaban para contabilizar los decimales. Esta disposición permitía obtener números entre el 0,01 y el 999999,99. Para sumar o restar, simplemente se giraba una manivela en el sentido apropiado para mover las ruedas la cantidad necesaria de pasos.

La «pascalina» ordenaba los dígitos de un número en una serie de ocho ruedas de manera que cuando una rueda completaba una revolución la siguiente giraba una décima de revolución y así sucesivamente. El sistema es idéntico al de los cuentakilómetros que hasta hace pocos años han utilizado todos los vehículos. Posteriormente, en 1673, Gottfried Wilhem Leibnitz mejoraría la «pascalina», construyendo la primera

104 Guijarro Mora, V. (4 de marzo de 2019). La máquina de Schickard. La primera calculadora. *National Geographic. Historia.* En: https://historia.nationalgeographic.com.es/a/maquina-schickard-primera-calculadora_13867

calculadora capaz de sumar, restar, multiplicar, dividir y obtener raíces. (Castillo Parrilla, 2018, p. 39)

Los inventos y las nuevas ideas surgidas de la Edad Moderna y de la revolución científica generaron una nueva forma de ver el mundo, creando una sociedad completamente nueva. Junto a la aparición de la imprenta mecánica de Gutenberg, otros hallazgos importantes comenzaron a contribuir muy positivamente en la formación de una sociedad más igualitaria y mejor preparada, lo que no evitó que desde el poder se viesen con recelo algunos logros que podían poner en riesgo su credibilidad y prestigio. La tecnología de la Modernidad impulsó el crecimiento económico y cultural generando así un impacto en la salud, el crecimiento demográfico y las estructuras sociales. El surgimiento de esta nueva época todavía traería nuevos descubrimientos geográficos, nuevas invenciones y formas de asumir el poder después de que Europa se asomara a América y a Oriente. Desafíos que modificarían todavía más la concepción geográfica y cultural, redefiniendo el dominio económico y político en los nuevos territorios.

La Monarquía Hispánica de los Habsburgo

Naos y carabelas. Un mar sin límites

A mediados del mes de octubre de 1492, tres barcos construidos principalmente de madera, cáñamo y lino llegaron a las costas de la isla de Guanahani. Aquella travesía que había durado 36 días a través del Atlántico y con una tripulación que apenas alcanzaba el centenar de hombres iba a ser, a la postre, la primera en alcanzar tierras americanas desde una Europa desconocedora todavía de un mundo mucho más vasto[105].

Cuando el almirante Cristóbal Colón conformó su pequeño contingente naval en el puerto de Palos de la Frontera, en Huelva, su idea era llegar a la costa oriental de Asia. Según sus previsiones Japón se hallaría a unas 2400 millas marinas de Canarias. Aquel marino, formado en los conocimientos y técnicas de navegación del siglo XV, conocía perfectamente los tratados que había realizado sobre la curvatura terrestre Anaximandro de Samos en el siglo VI a. C., así como los de Eratóstenes en el siglo III a. C. Este último llegó a sugerir que la longitud del meridiano terrestre era de unos 39 700 km, equivocándose entonces en una distancia aproximada de 6 200 km.

Colón llegó a las Antillas sin ser consciente de ello, pero el mérito de su hazaña se debió a varios factores. Las dos carabelas, Pinta y Niña, además de la nao Santa María, desde la que el propio almirante gobernó la expedición, disponían de unas capacidades que ninguna otra embarcación poseía en aquellos momentos. La Pinta era una carabela de velas cuadradas cuya principal virtud residía en su velocidad. El propio Colón escribiría en su diario de a bordo que durante una noche

---

105 Algunas fuentes todavía se refieren al nombre de Guanahani o Guanahaní, para identificar la primera de las islas descubiertas por Cristóbal Colón en el continente americano, el viernes 12 de octubre de 1492. Posteriormente sería bautizada con el nombre de San Salvador habitada en aquellos momentos por el pueblo lucayo o taíno. En la actualidad sabemos que el lugar forma parte del actual archipiélago de las Antillas, aunque su identificación exacta todavía es motivo de discusión.

el navío había alcanzado una velocidad de 15 millas por hora, unos 11 nudos actuales. La Santa María era una carraca o nao de tres palos que podía transportar una carga de 106 toneladas de la época y todas eran capaces de navegar en contra del viento[106].

Al mismo tiempo, cada barco iba provisto de brújulas, cuadrantes y astrolabios. Los marinos en aquellos días utilizaban estas herramientas para conocer la altura de un astro con respecto al horizonte. De esa manera se podía determinar la latitud a la que se encontraban calculando la elevación con respecto a la estrella polar o al sol hacia el mediodía, y con ello determinar la hora con bastante exactitud. En cualquier caso, todos estos avances hubieran servido de poco sin los fundamentos teóricos del matemático florentino Paolo del Pozzo Toscanelli, quien propuso la idea de llegar a la India por el oeste. Ya en junio de 1474, el propio Toscanelli había escrito y remitido una carta de navegación al canónigo Fernando Martins, en Lisboa, en la que le hacía saber del «… breve camino que hay de aquí a las Indias adonde nace la especería, por el camino de la mar, más corto que aquel que vosotros hacéis para Guinea»[107]. Una reflexión que no tardó en llegar a la corte del rey de Portugal y que poco más tarde conocería el propio Colón.

La llegada a América por parte de los europeos transformó por completo los equilibrios que hasta esos momentos permanecían indelebles en Europa. Las constantes llegadas de oro y plata enviadas a la Península trasladaron el eje económico del Mediterráneo hasta el Atlántico, dando así lugar al nacimiento de un imperio que mantendría su autoridad durante el transcurso de los dos siglos siguientes. La monarquía de los Austrias (Habsburgo-Trastámara), pasó de este modo a convertirse en la más poderosa y pujante gracias al legado de los Reyes Católicos.

En el Archivo Nacional de la Torre de Tombo, en la ciudad de Lisboa, se encuentra el Tratado de Tordesillas. En el texto, firmado en 1494 y en el que se recoge el reparto de una parte del mundo descubierto entre los reinos de España y de Portugal, quedó expresado el deseo de que a 370 leguas de la isla de Cabo Verde quedara establecido un meridiano que debía delimitar las diferentes zonas de influencia. Con ello, todas las tierras y mares establecidos hacia el este geográfico quedaron en poder de la Monarquía Hispánica; mientras que las situadas hacia el oeste pasaron a ser dominios del monarca portugués. Portugal, un pequeño terri-

---

106 Hemos de tener en cuenta que, en la actualidad, la velocidad de un carguero medio moderno es similar. Además, la capacidad de carga, considerablemente más avanzada que otras de la época, permitía dotaciones y aprovisionamientos más adecuados para travesías de mayor duración y envergadura.

107 de Gandía, E. (1942). Las cartas de Toscanelli, la Antilla, la India y Cipango. *Universidad Nacional del Litoral*, Santa Fe, Argentina, 12, p. 41.

torio con algo más de un millón de habitantes y situado al sur de Europa, pasaba de este modo a controlar una parte del mundo. A finales del siglo xv, las flotas que partían de la Península disponían ya de una tecnología lo suficientemente avanzada que situaba a sus barcos entre los mejores del mundo.

Esta «ventaja» ibérica se debió a varios factores. Por un lado, la situación geográfica estratégica de Portugal, Castilla y Aragón, entre el Mediterráneo y el Atlántico, permitió mantener tradiciones sólidas en materia de construcción naval, convirtiéndose en las más importantes en Europa. El litoral atlántico de la Península se mostró como un espacio hegemónico a lo largo de una gran parte de la Baja Edad Media. Ello dio lugar a una importante proyección marítima, sobre todo en las costas atlánticas del Golfo de Cádiz, la Cantábrica, al igual que la inmensa mayoría de las situadas en Portugal.

Mientras que las flotas del este y sureste peninsular se limitaban a embarcaciones de pequeño tamaño empleadas principalmente para la pesca y el transporte de cabotaje, las del Cantábrico desempeñaron un papel crucial durante la Reconquista entre los siglos xiii al xv. Desde las costas del norte, la armada cristiana contribuyó significativamente a la ocupación de los territorios de Murcia y al-Ándalus. A su vez, desde los puertos cántabros partieron la mayor parte de los navíos que proporcionaron el control de la ruta de Flandes y del Estrecho de Gibraltar a Castilla, además de hacerlo activamente en puntos estratégicos del Mediterráneo. La navegación requerida para las actividades pesqueras y comerciales en alta mar motivó la selección de los mejores tipos de barcos y habilidades, lo que acabó conformando un conjunto de capacidades humanas y tecnológicas suficientes para afrontar los desafíos de la travesía oceánica hacia América[108].

Muchos de los nombres de los navíos que conformaron las flotas atlánticas a finales de la Edad Media ya existían en el siglo xiii. Así nos encontramos con denominaciones como carracas, naos, cocas, bajeles, balleneras, urcas, chalupas, galeones, pinazas, carabelas, etc., lo que demuestra la abundante diversidad de tipologías navales. En cualquier caso, la necesidad de controlar y defender las rutas de navegación oceánicas puso en marcha un mecanismo para el diseño y la creación de nuevos prototipos de embarcaciones.

---

108 Casado Soto, J. L. (1991). Los barcos del Atlántico Ibérico en el siglo de los descubrimientos. Aproximación a la definición de su perfil tipológico. En B. Torres Ramírez (coord.). *Andalucía, América y el mar: Actas de las IX Jornadas de Andalucía y América (Universidad de Santa María de la Rábida, octubre 1898).* (pp. 125-126). Sevilla. Diputación de Huelva.

La construcción de barcos para la navegación transatlántica requirió consideraciones importantes sobre sus técnicas, tamaños, proporciones y capacidades para resistir largos periodos en el mar. En el caso de Portugal se diseñaron barcos específicamente para controlar las rutas del comercio de oro y esclavos en las costas de Guinea. Esto impulsó una política estatal para dotar económicamente a las villas portuarias, además de infraestructuras tecnológicas y humanas con el fin de lograr dicho propósito.

El rey Fernando II de Aragón, la reina Isabel I de Casilla y Cristóbal Colón, suscribieron el 17 de abril de 1492 los acuerdos conocidos como las Capitulaciones de Santa Fe, en los que se recogían las condiciones relativas a la expedición. En el documento se le concedían a Colón los títulos de almirante, virrey y gobernador general de aquellos territorios que descubriera, además de un diezmo de todas las mercaderías que hallase en las tierras conquistadas. Las Capitulaciones recogían también la obligación de Colón a contribuir con la octava parte de los gastos de la expedición a cambio de percibir una cantidad similar de los beneficios que obtuviese. Sin embargo, no se ha confirmado que este acuerdo se cumpliera. El texto, redactado por el entonces secretario del rey Fernando, Juan de Coloma, establecía un monopolio entre el marino y los reyes.

La importancia estratégica dada al proyecto de Colón quedó justificada al contribuir la corona con 1 140 000 maravedíes, lo que suponía más de la mitad de los gastos estimados antes del viaje. Además, el almirante obtuvo otros 500 000 maravedíes de Martín Alonso Pinzón y sus hermanos. No siendo suficientes, también solicitó prestados 180 000 más al financiero italiano Giannotto Berardi y cerca de 300 000 al banquero genovés Francesco Pinelli. Es poco discutible la importancia que finalmente tuvo la financiación concedida por las Cortes de Castilla y Aragón frente a unas aspiraciones que habían generado muchas dudas[109]. El humanista y sacerdote al servicio de los Reyes Católicos, Pedro Mártir de Anglería, escribiría: «... propuso y persuadió a Fernando e Isabel y ante su insistencia se le concedieron de la Hacienda real tres bajeles»[110].

En lo que se refiere a los detalles tecnológicos, a finales del siglo xv los ingenieros navales en Europa contaban con algunos adelantos técnicos desarrolla-

---

109 Toscanelli pensó que la distancia existente entre Canarias y Cipango (Japón) eran de unas 3 000 millas náuticas. Mientras, Colón calculó que el continente asiático era mucho más extenso de lo que es en realidad, por lo que intuyó que las costas de Japón estarían a unas 2 400 millas desde Canarias. Ambos estaban en un error puesto que la distancia efectiva era de unas 10 600 millas náuticas. Asensio, J. M. (1991). *Cristóbal Colón: su vida, sus viajes, sus descubrimientos* (p. 38). México. Editorial del Valle de México.
110 Gil Fernández, J. y Varela Ortega, C. (1984). *Cartas particulares a Colón y relaciones coetáneas* (p. 40). Madrid. Alianza Editorial.

dos siglos atrás. Entre estos destacaban el timón de codaste o axial, el cual supuso una verdadera revolución en la construcción naval al proporcionar un avance a gran escala en casi todos los astilleros del continente. El principio del timón estaba basado en una pala adaptada a lo largo del codaste, es decir, en una estructura de madera que finalizaba en la popa. Formado principalmente por un tablón, este se articulaba mediante goznes a la propia prolongación de la quilla. Esta superioridad tecnológica del timón posibilitó la navegación oceánica que se ha mantenido hasta la actualidad.

Dentro de la arquitectura naval de la época era habitual la construcción sobre cuadernas revestidas con tablas. Las cuadernas constituían el esqueleto del barco, formado por una serie de costillas de madera que, de manera paralela y separadas entre sí, iban encajadas perpendicularmente en la quilla formando la estructura soporte del casco. Sobre estas cuadernas se remachaban o soldaban las planchas que componían el exterior de la nave. A estas dos características tecnológicas se sumaba la configuración de un aparejo redondo formado por palos, jarcias y velas que permitían a la embarcación el movimiento aprovechando el impulso del aire.

Antes de la llegada a América, lo habitual era que el aparejo estuviera constituido por tres mástiles principales y un bauprés. Esta pieza constaba de un palo grueso algo inclinado en la proa que servía para asegurar los estayes del trinquete y orientar las velas triangulares o foques. El velamen utilizado en los aparejos solía ser de forma cuadrada, salvo la mesana cuyo diseño se realizaba en una vela latina. Finalmente, sobre los masteleros se colocaban velas de gavia. Provistos de todos estos avances técnicos, la flota atlántica de finales del siglo XV estaba preparada para acometer uno de los mayores retos de la historia. En realidad, la llegada a América provocó en Europa un cambio radical, tanto cultural como económico, provocando la internacionalización del comercio y desafiando los antiguos paradigmas sobre la concepción de nuestro planeta.

La exploración del continente americano requirió de un importante avance tecnológico. De entre la tipología existente en aquellos momentos, destacaron embarcaciones como la nao, la carraca, el galeón, la pinaza o la carabela, entre otras. A todo ello hubo que sumar un amplio arsenal y equipo militar para la guerra y las operaciones militares en los territorios americanos.

Dentro de la ingeniería naval, la nao fue el arquetipo preferido para desempeñar tareas mercantes y militares entre los siglos XIV y XVI. Surgidas como una evolución de las cocas medievales, las naos peninsulares eran capaces de soportar cargas de hasta 500 toneladas, si bien durante el reinado del rey Felipe II llegaron a alcanzar capacidades próximas a las 800 o 900 toneladas. Su prestigio en el continente se debió a su solidez y ligereza, así como a su navegación y facilidad para maniobrar. Equipadas con plataformas o «castillos» en proa y popa, podían armarse con cañones en caso de conflicto. El velamen cuadrado conseguía una mayor superficie para aumentar su velocidad de navegación. Debido a su importancia histórica, dos naos sobresalieron del resto de embarcaciones, siendo la Santa María la primera en llegar a las costas del continente americano y la Victoria, capitaneada por Elcano, también la primera en circunnavegar la Tierra entre 1519 y 1522[111].

La coca fue un buque mercante con un solo mástil que más tarde adoptaría el aparejo redondo. Desde mediados del siglo XIII formó parte de la flota castellana consolidándose su uso y desapareciendo prácticamente de los mares en el siglo XV. Conocidas también como «cocas bayonesas», estas fueron elegidas por los marinos mallorquines para realizar sus viajes oceánicos. Dotadas de una sola vela cuadrada, estos barcos medían de 15 a 25 metros de largo y disponían de una manga de unos 5 a 8 metros. Las mayores cargas no sobrepasaban las 200 toneladas. A pesar de no poseer la capacidad de navegación a contraviento, las cocas podían ser manejadas por una pequeña tripulación, lo que significaba inversiones menores para su puesta en funcionamiento. Asimismo, fueron las primeras en incorporar un timón en la popa, el llamado timón de codaste, sustituyendo al anterior de espadilla formado por un remo grande que se situaba en uno de los lados de la embarcación.

Proyectada siguiendo las estructuras de los barcos pesqueros de Galicia, Portugal y la costa atlántica andaluza, las carabelas estaban provistas de dos a cuatro palos con velas latinas. Durante el siglo XV las botaduras de estas naves en las costas cantábricas se hicieron muy habituales. Su pequeño calado permitía a las carabelas navegar en contra del viento, lo que favorecía las largas travesías oceánicas. Sin embargo, su escasa capacidad de carga y la poca robustez hicieron que fueran sustituidas por naos.

A partir de 1530, comenzaron a surgir los galeones, que eran barcos más largos con un espolón incorporado en el bauprés. El desplazamiento de estos buques varió con el tiempo, incrementándose de forma progresiva y alcanzando las 330 toneladas hacia 1556. En 1588, la Armada Invencible pensada para invadir Inglaterra llegó a contar con algunos galeones construidos en Portugal, alcanzando en algunos casos las 800 y 1 000 toneladas de desplazamiento. Los galeones de guerra se distinguían de los mercantes por su estructura más resistente, con ligazones y costados más gruesos para soportar el retroceso de los cañones de gran

---

111 Casado Soto, J. L., op. cit., pp. 131-132.

calibre. En consecuencia, necesitaban una mayor superficie vélica para propulsarse adecuadamente[112].

En la península ibérica, la construcción naval se concentró en la costa atlántica, especialmente en los astilleros cantábricos de Vizcaya y Santander, además de Cádiz y Lisboa. Ocasionalmente, la monarquía podía acudir a otros puertos europeos como Sicilia o Flandes para comprar barcos y armarlos en las costas españolas. A comienzos del siglo XVII, se comenzaron a diseñar los primeros galeones en el Caribe, construidos con maderas de roble y pino. Estos astilleros pronto adquirieron importancia al utilizar maderas tropicales de una gran durabilidad como la caoba que proporcionaba una veta recta, compacta y con pocos nudos. Tanto en Europa como en América, todo el proceso de construcción y equipamiento podía durar dos años.

El galeón fue diseñado para ser un barco versátil en un momento en que las flotas aún no estaban excesivamente desarrolladas. Este navío ofrecía la capacidad de carga y de combate suficientes para travesías largas. Para la guerra su comportamiento lo convirtió en una embarcación esencial, mientras que para las funciones de carga no tardó en ser sustituido por otras naves como el filibote, más barato y eficiente. Otros barcos como los bergantines también compitieron con los galeones de menor tamaño. Desde mediados del siglo XVIII, las velas latinas fueron reemplazadas por velas áuricas, con forma trapezoidal, que se extendían desde la proa hasta la popa a partir de la línea de los mástiles. Tanto los galeones como otros modelos más antiguos se mantuvieron en las flotas españolas, mientras que las naciones europeas más desarrolladas evolucionaron hacia diseños más avanzados. El impacto negativo en la armada proporcionó una ventaja considerable a otras flotas como la de Inglaterra y Francia[113].

> La escuadra oceánica construida después de la lección de 1588 fue desapareciendo entre tempestades, servicios descabellados a ultramar y derrotas, sin que el apático monarca ni sus validos se preocupasen lo más mínimo en mantener una progresista y congruente política naviera […] Al ocupar el trono Felipe IV (1621) la armada había quedado reducida a siete galeones y cierto número de galeras desprovistas de todo […] No faltaron nunca proyectos sagaces y viables para remedio de la decadencia naval; pero pocas veces se pusieron en práctica. La política de los Austrias […]

---

112 El desplazamiento expresado en toneladas debe entenderse, en la que se refiere a la terminología marítima, como la cantidad de agua que desplaza el volumen sumergido de la embarcación. Ello equivale al peso efectivo del barco. Ibid, pp. 134-135.
113 En efecto, la prohibición por parte de la Inquisición de textos procedentes de países en los que el arraigo del protestantismo había sido efectivo, evitó que llegaran a España libros y manuales relativos a la construcción de barcos más modernos.

subordinó los valores económicos y políticos del imperio a sus intereses dinásticos y patrimoniales; por su parte, la tradición religiosa católica, alimentada por la intransigencia de la Iglesia hispánica y de su instrumento ortodoxo y político, la Inquisición, impuso sus valores ancestrales y rechazó denodadamente los de la modernidad. (Ortega y Medina, 1994, p. 149)

No obstante, a mediados del siglo XVI toda la logística alrededor de los galeones españoles se convirtió en una cuestión de vital importancia para la corona de los Habsburgo. La disponibilidad o la carencia de los mismos suponía el mantenimiento o la puesta en riesgo de la Flota de las Indias, condicionando la propia estabilidad de la monarquía y de las arcas del Estado. La plata y el oro americanos pasaron de este modo a constituir una presa muy deseada por los corsarios franceses, holandeses y sobre todo por los navíos ingleses. Para defender dicho tráfico se organizaron flotas de protección desde 1520, una circunstancia que hizo disminuir las capturas, siendo mínimas en los casi tres siglos que se mantuvo vigente el comercio intercontinental.

En 1526, el emperador Carlos aprobó el sistema de convoyes, donde todos los buques eran escoltados por una nao armada. Desde 1555, el aumento de las actividades en el Atlántico y la piratería obligaron a reforzar el número de embarcaciones armadas, compuestas por naos y galeones. La *Flota de Guardia* pasó a estar constituida por cuatro buques armados que al llegar al Caribe se trasladaban hasta La Habana con el fin de escoltar a la flota que debía regresar a España. Esta pequeña armada era vital para proteger los galeones cargados de plata extraída en las minas del Perú. Por su parte, otro grupo de embarcaciones conocido como la flota de Nueva España, era la encargada de transportar mercancías procedentes de Filipinas. Por lo general, eran cargamentos valiosos de especias, porcelanas y sedas que viajaban desde el puerto de Manila hasta el de Acapulco y, desde este último, por tierra hasta Veracruz.

Siguiendo los protocolos de seguridad establecidos en la época, antes de su llegada a la ciudad de Sevilla todas las flotas debían hacer escala en Azores. En ocasiones, el rey llegó a requerir la protección de la llamada *Armada de la Mar Océana*, integrada por un grupo de galeones cuya misión no era otra que la de prestar apoyo a cargamentos de gran valor. Existieron, además, varios escuadrones cuyas bases estaban ubicadas en los puertos de Cádiz, La Coruña, Sevilla, Santander y Lisboa. Estos convoyes armados los formaban barcos pertenecientes a la monarquía española, además de otras naves que eran contratadas según las necesidades comerciales del momento. Entre 1625 y 1629, debido a las amenazas internacionales, se organizaron las *Galiflotas*, compuestas por un conjunto de naves armadas con misiones específicas.

En 1629 cuando los servicios de inteligencia sugirieron que los holandeses estaban preparando una acción naval conjunta en el Caribe con Francia e Inglaterra, España envió al experimentado almirante Don Fabrique de Toledo para defender los intereses españoles. Toledo comandaba la galiflota, una enorme flota de guerra de treinta y seis velas. No se encontró con la flota enemiga esperada, pero Toledo logró expulsar a los inmigrantes ingleses y franceses de dos islas donde se habían asentado recientemente (Nevis y St. Chistopher), aunque la expulsión no tendría un efecto duradero […] En un memorando presentado a finales de 1630 al Consejo de Indias, un funcionario advirtió sobre la amenaza que representaba para el continente español la presencia holandesa en Brasil, desde donde el enemigo podría enviar grandes expediciones contra las flotas del tesoro. El Consejo de Indias incluso lanzó la idea de otra galiflota, pero este plan nunca salió de la mesa de dibujo. Los funcionarios estatales también consideraron enviar veinte galeones a cada flota del tesoro, pero el poderoso gremio mercantil de Sevilla no vio la ventaja de esos buques de guerra adicionales que solo aumentarían los costos de las mercancías. (Traducción del texto de Groesen, 2014, p. 27)

En coexistencia con las embarcaciones anteriores, otras impulsadas a remo o velas estuvieron presentes en el comercio mediterráneo o de proximidad en el Atlántico. Nombres como los de carracas, galeazas, pinazas, zabras, chalupas o fustas contaron con la tecnología necesaria para resistir las fuerzas del mar y dotar a cada nave de la propulsión y maniobrabilidad necesarias. La mayor parte de las unidades que se fabricaron durante todo este periodo fueron barcos con menos de 20 metros de eslora, pensados para faenas pesqueras poco alejadas de las costas o para el comercio de cabotaje. Aunque parecían menos importantes, este comercio necesitó igualmente de una infraestructura tecnológica y humana capaz de asegurar el mantenimiento del tejido económico en las ciudades portuarias. Solo aquellas empresas de ultramar que podían garantizar la llegada de metales como el oro y la plata de América necesitaron de un entramado más complejo a nivel técnico y económico para asegurar la navegación. A todo ello hubo que sumar los gastos indispensables para reforzar la defensa de los territorios de los que se extraían los recursos que garantizaban el poder en la metrópoli.

La mejora tecnológica en los océanos. Las armas de fuego

El incremento del tonelaje en la construcción naval registrado durante los 20 primeros años de reinado de Felipe II, fue el resultado de un conjunto de medidas aprobadas para impulsar la creación de una flota que fuese capaz de controlar los océanos. En la idea del rey y de sus consejeros estaba la necesidad de fabricar más y mejores barcos para estimular el comercio y la guerra. Conscientes de las garantías que ofrecían las riquezas de ultramar a la consolidación del Estado y la monarquía, las medidas puestas en práctica en 1567 fueron sorprendentes. Alrededor de 60 naos de más de 400 toneles lograron financiación de la Corona, lo mismo que otras tantas de menor capacidad. En total, en cinco años, la flota disponible había incorporado una capacidad de al menos 40 000 toneles[114].

A las cifras anteriores se sumaron una serie importante de barcos construidos exclusivamente para el combate naval en el Atlántico. A comienzos de los años setenta del siglo XVI, Álvaro de Bazán supervisó la construcción de seis navíos para el servicio real en los puertos del Cantábrico. En 1568, Pedro Menéndez de Avilés, siguiendo órdenes del rey, se encargó de la construcción de doce galeones de 250 toneles en los astilleros de Deusto. Estos mismos barcos sirvieron en la Escuadra para la Guarda de la Carrera de Indias. Años más tarde, la Real Hacienda también participó en la construcción de 93 embarcaciones para la operación militar que habría de combatir a los rebeldes en Flandes. Más tarde, Cristóbal Barros organizó la construcción de dos galeazas de 800 toneles para la flota indiana[115].

La incorporación de la corona portuguesa a la española en 1581 incrementó la armada con nueve galeones que serían incorporados a la expedición marítima para invadir Inglaterra en 1588. Más tarde se construyeron ocho galeones, además de varias embarcaciones para el combate en otros puertos como el de Santander, entre 1582 y 1584. Todos los buques fueron diseñados y construidos según un plan novedoso que evaluaba la velocidad, fortaleza y capacidad de maniobra con plataformas artilleras de gran volumen y alcance. A este respecto, el desastre de la Armada Invencible apenas afectó al poder de los Habsburgo en el mar. La realidad es que el equilibrio de fuerzas se mantuvo a pesar de no lograr el control marítimo en el Canal de La Mancha. Durante los dos años siguientes se botaron alrededor de 21 galeones más, construidos en los astilleros de Santander, Bilbao, Gibraltar, Vinaroz y Portugal[116].

El poder y la hegemonía naval continuaron siendo un patrimonio exclusivo de la armada española, aumentando considerablemente las instalaciones para la fabricación de buques de guerra. Se consolidaron también las estructuras y

---

114 El tonel era la unidad utilizada para la medición de la capacidad de un navío en los astilleros de Vizcaya. Por el contrario, en Sevilla la unidad de medición para las embarcaciones de Indias era la tonelada. Doce de estas últimas equivalían a diez toneles. Casado Soto, J. L. (1989). La construcción naval atlántica española del siglo XVI y la Armada de 1588. *Cuadernos monográficos del Instituto de Historia y Cultura Naval*, 3, p. 70.

115 Ibid, p. 71.

116 Casado Soto, J. L. (1988). *Los barcos españoles del siglo XVI y la gran Armada de 1588* (pp. 294-375). Madrid. Editorial San Martín.

unidades militares como las del Océano de la Guarda de la Carrera de Indias, de Barlovento o del Mar del Sur, entre otras. Junto a ello se fortificaron los puertos más importantes de la Península, además de los situados al otro lado del Atlántico. Una superioridad que, desde tiempos del emperador Carlos I hasta Felipe III, se consolidó gracias a una política bien organizada y financiada, y al desarrollo de la tecnología naval y las capacidades operativas que demostraron ser superiores a la de sus enemigos[117].

La llegada al trono de Carlos I significó un cambio obligado en las prioridades políticas al tener que asumir el imperio marítimo heredado de sus abuelos, los Reyes Católicos. El dominio del mar se convirtió en una cuestión preferente y se inició un programa para construir barcos de guerra que pudieran proteger y expandir los territorios en ultramar. Para ello se importaron ingenieros genoveses y se asignaron recursos constantes para la compra de maderas del Báltico debido a la grave deforestación que sufrían los territorios peninsulares.

Felipe II apostó por aumentar la actividad en el sector astillero, acentuando la construcción naval y de armamentos, y se adoptaron medidas legales para eludir la competencia de astilleros extranjeros. Estos objetivos pudieron concretarse en una excelente inversión en capitales, artillería, avituallamiento, así como en soldados y marinería[118].

Resulta imposible disociar la historia técnica de la historia política, sobre todo cuando sabemos que por la Casa de Contratación de Indias pasaron pilotos, cosmógrafos, cartógrafos, etc., todos al servicio de la corona española. Ellos fueron los auténticos artífices de la «aventura» del Atlántico y quienes posibilitaron la llegada al continente americano. La política y el poder todavía se hicieron más patentes cuando tuvieron que trazarse las líneas divisorias expuestas en el Tratado de Tordesillas, en junio de 1494, donde la cartografía y las matemáticas fueron cruciales. El mar quedó de esta forma convertido en un espacio medible sobre un mapa, simbolizando con ello el deseo de posesión. El Tratado legitimó la idea de resolver disputas políticas mediante acuerdos escritos, lo que hizo que la geopolítica adquiriera un papel crucial en las relaciones entre las naciones.

A lo largo del siglo XV, los portugueses habían logrado solucionar muchos de los problemas de la navegación en alta mar. Para explorar el golfo de Guinea

---

117 Casado Soto, J. L. (1989), op. cit., p. 84.
118 de Pazzis Pi Corrales, M. (2008). La Marina de los Austria: aproximación historiográfica y perspectiva investigadora. *La historiografía de la Marina Española. Cuadernos Monográficos del Instituto de Historia y Cultura Naval*, 56, 65-66.

necesitaban nuevos instrumentos que determinasen la latitud. Ello fue posible gracias a un puñado de navegantes, tratadistas y cartógrafos portugueses, como Pedro Nunes, autor del primer tratado de navegación. Pero también de algunos otros castellanos como Pedro Medina, Martín Cortés o Alonso de Santa Cruz. Sus conocimientos no tardaron en llegar a muchos otros rincones de Europa occidental. El *Breve compendio de la esfera*, escrito por Martín Cortés, llegó a editarse en inglés a partir de 1561 hasta en 10 ocasiones. La difusión en otros idiomas de la obra de Pedro Nunes, *De arte atque ratione navigandi*, ayudó a comprender mejor el problema de la loxodrómica. Por último, *El arte de navegar y regimiento de navegación*, de Pedro de Medina se tradujo al francés, al inglés y al holandés, en varias ediciones entre los años 1554 y 1609[119].

Hay que decir que todas las dotaciones militares y comerciales poseían ya una instrumentación lo suficientemente avanzada en la época. En los siglos XVI y XVII la brújula se convirtió en la herramienta más importante para la navegación, complementada por modelos simplificados del astrolabio y del cuadrante. El astrolabio náutico, generalmente construido en latón, terminó transformándose en un círculo graduado de unos 20 cm de diámetro sujeto a una alidada o regla que posibilitaba el giro alrededor del eje vertical y horizontal. Los cuadrantes náuticos estaban fabricados en madera y disponían de una pínula o tablilla metálica que permitía calcular la posición de los navíos. Mientras que los astrolabios debían usarse con el sol, los cuadrantes se utilizaban por la noche para observar la estrella Polar[120].

La ballestina fue otro de los instrumentos empleados para la medición de alturas. Estaba formado por una vara de madera de un metro aproximado de longitud, o virote, por donde se deslizaban otras más cortas llamadas sonajas. Los observadores miraban por uno de los extremos del virote haciendo correr la sonaja. De esta forma, por la parte superior se podía divisar el astro, mientras que en la parte inferior se apuntaba al horizonte del mar. La altura podía deducirse de una escala graduada en el virote. Para no dañar la vista, se observaba el sol de espaldas a este. A finales del siglo XVI, las observaciones con ballestina evolucionaron hacia un instrumento más preciso conocido como cuadrante de Davis o cuadrante inglés. que se utilizó hasta bien entrado el siglo XVIII.

---

119 La loxodrómica o loxodromia es la línea curva que une dos puntos de la superficie terrestre formando un mismo ángulo en su intersección con todos los meridianos. Se utiliza para navegar con un rumbo constante, siendo de gran ayuda una brújula. En Bénat-Tachot, L. (2020). Procesos de americanización y arte de navegar: la experiencia de la navegación americana y sus consecuencias en el siglo XVI. *Nuevo Mundo, Nuevos Mundos. OpenEdition Journals*. Artículo publicado en: https://journals. openedition.org/nuevomundo/79526?lang=es

120 Vicente Maroto, M. I. (2003). El arte de la navegación en el Siglo de Oro. En J. R. Victoria Meizoso (dir.). *La historiografía de la Marina Española. Cátedra Jorge Juan. Ciclo de conferencias. Curso 2000-2001*. A Coruña. Universidad de A Coruña, pp. 210-211.

Hacia 1514, Pedro Nunes creó el nonio, un nuevo instrumento que, junto al astrolabio o el cuadrante, permitía calcular fracciones de grado en los ángulos. Más tarde fue mejorado por otro matemático e inventor francés llamado Pierre Vernier, generalizándose su uso durante los siglos XVII y XVIII. Los pilotos solían llevar además relojes de arena o ampolletas, con mediciones de media hora que podían alargarse hasta las dos horas. A ello se sumaban las cartas de navegación que, debido a la generalización de los viajes oceánicos, comenzaron a elaborarse de forma plana. Los innumerables descubrimientos realizados durante el siglo XVI se fueron anotando de manera reservada y secreta, una práctica que la propia Casa de Contratación en Sevilla puso en marcha con el llamado Padrón Real, una especie de carta náutica universal que recopilaba las observaciones aportadas por los navegantes al regresar de sus viajes.

Debido a su importancia, los mapas y las cartas de navegación tuvieron un tratamiento especial. Entre las obligaciones más destacadas del cosmógrafo mayor del Consejo de Indias se encontraba la preparación de cartas con las rutas de navegación desde la península hasta las costas de América. En 1583, siguiendo las órdenes del rey Felipe II y ayudados por Juan de Herrera, arquitecto, matemático y geómetra de la corte, se reunieron en Lisboa los mejores pilotos y cosmógrafos de la ciudad presididos por el Archiduque Alberto, entonces virrey e inquisidor general de Portugal. En la conferencia se acordó la revisión permanente de cartas, instrumentos y procedimientos utilizados por la Casa de Contratación de Sevilla, además de la realización de exámenes a todos los pilotos. En uno de los memoriales enviados al rey por parte del capitán Bernardino de Escalante se podía leer:

> La reformación en la arte de navegar, que oy se usa, es importantísima, y de tanta necesidad, que, a descuidarse dello, ny avrá pilotos ny geógrafos que diestros en sus artes puedan aprovechar a las navegaciones de España, por medio de las quales ha llegado a la cumbre del Imperio que oy tiene en el mundo. Y considerándolo asy S. Magd., y advirtiendo la importancia del negocio, mandó el Año de LXXXiij que se hiziese una junta delante del Príncipe Cardenal, de los mejores pilotos que havía en Lisboa y Geógraphos, en la qual me hallé yo presente por su mandado. (Vicente Maroto, 2003, p. 215)

El Consejo de Indias emprendió una profunda reforma en 1591 por la que debían inspeccionarse todos los instrumentos y cartas de navegación. Solo un año más tarde se redactó el llamado *Regimiento do Cosmografo-mor*, en el que se recogían, entre otras obligaciones, el examen a todos los pilotos, cartógrafos y fabricantes de instrumentos. Junto a este cometido, además, se obligaba a utilizar cartas y herramientas previamente verificadas. El 15 de enero de 1593, Pedro Ambrosio de Ondériz, recién nombrado cosmógrafo mayor del rey, remitió otro extenso memorial en el que se detallaban los errores cometidos y sus causas con las posibles soluciones a los mismos. La contestación del rey fue «Hágase en todo lo que parece»[121].

El Renacimiento vivió, en efecto, una transformación en cuanto a las cuestiones militares se refiere, apoyada en la aparición de nuevas armas y estrategias. Desde la finalización de la Edad Media la infantería fue adquiriendo un notable protagonismo en las contiendas, transformando la guerra de asedio y las formas de combate. De igual forma se produjo un aumento en el número de soldados que formaban los ejércitos, así como en la duración de los conflictos. Finalmente, las naciones pasaron a disponer de tropas mercenarias sustituyendo a las antiguas milicias feudales.

Este cambio, en las formas de hacer la guerra fue provocado en gran medida por la aparición de explosivos. La pólvora desencadenó una intensificación tecnológica en la búsqueda de ventajas en los combates, jugando un papel esencial en la arquitectura del poder, al ser pocos los estados que podían disponer de los medios económicos y técnicos suficientes para fabricar armas que garantizasen el éxito en las guerras oceánicas.

De acuerdo con todo ello, la combinación de velas y cañones llegó a hacerse indispensable en el desarrollo de los imperios coloniales europeos. En el siglo XVII, la fabricación de elementos para la artillería aún no estaba estandarizada, siendo muy diferentes los calibres y los pesos de la munición empleada. Por este motivo, países como España, Inglaterra, Francia u Holanda decidieron regular la construcción según el peso de los proyectiles que se utilizaban. A comienzos de siglo, España importaba artillería de hierro de Inglaterra, pero a partir de 1630 comenzó a producir su propio armamento, gracias sobre todo a las fundiciones de Liérganes, en Santander, establecidas por un artesano de Lieja llamado Jean Curtius. En esos años, la monarquía española encargó la fabricación de cañones para la armada, galeras y distintas fortalezas. Así, en 1639 se fabricaron 370 cañones y 18 500 balas de cañón para los galeones en construcción, y para 1640, las fábricas de Liérganes y Santa Bárbara habían entregado más de 1 170 piezas de artillería y 233 360 balas de cañón a la corona española [122].

Los proyectiles se fabricaban en hierro y piedra. Los primeros dañaban el casco de las embarcaciones enemigas, mientras que los segundos se fragmentaban al

---

121 Ibid, p. 216.
122 Belizón, M. (2021). Artillería Naval del siglo XVII. *Revista de Artillería Naval Española*. En: https://www.artillerianaval.es/artilleria-siglo-xvii/

chocar dispersando la «metralla» en la cubierta. A pesar de que la artillería fabricada en hierro colado era más barata que la de bronce, los cañones fundidos en este último tenían un menor peso y una mayor duración, siendo considerados hasta finales del siglo XVII como el arma naval por excelencia. Aunque más costosos de producir, los cañones de bronce se utilizaron en una variedad de modelos y características, cambiando su espesor, calibre o longitud. En 1611 Cristóbal Lechuga, artillero de profesión, publicó el *Discurso de la Artillería* en el que se describían los principios conocidos hasta entonces en la ciencia artillera.

La diferencia en las piezas de artillería dificultaba que, en igualdad de tipo y calibre del cañón, se lograsen resultados consistentes después de realizados los disparos. La precisión no se mejoró hasta que los procedimientos de fabricación permitieron dar al armamento unas características similares. Sin embargo, la artillería naval cambió radicalmente las tácticas de combate, pasando del abordaje al combate a distancia. Debido a la disposición de la artillería en los costados de los buques se cambiaron las formaciones frontales por líneas de columna, desapareciendo los castillos de proa y de popa. Gracias a los informes redactados en 1628 sobre la flota capturada en Matanzas por Piet Heyn, marino y corsario neerlandés durante la Guerra de los Ochenta Años, sabemos que los cañones de los galeones españoles estaban montados en cureñas con cuatro ruedas[123].

Lejos de lo que podían ser los combates navales, la primera de las armas de fuego que se generalizó fue la bombarda, cuyos disparos podían romper los muros de las fortificaciones. Entre los siglos XV y XVII, el desarrollo tecnológico de la pólvora y los avances en la metalurgia influyeron en la creación de armas de pequeño tamaño. Las primeras armas ligeras utilizadas por la infantería fueron los conocidos cañones de mano, unos tubos de bronce o hierro sujetos por un extremo a unos largos mangos de madera y cuyo peso podía llegar a los 20 kg. Estas evolucionaron muy pronto dando paso a los arcabuces y mosquetes compuestos por un cañón de hierro montado sobre una caja.

Para disparar, el arcabucero se acoplaba el arma al pecho después de sujetarla mediante una horquilla o caballete al suelo. El arcabuz era un arma con una precisión limitada y un disparo lento. A distancias cortas era capaz de perforar una armadura, pero sobrepasados los 50 metros era ineficaz. Sus inventores tenían la intención de que sustituyese a la ballesta medieval debido a su fácil manejo. El arcabuz siguió utilizándose por las tropas de infantería hasta el siglo XVIII.

---

123 Ibid.

Por su parte, el mosquete se diseñó como una mejora del arcabuz y acabó siendo un complemento de este último. Con una longitud próxima a los 2 metros, su calibre duplicaba el de su antecesor dotándole de un mayor poder destructor. Debido a su peso, que podía llegar hasta los 7 kg, y a su longitud, necesitaba un soporte fijo en el suelo para apuntar. Aunque su alcance podía llegar poco más allá de los 100 metros, el resto de las características hizo que resultara inadecuado como arma para la infantería, por lo que acabó convirtiéndose en una especie de artillería móvil empleada en trincheras o en la defensa de ciudades desde posiciones previamente acotadas. Tanto el arcabuz como el mosquete, debido a su poder de penetración, contribuyeron a la eliminación de las armaduras en el campo de batalla por resultar tan ineficaces como inútiles a la hora de proporcionar protección.

A partir de la segunda mitad del siglo XVI, el Estado monopolizó el control y producción de pólvora, junto con la fabricación de armas, lo que permitió mejorar los sistemas de mecha. Los primeros sistemas necesitaban unas 20 operaciones para cargar y disparar, lo que hacía que la cadencia fuese de una a dos descargas por minuto. Mejoras técnicas posteriores, como la incorporación de una rueda, simplificaron estos procesos y permitieron otros avances, como la introducción de percutores con cartuchos. Al mismo tiempo, se mejoró la pólvora y las municiones, fabricándolas en gránulos más pequeños para una ignición más rápida. La producción en serie de balas macizas de hierro, munición de metralla y balas «rojas» o de hierro al rojo vivo, hicieron posible su utilización de manera más frecuente contra los barcos.

Los conocidos Tercios españoles fueron las primeras unidades militares en usar arcabuces y mosquetes, formando unidades complementarias debido a las limitaciones que tenía cada tipo de arma. Una de las transformaciones más importantes a mediados del siglo XVII fue la sustitución de la llave de mecha por un sistema de disparo más moderno, consistente en la utilización de una chispa producida por un pequeño trozo de pedernal. Esto permitió disparar más rápido sin necesidad de mantener una mecha encendida constantemente. En este mismo periodo aparecieron las primeras pistolas, usadas como armas auxiliares de la caballería. Sin embargo, todos los mecanismos que dependían de la pólvora eran vulnerables a las condiciones meteorológicas adversas, lo que dificultaba la carga y la precisión del disparo.

Junto a los soldados de infantería, mosqueteros y arcabuceros, que portaban armas de fuego, otros provistos de picas, lanzas y alabardas también llegaron a ocupar un lugar destacado en las formaciones militares del Renacimiento. La pica, una lanza larga que podía llegar a los 5 metros, estaba compuesta de una asta a la que se le incorporaba el regatón, una punta de metal en el extremo superior.

El arma permaneció en los campos de batalla hasta el siglo XVIII, momento en el que los mosquetes comenzaron a ser utilizados junto a las bayonetas, confiriéndole una importante ventaja en los combates cuerpo a cuerpo. Este tipo de armas se pensaron para rematar al enemigo una vez caído. Su diseño permitía igualmente repeler a la caballería o sencillamente arrojarla para infligir daño.

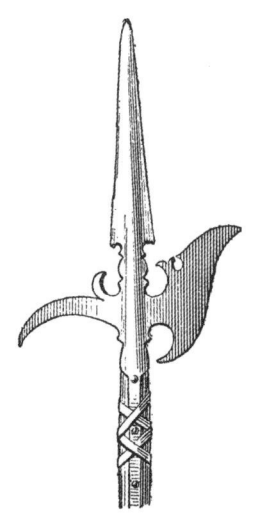

La alabarda es una invención europea que se comenzó a utilizar entre los siglos XIV y XV, siendo introducida en los Tercios alrededor del año 1534. Esta arma de asta, equipada con una cuchilla o moharra en forma de hacha o gancho, tenía una función similar a una lanza y estaba diseñada tanto para herir a los jinetes como para abatir a los caballos. Las picas largas y las alabardas fueron utilizadas por los primeros españoles que llegaron al continente americano en sus enfrentamientos contra incas y aztecas. La presencia de estas lanzas en América está documentada en numerosas narraciones, así como en la iconografía de algunos documentos pictográficos de la época, predominando en la infantería y sobre todo en la caballería. Esta última está representada en varias de las láminas del conocido *Lienzo de Tlaxcala*, un códice colonial realizado en la segunda mitad del siglo XVI. Asimismo, existen representaciones de alabardas en el *Códice Azcatitlan*, escrito en el Valle de México en fechas muy similares al anterior[124].

Ilustración de una alabarda del siglo XVI.

Al Nuevo Mundo llegaron también los arcabuces. Después de haberse demostrado su eficacia por los Tercios en Europa, en combinación con las picas, la realidad es que no parece que fueran tan útiles en tierras americanas, debido principalmente a su peso y a las complejas maniobras que dificultaban la manejabilidad respecto a otras armas. El uso de arcabuces implicaba disponer de un tiempo excesivo para responder y defenderse al mismo tiempo. No fue hasta aproximadamente el año 1540 cuando el mosquete apareció en América, ocasionando las mismas dificultades que el resto de las armas de fuego. En este sentido, el uso de la artillería resultó problemático debido a la dificultad de transportar los cañones a través de la espesa vegetación, los lagos y los ríos. Además, estas condiciones en el terreno eran propicias para la organización de emboscadas, lo que dificultaba aún más su utilización. De todas formas, animales como los caballos o los perros, hasta entonces desconocidos en el continente, junto con el

---

124 Gajate Bajo, M. y González Piote, L., op. cit., pp. 171-172.

estruendo de las nuevas armas terminaron influyendo en los enfrentamientos con los pueblos americanos.

> No fueron las ballestas, ni tampoco las bombardas, falconetes, serpentinas o arcabuces y los cañones […] Es bien conocido que estas armas fueron una estimable ayuda en algunas ocasiones, por ejemplo, para Cortés a su llegada a Tabasco y más tarde aún a Cempoala y a Tlaxcala […] Pero su efectividad era especialmente de carácter psicológico. La carencia de bestias de carga protagonizó grandes dificultades en los primeros años para el transporte de la artillería, sea de bronce, sea de hierro; también encarecía su uso la lentitud respecto a preparar, limpiar, cargar, apuntar y disparar estas armas. Los primeros años en este país, con sus difíciles terrenos, y probablemente los primeros cuarenta años […] fueron hechos por medios psicológicos; los caballos, perros (especialmente contra los mayas y los incas), ruido, olor de las armas de fuego […] Los cañones y los arcabuces recordaban a los indígenas sus volcanes en erupción y consiguieron que se intimidaran. (Bruhn de Hoffmeyer, 1986, p. 15)

No conviene olvidar la importancia psicológica que alcanzó el uso de los caballos y perros en tierras americanas, provocando el temor entre sus habitantes. Sabemos que los caballos poblaron el continente en tiempos prehistóricos despareciendo al finalizar el Pleistoceno. Fue a raíz del segundo viaje de Colón cuando volvieron a cabalgar por América. En 1519, Hernán Cortés llegó a las costas de Yucatán, conocido después como *Villa Rica de Vera-Cruz*, con: «… 11 naves, 553 soldados, 110 marineros, 200 indios de las Antillas, 82 ballesteros y 13 arcabuceros, más algunos piqueneros de a pie. Traía consigo también 16 caballos con sus jinetes, más diez cañones pesados de bronce y cuatro de tipo ligero, de falconetes»[125]. Los hombres de Cortés que arribaron a las costas de México portaban las mismas armas que se habían usado en la Península en la época de los Reyes Católicos y en las guerras de Italia al mando del Gran Capitán, Gonzalo de Córdoba. Sin embargo, los nativos americanos jamás habían visto un caballo; de hecho, en ocasiones llegaron a creer que el jinete y caballo formaban un mismo ser. Los soldados a caballo adquirieron de esta manera una excelente ventaja para el combate.

---

125 Entre los perros adiestrados que llegaron a América de mano de los españoles figuraban alanos, mastines y dogos. Estos también fueron muy temidos por los nativos realizando tareas de rastreo y detección de enemigos. En Bruhn de Hoffmeyer, A. (1986). Las armas de los conquistadores. Las armas de los aztecas. *Gladius*, XVII, 18.

El armamento de hierro y acero llevado por los colonizadores europeos a América tuvo que ser cambiado y revisado por razones derivadas del clima. Su peso dificultó sobremanera el transporte en regiones de México y Perú. Las armaduras dejaron de ser prácticas debido al calor y a la humedad y los cascos quemaban las cabezas, lo mismo que las láminas de hierro en los hombros de los soldados. Frente a tantas dificultades, los arcos compuestos utilizados por los habitantes de Tenochtitlán se mostraron más fiables y efectivos que las armas españolas. Las cuerdas de los mismos, trabajadas con cordones procedentes de tendones animales, proporcionaban la tensión adecuada para lanzar las flechas. De manera análoga existieron talleres especializados en la fabricación de arcos y flechas en el templo de *Huitzilopochtli*, dios de la guerra. Fabricados con materiales procedentes de la caña, las puntas se preparaban con obsidiana o cobre. Las flechas llegaron a tener puntas envenenadas, incluso estuvieron diseñadas para que fuera imposible su extracción. Al final de la flecha se colocaban unas plumas en forma de espiral, lo que generaba un movimiento de rotación que permitía una mejor penetración.

Estas armas inquietaron a los españoles. Sus portadores llevaban en el dorso una bolsa o carcaj, lo que permitía la colocación de las flechas en el arco con una gran rapidez. El propio Cortés mencionó el manto de flechas que yacían en el suelo después de sufrir un ataque. Además de los arcos, otra de las armas más llamativas de los mexicas fue el *átlatl*, conocido por los soldados españoles como estólica. Este propulsor utilizado por los aztecas podía lanzar dardos capaces de provocar la muerte de sus enemigos. Se trataba de un arma consistente en un artilugio de madera al que se le unía un gancho en el extremo para poder ser accionado con un mecanismo de palanca. Los efectos de la estólica prolongaban la fuerza del brazo, dando al proyectil mayor capacidad para su penetración y alcance. Además de estas armas, destacaron otras como las masas, las lanzas o las cerbatanas, estas últimas construidas con una pieza larga de madera ahuecada, capaz de lanzar dardos envenenados.

Lejos de los efectos que la colonización estaba produciendo en América, las necesidades derivadas de los conflictos regionales y religiosos dentro del Imperio obligaron a los monarcas a disponer de unidades de intervención inmediata con un marcado carácter expedicionario y multinacional. Esta condición se hizo particularmente notable durante las movilizaciones para combatir las revueltas surgidas en los Países Bajos. En los siglos XVI y XVII, la organización militar más avanzada en toda Europa fue el Tercio. Inspirado en las legiones romanas, estas unidades de acción rápida siempre estaban preparadas y dispuestas para combatir, aunque la amenaza no fuera inminente.

La eficacia de los Tercios hispánicos durante la dinastía de los Habsburgo se basó en la unión de diferentes tipos de armas, como las picas, el arcabuz o el mosquete. La superioridad técnica de las armas se complementaba con las formaciones de los Tercios, siendo la más común la compuesta por un cuadro cerrado de 31 hombres en sus lados.

En relación con las estrategias militares, el objetivo principal era controlar y mantener las plazas en disputa, lo que provocaba en muchos casos emprender operaciones de sitio en ciudades o posiciones importantes. Con esta idea, las monarquías europeas, entre ellas la hispana, consiguieron controlar importantes territorios y fortificar fronteras. A nivel operativo, las comunicaciones entre el monarca y los generales se realizaban principalmente a través de cartas y mensajes, lo que a menudo requería períodos prolongados para tomar decisiones. En 1643 se creó el cuerpo de Intendencia militar, encargado de proveer suministros a las tropas. Sobre el terreno, el mando de estas solía recaer en un príncipe o en algún miembro de la aristocracia. En definitiva, la solidez de un ejército estaba directamente relacionada con la capacidad organizativa, de mando y técnica que podía exhibir frente a sus enemigos.

La guerra se convirtió durante el final de la Edad Media y el Renacimiento en un eficaz medio para asegurar el poder político y en un vehículo capaz de engrandecer al Estado. La falsa idea de la existencia de un salvajismo situado más allá de Europa permitió a las monarquías europeas el uso de la fuerza para impedir la proximidad con un peligro que podía debilitar las estructuras de la sociedad. Antonio de Alcedo, capitán de las reales guardias españolas, constató en su momento como los hurones, indígenas americanos que habitaban pequeñas comunidades en el norte del continente, practicaban la crueldad y el salvajismo. Del mismo modo, algunos cronistas, faltando a la realidad, llegaron a relatar cómo los aborígenes del sur alentaban guerras sanguinarias y despiadadas a consecuencia de la falta de disciplina y del desconocimiento de las ciencias. Esta divulgación un tanto comprometedora y falaz no tardó en remover las costumbres de una civilización occidental que invitaba al perfeccionamiento moral y material. Una perfección solo alcanzable mediante la puesta en marcha de una irrefutable maquinaria basada en la guerra y avivada por el conocimiento científico y tecnológico[126].

126 Soriano Muñoz, N. (2021). Los intrincados caminos hacia el progreso. Debates y discursos sobre civilización, guerra y sensibilidad en la Ilustración. En C. Borreguero Beltrán, Ó. R. Melgosa Oter, Á. Pereda López, y A. Retortillo Atienza (coord.). *A la sombra de las catedrales: cultura, poder y guerra en la Edad Moderna* (pp. 2057-2071). Burgos. Universidad de Burgos.

La ciencia después de la llegada al Nuevo Mundo. Oro, plata y azogue

La primera mitad del siglo XVI en España estuvo determinada por el reinado del emperador Carlos y por la aparición de grandes pensadores humanistas como Juan Luis Vives o el prestigioso humanista español Elio Antonio de Nebrija, además de la aparición de universidades como la de Alcalá de Henares, fundada en 1499 por el cardenal Cisneros. En ella estudiarían muchos de los hombres que impulsarían la ciencia moderna durante el reinado de Felipe II. Una larga lista de obras vería la luz comprendiendo distintos saberes, desde matemáticas, técnicas de navegación, geografía, etc., hasta medicina o albeitería, esta última precursora de lo que en la actualidad son los estudios de veterinaria. La historia natural alcanzaría durante todo este tiempo un avance muy considerable con el descubrimiento de nuevas especies y curiosidades en América y con investigadores como Gonzalo Argote de Molina o el médico Nicolás Monardes. A este último se le atribuye la obra *Historia medicinal de las cosas que se traen de nuestras Indias Occidentales*, traducida a varios idiomas y publicada entre 1565 y 1574. En ella se explican los estudios y propiedades farmacológicas de algunas plantas encontradas en el «Nuevo Mundo».

El incipiente desarrollo de la ciencia moderna soportó las consecuencias del radicalismo religioso impuesto por el Concilio de Trento, además de las dificultades políticas y sociales surgidas del carácter y la singularidad del reinado de Felipe II. Sin embargo, el apoyo científico y tecnológico para mantener el poder quedó demostrado en el interés del rey por controlar la realidad geográfica y política en Europa y en ultramar. Esto se reflejó en su preocupación por la minería, especialmente cuando la Corona se declaró en suspensión de pagos en 1557, seguida de otras suspensiones en 1557 y 1596 debido a las deudas heredadas de su padre, el emperador Carlos, y los gastos contraídos para sofocar las rebeliones en Flandes. Su reinado tuvo que sortear las guerras contra el islam, la Armada Invencible, además de las necesidades financieras para controlar todo un imperio en el que «... nunca se ponía el sol»[127].

Entre 1556 y 1598, la plata y el oro extraídos en América mantuvieron su flujo de llegadas al puerto de Sevilla. Este comercio fue indispensable para afrontar los gastos originados por la política exterior e interior del Estado y mantener la liquidez en sus transacciones y mercados. De ahí que una parte

---

127 Puerto Sarmiento, F. J. (1998). Felipe II y la Ciencia. *Felipe II y su época: actas del Simposium, 1 al 5-IX-1998* (p. 68). San Lorenzo de El Escorial. Real Centro Universitario Escorial-María Cristina.

destacada del desarrollo técnico y científico durante todo el siglo XVI estuviera dirigido a encontrar la forma de rentabilizar las explotaciones mineras. Un siglo antes, la minería en Europa había logrado importantes avances, publicándose por entonces algunos tratados como los del sienés Vannuncio Biringuccio titulado *De la Pirotechnia*, del checo Lazarus Ercker o del español Bernardo Pérez de Vargas conocido como *De re metallica*, en 1568.

La extracción de metales por esos años se realizaba por fundición utilizando hornos de leña, lo que provocó un grave problema al ser necesarias grandes cantidades de madera. Este sistema comenzó a desertizar amplias regiones, motivando la necesidad de idear una nueva forma de extracción. En los años de reinado del emperador Carlos, un importante contingente de mineros alemanes estuvieron trabajando en yacimientos de Cuba, Venezuela y Nueva España. En 1555, aproximadamente 200 técnicos alemanes llegaron a España para trabajar en las minas de plata de Sierra Morena, bajo las órdenes de Hans Schüren, un delegado minero que estaba a las órdenes de los banqueros Fugger, principales prestamistas de la monarquía en esos momentos.

Casi al mismo tiempo, un sevillano llamado Bartolomé de Medina, establecido en la mina de *Purísima la Grande*, en Pachuca, ciudad de Nueva España, solicitó al virrey Luis de Velasco «… un privilegio o patente para beneficiar los minerales de plata con mercurio»[128]. Desde la Edad Media, la amalgamación de oro y plata con azogue o mercurio había sido descrita por algunos alquimistas sin que hasta entonces se hubiera utilizado de forma intensiva. Este método no requería hornos de fundición ni combustible como la madera. En su lugar, se necesitaba energía hidráulica y mucha mano de obra para moler el mineral. La amalgamación propuesta por Medina hacía posible que la plata se desprendiera del mineral al contacto con el mercurio, formando una mezcla llamada amalgama. El propio metalurgista castellano explicaba su descubrimiento manifestando: «…tuve noticia en España, de pláticas con un alemán, que se podía sacar la plata de los metales sin fundición, ni afinaciones y sin grandes costas; y con esta noticia determiné venir a esta Nueva España a probarlo»[129].

Esta nueva necesidad por hacerse con el control absoluto de las explotaciones mineras en América provocó que la monarquía publicara en 1558 una Real Orden suspendiendo y prohibiendo la adquisición de azogue extranjero, regularizando

---

128 Ibid, p. 70.
129 Álvarez Peláez, R. (1999). Felipe II, la Ciencia y el Nuevo Mundo. *Revista de Indias, vol. LIX, núm. 215.* Centro de Estudios Históricos, CSIC, pp. 19-20.

un año más tarde su tráfico entre la Península y el continente americano. Desde entonces el mercurio solo pudo adquirirse y transportarse bajo mandato real. Las minas, al otro lado del Atlántico, pasaron a ser administradas directamente por oficiales reales que, a su vez, estaban controlados por el propio virrey. Más aún, mientras las minas de Almadén en España eran explotadas por los Fugger y controladas por la Corona, esta continuó importando el preciado mineral de explotaciones situadas en el centro de Europa o desde China, pasando por Manila hasta llegar a México y el sur de América.

El éxito de la técnica de amalgamación de la plata con mercurio y las necesidades del rey dieron lugar a nuevos cambios y transformaciones de tipo social. A pesar de las altas cifras de mortalidad indígena, el trabajo forzado proporcionó un ingente capital con el que sostener todo el sistema burocrático, administrativo y militar. Desde 1561 el rey español participó activamente en la importación de esclavos negros, cobrando licencias e intentando monopolizar el comercio de seres humanos entre 1568 y 1576, algo que finalmente no pudo lograr. A pesar de todo, siguió recibiendo la recaudación debida a la esclavización y fomentando el tráfico en aquellas zonas donde se producían descensos demográficos de indígenas. A partir de 1556, las necesidades reales llevaron a la creación de una estructura administrativa y burocrática dependiente del Consejo y de la Contaduría Mayor de la Hacienda, con la tarea encomendada de controlar los yacimientos mineros del Imperio. A esto se sumó la contratación por parte de la monarquía de buscadores de minas, dotando a la mayoría de los territorios con cecas, locales donde era posible acuñar moneda[130].

El poder imperial, no conforme con las posesiones americanas, patrocinó varios intentos por conseguir metales mediante procedimientos de alquimia. En 1567, Felipe II apoyó la construcción de un laboratorio oculto en casa de su secretario Pedro del Hoyo, donde se trató de convertir en oro partes de metales baratos como plomo, plata y cobre. Aquel intento fracasó. En 1569 contrató a un alquimista procedente de Roma y tres años después solicitó la ayuda de Juan Fernández. Por la corte llegarían a pasar todo tipo de alquimistas, médicos y charlatanes procedentes de distintas partes de Europa. A finales de siglo, un rico alemán instruido en alquimia, Giraldo Paris, intentó lo que tantos otros habían querido, reuniendo a boticarios, lapidarios y otras gentes, sin lograr los resultados esperados. En marzo de 1604, después de la muerte del rey, Giraldo fue gravemente acusado, obligado a retractarse y acabó siendo recluido en un monasterio durante un año, donde recibió instrucción sobre la fe[131].

---

130 Puerto Sarmiento, F. J., op. cit., p. 75.
131 Muñoz Calvo, S. (1977). *Ciencia e Inquisición en la España Moderna* (pp. 44-57). Madrid. Editora Nacional.

Al margen de la explotación minera, la monarquía tuvo que esforzarse por mantener la primacía naval y el comercio. En 1566, Felipe II encargó a Pedro de Esquivel, catedrático en la Universidad de Alcalá, junto a varios colaboradores como el ingeniero y cartógrafo Pedro Juan de Lastanosa y Diego de Guevara, un trabajo en el que: «… pudiese hacer la descripción de España tan cierta y exquisita, como Su Majestad la deseaba»[132].

La muerte de Lastanosa y Guevara llevaron al rey a encomendar la finalización del trabajo a Juan de Herrera. Finalizado por el cosmógrafo Mayor López de Velasco en el siglo XVII, el mapa debía ser el primer escalón para alcanzar un conocimiento pormenorizado de los aspectos geográficos, políticos y administrativos del Imperio. En 1573 se publicó las *Relaciones topográficas de Indias* y solo un año después las *Relaciones topográficas de España*, completando así el encargo iniciado por Esquivel. En las mismas fechas se terminó la *Geografía y Descripción Universal de las Indias* del cosmógrafo y cronista del Consejo de Indias, Juan López de Velasco. El control absoluto se había comenzado a forjar con la creación en Sevilla de la *Casa de Contratación de las Indias Occidentales*, en 1503. Esta institución se encargaba de dirigir el tráfico comercial con América, además de la organización de las flotas, la recaudación de tributos, la preparación técnica de los marinos y la elaboración del llamado *Padrón real*.

Junto a la *Casa de Contratación*, el *Consejo Supremo y Real de Indias*, constituido en Madrid por el rey Fernando el Católico en 1524, tenía la misión de supervisar los aspectos legales, políticos y religiosos en ultramar. En 1577 se elaboró el cuestionario relativo a las *Relaciones que se han de hacer para la Descripción de las Indias, que Su Magestad manda hacer, para el Buen Gobierno y ennoblecimiento dellas*, cuyos resultados debían ayudar al monarca a conocer y «gobernar» los territorios al otro lado del Atlántico. El rey también solicitó a través de otra encuesta, las llamadas *Relaciones topográficas* para obtener información relevante sobre los pueblos peninsulares. Sin embargo, Felipe II no supo dar el tratamiento científico adecuado a toda la información recibida, desdeñando de esta forma un aspecto que podría haber influido en su devenir político[133].

Para afrontar tales desafíos se hizo necesario mejorar la cartografía, una ciencia que había comenzado en el Mediterráneo con los antiguos mapas portulanos a los que se fueron sumando los mallorquines e italianos. El precursor de la escuela cartográfica de Sevilla, Juan de la Cosa, fue el primero en crear un mapa sobre

---

132 Puerto Sarmiento, F. J., op. cit., p. 80.
133 Ibid, p. 84.

pergamino, en el que se podían ver Europa, África y América juntas. La anexión de Portugal en 1580 supuso la incorporación de la cartografía, entonces en poder de la *Casa de India* de Lisboa, en la que se guardaban las informaciones contenidas en la vieja escuela náutica creada por el infante don Enrique el Navegante. En estas circunstancias, no es de extrañar que se llegara a decir que solo el papa y Felipe II podían jactarse de ser los gobernantes mejor informados del mundo[134].

El continente americano apareció impreso por primera vez en el mapa *Contarini-Roselli* en 1506, mostrando partes del Nuevo Mundo. Un año después, Martin Waldseemüller publicó un mapamundi en 12 hojas en las que situaba un nuevo continente llamado América. Esta denominación suponía un homenaje a Americo Vespucci, quien había sido piloto mayor de la *Casa de Contratación*. A partir de ese momento surgirían los Atlas, mapas impresos en distintos volúmenes o particiones, ideados por los cartógrafos Abraham Ortelio y Gerhard Kremer, este último conocido también por su nombre latinizado, Gerardus Mercator. Los mapas, apreciados por su valor científico y decorativo, fueron ordenados por el rey para ser guardados en la biblioteca del Monasterio del Escorial, en Madrid.

La red de paralelos y meridianos, presentada por Ptolomeo y recuperada a partir del siglo xv, supuso un avance en la cartografía en relación con los portulanos medievales. Esta técnica, además de la relevancia de descubrimientos como la declinación magnética, anotada por Cristóbal Colón en su primer viaje, o la primera expedición de circunnavegación realizada por Fernando de Magallanes y Juan Sebastián Elcano, subrayaron conocimientos como la esfericidad terrestre o el geomagnetismo, tan importantes en el campo de la cartografía. Los avances tecnológicos dieron lugar a la realización de auténticas recopilaciones de tratados náuticos anteriores, siendo el más destacado el *Compendio de la arte de navegar*, publicado en Sevilla en 1581por el catedrático de la *Casa de Contratación*, Rodrigo Zamorano.

Finalmente, las observaciones realizadas en las expediciones americanas favorecieron el desarrollo de trabajos vinculados a la Historia Natural. Entre 1570 y 1577, los estudios de Francisco Hernández de Toledo, médico, ornitólogo y botánico español, despertaron un gran interés en Europa. Felipe II le encargó dirigir una expedición a América, respaldándolo con 60 000 ducados y otorgándole el título de *protomédico general de nuestras Indias, islas y tierra firme del mar Océano*. Partiendo en agosto de 1571, Hernández de Toledo desembarcó en febrero del año

---

134 Puerto Sarmiento, F. J. (2003). *La leyenda verde: naturaleza, sanidad y ciencia en la corte de Felipe II (1527-1598)* (p. 427). Salamanca. Junta de Castilla y León. Consejería de Educación y Cultura.

siguiente en Veracruz, recorriendo las tierras de Nueva España y recogiendo notas y observaciones que, desafortunadamente, hoy desconocemos. El viaje científico y multidisciplinar contó con la participación de geógrafos, pintores, botánicos y médicos indígenas, dejando muchos de sus hallazgos recogidos en láminas en los que se representaban plantas y animales del nuevo continente.

Hasta su regreso a España en 1577, Hernández recopiló una gran variedad de plantas medicinales, realizando también estudios arqueológicos. Su trabajo, sin embargo, se vio cuestionado por el rey, al ser acusado de gastar exageradamente e impidiéndole escribir un compendio del viaje para su posterior publicación. Los errores contraídos por la monarquía con la ciencia durante los siglos XVI y XVII se vieron, no obstante, compensados, con una política de contratación de todo tipo de investigadores y técnicos puestos al servicio del Estado y al de sus propios intereses. Esto permitió que el conocimiento científico se difundiera con relativa facilidad. En definitiva, los principales intereses de la Corona se centraron en los aspectos económicos, para lo que tuvo que crear una administración propia capaz de controlar la amplia red de comunicaciones más allá de la Península, llegando hasta las posesiones ganadas en América. De este modo, la monarquía española quedó convertida en el verdadero centro político, económico y administrativo de toda Europa. Un poder absoluto que lograría aglutinar los grandes proyectos intelectuales y científicos a ambos lados del Atlántico.

La piratería y el espionaje hasta la Edad Moderna

Ambición e interés. La piratería y el Estado

A lo largo de la historia, las zonas de mayor actividad relacionadas con la piratería fueron aquellas en las que el tráfico de personas y mercancías era elevado. El término *pirāta* o salteador, procedente del latín, es una transformación del griego *peiratē's*, «intentar con esfuerzo», mencionado por primera vez en los textos de Cicerón durante la República y con el que se hacía alusión al auge de navíos piratas que operaban en el Mediterráneo. Hasta prácticamente la época contemporánea, la piratería estuvo vinculada al mar y a los océanos, llegándose a acuñar otras expresiones como filibustero, bucanero o corsario para definir una práctica de saqueo organizado consistente en robar o secuestrar mercadería e incluso personas.

La piratería ha estado considerada durante siglos como una actividad aventurera y romántica, cuestión que, como tendremos oportunidad de comprobar, no se corresponde con la realidad, ya que la razón de la misma obedeció más a la necesidad y a las ambiciones de los Estados que al simple hecho de encontrar fama y fortuna. Esta práctica ha ido evolucionando debido a los acontecimientos históricos y a la tecnología, tratándose de un hecho con amplias vertientes económicas, políticas y comerciales. Aun desconociéndose la fecha exacta del inicio de la piratería, sí se han encontrado evidencias tan lejanas en el tiempo que llegan a varias decenas de miles de años, siendo los actos de pillaje ubicados en el mar los mejor documentados y datados hace aproximadamente 5 000 años.

Algunas de estas primeras referencias proceden del siglo v a. C., en la llamada *Costa de los piratas*, en el Golfo Pérsico. Los egipcios también consideraron a los Pueblos del Mar una especie de tribus piratas al haber soportado invasiones con el único propósito de efectuar saqueos. Actos de piratería que aparecen también en la mitología griega en personajes como Jasón, líder de los argonautas en busca del Vellocino de oro, e incluso en Ulises en su regreso a Ítaca. Por último, uno de los piratas griegos más célebres fue Polícrates de Samos, el cual, en el siglo VI a. C. saqueó parte de Asia Menor al frente de una flota compuesta por más de un centenar de barcos. A pesar de sus acciones de robo y secuestro, todos ellos fueron considerados héroes en su tiempo.

La piratería llegó a ocasionar verdaderos estragos en Roma durante el periodo de la República, motivando crisis de abastecimientos y de población en algunos lugares. Inicialmente, la actitud un tanto permisiva hacia estas actividades cambió cuando las consecuencias del saqueo comenzaron a afectar negativamente al comercio y a la supremacía marítima de Roma. En sus primeras etapas, la falta de mano de obra y, en consecuencia, la necesidad de personas para satisfacer los intereses de las clases más elevadas, permitieron la libre actuación de los piratas, ya que eran los mejores proveedores de esclavos en los mercados. En cambio, a partir del siglo II a. C., el poder de Roma se vio seriamente amenazado al sufrir constantes ataques en los suministros, especialmente de trigo, desapareciendo en el mar y provocando una perseverante inflación en el precio del pan[135].

A todo lo anterior se sumó la saturación de personas en el mercado de esclavos, sucediéndose un cambio respecto a la conducta delictiva relacionada con los saqueos y los secuestros por parte del poder romano. La piratería llegó a estar tan extendida por el Mediterráneo que afectó hasta al propio Julio César. Así, en el año 74 a. C., en el viaje de regreso a Rodas desde su estancia en Bitinia con el monarca Nicomedes IV, fue interceptado por piratas a la altura de la isla de Farmacusa, actual Farmakonisi sobre la costa oeste de Turquía. En su encuentro con los piratas, según cuenta Plutarco, Julio César pagó la cantidad de 50 talentos para poder liberar su galera de los secuestradores. Durante casi 40 días permaneció preso junto a varios de sus hombres, advirtiéndoles de que cuando fuese liberado les crucificaría o colgaría. Finalmente, con el dinero aportado por las ciudades aliadas de Roma, César fue liberado.

Estas situaciones provocaron la promulgación en el año 67 a. C. de la *lex de provinciis Praetoriis*, o *lex gabinia de Piratis persequendis*. Con el decreto romano, el Estado asumía el problema de la piratería utilizando todos los medios técnicos y humanos a su alcance. Se prepararon entonces tres expediciones para el seguimiento y supresión de todas las actividades de saqueo en el mar. Misiones que fracasaron al haberse centrado únicamente en ofensivas sobre las bases costeras desde donde partían las embarcaciones piratas. Además, el inicio de la Tercera

---

135 Castellano Rodríguez, E. V. (2022). *Historia de la piratería: regulación y estado en la criminología. Trabajo de Fin de Grado* (p. 2). Universidad a Distancia de Madrid. Disponible en: https://udimundus.udima.es/bitstream/handle/20.500.12226/1198/Historia%20de%20la%20pirater%C3%ADa%2C%20regulaci%C3%B3n%20y%20estado%20en%20la%20Criminolog%C3%ADa%20repositorio.pdf?sequence=1&isAllowed=y

Guerra Mitridática, entre el rey Mitrídates VI y la República, desplazó la actividad delictiva hacia las costas de la península itálica, dejando muchas ciudades diezmadas en recursos y población.

La *lex Gabinia*, propuesta en el año 67 a. C., por el tribuno Aulo Gabinio, puso lo mejor de Roma a disposición de Pompeyo Magno con el fin de acabar con los ataques piratas que amenazaban la supremacía y el poder romanos. Con el título de *procónsul de los mares*, Pompeyo recibió el mando de los ejércitos del Mediterráneo y del mar Negro, lo que le proporcionó más de 150 000 soldados y una de las flotas mejor equipadas de la historia, compuesta por unos 500 barcos, incluyendo trirremes y quinquerremes. La ofensiva emprendida por el procónsul pronto dio resultados al derrotar a Mitrídates y establecer la provincia de Siria. Sin opciones para los piratas, los ataques de estos disminuyeron considerablemente. A diferencia de Julio César, Pompeyo no aplicó penas capitales a sus prisioneros. En su lugar, los obligó a recuperar sus antiguas actividades relacionadas con el cultivo y la pesca en aquellos territorios que habían sido previamente despoblados como consecuencia de la piratería. Una vez más, la supremacía naval y militar aseguró la salvación de Roma de una posible decadencia. Sin puertos ni oportunidades para el saqueo, los piratas encontraron escasos medios para actuar.

En el mar Adriático, al sur de Dalmacia en la actual Croacia, los narentinos se destacaron por sus habilidades marítimas y su dedicación a la piratería. A mediados del siglo x, la frontera entre serbios y croatas vivió abundantes episodios de piratería, especialmente en la cuenca del río Cetina, en las regiones ocupadas por los neretljani. Años antes, al norte de Europa, algunos vikingos habían sido grandes expertos en organizar acciones para obtener tierras y bienes donde poder asentarse. Las expediciones vikingas solían estar organizadas en decenas e incluso centenares de barcos que atacaban conjuntamente las costas continentales de Europa, llegando a documentarse incursiones en Irlanda, las islas británicas o la península ibérica.

Uno de los ejemplos más representativos fue la primera expedición a las costas del norte peninsular en el año 840. Los vikingos lograron llegar hasta la actual Torre de Hércules, saqueando la pequeña población ubicada en sus proximidades. Ordoño I, rey de Asturias, ordenó a sus tropas dirigirse contra los invasores derrotándolos y hundiendo alrededor de 70 naves. Su victoria sirvió para recuperar una parte del botín y apresar a un buen número de vikingos. También existe constancia de la llegada de estos pueblos hasta al-Ándalus, concretamente a las costas de Cádiz, desde donde avanzaron para llegar a Sevilla por el río Guadalquivir, hostigando y ocupando la ciudad. Tras conocer el saqueo, Abderramán III, octavo y último emir independiente y primer califa omeya de Córdoba, salió al encuentro de los usurpadores, venciéndoles y provocando su huida.

Sabemos que numerosas embarcaciones vikingas estuvieron tripuladas y comandadas íntegramente por mujeres. El caso más interesante es el de Rusla, conocida como la «doncella roja». Hija del rey vikingo Rieg y hermana de Tesandus, su relato está recogido en la llamada *Gesta Danorum* y en algunos anales irlandeses del siglo x. A la muerte de su padre, Tesandus perdió el trono a manos del rey Omund de Dinamarca. Como venganza, Rusla organizó una flota para destruir todas las embarcaciones danesas que encontrara a su paso. Acompañada de su hermana Stikla, atacó barcos y ciudades de Islandia y Dinamarca, llegando hasta las costas británicas. En las narraciones de la crónica irlandesa *Cogad Gáedel re Gallaib*, se recoge el carácter sanguinario y la norma que la «doncella» tenía en relación con sus prisioneros, quienes solían ser ejecutados de inmediato. Rusla pasó a convertirse en una de las más conocidas guerreras nórdicas. La leyenda posterior diría de ella: «La *Doncella Roja* declaró la guerra a Dinamarca. Comenzó saqueando las costas danesas con su flota… *La Roja* tuvo que tomar la espada para defender sus derechos porque ningún varón lo podía hacer por ella»[136].

Durante la Edad Media, el derecho romano siguió vigente y aplicándose a los delitos del mar, produciéndose en algunos casos divergencias y modificaciones que terminarían dando un gran protagonismo a los piratas. Así, a finales del medievo surgirá la idea de facultar a particulares, otorgándoles la potestad de actuar en nombre de un monarca, incluso de un Estado. Este hecho se recoge en los textos redactados en las repúblicas de Venecia, Génova y Pisa, o en reinos como los de Aragón, Inglaterra y Francia. Los llamados «corsarios», del latín *cursus* o «carrera», adquirieron la condición de militares en virtud de un permiso expresamente concedido por el gobierno de un país. Poderes que quedaban recogidos en una carta o «marca» denominada *patente de corso*. De esta manera, la práctica del corso se distinguía de la piratería, ya que se realizaba dentro de un «marco legal» otorgado por un gobierno o una nación.

Esta práctica comenzó a normalizarse en los reinos hispanos con la ordenanza aragonesa de Pedro IV durante el siglo xiv. Hasta la Baja Edad Media, cualquier súbdito perteneciente a cualquier país podía acometer todo tipo de ataques sin necesidad de ser propietario de dicha *patente*. De hecho, una vez otorgada, el corso podía ser portador de la bandera del Estado que lo patrocinaba. Un ejemplo de todo ello fue el *Jutgamen de la Mar or Les Costumes de Oléron*, un texto normativo que parece que se aplicó en las costas atlánticas francesas durante los siglos xii al xvii, equiparando a «piratas» con personas que ostentaban la plena confianza de la Corona. En palabras de Sohmer: «Con enemistad religiosa y/o política —una

---

136 Vázquez Chamorro, G. (2004). *Mujeres piratas* (p. 80). Madrid. Algaba Ediciones.

justificación para el corsario– cuando indicaba que el saqueo de un naufragio, normalmente prohibido, podía permitirse en dos casos: "… si dicho barco ejercía el pillaje, o (si)… eran piratas, o ladrones de mar, o turcos, o enemigos de nuestra sagrada fe católica…"»[137].

Esta simbiosis entre piratería y Estado, vino a sustituir una buena parte de las flotas oficiales de los diferentes reinos, al ser muchas veces insuficientes y costosos los gastos que debían realizarse para ejercer un control íntegro de los territorios y del mar. En el caso de los corsarios castellanos y del reino de Aragón, las continuas disputas con los musulmanes, conllevaron a una inversión menor, ya que los cristianos consideraban estos conflictos, según el *Jutgamen*, como un acto en defensa de la fe. Esta actividad relacionada con la piratería también fue ejercida por los mercantes genoveses, venecianos y otras monarquías en guerra, extendiéndose a renegados, exiliados, militares y nobles que encontraron en el oficio de corso un modo de satisfacer su poder y fortuna.

> El poder de todos estos corsarios famosos era tanto que, muchas veces, los mercaderes se hacían librar salvaguardas por ellos, para tener la garantía de no ser atacados en sus viajes. No sabemos el costo de tales favores, pero la seguridad debía tener un precio. En 1395, cuando Álvaro Becerro, patrón de dos naves armadas castellanas, se encontraban ante el puerto de Mallorca esperando poder vender o rescatar el botín de tres naves genovesas, los amedrentados mercaderes toscanos, que tenían necesidad de viajar, le solicitaron salvoconducto y, con un documento de su propia mano, se sintieron seguros de no ser atacados. (Ferrer Mallol, 2006, p. 277)

En algunos casos, corsarios y piratas ejercieron de auténticos «valedores» para los países que mantenían conflictos con otros reinos o entre sí. Como es sabido, durante el siglo XIV, Dinamarca y Mecklemburgo, en el actual norte de Alemania, se disputaron el gobierno de Suecia. Controlado el territorio a excepción de Estocolmo, los corsarios mecklemburgueses consiguieron introducir alimentos y armas en la ciudad favoreciendo su resistencia. Esta situación se repetiría en otros casos como en los Países Bajos, Francia o Alemania, llegándose a formar sociedades y alianzas entre corsarios con el fin de ayudar a los gobiernos que los contrataban. Corsarios y piratas terminaron haciéndose auténticos profesionales de la guerra naval, por lo que debían reunir conocimientos de navegación. Los trabajos y misiones encomendadas exigían mantener una embarcación con las suficientes garantías

---

137 Ibid, p. 5.

y con las más altas prestaciones técnicas. Un barco bien armado con tripulación, provisiones y munición representaba un coste muy elevado.

La piratería alcanzó su apogeo durante la Edad Moderna, en gran parte debido a las transformaciones económicas, sociales y políticas ocasionadas por el descubrimiento de América y las riquezas halladas en el continente, así como por la imposibilidad de que otros países como Francia, Inglaterra o los Países Bajos pudieran participar del «botín». A estas circunstancias se sumó el creciente empuje musulmán en el Mediterráneo, lo que no evitó que la mayor actividad pasara al Atlántico, especialmente en las Antillas y el mar Caribe, lugares en los que operaban las principales potencias de la época y donde los piratas contaban con la posibilidad de encontrar refugio fácilmente.

Desde el siglo XIV, el Mediterráneo estuvo marcado por las continuas incursiones de piratas y corsarios berberiscos que atacaron sistemáticamente los barcos europeos, aprovechando el largo conflicto entre el cristianismo y el islam. Estos ataques a naves cristianas se consideraban parte de la Guerra Santa mantenida entre los contendientes. Los berberiscos, asentados principalmente en la costa noroccidental africana, llegaron a contar con importantes puertos y bases desde las que pudieron operar, destacando Tánger, Vélez de la Gomera, Sargel, así como otros tantos distribuidos entre Túnez y Argelia. Dicha disponibilidad permitió el asalto a cualquier objetivo del sur de Europa, retrocediendo con rapidez después de realizar sus incursiones.

En los primeros años del siglo XVI aparecieron algunos de los corsarios más conocidos de la historia. En el año 1510, Aruj Barbarroja recibió del rey tunecino el gobierno de la isla de Djerba, en el norte de África, desde la que mantuvo su actividad coordinando sus ataques y pillajes. A este corsario se le atribuye la toma de la ciudad de Mahón en 1535. Después de morir, su hermano Jeireddín asumió las mismas «funciones», adquiriendo renombre y fama hasta el punto de ser considerado un héroe. El abad Pierre de Brantôme llegaría a situarlo a la misma altura que los conquistadores griegos y romanos. Embarcados en galeras propulsadas por esclavos no musulmanes, las acciones berberiscas fueron en aumento llegando a ocupar algunas áreas de las costas de Mallorca e Ibiza, Almuñécar o Valencia, manteniéndose hasta prácticamente el reinado de Felipe II.

Como resultado, los monarcas españoles se vieron en la necesidad de desplegar una ofensiva sin precedentes en Europa. Estas acciones culminaron con la toma de Túnez en 1535 y de Argel en 1541 por parte del emperador Carlos, así como en el triunfo en Lepanto protagonizado por Juan de Austria. Carlos consideró estos acontecimientos como una firme traición por parte del rey Francisco I de

Francia, basándose en documentos que implicaban al rey francés con la piratería en el norte de África. A este respecto, se llegó a escribir lo siguiente: «Pues en Túnez Carlos V encontraría las pruebas de la alianza de Francisco I con Barbarroja: cartas del francés al que ya era el Almirante de la flota turca. Y eso le llevaría a cambiar el rumbo, a otra empresa distinta: la campaña de castigo contra el que había dado la espalda a la Cristiandad de forma tan ostensible»[138].

La llegada del siglo XVII supuso un auge de la piratería gracias a los avances tecnológicos en el diseño naval. Zymen Danseker, corsario neerlandés y John Ward, pirata de origen inglés, extendieron sus ataques a través del Atlántico Norte y el Caribe utilizando barcos conocidos por el nombre de Bertone en Inglaterra e Italia. Estos barcos tripulados por corsarios navegaron también por aguas del Mediterráneo, teniendo como bases los puertos de Túnez, Argelia o Trípoli. Las nuevas embarcaciones no tardaron en desplazar a las galeras, siendo utilizadas sobre todo por ingleses y berberiscos, estableciéndose en algunas ocasiones alianzas que permitían el uso de los mismos puertos y la colaboración para su avituallamiento.

Los Bertone tenían un diseño específico cuyas capacidades los hacían óptimos para el pillaje y el saqueo, alcanzando velocidades mayores a las de ningún otro barco de la época. Además, la navegación podía realizarse en cualquier momento del año, algo inviable con las antiguas galeras, adaptadas a mares interiores y a climas estivales. Tanto las velas como el aparejo permitían la travesía con los vientos característicos de las latitudes atlánticas. Las nuevas técnicas navales también influyeron en las formas de combate y asalto. Con el tiempo, la maniobrabilidad y la agilidad de los Bertone mejoraron hasta el punto de ser capaces de competir con los galeones. Los avances en su construcción consiguieron también aumentar la artillería. Los nuevos navíos podían portar una dotación de más de 30 cañones de hierro a bajo coste, instalados alrededor de la cubierta e incrementando así su potencia de fuego[139].

En estas circunstancias la piratería se intensificó, actuando sin descanso en las posesiones españolas del Nuevo Mundo, sobre todo en las regiones marítimas del trópico, zonas costeras del mar Caribe y de Centroamérica. El asalto y captura por parte de los corsarios y piratas a los galeones españoles se convirtió en una cuestión clave para debilitar el poder monárquico español. Conocedores de las rutas que los galeones cargados de oro y plata debían recorrer desde el sur de América hasta

138 González Zymla, H. y de Frutos Sastre, L. M. (2001). Archivo de la colección de pintura y escultura de la Real Academia de la Historia: catálogo e índices. En M. Fernández Álvarez (coord.) *El Imperio de Carlos V*. Real Academia de la Historia, Madrid, p. 228.
139 Cadiñanos, M. (febrero de 2023). Piratas: la edad dorada (siglos XVI-XVIII). *Revista de Divulgación Marítima*, 195, p. 12.

España, podían vigilar las flotas durante meses. Este tráfico de metales preciosos acuñados confluía en el puerto de La Habana para realizar el viaje anual a la metrópoli, después de repartir las mercancías en Veracruz y en los puertos caribeños. Cuando las cargas y las negociaciones terminaban, se iniciaba el regreso a Europa que debía realizarse antes del 10 de agosto para así evitar la época de huracanes. Los continuos ataques de corsarios hicieron que se habilitara otra ruta hacia Cádiz que transcurría desde El Callao y pasaba por Montevideo.

En Inglaterra se llegaron a levantar algunos monumentos dedicados a corsarios que, incluso, llegaron a ser condecorados. El más conocido de todos ellos fue sin ninguna duda Francis Drake, almirante y varias veces honrado por la reina Isabel I de Inglaterra en agradecimiento a sus servicios para la Corona. Su sobrino, John Hawkins, también fue reconocido por la realeza, siendo el artífice del famoso asalto a la ciudad de Veracruz en 1568. A Drake se le atribuye, además, el mayor botín capturado de la historia. Se cuenta que llegó a asaltar dos barcos españoles cargados de oro y plata, cuestión por la que la reina más tarde le nombraría caballero[140].

No solo estas mercancías fueron el mayor aprecio de los piratas. Tras un asalto, el rescate de la tripulación y de sus hombres suponía otra forma de conseguir ingresos. Conocemos que en Dover se llegaron a pagar hasta 100 libras en pública subasta por varios hidalgos españoles apresados. Surgió así un nuevo «affaire» consistente en el secuestro de personas para ser vendidas y esclavizadas. En este sentido, el mismo John Hawkins llegó a poblar el Caribe con millares de personas de raza negra capturadas en el continente africano.

Además del hurto a españoles y portugueses, la piratería fue vista por anglicanos, hugonotes y calvinistas como una forma más de combatir el catolicismo romano. Esta postura estaría más justificada por los corsarios, quienes «trabajaban» para otros reyes y reinas, ya que los piratas solían declararse apátridas. La piratería también acogió a exiliados y refugiados políticos. Muchos de los piratas que actuaron en el Atlántico durante los siglos XVII y XVIII llegaron desde Escocia y España. En el caso de Escocia, se trataba de personas que habían intervenido en la rebelión jacobita de 1715 a favor de Jacobo II Estuardo. En cuanto a España, tras la Guerra de Sucesión española, el gobierno de Jamaica contrató a muchos desertores que buscaban refugio en América y terminaron uniéndose a la piratería. Solo en periodos de paz, estas prácticas se vieron sumidas en una cierta recesión. Según las palabras de Manuel Lucena Salmoral: «La piratería descendía con las firmas de

---

140 Ibid, p. 13.

tratados de paz, que hacían menos necesarios a los buitres del mar. Así pasaban de los honrosos corsarios a ser filibusteros y finalmente a viles piratas…»[141].

La piratería y el corsarismo en América duraron alrededor de 200 años, iniciándose durante la primera guerra del emperador Carlos contra Francia en 1521, y terminando tras la firma del Tratado de Utrecht, en 1722. La realidad de este fenómeno debe entenderse en el contexto del absoluto dominio que la monarquía española ejercía sobre las posesiones en el Nuevo Mundo. Cuando otras naciones como Inglaterra, Francia, Holanda, incluso Suecia o Dinamarca fueron capaces de establecerse en el continente americano, las necesidades de acabar con el poder de los Habsburgo y de la Casa de Borbón comenzaron a desvanecerse. En este proceso, los avances técnicos fueron determinantes para el cambio hegemónico en Europa. Con la piratería se alcanzó un poder que algunos no hubieran podido lograr por medios políticos, económicos o técnicos. De este modo y casi sin ser conscientes de ello, los piratas contribuyeron al reparto de la riqueza y del propio desarrollo tecnológico, una situación que con el paso del tiempo volvería a repetirse.

Información y espionaje

Las primeras evidencias de espionaje se remontan al III milenio a. C., durante el reinado de Sargón I de Acad, quien fundó el Imperio acadio que llegó a extenderse desde el golfo Pérsico hasta el Mediterráneo. Consciente de la necesidad de mantener el poder más allá de sus territorios, el monarca se sirvió de observadores para que fuera informado de las peculiaridades y condiciones de las tierras que planeaba conquistar. El hallazgo de una tablilla escrita en caracteres cuneiformes y datada hacia el año 2210 a. C., demuestra que Sargón utilizó a mercaderes a modo de informadores para conocer las regiones que quería dominar. Esto le permitió organizar adecuadamente a sus ejércitos antes de emprender los ataques.

La mitología sumeria también detalla aspectos relacionados con la vigilancia y el espionaje. En el poema épico de *Ninurta*, escrito alrededor del año 2200 a. C., se describe a Nin-Ur, *Señor de la Tierra*, como un dios guerrero que, sirviéndose de su maza Sharur transformada en un león alado, podía recabar información de sus enemigos para ser utilizada contra ellos. En 1930, un grupo de arqueólogos franceses encontraron en la ciudad siria de Mari, en la actualidad Tell Hariri, un número importante de tablillas escritas en acadio en las que se describían importantes informes sobre asentamientos, tropas, etc., mencionándose por primera vez

---

141 Ibid.

un cuerpo de soldados dedicados a la exploración o *skabum*, lo que indicaría la formación de una élite de espías militares[142].

Este contingente de espías podía rastrear campamentos durante los asedios, descubriendo planes que podían ser transmitidos al rey. Los informadores al servicio de Hammurabi, rey de Babilonia, llegaron a infiltrarse en el ejército de Zimri-Lim arruinando los planes de sus comandantes. Las continuas intrigas babilónicas llevaron al establecimiento de embajadores en las cortes rivales, quienes también cumplían la función de espías. Entre los primeros registros históricos de este tipo de actividad se encuentran los nombres de Ibalpiel e Ibalel, enviados por Zimri-Lim al palacio de Hammurabi para obtener información sobre los planes militares de este[143].

La necesidad de obtener información sobre territorios desconocidos también aparece reflejada en la Biblia, encontrando diversos los relatos que muestran esta actitud por parte de los reyes y grandes señores. Con estos fines, Moisés ordenó que enviaran a un príncipe de cada una de las 12 tribus para rastrear las tierras de Canaán. Esta acción refleja el interés por conocer aspectos como las ciudades, sus murallas, las puertas de acceso, la fertilidad del terreno, la vegetación, y la población, entre otros detalles. Su sucesor, Josué, también empleó a dos hombres de su confianza antes de llegar a Jericó con la idea de explorar todo el país palmo a palmo. Descubiertos por el rey y escondidos en una casa cananea, los espías finalmente lograron escapar.

En el Antiguo Testamento también está detallado el primer caso de espionaje de una mujer. La historia de Dalila quedó recogida en el capítulo 16 de *Jueces* y está datada hacia el siglo XI a. C. Temiendo la fuerza de Sansón, los filisteos persuadieron a Dalila para acabar con él a cambio de dinero. Logrado el propósito, el prisionero fue llevado a Gaza donde sería encarcelado y torturado. Otro ejemplo lo encontramos en el llamado *Libro de Judit*, en el que se relata la historia de una viuda hebrea durante la guerra de Israel contra el ejército asirio enviado por Nabucodonosor. Para terminar con el asedio a la ciudad de Betulia por parte de Holofernes, Judit acudió a este con información falsa para hacerle creer el modo de adentrarse en la misma. Acogida por el general asirio, la mujer le hizo beber hasta caer ebrio, cortándole después la cabeza. Al descubrir el cuerpo decapitado de su general, los asirios huyeron y levantaron el asedio a la ciudad de Betulia.

---

142 Klíma, J. (2007). *Sociedad y cultura en la antigua Mesopotamia* (pp. 264-265). Madrid. Akal.
143 Herrera Hermosilla, J. C. (2012). *Breve historia del espionaje* (pp. 9-10). Madrid. Ediciones Nowtilus, S. L.

En la historiografía griega también encontramos diversos ejemplos. Heródoto, en una de sus narraciones relativas a Demarato, un exiliado griego del siglo v a. C., describe como este, sintiendo aún un cierto patriotismo hacia Grecia, decidió advertir a sus compatriotas de los planes del rey Jerjes. Con el ánimo de no ser descubierto, Demarato utilizó un cuaderno compuesto por dos tablillas apartando la cera que las recubría. Sobre la madera grabó los planes con los que el rey pretendía atacar a los espartanos, cubriéndolos después con cera para que el mensajero quedara fuera de las sospechas de los guardias. Cuando el correo llegó a Lacedemonia, la capital espartana, Gorgo, esposa de Leónidas, sugirió raspar la cera que cubría las tablillas. Después de leer el mensaje, la información fue enviada a los ejércitos griegos, evitando así el triunfo de Jerjes. De acuerdo con algunos historiadores, Demarato fue condenado a muerte por haber advertido a las ciudades griegas de los planes de invasión persa.

Por su parte, Roma siempre presumió de ganar las batallas por la singular fuerza de sus legiones, aunque historiadores como Sexto Julio Frontino o Tito Livio cuestionaron en su día tales afirmaciones. Durante las guerras contra los etruscos alrededor del año 300 a. C., el cónsul Quinto Fabio Máximo ordenó a su hermano Fabio Ceso que se adentrara en el bosque Ciminio disfrazado de campesino para reconocer el terreno y lograr la alianza de los umbros contra los etruscos. En el transcurso de la Segunda Guerra Púnica, el general cartaginés Aníbal situó espías en los campamentos romanos, llegando a hacerlo en la misma ciudad de Roma. Su habilidad le permitió falsificar documentos, así como enviar comunicaciones secretas, llevando a su enemigo, el general Escipión, a utilizar las mismas estrategias para poder superar el ingenio del cartaginés[144].

Bajo el reinado de Domiciano, durante el siglo i d. C., se creó una red de inteligencia formada por los llamados sargentos de suministro o *frumentarri*, cuya función estuvo destinada a servir como policía secreta y correo. La disolución de estos por Diocleciano derivó en la formación de los agentes generales o *agentes in rebus*, dedicados a cubrir una serie de actividades vinculadas también con la inteligencia y la información. El imperio de Constancio, entre los años 337 y 361, vio crecer el espionaje debido a su temor a sufrir un complot, para lo cual aumentó el número de agentes llegando a disponer de más de 1 000 hombres.

Tras el hundimiento del Imperio romano, la Edad Media, con su heterogeneidad de reinos europeos y los continuos enfrentamientos entre ellos, hizo imprescindible la existencia de personas dedicadas a pasar información. Tanto los

---

144 Ibid, pp. 21-22.

secretos políticos como las ventajas estratégicas proporcionadas por los recursos económicos comenzaron a ser vigilados por los estados competidores. Los espías y agentes medievales tuvieron que servirse del ingenio acudiendo a técnicas tan diversas como el cifrado, los mensajes secretos o el camuflaje. En definitiva, el espionaje se convirtió en una herramienta decisiva para los reyes y nobles que trataron de conservar el poder y la influencia en una Europa marcada por la incertidumbre y los conflictos.

El medievo europeo contribuyó a la evolución del espionaje gracias a la aparición del islam y al establecimiento de la Santa Inquisición por parte de la Iglesia católica. La muerte en el año 976 de Al Hakam en Córdoba, supuso el ascenso de Almanzor al ser nombrado visir y protector de Hisham II, hijo menor del califa fallecido. Rodeado de un ejército de esclavos y bereberes, Almanzor logró imponerse a los sublevados contra el heredero al trono, consiguiendo importantes victorias militares y adquiriendo en la práctica el califato cordobés. Frente al ascenso desmedido de su protector, Hisham, instigado por su madre, decidió tomar el poder que legítimamente le correspondía. Informado por sus espías sobre las intenciones de ambos para usurpar su trono, decidió presentar a Hisham II como el verdadero sucesor de Al Hakam ante sus súbditos. Con dicha acción, Almanzor pudo recuperar su influencia y ser reconocido como el único responsable de la política dentro del califato.

La verdadera innovación en el espionaje medieval se produjo en todo lo relativo a las comunicaciones, especialmente en el ámbito del criptoanálisis, que permitía el cifrado y transcripción de mensajes sin necesidad de conocer la clave. La influencia islámica fue decisiva para desarrollar estas técnicas, sobre todo si tenemos en cuenta el nivel alcanzando por la cultura árabe en matemáticas y lingüística durante este periodo. Los métodos criptográficos concebidos por los árabes no solo se basaron en el amplio conocimiento de las ciencias, sino también en su afán por comprender las revelaciones transmitidas por su profeta Mahoma. Este interés propició un vasto desarrollo de la erudición religiosa gracias a la fundación de escuelas de teología en las que se estudiaban con meticulosidad los textos, tal y como habían sido escritos en el Corán.

Los teólogos musulmanes llegaron a realizar continuos recuentos de las palabras contenidas en cada revelación con el ánimo de establecer una perfecta cronología de estas. Para demostrar que cada afirmación era efectivamente atribuible al profeta, estudiaron la etimología de las palabras, así como la estructura de las frases con la idea de comprobar si se correspondían con los patrones lingüísticos utilizados por el mismo. Se analizaron las letras individuales, las más frecuentes y las que mostraban menos reiteraciones. Este trabajo terminó propiciando la esencia de lo que más tarde sería el criptoanálisis. Entre los eruditos del tema destacó Abu Yusuf al-Kindi, quien en el siglo IX escribió un famoso tratado titulado *Sobre el desciframiento de mensajes criptográficos*. La técnica de al-Kindi, conocida como *análisis de frecuencia*, reconoce que no es necesaria la revisión de todas y cada una de las miles o millones de claves que pudieran existir. En su lugar, el contenido del mensaje cifrado podía revelarse mediante el análisis de la frecuencia de los caracteres presentes en el texto cifrado.

> Una manera de resolver un mensaje cifrado, si sabemos en qué lengua está escrito, es encontrar un texto llano diferente escrito en la misma lengua y que sea lo suficientemente largo para llenar alrededor de una hoja y luego contar cuántas veces aparece cada letra. A la letra que aparece con más frecuencia la llamamos «primera», a la siguiente en frecuencia la llamamos «segunda», a la siguiente «tercera», y así sucesivamente, hasta que hayamos cubierto todas las letras que aparecen en la muestra de texto llano. Luego observamos el texto cifrado que queremos resolver y clasificamos sus símbolos de la misma manera. Encontramos el símbolo que aparece con más frecuencia y lo sustituimos con la forma de la letra «primera» de la muestra de texto llano, el siguiente símbolo más corriente lo sustituimos por la forma de la letra «segunda», y el siguiente en frecuencia lo cambiamos por la forma de la letra «tercera», y así sucesivamente, hasta que hayamos cubierto todos los símbolos del criptograma que queremos resolver. (Arboledas, 2017, p. 32)

Por su parte, la Iglesia fue la primera en crear una verdadera red de espionaje a través de la Inquisición. En 1184, mediante el decreto *Ad abolendam*, puesto en marcha por el papa Luciano III, la cristiandad trató de establecer una férrea defensa frente a las herejías que comenzaban a surgir por toda Europa. No fue hasta 1478 cuando Sixto IV, gracias a la publicación de la bula *Exigit sinceras devotionis affectus*, puso en marcha el Santo Oficio en Castilla. Con ello, la Iglesia pronto adquirió una infraestructura de comunicaciones formada por monasterios y catedrales donde los clérigos podían actuar como portadores de información secreta. Por su parte, los altos cargos eclesiásticos comenzaron a desempeñar funciones claves como embajadores y mediadores en asuntos políticos y diplomáticos, convirtiéndolos en personas decisivas para el Estado.

Hacia finales del siglo XIV, las monarquías de Portugal y Castilla establecieron un nuevo cargo destinado a servir de intermediario entre las diferentes administraciones locales y el gobierno: el corregidor. Este cargo adquirió un papel político relevante, incluyendo funciones de espionaje, especialmente al realizar informes sobre la actitud de los nobles hacia la autoridad real. Entre el amplio cortejo de espías durante la Edad Media, los emisarios oficiales también realizaron tareas relacionadas con la información y la acusación. Destinados a regiones conflictivas o países enemigos, los «heraldos» podían ser simples mensajeros o personas pertenecientes a la nobleza. Sin embargo, no fue hasta 1264 cuando los venecianos definieron por primera vez con este término de *spia* a los alemanes que reconocían el territorio recabando información. El escritor italiano del siglo XVI, Tomaso Garzoni llegaría a definirlos de la siguiente manera: «El nombre de espía significa particularmente esa clase de personas que van secretamente alrededor de los ejércitos, dentro de las ciudades, explorando los hechos de los enemigos, para informar a los suyos, y aunque el oficio es infame, y por eso tales personas son encontradas ahorcadas por la garganta, con todo ello son necesarios»[145].

Desde sus inicios, los embajadores fueron vistos como espías potenciales. Una de las pruebas más evidentes fue el encarcelamiento de todos los embajadores franceses ordenado por Enrique V de Inglaterra a comienzos del siglo XV. En las guerras se hizo habitual el empleo de informadores para lo que las monarquías y gobiernos establecieron importantes partidas de dinero. Sabemos que, durante la guerra de los Cien Años, el capitán Frank de Hale llegó a contar con un presupuesto de 50 marcos para la difusión de rumores falsos y algo más de 100 libras para el pago de «... diversos mensajes y otros espías... para espiar y saber la voluntad y los hechos de los enemigos de Francia»[146].

Aunque no se considere un avance tecnológico, el espionaje fue una invención que sirvió de estímulo y, en ocasiones, como apoyo del poder hegemónico de muchos estados europeos durante la Edad Media y Moderna. Entre estos últimos, las monarquías de los Reyes Católicos y de los Habsburgo crearon un amplio entramado de servicios de información, integrada en el propio sistema de gobierno, repartido por las principales ciudades europeas y alrededor del mundo berberisco. Todas sus acciones se justificaban con base en el concepto de «razón de Estado», que postulaba el uso de cualquier medida, ilegal o ilegítima, para mantener una firme superioridad sobre los enemigos. Un ejemplo más de todo ello quedó reflejado en una carta de Juan Velázquez de Velasco, jefe de los servicios secretos del rey Felipe III, fechada el 28 de enero de 1599, en la que solicita al monarca reunir en su persona toda la información que estaba siendo obtenida por los espías del reino.

---

145 Traducción del original de: Preto, P. (2010). *I servizi segreti di Venezia. Spionaggio e controspionaggio ai tempi della Serenissima* (p. 41). Milano. Il Saggiatore.
146 Juárez Valero, E. (1 de agosto de 2023). Espías y agentes dobles: profesiones con origen en la Edad Media. *National Geographic*. Artículo en: https://historia.nationalgeographic.com.es/a/espias-y-agentes-dobles-durante-edad-media_19947

En otro documento del siglo xv, atribuido a un agente italiano y dirigido a la Embajada de España en Venecia, se advierte de las características que, en lo sucesivo, deberán tener las cartas confidenciales escritas con tinta invisible. En cuanto al proceso de escritura, la carta indicaba que debía utilizarse una disolución de *vitrolo romano* o sulfato de cobre pulverizado en agua. Posteriormente podía escribirse sobre el papel cualquier otro texto no secreto con otra solución de carbono de sauce con agua. Una vez en su destino, el papel debía lavarse con una disolución de galla de Istria pulverizada en agua. La escritura invisible siguió utilizándose y así aparece reflejado en un manual de escritura a mediados del siglo xix, en la que se explicaba la forma adecuada de realizarlo: «Póngase en un vaso de agua una onza de sal amoniacal, y después disuelta escríbase lo que se quiera y déjese secar: para hacer aparecer lo escrito acérquese el papel al fuego, y á poco rato se verán las letras claramente, aunque de un color pardo»[147].

La obtención de información condujo al desarrollo de numerosas técnicas con el fin de lograr los objetivos deseados. Se llegaron a realizar documentos con escritura «microscópica», cifrados, etc., e incluso mapas y cartas codificadas con instrucciones para detener a algún traidor. En 1530, el embajador español en Venecia envió una carta parcialmente cifrada al emperador Carlos, detallando los movimientos de un tal Antonio Rincón para acometer su detención. Rincón habría apoyado la causa comunera en Castilla, poniéndose al servicio del rey francés Francisco I. Conocemos los procedimientos del supuesto traidor gracias a la obra del sacerdote y filósofo del siglo xvi, Juan Ginés de Sepúlveda. En su *Historia de Carlos V*, relata que era costumbre en cada viaje desde Estambul a Francia pasar por Venecia, donde era recibido por un capitán francés con el fin de lograr protección y pasar la información reservada.

El espionaje dirigido a expoliar las innovaciones tecnológicas, ya fueran en el campo de la ingeniería, la industria o la fabricación de armas, también se produjo con cierta frecuencia entre los gobiernos de las distintas monarquías y naciones. A finales del siglo xv y comienzos del siglo xvi tuvo lugar una revolución tecnológica en los sistemas de fortificación, así como en los sistemas de mina y contramina que, junto a la nueva artillería, proporcionando una clara superioridad militar a las tropas españolas. El diseño de las nuevas fortificaciones y de cañones dio al espionaje de la época un protagonismo fundamental, encarnado en la persona del rey Fernando el Católico. Teniendo en cuenta la superioridad de la artillería francesa, en 1495 el gobierno de Castilla ordenó fundir y construir cientos de

---

147 Ponz, C. (1866). *Programa de la teoría de la escritura* (p. 156). Tarragona. Imprenta y librería José Antonio Nel-lo.

piezas en bronce, más evolucionadas técnicamente que las bombardas empleadas hasta entonces. En un documento conservado en la Real Academia de Historia, fechado en Tours hacia 1488, se podía leer:

> En la casa donde esta el artillería en la cibda de Turs estan los tiros que siguen los quales son todos de fuslera que no ay ninguno de yerro. […] Ay mas 24 tiros que se llaman cañones que tiran desde encima de los carretones asi como estan encabalgados y tienen de luego 10 palmos y en la boda un palmo y dos de dos y tira de piedra de yerro de 80 libras y llena de polvora cada uno 25 ó 30 libras y pasa de muro 15 ó 18 pies y puede tirar cada dias 24 ó 28 tiros y pesa cada uno 30 quintales. Estan otros 12 cañones que tiran piedras que son así de luengos como los dichos y pesa cada piedra 60 libras de piedra llena de polvora cerca de 25 ó 30 libras y pasa de muro 12 pies y tira asi mismo sobre los carros y pesa cada uno cerca de 25 quintales. […] Asta mas 41 culebrinas las unas mas gordas que las otras. Las mayores tienen 17 palmos y en la boca hasta un durasno grueso y otras tienen 12 palmos y otros 10 palmos y medio. […] Todos esos tiros estan en sus carros y puesto todo su aparejo que no tiene que hacer sino traer los cavallos y andar con ellos y tiene su provision de polvora y piedras de yerro y de plomo y de piedras asaz para que pueda bien desbastar. (Cobos Guerra, 2018, pp. 14-15)

La importancia de esta información se hace evidente en las detalladas descripciones sobre el diseño de las nuevas fortificaciones y la fabricación de armamento. Estos informes no se limitan a simples observaciones, sino que incluyen datos precisos como el peso, alcance y potencia de las cargas, que solo podrían ser conocidos por un artillero destinado en el mismo lugar de fabricación y almacenamiento. En un estudio realizado a fondo sobre el propio documento, el arquitecto Fernando Cobos deduce que esa información pudo ser obtenida por un francés «… y su móvil el dinero, aunque bien pudo ser bretón opuesto a la ocupación francesa y sus motivos serían otros»[148].

En 1508, el rey Don Manuel de Portugal mandó al pintor Duarte de Armas la realización de los planos de todas las fortificaciones construidas en la frontera con el reino de Castilla, un manuscrito que en la actualidad se conserva en el archivo de Lisboa. Lo curioso de todo ello es que también existe una copia en la Biblioteca Nacional de Madrid, en la que no se reflejan los mismos

---

148 Cobos Guerra, F. (2018). Espías, traidores y renegados. Fortificación y espionaje en los siglos XV y XVI. En A. Cámara Muñoz y B. Revuelta Pol (coord.). *El ingeniero espía* (p. 15). Madrid. Fundación Juanelo Turriano.

detalles y no figuran las plantas de dichas construcciones, sino que se transcriben datos de obras todavía en preparación, elementos ineficaces o inoperantes, lo que demuestra ser un informe destinado a proporcionar apuntes para un asalto u ofensiva posterior. No obstante, en los dibujos españoles se omitieron deliberadamente algunas defensas como barreras o troneras que sí se especifican en los planos portugueses, lo que podría interpretarse como una requisa intencionada o que la versión lusa representara proyectos que nunca llegaron a realizarse. Si así fuera, Duarte de Armas pudo espiar al servicio de la monarquía castellana, vendiendo la información solicitada por el rey portugués. De haber sido un doble agente, también podría haber pasado datos incorrectos con el consentimiento de este último a su homónimo en Castilla[149].

La adquisición de secretos industriales quedó también patente durante el tiempo en el que Inglaterra y la monarquía española rivalizaron por ser las puntas de lanza en Europa. En 1603, Pedro Zubiaurre, militar al servicio de Felipe II, inició el proyecto de un artefacto para bombear agua en el río Pisuerga, una idea que, sin embargo, había comenzado muy lejos de Valladolid. Zubiaurre tomó parte en diversas expediciones marítimas a Flandes, luchando contra los franceses e ingleses y realizando algunas misiones para el duque de Alba. Entre los años 1572 a 1580, el rey de España le ordenó volver a la corte inglesa, poniéndose en contacto con el embajador Bernardino de Mendoza y trazando un plan con el que recuperar los dos millones de ducados saqueados por el pirata Drake. Un proyecto que terminaría fracasando.

A pesar de todo ello, en 1584, trazó un plan para ocupar Fregelinga, en los Países Bajos. La compra de dos naves para llevar a cabo la operación y las sospechas de la corte inglesa acerca de posibles artimañas del militar español, llevaron a Zubiaurre a ser detenido, torturado y encerrado en la Torre de Londres por orden de Isabel I. Durante los dos años en los que estuvo cautivo, observó el funcionamiento y la construcción de una bomba que elevaba el agua desde el río Támesis, obra del ingeniero alemán Peter Morice, realizando dibujos y anotando cada detalle hasta su liberación. De regreso a España, Zubiaurre confeccionó un modelo similar que pudiera ser mostrado al rey en la corte de Valladolid. Finalmente, el proyecto se puso en marcha realizando una copia del proyecto londinense, gastando más de 6 000 ducados y logrando llevar el agua hasta las tierras del duque de Lerma[150].

---

149 Ibid, pp. 20-21.
150 García Tapia, N. (1984). El ingenio de Zubiaurre para elevar el agua del río Pisuerga a la huerta y palacio del Duque de Lerma. *Boletín del Seminario de Estudios de Arte y Arqueología*, 50, 303-304.

En época de los Borbones el espionaje se perfeccionó hasta el extremo de emplear científicos sobradamente preparados en los distintos campos científicos. En este sentido destaca la figura del marino e ingeniero naval alicantino Jorge Juan y Santacilia, quien, fingiendo una visita de carácter científico, terminaría apropiándose de información secreta sobre la construcción de navíos ingleses. A él se le atribuye la medición de la longitud del meridiano terrestre, junto a Antonio de Ulloa, durante una misión geodésica hispanofrancesa en regiones ecuatoriales, demostrando de esta forma el achatamiento de la Tierra en los polos. Su hallazgo, publicado en las *Observaciones astronómicas y físicas hechas en los reinos del Perú*, se encontró con el rechazo inquisitorial al mostrar como válida la teoría heliocéntrica, obra que vería finalmente la luz gracias a la ayuda del marqués de la Ensenada y a la aceptación de que la formulación copernicana era solo una hipótesis. El reconocimiento internacional de Jorge Juan llegó hasta la Royal Society de Londres, siendo invitado para exponer sus ideas a la comunidad científica inglesa.

Al margen de su labor científica, fueron sus actividades relacionadas con el espionaje las que proporcionaron una acentuada reforma del modelo naval en España. En este sentido, Zenón de Somodevilla y Bengoechea, primer Marqués de la Ensenada fue decisivo para convencer a Jorge Juan de la necesidad de modernizar la flota española. Consejero de Estado durante los reinados de Felipe V, Fernando VI y Carlos III, Ensenada siempre se mostró partidario del acercamiento a Francia, sosteniendo que Gran Bretaña era uno de los principales ejes sobre los que debía girar la política española. En tiempos de Fernando VI, el refuerzo de la Armada Real se hizo imprescindible, ya que el número de barcos de guerra británicos multiplicaba por seis el de la escuadra española.

En el plan de rearme se entrecruzaron los intereses de Jorge Juan y Ensenada, siendo este quien terminó proponiendo labores de espionaje aprovechando una visita a Londres del primero. El ministro español ya disponía de una avanzada red de informadores en Europa, por lo que pensó que era el momento para hacerse con uno de los secretos de Estado más importantes en esos momentos. La misión era compleja al necesitar encontrar la tecnología utilizada en los astilleros ingleses, necesaria para construir barcos que sustituyeran a los galeones que operaban desde hacía ya bastante tiempo. Ensenada quería conocer todo lo concerniente a las técnicas y métodos para confeccionar cabos, cuerdas, etc., junto a todo aquello que pudiera mejorar los aparejos de los buques. Para ello pensaba reclutar una legión de personal cualificado como carpinteros, expertos en velamen, etc., lo que suponía una verdadera operación de espionaje industrial con la que estimular la capacidad y el poder militar.

Con el apoyo del general y diplomático Fernando de Silva y Álvarez de Toledo, Jorge Juan recibió instrucciones concretas y un código de cifrado distinto al utilizado en la embajada de Londres, entonces controlada por Ricardo Wall. Las claves fueron cambiadas a propósito con la pretensión de mantener la misión lejos de la diplomacia y actuar con total libertad. Junto al marino e ingeniero, otros dos hombres, José Solano y Pedro de Mora, seleccionados por sus conocimientos de náutica y de inglés, cerraban el reducido grupo de informadores españoles. Para todos ellos, el cometido obligó a tener que asumir diferentes personalidades y empleos. En el caso de Jorge Juan, este disponía del uniforme de capitán de navío, pudiendo igualmente adecuarse al atuendo de un científico cuando asistía a las reuniones de la Royal Society o a Greenwich. Así, todo se transformaba cuando debía realizar tareas de espionaje para el gobierno español: «Cuando actuaba como espía tenía que olvidarse del uniforme y las galas. Su vestimenta era la propia de un comerciante... se transformaba en un sujeto muy diferente y paseaba por los muelles o frecuentaba las tabernas de las riberas del Támesis. Tomaba notas o hacía dibujos de los buques que observaba, escrutándolo todo para facilitar información al marqués de la Ensenada»[151].

Jorge Juan dedicó mucho tiempo a deambular por los arsenales, provocándole distintos trastornos y enfermedades debido a la humedad e infecciones del Támesis. No por ello dejó de tomar notas y dibujos transformándose en un comerciante de vinos o en un librero, con distintos nombres, según la ocasión. Un sacerdote católico, el padre Lynch, fue el encargado de suministrarle los nombres de los expertos que pretendía embaucar para llevarlos a España. Todos fueron conscientes de que la operación podía acarrear serios problemas al estar considerada una acción de alta traición, cuya pena mayor era la de muerte. No obstante, los tres espías consiguieron convencer a más de medio centenar de expertos en náutica, los cuales habían pertenecido a grupos de escoceses jacobitas, partidarios de los Estuardo, además de católicos irlandeses. Todos con un estatus de ciudadanos que distaba del obtenido por ingleses y anglicanos.

Desde su llegada a Inglaterra el 1 de marzo de 1748, la presencia de Jorge Juan y de sus correligionarios se prolongó durante 15 meses, siendo descubiertos y perseguidos por el duque de Bedford. Solo el padre Lynch fue arrestado, escapando Mora y Solano. Jorge Juan continuó burlando a sus perseguidores, teniendo tiempo todavía para recoger información del plan previsto por Inglaterra para atacar Chile,

---

151 Calvo Poyato, J. (17 de marzo de 2021). Jorge Juan, un James Bond en contra de su Graciosa Majestad. *La Vanguardia*. Artículo completo en: https://www.lavanguardia.com/historiayvida/edad-moderna/20210317/6375444/jorge-juan-espia-inglaterra.html

así como para sustraer instrumental náutico avanzado. La misión acabó siendo un éxito tras conseguir abandonar Londres a bordo del buque Santa Ana disfrazado de marinero y escondido entre lonas. El camino desde París hasta Madrid resultó despejado, lo que desconcertó a la inteligencia británica y dando por perdidos a varios de los ingenieros y maestros navales más destacados.

A partir de entonces, desde la embajada en Madrid, se intensificó la persecución contra Ensenada. Además del propio embajador, Benjamin Keene, otros enemigos del marqués como el duque de Huéscar o Ricardo Wall, diplomático y militar de origen irlandés, se prestaron a denunciar al ministro por ser el impulsor del plan que debía atacar por sorpresa los puertos ingleses de Belice desde La Habana. Los documentos fueron entregados a Fernando VI por la propia embajada británica en Madrid, en los que se demostraba la existencia de una flota de más de 40 naves lista para la operación. Finalmente, el marqués de la Ensenada fue detenido, juzgado y desterrado a Granada y todos sus colaboradores fueron cayendo poco después. Sin embargo, aquel proceso nunca pudo borrar el éxito del marino, científico y espía español logrado unos años antes.

LA REVOLUCIÓN INDUSTRIAL

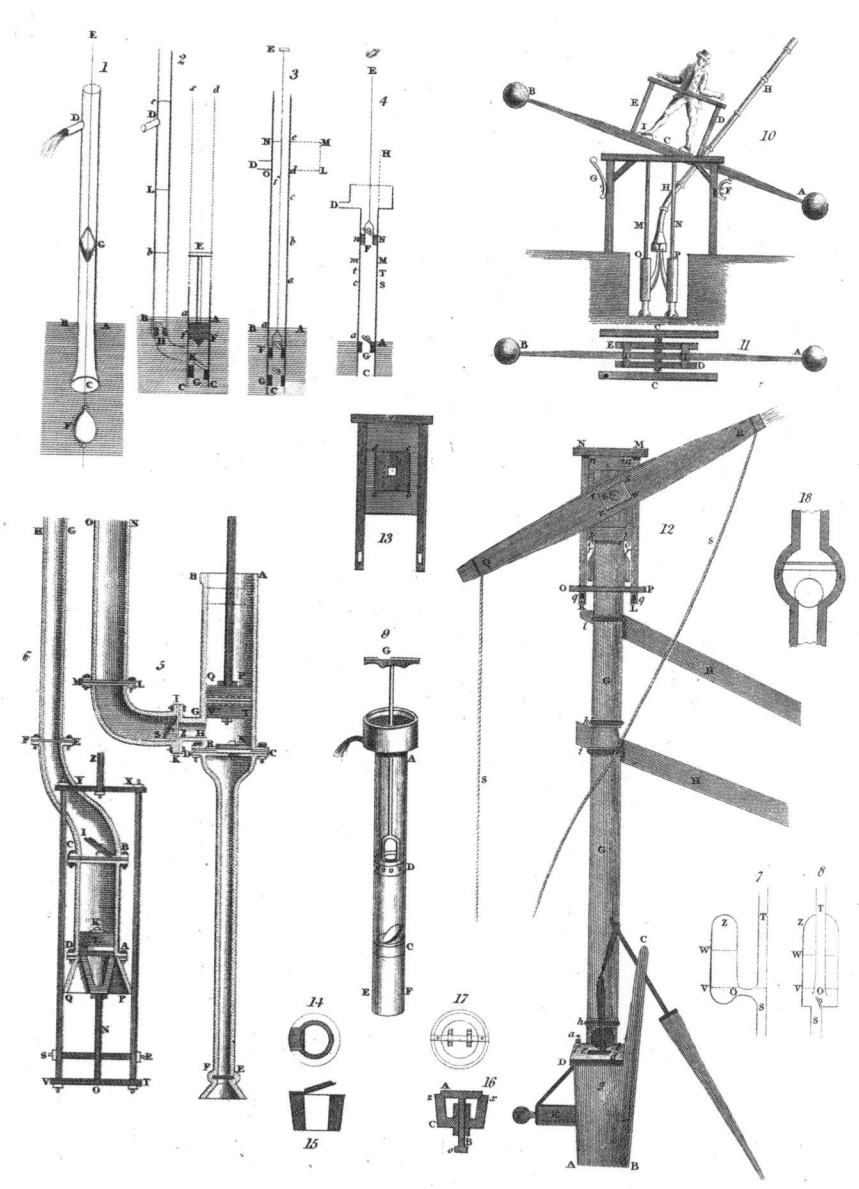

La Primera
Revolución Industrial

Inglaterra y la máquina de vapor

Desde la segunda mitad del siglo XVIII y hasta los primeros años del siglo XIX, la llamada revolución liberal-burguesa y la desaparición del Antiguo Régimen marcaron un nuevo tiempo en la historia. Una transformación social y económica que tendría en Inglaterra su origen y principal protagonista. La Revolución Industrial no puede entenderse como un cambio drástico y temporal, sino más bien como el resultado de un proceso prolongado lleno de tensiones y conflictos entre naciones que se consolidó con el tiempo y terminó afectando a la práctica totalidad de los diversos aspectos de la vida. Hacia 1800, la producción agrícola e industrial se había multiplicado en algunos países de Europa, aumentando la renta per cápita y disminuyendo los tiempos de producción como nunca antes. Ciencia y tecnología pasaron de esta forma a transformar las instituciones, produciéndose un impulso progresivo y una reactivación en la sociedad y en la política que conducirían a un cambio de consecuencias muy significativas. El filósofo Jürgen Habermas (1986), lo llegaría a concretar en los siguientes términos:

> La progresiva «racionalización» de la sociedad depende de la institucionalización del progreso científico y técnico. En la medida en que la ciencia y la técnica penetran en los ámbitos institucionales de la sociedad, transformando de este modo a las instituciones mismas, empiezan a desmoronarse las viejas legitimaciones. La secularización y el «desencantamiento» de las cosmovisiones, con la pérdida que ello implica de su capacidad de orientar la acción, y de la tradición cultural en su conjunto, son la otra cara de la creciente «racionalidad» de la acción social. (pp. 53-54)

El británico David S. Landes definió el término Revolución Industrial como el conjunto: «... de innovaciones tecnológicas que, al sustituir la habilidad humana por la maquinaria y la fuerza humana y animal por energía mecánica, provoca el paso desde la producción artesana a la fabril, dando así lugar al nacimiento de la economía moderna»[152]. Según esta interpretación, las sociedades industriales estarían definidas por un aprovechamiento tecnológico basado en la sustitución de la fuerza humana y animal por la de las máquinas. Un cambio sin precedentes que ocasionó una nueva forma de interpretación de la sociedad en todas sus vertientes. La existencia de maquinaria mecánica abrió la posibilidad de producir y trabajar todo el día.

> A comienzos del siglo xx se calculó que si toda la energía que entonces se obtenía de otras fuentes (que en aquel tiempo consistían principalmente en el carbón) hubiera de ser producida por hombres y animales, se necesitaría cada centímetro cuadrado de la superficie terrestre, incluidos los desiertos y las extensiones árticas, solo para acoger a tantos seres vivos, y para facilitarles vivienda y alimentación. (Palmer y Colton, 1985, pp. 11-12)

Paralelo al desarrollo tecnológico, las necesidades energéticas también se incrementaron considerablemente afectando al uso del carbón. En Inglaterra, por ejemplo, la producción anual de carbón superaba los 100 millones de toneladas en 1870, lo que obligó a ubicar las principales áreas industriales en zonas próximas a las cuencas mineras ricas en carbón y hierro. De esta forma, el empleo de máquinas se fue generalizando, tanto en la producción de hilos y tejidos, como en la industria naval y ferroviaria. Los avances tecnológicos impulsaron un desarrollo continuo en el que la aparición de un producto generaba la demanda de otros nuevos. Estas condiciones se dieron por primera vez en Inglaterra, marcando así el comienzo de la llamada Primera Revolución Industrial.

A finales del siglo xvii, Inglaterra había adquirido una serie de condiciones y singularidades que otros países aún no habían logrado alcanzar. La riqueza mineral, sobre todo de carbón, así como el desarrollo agrícola y ganadero, junto con una considerable capacidad para generar energía hidráulica, formaron parte de las capacidades geográficas que presentaba el Reino Unido. Además, la viabilidad del transporte interior, gracias a la navegación fluvial, favoreció el comercio en todos los ámbitos.

Este proceso, iniciado en la Edad Media, finalizó con la revolución liberal de 1688 y con una serie de disposiciones que respetaban y favorecían la propiedad e iniciativas privadas. A la libertad para la compra y venta de tierras hubo que sumar

---

152 Chaves Palacios, J. (2004). Desarrollo tecnológico en la Primera Revolución Industrial. *Norba. Revista de Historia*, 17, p. 96.

la subasta pública de bienes de la Iglesia católica y la creación de un mercado sin aduanas internas. Además, durante la república de Cromwell (1653-1659), se traspasaron bienes pertenecientes a la Corona. A partir de la restauración monárquica de los Estuardo en 1660, el poder ejecutivo británico pasó al rey, mientras que las competencias legislativas recayeron en el Parlamento. Este nuevo sistema político permitió que los poderes públicos establecieran acuerdos con las distintas clases sociales, favoreciendo con ello el desarrollo económico, la libertad en los mercados y las iniciativas empresariales.

A partir de 1660, las leyes de cercamiento conocidas como *Enclosures Acts*, facilitaron la transferencia de pequeñas explotaciones agrícolas y tierras comunales a manos de terratenientes, con el objetivo de que pudieran ser trabajadas con mejores medios y técnicas de cultivo. A estas medidas se sumaron otras relacionadas con la libertad para el establecimiento de industrias, desapareciendo los gremios y otras instituciones similares tras la derogación del Estatuto de los Artesanos en 1563. Después de 1688, el Parlamento pasó a controlar las finanzas públicas, fundándose en 1694 el Banco de Inglaterra. Además del derecho a la propiedad privada, se impulsó la libertad de imprenta y el respeto a los jueces. A partir de Cromwell, se impulsó y protegió la innovación y las iniciativas empresariales, eliminándose impuestos y regulándose los contratos para asegurar sus cumplimientos. Esto impulsó la formación de sociedades mercantiles, que a su vez promovieron la protección de patentes y el progreso tecnológico al permitir compensaciones a quienes creaban o mostraban iniciativas científicas.

Para dinamizar todavía más el comercio y la industria se realizaron una serie de reformas proteccionistas basadas en el incremento de los aranceles a las importaciones de hierro. Estas medidas provocaron un fuerte crecimiento en la siderurgia inglesa, incentivando la demanda del comercio interior del mineral. En 1700, la *Calico Act*, limitó la entrada de tejidos de algodón del extranjero, estimulando así el crecimiento de la industria textil nacional. Asimismo, las Actas de Navegación dictadas el 9 de octubre de 1651, restringieron el uso de barcos extranjeros en el comercio británico y limitaron los puertos europeos accesibles para los barcos ingleses, lo que impulsó el crecimiento de la flota y duplicó el tonelaje de la marina mercante inglesa. Todo ello aseguró la protección de los intereses económicos, tanto a nivel individual como colectivo, adaptando los nuevos tiempos a los cambios que se venían produciendo en la sociedad.

A nivel económico, el flujo de recursos y los cambios institucionales permitieron el cambio en los distintos sectores a diferencia de lo sucedido durante el Antiguo Régimen. Las innovaciones aumentaron la productividad en la agricultura, especialmente en las explotaciones capitalistas en poder de los grandes propietarios. En 1750, los rendimientos en este sentido superaban a los de cualquier otro país en Europa. Por cada grano sembrado en Inglaterra se obtenían nueve, mientras que en el resto de los países la siembra de un grano producía cinco. En 1760 la población rural europea llegó a alcanzar el 70%. Entretanto, la población activa en los campos ingleses nunca llegó a sobrepasar el 53% en el mismo periodo[153].

A mediados del siglo XVIII, Inglaterra era el país más industrializado del continente europeo, junto a Holanda. El sector industrial acaparaba la cuarta parte de la población activa, superando al resto de países. La organización del trabajo industrial, basada en el *putting-out system* o *workshop system*, otorgó más peso a una burguesía convertida en el nuevo empresariado capitalista. Este método implicaba que los comerciantes compraran las materias primas y las entregaran a los artesanos y campesinos. Estos utilizaban sus hogares para realizar el trabajo en talleres improvisados a tiempo parcial, alternándolo con el trabajo agrícola. Finalizado el trabajo, los bienes transformados volvían a los mismos comerciantes para ser vendidos. Respecto a la siderurgia, el procedimiento era bien distinto al disponer de trabajadores asalariados en fábricas con maquinaria movida con energía hidráulica.

En las primeras décadas del siglo XVIII, la minería ya utilizaba máquinas atmosféricas de Newcomen movidas por vapor. Las industrias asociadas a la seda y el carbón no tardaron en hacerse con el comercio interior, mientras que sectores como el algodón y la lana se servían de los mercados nacionales e internacionales, llegando a exportar alrededor de la mitad de la producción. En 1750, Inglaterra era el mayor exportador de Europa, estando en condiciones de iniciar un periodo de industrialización sin precedentes al disponer de materias primas, financiación estatal y mano de obra. Los avances técnicos y la elevada producción de bienes aumentaron la demanda de manera progresiva, facilitando al mismo tiempo el ahorro y la reinversión en capitales y nuevas tecnologías.

Los avances en la medicina y la alimentación, unidos a la mejora en la higiene, también actuaron de manera positiva disminuyendo la mortalidad. En 1796, Edward Jenner encontró la forma de vencer la viruela a través de una vacuna que fue rápidamente generalizada entre la población infantil. También se lograron diagnosticar algunas enfermedades y tratar la fiebre con quinina, aunque se necesitaron muchos años hasta hacerse extensible a toda la población. La mejora en la calidad y cantidad de alimentos ayudó a una parte de la población a resistir

---

153 Garnacho Frutos, J. (2018). *La Revolución Industrial: ¿por qué primero en Inglaterra? Trabajo Fin de Grado* (pp. 10-11). Universidad de Valladolid. Facultad de Ciencias Económicas y Empresariales. Disponible en: https://uvadoc.uva.es/bitstream/handle/10324/34102/TFG-E-495.pdf?sequence=1

mejor las dolencias y afecciones relacionadas con la salud. El crecimiento de las cosechas influyó directamente en la bajada de los precios de la carne y de los cereales, favoreciendo igualmente el aumento de la natalidad entre 1750 y 1850. En definitiva, el desarrollo económico favoreció el empleo y la demanda de mano de obra, ampliando con ello el número de matrimonios y de nacimiento de hijos, provocando una mayor demanda de productos y contribuyendo al desarrollo de nuevas industrias y comercios.

Las industrias del algodón y del hierro fueron las primeras en verse beneficiadas por los cambios tecnológicos. Estos se llevaron a cabo gracias a la transferencia de innovaciones de un sector industrial a otro. Antes de 1730, las industrias mencionadas se servían de herramientas manuales en los talleres artesanos o en los hogares de campesinos. Unos años más tarde, gracias a la lanzadera volante ideada por John Kay, la producción de tejidos aumentó su productividad al facilitar un modo de tejer más rápido que el manual utilizado hasta entonces. En 1768, James Hargreaves presentó la patente de una máquina manual, la *Spinning Jenny*, aumentando la rapidez en el hilado de tejidos y permitiendo varios husos al mismo tiempo. La hiladora Jenny realizaba el trabajo de manera similar a una rueca. Construida con madera, su precio no llegaba a las 6 libras, lo que permitió que muchos hogares y artesanos pudieran adquirirla. En 1769 y 1779, Richard Arkwright y Samuel Crompton construyeron las llamadas *Water-frame* y *Spinning mule*, respectivamente. Unas invenciones que seguirían evolucionando gracias a Edmund Cartwrigt y su máquina de tejer hidráulica del año 1786.

Dichas mejoras tecnológicas apenas encontraron resistencia entre las instituciones, siendo un claro ejemplo de todo ello las ya comentadas *Enclosure Acts*, mediante las cuales muchas explotaciones agrarias y ganaderas se transformaron en empresas modernas e individualizadas. Esta intervención del Estado también tuvo una notable influencia en la sociedad al convertir en asalariados a muchos campesinos sin tierra.

La interrelación entre las mejoras tecnológicas y los avances manejados en las distintas actividades económicas e industriales quedó demostrada con la aparición de la máquina de vapor. Pese a todo, la elaboración de una máquina de condensación efectiva no pudo lograrse hasta que los adelantos en los procesos metalúrgicos permitieron la obtención de cilindros más aptos y apropiados. La mayor demanda de carbón destinado a la industria originó la apertura de un mayor número de cuencas mineras y una mayor profundización para su extracción. Esta circunstancia aumentó los riesgos de filtraciones de agua en las minas por lo que hubo que aplicar medidas más eficaces mediante el uso de bombas para su evacuación, estas últimas basadas en la máquina de vapor atmosférica.

En este contexto, las mejoras proporcionadas por la tecnología durante todo el siglo XVIII posibilitaron que, en el año 1712, Thomas Newcomen desarrollara una máquina capaz de bombear el agua del interior de las minas. Asesorado por el físico Robert Hooke y el mecánico John Calley, la máquina de vapor atmosférica de Newcomen logró crear un vacío en un depósito, gracias al enfriamiento del vapor de agua. Dicho vacío proporcionaba el movimiento de una viga hacia abajo. Utilizada como balancín, la viga volvía a ascender al llenar el depósito con vapor consiguiéndose un movimiento de vaivén y con él, el accionamiento de una bomba que podía extraer el agua del interior de la mina. La máquina presentó algunos problemas debido al continuo calentamiento y enfriamiento del depósito, provocando roturas y pérdidas de energía, lo que cuestionó su eficiencia hasta la aparición de la máquina de James Watt, cuyo condensador independiente corrigió el mencionado contratiempo.

Inspirado en la máquina de Newcomen, el nuevo invento de Watt, presentado por primera vez en 1765, ofrecía una diferencia sustancial con el anterior, ya que, en lugar de condensar el vapor dentro de un cilindro, este pasó a estar directamente comunicado con un depósito en el que se conseguía la condensación. Una innovación que supuso un importante desarrollo en la tecnología del vapor y en las ciencias relacionadas con la termodinámica. Watt no tardó en asociarse con Matthew Boulton, un hábil empresario dispuesto a financiar y proporcionar nuevas ideas para mejorar la máquina de vapor. Con las instalaciones proporcionadas para hacer funcionar el nuevo motor cerca de Birmingham, ambos consiguieron desarrollar un nuevo ingenio que utilizaba un 75% menos de combustible que las herramientas ideadas por Newcomen. Las mejoras introducidas por Watt y Boulton permitieron el uso de máquinas en las manufacturas textiles, especialmente en las fases de hilado y tejido.

A mediados del siglo XVIII, Gran Bretaña había entrado en una fase de capitalismo industrial. El Estado, gracias al *laissez-faire*, fomentó las políticas comerciales mercantilistas y proteccionistas convirtiendo al país, primero en un modelo liberal y después librecambista. Desde los distintos gobiernos se estimularon los crecimientos en la minería del carbón y la siderurgia, continuando con el ferrocarril y la industria naval. La Revolución Industrial terminó generando una importante expansión de los mercados internacionales, además de una nueva división del trabajo. El nuevo modelo productivo logró un abaratamiento de los productos obtenidos mediante la mecanización, los sistemas de transporte y la ampliación de las vías de comunicación. Otros países como Francia, Alemania o Bélgica tendrían que esperar unos años para alcanzar un nivel similar, produciéndose, ya en las últimas décadas del siglo XIX, una industrialización tímida y desigual en España, Italia o Rusia.

El progreso y la industrialización provocados por la Revolución Industrial también generaron un cúmulo de tensiones sociales. La instalación de fábricas en las principales ciudades conllevó un considerable trasvase de mano de obra y recursos desde el mundo rural a la industria, originando hacinamiento, pobreza, suciedad, problemas sanitarios y tirantez entre obreros y capitalistas. De este modo, la pobreza pasó a ser también otra de las estampas de la vida industrializada. Existen numerosos testimonios que nos recuerdan las tristes condiciones de vida en las fábricas y los horarios extenuantes que debían realizar los trabajadores. El médico epidemiólogo y economista francés Louis René Villermé hizo un relato suficientemente elocuente en 1840, detallando el problema de la siguiente manera:

> Hay que admitir que la familia, cuyo trabajo está escasamente retribuido, solo subsiste con su salario si el marido y la mujer se portan bien, tienen trabajo durante todo el año, no tienen ningún vicio y no soportan más carga que la de dos niños de corta edad. Suponed un tercer hijo, una época de paro, una enfermedad, la falta de ahorros, de hábitos de trabajo o, simplemente, una ocasión fortuita de intemperancia y esta familia se encuentra en el mayor agobio, en una miseria afrentosa [...] (Chaves Palacios, 2004, p. 99)

Esta situación de los trabajadores provocada por la falta de ayuda en casos de desempleo y crisis llevaron a una parte de la población a la mendicidad y, en ocasiones, a la delincuencia. Consciente de los casos de abusos laborales en mujeres y niños, el gobierno inglés anunció una serie de leyes protectoras, entre las que se incluían la prohibición de emplear a menores de nueve años, la prohibición del empleo de mujeres y menores en las minas y la reducción de jornada laboral para estos últimos. A pesar de todo, el crecimiento de la industrialización dio lugar a protestas obreras dirigidas en dos contextos muy diferenciados. Por un lado, se sucedieron las críticas hacia el proceso tecnológico y en contra de la introducción de máquinas en el mundo del trabajo. Por otra parte, en el terreno social y político se sucedieron desacuerdos en contra de la prohibición y limitación de los gremios y las asociaciones obreras.

La oposición a la implantación de nueva maquinaria originó un movimiento muy significativo a comienzos del siglo XIX. Este estuvo encabezado por artesanos que argumentaron la destrucción de empleo que originaban las máquinas. Esta corriente conocida como *ludismo* se debió a Ned Ludd, un posible tejedor de Leicester quien al parecer fue el protagonista de la primera destrucción de telares. Aunque no se ha demostrado su verdadera existencia, se cuenta que hacia el año 1811 incendió varias máquinas textiles como respuesta a las represiones que sufría el proletariado. Con estos hechos se puso en marcha la oposición al maquinismo y a toda forma de tecnología que culminaría con la protesta y las acciones protagonizadas por los tejedores de algodón y de la seda en el centro y noroeste de Gran Bretaña. Pese a las medidas dictadas contra estos actos, entre las que se incluía la pena capital, lo cierto es que se llegaron a destruir más de un millar de telares a vapor, aparentes responsables de la precariedad social. Con el tiempo, estas protestas fueron virando hacia los propietarios, dando lugar a las primeras revueltas obreras y a los primeros movimientos socialistas, impulsados por Henri de Saint-Simon, así como a un incipiente comunismo, término que sería acuñado por Karl Marx y Friedrich Engels[154].

La industria naval y los caminos de hierro

Las Leyes de Navegación, aprobadas durante el siglo XVII con un marcado carácter mercantilista, contribuyeron a convertir a Inglaterra en una gran potencia comercial, impulsando, al mismo tiempo, el crecimiento de su marina mercante y de sus industrias. Cuando en junio de 1837 la reina Victoria llegó al trono, el país disponía de un total de 668 buques de vapor con un promedio de carga de unas 120 toneladas cada uno. Lo cierto es que antes del siglo XIX, tanto la industria naval como el comercio marítimo dependían principalmente del viento como medio de propulsión. Los inicios del barco a vapor tuvieron lugar en Estado Unidos sobre el río Hudson, gracias a los trabajos previos de Jouffroy d'Abbens sobre el Sena y los de Fulton con su *Clermont*. Hacia 1815, alrededor de un centenar de barcos de vapor con ruedas de paletas ya circulaban por rutas fluviales, cuya energía se obtenía de la combustión de madera.

La transformación en la construcción de embarcaciones, de la madera al hierro y después al acero, supuso otro avance sin precedentes. Sin embargo, el cambio de la construcción en madera a la utilización del hierro fue relativamente lento, dada la arraigada tradición de la madera en los astilleros ingleses. En 1787, John Wilkinson construyó una barcaza de algo más de 20 metros con planchas atornilladas de hierro colado que navegó por el río Severn. Para 1802, esta tecnología, basada en la producción de pequeños barcos de hierro, ya se había extendido a los canales próximos a Birmingham. En Escocia, la primera embarcación similar a las anteriores se botó en 1816, gracias a la iniciativa de dos herreros y un carpintero, junto con el ingeniero William Symington. Esta estuvo en funcionamiento durante más de 50 años, transportando carbón por la desembocadura del río Clyde en la costa oeste escocesa[155].

154 Chaves Palacios, J., op. cit., pp. 99-100.
155 Derry, Thomas K. y Williams, T. I., op. cit., p. 538.

En 1813 hizo su aparición el barco Marjorie, una embarcación de 70 tone-ladas y 14 caballos de fuerza, suficientes para ir desde París a Londres y viceversa. En 1822, el primer barco de vapor construido en hierro fue diseñado y armado en las orillas del río Támesis con piezas obtenidas de una herrería de Staffordshire. En las dos siguientes décadas los barcos de hierro demostraron su estabilidad y robustez superando en ocasiones malas condiciones en la navegación y emba-rrancamientos. A pesar de las continuas críticas y las dificultades planteadas sobre la flotabilidad y la seguridad de estas embarcaciones, la realidad demostró que los barcos de hierro permitían una eslora mayor que los construidos en madera. La longitud máxima de un barco de madera podía alcanzar los 90 metros, un límite obligado por la resistencia del propio material.

El hierro posibilitó la construcción de barcos con una resistencia a las ten-siones capaz de prescindir de la quilla y de alargar su eslora mediante planchas de hierro. Gracias a la mejora de herramientas como el laminador, fue posible ensamblar cuadernas con barras de hierro desde el plano diametral, esto es, desde la proa hasta la popa y desde la regala o barandilla del buque. El arquitecto naval John Scott Russell fue uno de los primeros en renunciar a la utilización de las cua-dernas, confiando en las divisiones transversales o mamparos sujetos por refuerzos longitudinales, logrando de esta forma una mejor efectividad y seguridad a través de compartimientos estancos. Las planchas de hierro martilladas y después lamina-das, utilizadas ya por aquellos años en la fabricación de calderas, proporcionaban al barco un forro compacto y difícil de romper. Los astilleros comprendieron que se podía economizar los costes normalizando los espesores de las planchas, el tama-ño de los remaches y el tipo de hierros usado para las cuadernas. De esta forma, la construcción podía aumentar de manera considerable. El descubrimiento y la invención de las remachadoras hidráulicas proporcionó, además, un elevado grado de fiabilidad y rapidez al sustituir el remachado a mano de las millones de piezas que podía llegar a tener un barco[156].

En 1819, el *SS Savannah*, un navío híbrido movido por máquina y velas, logró cruzar por primera vez el Atlántico Norte en solo 29 días. Pensado en un primer momento como un barco de vela, finalmente se le añadió un motor antes de ser botado a petición de su comprador. Su motor, con 90 caballos y un solo cilindro, resultó ser tan grande que encontrar una caldera adecuada se volvió una tarea complicada. Las paletas de las ruedas alcanzaban los 5 metros y su pañol para el carbón tenía una capacidad para 75 toneladas, lo que producía pérdidas de energía que daban lugar a un alto riesgo de explosión o incendio a bordo. Su

---

156 Ibid, pp. 539-541.

velocidad no llegó a superar la lograda por los veleros, por lo que su utilización militar todavía hubo de esperar algún tiempo. Con estas características insuficientes para realizar una travesía de aquellas proporciones, los viajes tuvieron que seguir haciéndose mediante velas durante algunos años. Por ello, son muchos los que piensan que el primer barco en cruzar el Atlántico sin apenas servirse del velamen fue el SS *Royal William* en 1831, siendo los buques británicos *Sirius* y *Great Western*, los que lograrían la hazaña íntegramente con motor en 1838. Ambos realizaron el trayecto entre Liverpool y Nueva York en 16 y 13 días, respectivamente.

A pesar de las dificultades, los avances continuaron durante la segunda mitad del siglo XIX con la invención de la hélice, un elemento basado en los modelos del tornillo de Arquímedes. Además, la posibilidad de contar con condensadores de superficie, capaces de evitar el contacto directo entre el vapor del escape y del agua de enfriamiento, junto con la aparición del motor de *Compound*, hicieron posible el ahorro de importantes cantidades de combustible, al igual que la introducción de calderas cilíndricas. Estas permitían producir vapor a mayores presiones, mejorando el rendimiento de las naves. De hecho, las emanaciones de gas podían conducirse a través de dos o más cilindros, lográndose de esta forma motores de doble o triple expansión, lo que posibilitaba la obtención de hasta 20 000 caballos de vapor.

Desde una perspectiva puramente militar, el vapor presentó grandes problemas debido a sus ruedas integradas por paletas, las cuales suponían un blanco fácil para los barcos enemigos. Todo ello sin contar con que la propia maquinaria, ubicada sobre la misma línea de flotación, los hacían muy inseguros. Hasta hacía pocas décadas, los buques especialmente diseñados para la guerra habían requerido de diferentes cubiertas de cañones, hasta cuatro o cinco, lo que disminuía su capacidad de maniobra y limitaba su campo táctico. Este diseño se mantuvo hasta principios del siglo XIX debido a la falta de avances tecnológicos en los sistemas de propulsión y la artillería. Sin embargo, las embarcaciones de guerra tradicionales continuaron conformando las principales armadas de los distintos países de la época. Una situación que se mantendría hasta la aparición del primer navío accionado por una hélice, el *Napoléon*, en 1850, obra del ingeniero francés Dupuy de Lôme. Nueve años más tarde, la marina francesa botaría *La Gloire*, convirtiéndose en el primer barco blindado oceánico de la historia[157].

La clase *Napoléon* exhibida por Francia para integrar su armada tuvo una rápida respuesta por parte del gobierno de Gran Bretaña con la botadura del *HMS*

---

157 Ferrer Fougá, H. (mayo-junio de 1972). El buque cerrado. *Revista de Marina*, 688, p. 270.

Agamemnon. Concienciados desde la Royal Navy de las capacidades de los nuevos buques, el Almirantazgo en 1849 emprendió un programa que fuera lo más apto posible para contrarrestar la fuerza naval francesa. El acorazado, armado con 91 cañones de ánima lisa sobre dos cubiertas, fue el primero diseñado y construido desde la quilla hacia arriba con vapor y aparejo cuadrado sobre tres mástiles. Destinado en el Mediterráneo, participó en la Guerra de Crimea, entre los años 1853 y 1856, como buque insignia al mando del contraalmirante Edmund Lyons, bombardeando primero la ciudad de Sebastopol en octubre de 1854 y posteriormente Fort Kinburn, en la desembocadura del río Dniéper. Al *Agamemnon* le siguieron otras embarcaciones similares como el *HMS Sans Pareil*, iniciándose de esta forma una fuerte inversión económica y tecnológica desde los distintos gobiernos durante el periodo victoriano.

Gran Bretaña alcanzó su apogeo durante este periodo, liderando la Revolución Industrial, manteniendo bajo su bandera los principales puertos comerciales y ostentando un tercio de todos los buques mercantes que por entonces recorrían los mares y océanos del mundo. La Royal Navy se convirtió en una fuerza naval imponente, modernizando su flota y adaptándola a las nuevas tácticas marítimas. La construcción de barcos más grandes y acorazados mejoró la capacidad naval británica, reduciendo el tiempo de navegación y reforzando las conexiones entre los distintos puntos del Imperio.

El transatlántico *Great Britain,* botado el 19 de julio del año 1843, fue diseñado por el ingeniero Isambard Kingdom Brunel, conocido por su notable contribución al desarrollo del ferrocarril *Great Western Railway* y de otros modelos de barcos de vapor. Considerado el más avanzado de su tiempo, fue el primer barco de pasajeros propulsado con una hélice y construido con hierro. Con sus 98 metros de eslora, también obtuvo el privilegio de ser la embarcación más grande construida hasta el momento. Particularidades, además, que no serían superadas hasta 1852, gracias a la construcción de otro transatlántico de similares características, el *HMS Himalaya*, con un registro bruto de más de 3 400 toneladas. El *Great Britain* estaba propulsado por dos motores con doble cilindro de 220 cm de diámetro y 180 cm de carrera. Además, se había armado con velas como forma de propulsión secundaria. Después de superar varias mejoras, la nave llegó a transportar a más de 700 pasajeros.

Por otra parte, el uso del blindaje en los cascos de los barcos se convirtió en una necesidad crucial en la marina de guerra a partir de 1859, cuando se utilizó por primera vez para revestir una fragata francesa de madera. Estos blindajes, con un grosor de aproximadamente 12 cm, se lograban mediante el uso de cuadernas de hierro. No obstante, a pesar de utilizar ya una hélice como propulsor, el mantenimiento de las velas seguía exigiendo un mecanismo elevador para subir aquella mientras el barco estaba detenido. Para esta operación se necesitaban al menos unos 600 hombres, una razón que obligaba a disponer de tripulaciones numerosas haciendo más costosas las misiones en el mar. A partir de la segunda mitad del siglo XIX, las torretas blindadas comenzaron a sustituir a las baterías de cañones en los navíos de guerra, lo que provocó la búsqueda de nuevas aplicaciones técnicas para eliminar los palos y aparejos de las cubiertas.

A finales de siglo, la sustitución del hierro por el acero para la construcción naval impulsó a los armadores a explorar nuevas tecnologías y llevó a los gobiernos y particulares a reconocer las ventajas de este nuevo material. La botadura en 1877 del primer barco rápido construido en acero para la Armada británica marcó el inicio del declive de los barcos de hierro. Buques como el *Campania* o el *Lucania*, pertenecientes a la línea británica Cunard, botados en el año 1893, llegaron a desarrollar una potencia de más de 30 000 caballos de vapor, simbolizando la culminación del desarrollo naval en el siglo XIX. Tras consolidarse como la primera potencia naval, Inglaterra pasó a vender barcos ya obsoletos a países menos avanzados que podían ser usados en transportes no regulares[158].

Precisamente durante este tiempo, aparecieron las primeras normas relativas a la navegación marítima. Con la llegada del vapor, algunos países estudiaron la forma de adoptar medidas comunes para evitar colisiones y naufragios. Sin luces de navegación, salvo las que portaban los barcos de guerra, las aproximaciones a las costas se realizaban mediante señales con banderas. Las embarcaciones inglesas comenzaron a aplicar normas de señalización concebidas por W. D. Evans, considerado como el precursor de las actuales normativas. Por su eficacia y facilidad operativa, los preceptos de Evans fueron aceptados a nivel internacional, siendo Francia la primera en firmar un acuerdo con Gran Bretaña sobre la iluminación de los barcos de vapor. En 1856, se aprobó una guía de comunicaciones que permitía la utilización de 18 banderas, abriendo la posibilidad a la utilización de más de 78 000 combinaciones diferentes. Estos avances se sumaron a los primeros estudios y reglamentos realizados entre 1846 y 1853, que requerían inspecciones anuales para navíos de vapor, así como para los de pesca y cabotaje.

El aumento del tráfico marítimo estuvo acompañado por un importante avance de la instrumentación de guiado y protección. La expedición científica británica *Challenger* fue la primera en realizar una gran campaña oceánica a nivel mundial. Equipada con un importante equipo científico a bordo de la corbeta

---

158 Derry, T. K. y Williams, T. I., op. cit., pp. 544-545.

HMS Challenger, entre diciembre de 1872 y mayo de 1876, el barco recorrió más de 120 000 km a través del Atlántico, Antártico, Índico y Pacífico, con el fin de estudiar la fauna marina y la circulación del agua en los océanos. El resultado fue un informe publicado en 50 volúmenes conocido como *Report of the Scientific Results of the Exploring Voyage of H.M.S. Challenger during the years 1873-76, but started voyage in 1871 or 1872*. En el mismo fueron catalogadas más de 4 700 especies de animales desconocidos.

Durante la segunda mitad del siglo XIX, el Almirantazgo británico duplicó el número de cartas hidrográficas llegadas hasta sus despachos, presentando numerosos progresos, tanto en lo relativo a su exactitud como en la medición de las observaciones, en gran parte debido a la introducción de las primeras máquinas de sondeo por William Thompson a partir de 1878. A él se debe también la creación del primer compás magnético de rosa seca que todavía hoy forma parte del equipo en las embarcaciones mercantes del mundo. Otra innovación destacada de este periodo fueron las correderas o silómetros, utilizados para medir la distancia recorrida en la superficie terrestre. Además, la implementación del telégrafo eléctrico y la generalización de faros en todos los puertos y costas contribuyeron a mejorar la seguridad en la navegación. Para dar una idea del crecimiento del comercio marítimo, en 1840 el tonelaje se había duplicado con respecto a 1800, volviéndose a doblar en 1860. Antes de que finalizara el siglo, la flota británica, con más de nueve millones de toneladas operativas, superaba en dos veces a las flotas de Estados Unidos y Alemania juntas.

Por otro lado, la aparición del ferrocarril significó un punto y aparte en el desarrollo de las comunicaciones durante la Revolución Industrial, convirtiéndose en uno de los grandes protagonistas de esta época. La construcción de carriles para vagones se inició bastante antes de que las primeras locomotoras a vapor empezaran a circular. Hay que remontarse al último tercio del siglo XVIII para ver las primeras vagonetas cargadas sobre raíles, destinadas a tareas de apoyo en drenajes y otras obras vinculadas a la minería del carbón o a la construcción. La utilización de canales en Inglaterra aumentó el interés por los servicios que podía prestar el ferrocarril, como una forma más de enlazar los yacimientos mineros con los puntos y emplazamientos interesados en la demanda de mineral.

La generalización de vagones y vagonetas, por una parte, junto con los primeros ensayos con máquinas de vapor para el transporte de personas y mercancías, dieron lugar a la aparición de distintas formas de encarrilado, obligando a los responsables de su fabricación y diseño a la adopción de medidas con el fin de lograr una normalización. A comienzos del siglo XIX, los raíles de hierro comenzaron a construirse en doble T, fijados o enchavetado en cojinetes sobre traviesas de madera. En todos los ferrocarriles conducidos por ruedas con pestaña, ya fuera en los primitivos caminos de madera o en los posteriores de hierro, estas quedaron situadas en los bordes interiores de los discos. Algunos historiadores sugieren que esta decisión puede tener sus raíces en las vagonetas y raíles utilizados en Rumanía, posiblemente importados desde Inglaterra. Incluso se ha especulado con la probabilidad de que ya funcionaran sistemas similares en yacimientos mineros alemanes durante el siglo XVI[159].

El comienzo del ferrocarril como servicio público tuvo lugar el 25 de mayo de 1801, momento en el que se aprobó la ley de concesión de la línea Surrey. Su puesta en marcha se planeó para que sirviera como transporte de carbón, cereales y otras mercancías en una de las regiones ribereñas del río Támesis, al sureste de la capital británica. La Surrey era una línea de vagones tirada por caballos de algo más de 14 km de longitud, con una vía doble e inicio en uno de los muelles de carga del propio río, muy próximo a la ciudad de Wandsworth. Desde aquí y hacia el sur, su destino último era Croydon, un ramal hasta la parroquia de Carshalton. La idea del proyecto surgió de William Jessop, quien pensó que el trazado sería la primera de las fases de otro mucho más ambicioso destinado a conectar la ciudad de Londres con Portsmouth.

En 1803, las expectativas de éxito se incrementaron al publicarse otra ley de concesión autorizando su prolongación hasta Merstham, Godstone y Reigate. Su inauguración en 1804 y su prolongación un año más tarde, supusieron un fracaso económico debido a la competencia que generaba el canal de Croydon, abierto en 1809. A lo largo de las tres décadas siguientes, el Parlamento inglés todavía habría de aprobar más de 60 leyes de concesión para la construcción de otros tantos ferrocarriles con un total de 1 141 km. La gran mayoría de las líneas estuvieron impulsadas por compañías vinculadas a canales o minas, surgiendo con posterioridad otras, como la Surrey, cuyo fin no era otro que el del transporte en general. Al menos hasta 1820, todas las líneas férreas autorizadas fueron desarrolladas con tracción animal, siendo a partir de la década siguiente cuando se comenzó a proponer la tracción con vapor para aquellas líneas cuyo perfil lo hacían posible[160].

Considerado el inventor del ferrocarril, el ingeniero de minas inglés Richard Trevithick logró combinar el guiado de ruedas y el uso de la fuerza motriz construyendo la primera locomotora en 1804. Trevithick adaptó una máquina de vapor para el bombeo de agua, con el fin de mover una locomotora. Su máquina

159 Moreno, J. (2018). *Prehistoria del ferrocarril* (p. 60). Madrid. Fundación de los Ferrocarriles Españoles.
160 Ibid, pp. 174-175.

alcanzó una velocidad de 8 km/h, arrastrando cinco vagones cargados con 10 toneladas de acero y 70 personas sobre una vía de 15 km, propiedad de la fundición Pen-y-Darren, al sur de Gales.

La gran revolución llegaría en 1814 de la mano del ingeniero mecánico George Stephenson, quien utilizó una máquina de vapor capaz de transportar ocho vagones de 30 toneladas a una velocidad de 7 km/h. Precisamente, el éxito de la locomotora y sus constantes evoluciones comenzaron a generar dudas en la sociedad sobre la conveniencia de seguir la política de construcción de canales y caminos. Los ferrocarriles requerían menos inversiones y ofrecían costos de transporte más bajos. Además, la velocidad era una ventaja significativa, ya que no había restricciones de tráfico ni tampoco se veían afectados por las condiciones climáticas adversas.

Con tales perspectivas, durante los años 1825 y 1826 surgió en Gran Bretaña un elevado interés por realizar proyectos vinculados a trazados ferroviarios. Solo en estos dos años el Parlamento abordó la aprobación de al menos 18 leyes de concesión con 295,2 km para su construcción. Por entonces ya funcionaba la primera línea de ferrocarril con tracción de vapor entre Stockton y Darlington, que fue inaugurada en 1825 con una máquina manejada por el propio Stephenson. El trayecto del ferrocarril comenzaba en la ciudad de Stockton y transcurría por Darlington para terminar en la región minera de Witton Park.

Por otro lado, la construcción y el uso del ferrocarril también permitió conectar sectores como los de la madera y el hierro, además de facilitar el transporte de todo tipo de bienes. Los nuevos trazados y la utilización de locomotoras de vapor dieron lugar a modificaciones en las leyes de concesiones durante la legislatura de 1823. El 25 de mayo de ese mismo año, una segunda ley sancionó y autorizó a la compañía de Stephenson a: «... construir o montar... locomotoras o máquinas móviles... con objeto de facilitar el transporte, conducción y carga de mercancías, géneros y otros artículos u objetos sobre y a lo largo de los citados caminos, así como la conducción de pasajeros»[161].

La consolidación de los caminos de hierro se produjo con la inauguración del trayecto entre Liverpool y Manchester el 15 de septiembre de 1830, convirtiéndose así en la primera línea de ferrocarril interurbano del mundo. La idea de conectar estas dos ciudades se remontaba a 1797, cuando William Jop y Benjamin Outram comenzaron a trabajar en varios proyectos tras recibir el encargo de un

---

161 Ibid, p. 179.

grupo de comerciantes. Siendo conscientes de que el tránsito por canales y caminos era cada vez más costoso, en 1822 se constituyó un Consejo Permanente con el fin de estudiar el proyecto. Después de elaborarse varios bocetos, las obras de construcción comenzaron en 1826 y duraron hasta el verano de 1830.

Para asegurar un trazado suave, se construyeron viaductos y puentes de piedra, salvando zonas pantanosas e inestables. El tramo más complejo fue la llamada trinchera de Olive Mount, un tramo en el que hubo que excavar en roca dura a elevadas profundidades. Ya muy próxima a Liverpool, la línea tuvo que soportar complejas obras de perforación y extracción para levantar la estación de Edge Hill. Desde aquí se construyeron dos túneles para acceder a la ciudad, uno hasta los muelles del puerto y el otro hasta la estación de Crown Street, en el centro de Liverpool.

Partiendo de Edge Hill, el convoy logró alcanzar una velocidad de 40 km/h, siendo en algunas rampas de algo más de 25 km/h. El trayecto, de unos 50 km, se realizó en una hora y 46 minutos, incluyendo dos paradas. En la ceremonia de apertura de la línea se prepararon siete trenes de 100 plazas, además de un convoy especial para el presidente del país y su séquito. Para regular la circulación, desde el primer día se establecieron instrucciones precisas dictadas por Stephenson, consideradas en la actualidad el primer reglamento escrito de los ferrocarriles en la historia. El uso de una vía debía tener un control manteniendo una distancia segura entre los trenes con un sistema de señalizaciones.

> Cada maquinista deberá estar provisto de las herramientas e instrumentos precisos para la reparación inmediata de las averías. Irán provistos, además, de tres banderines de señales: blanco, rojo y morado. El banderín blanco significa «marcha normal», el banderín rojo, «marcha lenta» o «apretar frenos», y el banderín morado, «parada». Cuando el banderín de señales se presente verticalmente su orden debe ser cumplimentada por los coches y locomotora del tren donde se presente. Cuando se presente horizontalmente deberá considerarse como una señal a la siguiente locomotora y tren para que este se aleje o se acerque, según sea necesario. Si la circulación se hace a baja velocidad, los distintos trenes deben guardar una separación entre ellos de 91 m. Si se hace a alta velocidad, digamos de 19 km/h o más, la separación será de 183 m. Los maquinistas no excederán la velocidad de 29 km/h en el descenso por las pendientes. (Moreno, 2018, p. 189)

El éxito comercial, económico y tecnológico de la línea entre Liverpool y Manchester supuso un cambio en la consideración hacia los caminos de hierro, no solo en Gran Bretaña. A partir de 1830, el desarrollo del ferrocarril inició un camino sin retorno en Europa con la construcción de distintas vías entre las ciudades más importantes del continente. A diferencia de lo sucedido en Inglaterra, donde las obras corrieron a cargo de empresas privadas con escasa intervención del Estado, en el resto del contexto europeo fueron los gobiernos nacionales quienes decidieron controlar su construcción y funcionamiento. Esto supuso la consideración de los ferrocarriles como empresas públicas, obligando a la mayoría de los países a realizar importantes inversiones económicas.

También el ferrocarril pasó a tener una consideración estratégica y militar. La intervención del Estado se consideró esencial a la hora de establecer anchos de vía, esto es, la distancia entre las caras interiores de los carriles, condicionando las posibilidades de establecer conexiones con otros ferrocarriles de otros países. Los anchos adoptados en Europa y Norteamérica fueron de 1 435 milímetros, aunque su normalización a nivel internacional no se produciría hasta la Conferencia de Berna celebrada en 1887. En España, se optó deliberadamente por un ancho de vía más amplio de 1 668 mm, principalmente debido a consideraciones logísticas militares y geográficas. La preocupación inicial radicaba en el temor a una posible invasión francesa. Además, la orografía del país, caracterizada por fuertes pendientes en algunas regiones, requería locomotoras más potentes. Esto llevó a los constructores a diseñar locomotoras con cajones de fuego más grandes que las utilizadas en el resto de Europa, siendo el mencionado ensanchamiento de las vías la única forma posible de resolver el problema[162].

---

162 Gómez Mendoza, A. (1982). *Ferrocarriles y cambio económico en España, 1855-1913* (p. 32). Madrid. Alianza Editorial.

Hacia 1850, las inversiones en el ferrocarril en las islas británicas se contaban por millones de libras. Aunque criticadas en un principio, la realidad es que aquellas localidades por las que no pasaba ninguna línea férrea pronto decaían o menguaba su economía, por lo que la construcción de nuevas vías para unir pueblos con mercados o puertos comenzó a considerarse un deber estatal. Desde una perspectiva puramente liberal y económica, los diferentes gobiernos durante el periodo victoriano solo aportaron las llamadas *Local and personal Acts*, autorizando la expropiación de tierras y la creación de sociedades anónimas cuando ello era preciso. En 1840, se creó el *Railway Department* con el propósito de inspeccionar a las compañías ferroviarias, sin que ello repercutiera en la financiación, la organización o el tráfico de las mismas, evidenciándose así un claro comportamiento democrático por parte de la administración británica.

Entre 1850 y 1860 ya se habían construidos más de 10 000 km de vías ferroviarias en Reino Unido, llegando a los 6 000 en los estados alemanes y a los más de 3 000 en Francia. Exceptuando la península escandinava, en 1914 la red de vías férreas en Europa apenas difería de la que hoy conocemos, conectando y permitiendo a millones de personas llegar a lugares en los que nunca había estado antes. En consecuencia, además de revolucionar los transportes y las comunicaciones, el ferrocarril fue uno de los instrumentos más decisivos para promover la unidad, acortando distancias y conectando a un mundo que, por momentos, empezaba a hacerse más pequeño.

El progreso científico
en la Francia del siglo XIX

La militarización de la ciencia. Napoleón Bonaparte

Con tan solo 28 años, el 25 de diciembre de 1797, Napoleón Bonaparte fue elegido miembro de la Sección de Mecánica de la Primera Clase del Instituto Nacional de Ciencias y Artes. La elección, lejos de tratarse de un reconocimiento científico, no pasó de ser una mera formalidad protocolaria para vincular a la Academia con el ascenso político de aquel joven oficial. Por aquellos días, Bonaparte solo era un general destinado en Italia al que, unos años antes, el astrónomo y matemático Pierre-Simon Laplace había tenido entre sus alumnos en una academia de artillería. Como respuesta, Napoleón argumentó su agradecimiento con las siguientes palabras:

> Ciudadano Presidente, el sufragio de los distinguidos hombres que componen el Instituto me honra. Sé bien que antes de ser igual, seré durante mucho tiempo su discípulo. Si existiera una forma más expresiva de hacerles saber cuánto les estimo, me serviría de ella. Las verdaderas conquistas, las únicas que no producen ningún pesar, son las que se realizan sobre la ignorancia. La ocupación más honorable al igual que la más útil para las naciones es la de contribuir a la difusión de las ideas humanas. El verdadero poder de la República francesa debe consistir en no permitir que exista una sola idea nueva que no le pertenezca. (Sánchez Ron, 2010, p. 42)

Durante el periodo napoleónico, Francia vivió un verdadero florecimiento de las ciencias. En 1799 comenzaron a publicarse los primeros tomos del *Traité de mécanique céleste* de Laplace, en el que se desarrollaba el sistema newtoniano corrigiendo diversas anomalías observadas en el movimiento de los planetas. También vería la luz en 1814 otro de los trabajos del científico francés, el *Essai philosophique sur les probabilités* en el que llegó a afirmar que: «Hemos de considerar el estado actual del universo como el efecto de su estado anterior y como la causa del que ha de seguirle. Una inteligencia que en un momento determinado conociera todas las fuerzas que animan a la naturaleza, así como la situación respectiva de los seres que la componen, si además fuera lo suficientemente amplia como para someter a análisis tales datos, podría abarcar en una sola fórmula los movimientos de los cuerpos más grandes del universo y los átomos más ligeros»[163].

El 9 de noviembre de 1799, Napoleón terminó con el Directorio —última forma de gobierno que había sobrevivido a la Revolución francesa— después de llevar a cabo un golpe militar y tomar el control legislativo junto a los cónsules Enmanuel-Joseph Sieyès y Pierre Roger Ducos. Tras la redacción y aprobación de las Constituciones de 1799 y 1802, Bonaparte logró el nombramiento de cónsul vitalicio, coronándose el 18 de mayo de 1804 como emperador de Francia y asumiendo el poder absoluto de un imperio que se prolongaría hasta su encarcelamiento y destierro a la isla de Santa Elena en julio de 1815. Hasta esos momentos, Francia aprobaría varias normas y códigos que llegarían a tener una destacada influencia en Europa. Entre ellos, el *Código Napoleónico* de 1804, el *Código de Comercio* de 1807 y el *Código Penal* de 1810.

Para entonces, otros nombres de la ciencia como Gaspard Monge habían desarrollado una nueva disciplina como la geometría descriptiva y la proyectiva. Químicos como Claude Louis Berthollet, Jean Antonio Chaptal, Antoine-François Fourcroy o Nicolas Vauquelin, ampliaron la obra de Lavoisier en el estudio de la química industrial o la medicina. Joseph Jérôme Lalande, contrario a muchas de las tesis napoleónicas, realizó varios estudios sobre el movimiento planetario y fue miembro destacado de la *Enciclopedia*, sobresaliendo junto a otros astrónomos como François Arago y Jean Baptiste Biot, quienes trabajaron en la medición de un arco de meridiano con el fin de determinar la exactitud del metro. Precisamente, después del golpe de estado que llevaría a Napoleón al poder, Laplace, nombrado ministro del Interior y siguiendo las instrucciones del emperador, impuso el sistema métrico en toda la nación.

En 1810, el físico y matemático Joseph Louis Lagrange comenzó una revisión de su *Mécanique analytique*, la cual no terminó debido a su muerte tres años más tarde. Su trayectoria científica fue reconocida por el propio emperador solo unos días antes de ser enterrado en el Panteón de París, concediéndole la Gran Cruz de la Orden Imperial de la Reunión. En 1808, se publicaron los descubrimientos relativos a la polarización de la luz realizados por Étienne-Louis Malus.

---

163 Sánchez Ron, J. M. (2022). *El poder de la ciencia. Historia social, política y económica de la ciencia (siglos XIX-XXI)* (pp. 26-27). Barcelona. Crítica.

Por otro lado, Jean Baptiste Joseph Fourier, barón de Fourier, quien participó activamente en la Revolución de 1789 y más tarde en la expedición napoleónica a Egipto en 1798, se dedicó al estudio de la propagación del calor. Además, publicó escritos relacionados con la descomposición de funciones periódicas en series trigonométricas, conocidas más tarde como *Series de Fourier*.

Durante los años del Imperio, se desarrollaron las carreras científicas de grandes figuras como Joseph-Louis Gay-Lussac, André Marie Ampère o de Augustin Louis Cacuchy, así como de naturalistas como Jean-Baptiste Lamarck, quien en 1802 publicó *Hydrogeologie* −la primera parte de una trilogía destinada a explicar la física de nuestro planeta−. A él se debe también un amplio estudio sobre los seres vivos que dejaría plasmado en su trabajo *Metéorologie y Biologie*, editado en 1818. Las contribuciones durante la etapa napoleónica también estuvieron dirigidas a crear y potenciar la actividad de diversas instituciones científicas. Entre ellas destacan la École Polytechnique o École Centrale des Travaus Publics de 1794, junto con la École du Génie Militaire, la École de Mines o la École des Ponts et Chaussées.

Con las universidades cerradas desde la Revolución francesa y el control del Estado llevado a cabo en las facultades eclesiásticas, la École Polytechnique adquirió una importancia señalada, destacando en su claustro de profesores matemáticos como Monge, Laplace o Lagrange, además de ingenieros y químicos como Berthollet, Fourcroy, Chaptal y Louis-Bernard Guyton de Morveu. Bonaparte era buen conocedor de la institución, ya que asistió a varios cursos y pudo conocer de primera mano las diversas salas de estudio. Sin embargo, una vez alcanzado el poder, este tomó la decisión de reorganizar la institución al comprobar las trabas que podía representar para su autoridad.

La relación entre el poder y la ciencia durante sus años de gobierno ha sido objeto de numerosos estudios. Se ha documentado que esta relación comenzó a adquirir relevancia durante sus primeras campañas militares. Nombrado en marzo de 1796 comandante del ejército francés en Italia, Napoleón se desplazó hasta su objetivo al frente de más de 50 000 soldados, acompañado de un grupo de científicos nombrados por el Directorio, entre los que se encontraban Monge y Berthollet. En el ánimo de estos últimos estaba la necesidad de que la nación francesa se librara de la dependencia extranjera, lo que debía llevar al Estado a la recuperación de una educación puramente nacional, convirtiendo al país en una potencia cultural de primer orden. En tales circunstancias y para justificar la presencia científica en las invasiones miliares se pensó que una Comisión nombrada por el gobierno: «... debía buscar objetos de ciencia y arte en los países conquistados por los ejércitos de la República»[164]. Los triunfos militares de Napoleón no tardaron en llegar. En abril de 1796, sus tropas entraron en Génova, seguida de la ocupación de Milán un mes después, y en junio, Livorno y Pisa. Se cuenta que Monge, cansado de su estancia en Italia, solicitó al general regresar a Francia, quien le respondió que prefería las conversaciones con científicos a sus conferencias con los mandos militares. Terminada la campaña en Austria, Napoleón regresó en diciembre de 1797 con el temor a ser traicionado por los cinco componentes del Directorio. Con el control de la península itálica asegurado, la amenaza británica en Europa llevó al gobierno a designar nuevamente a Napoleón comandante del ejército, con el objetivo de llegar hasta Egipto y ocupar la región que se encontraba bajo el dominio británico.

Monge y Berthollet volvieron a participar en la Comisión de Ciencias y Artes que debía llegar hasta tierras africanas, esta vez formada por más de 150 personas, incluyendo científicos, ingenieros y médicos. Entre los miembros más destacados se encontraban el geólogo Déodat de Gratet de Dolomieu, uno de los primeros expertos en vulcanología de la historia e integrante del Instituto de Francia, así como expertos en ciencias naturales como Geoffroy Saint-Hilaire, Nicolas-Auguste Nouet y François Quesnot. De la École Polytechnique fueron inscritos 45 alumnos bajo la tutela de Fourier. Con una fuerza militar de más de 38 000 hombres, el 19 de mayo de 1789 partieron hacia Egipto, llegando al puerto de Alejandría el 1 de julio de ese mismo año.

La campaña egipcia, además de constituir una plataforma para el conocimiento y la fama, también supuso un modo ostensible de alcanzar importantes cargos políticos. Fourier logró pronto la Prefectura de Isère desde1802 y hasta 1815. Al mismo tiempo que desarrollaba su faceta política, Fourier presentó al Instituto de Francia su monografía *Théorie analytique de la chaleur*, relativa a la difusión de calor. Por su parte, René Nicolas Desgenettes alcanzó el grado de profesor en la École de Médicine de París, siendo nombrado posteriormente inspector general del Servicio de Salud de los Ejércitos. Miembro del Instituto de Francia, Dominique-Jean Larrey fue llamado a ocupar el puesto de cirujano jefe en la Grande Armée hasta la derrota en Waterloo, dándole tiempo a iniciar lo que luego sería el transporte de ambulancias. Su trabajo fue reconocido por el propio Napoleón, recibiendo de este el título de barón y de cirujano honorífico de los *Chasseurs de la Garde*.

El prestigio político de Laplace también se vio reforzado de manera fulgurante. Tras ser nombrado ministro del Interior, continuó escalando posiciones

---

164 Ibid, p. 29.

hasta convertirse en canciller del Senado en 1802. Su distinción como conde del Imperio en 1808 lo colocó entre los personajes más honorables y mejor retribuidos de Francia. El cargo de senador suponía unas retribuciones de unos 25 000 francos anuales, suma que aumentó hasta los 31 000 francos tras ser nombrado canciller. El químico Jean-Antoine Chaptal, senador y tesorero, llegó a percibir más de 70 000 francos anuales, mientras Monge, nombrado presidente de la misma institución por Napoleón, unos 100 000. Es importante destacar que el salario medio en París de un obrero no llegaba a los 60 francos mensuales.

Entre los numerosos senadores provenientes del ámbito científico destacaron nombres como los de Cousin, Monge, Lagrange, Darcet, Daubeton o Lacépède, entre otros. El caso de George Cuvier fue todavía más significativo al ser nombrado consejero de Estado y posteriormente barón. Tras el restablecimiento de la universidad en París, Cuvier asumió el cargo de consejero, siendo una persona clave en la remodelación de la Sorbona y en la implantación de facultades universitarias en otras provincias. Napoleón Bonaparte tampoco renunció a ayudar económicamente a quienes le habían acompañado en sus campañas militares y tareas políticas. El caso de Berthollet y de Laplace resulta lo suficientemente significativo, ya que nunca tuvieron los medios suficientes para comprar propiedades e instrumentos. Laplace llegó a escribir al emperador recordando los servicios prestados por Berthollet, Monge y por él mismo y solicitando un préstamo de 100 000 francos. Bonaparte respondió de inmediato concediéndoles una ayuda de 150 000 francos[165].

A pesar de todo lo anterior, esta actitud de consideración con quienes ejercían la ciencia no fue siempre tan elogiada desde el poder. A finales de 1804, nada más ser nombrado emperador, Bonaparte dirigió una carta al director de la École Polytechnique en la que le declaraba su temor a que la institución pudiera quedar convertida en un centro de movimientos contrarios a su gobierno. Algunos alumnos, en efecto, habían mostrado su indiferencia al régimen imperial, provocando la politización de centros de enseñanza y tertulias científicas. El cambio de actitud de Napoleón fue evidente, al manifestar poco después el peligro que suponía formar a personas que no procedían de estamentos lo suficientemente acomodados. En su idea de reformar la institución presentó un proyecto para suspender las subvenciones a los alumnos, así como para cambiar los contenidos de la enseñanza dejando las matemáticas como única asignatura a impartir.

Frente a lo extraordinario de las propuestas, Gaspard Monge trató de disuadir a Napoleón argumentando que dichas reformas afectarían gravemente

---

165 Ibid, pp. 38-39

a la oficialidad y comprometerían el futuro de Francia, al impedir que científicos e ingenieros pudieran formar parte de las élites económicas y militares. El emperador autorizó entonces la militarización de la École, pasando a depender del Ministère des Armées. Esta decisión cambió completamente el sentido de la Escuela Politécnica obligando a los alumnos a convertirse en miembros del ejército desde su inscripción. Asimismo, la cuarta parte del profesorado tuvo que renunciar o directamente asumir su salida obligatoria de la institución.

En relación con sus campañas militares, hay que decir que la expedición a Egipto fue un fracaso, tanto desde el punto de vista militar como político. De los cerca de 50 000 efectivos que se desplazaron hasta la región africana, alrededor de 10 000 personas murieron como consecuencia de las enfermedades y de las picaduras de animales. Desde una perspectiva científica, es cierto que se realizaron destacadas investigaciones que culminaron con la creación del Instituto de Egipto. Entre sus cometidos estaban los de estudiar y publicar hechos históricos, naturales e industriales de Egipto, así como transmitir el progreso y la propagación de las «Luces» en la región. El número de miembros adscritos durante los tres años de ocupación llegaron al medio centenar, encontrándose entre ellos nombres como los de Quesnot, Fourier, Nouet, Monge o el propio Napoleón. Junto al descubrimiento de la piedra Rosetta, la expedición dirigida por Bonaparte creó una gran obra titulada *Description de l'Égypte*, iniciándose en 1801 y completándose en 1829, bajo la dirección inicial de Nicolas-Jacques Conté.

Si bien la ciencia ocupó un lugar relevante, no cabe duda de que si algo caracterizó el periodo napoleónico fueron sus conquistas militares. La *Grande Armée* se constituyó como la gran protagonista del ejército multinacional reunido por Bonaparte para conquistar Europa. Desde su nacimiento, la *Armée* estuvo formada por seis cuerpos de ejército bajo el mando de los mariscales del Imperio. La paulatina conquista de territorios hizo que su envergadura fuese extendiéndose, llegando a conformar una tropa de más de 700 000 efectivos en 1812, justo antes del intento de invasión de Rusia. Al llamamiento a filas acudieron hombres de distintos países, desde bávaros, sajones o austríacos, pasando por polacos, italianos o croatas, entre otros.

Además de la política y la estrategia, Napoleón acudió a otros conceptos experimentales como la logística, la industrialización y la tecnología para acompañar y auxiliar a sus ejércitos. De hecho, sus objetivos políticos siempre necesitaron de medios militares adecuados y de una movilización de recursos en franca proporción a los primeros. No bastaba con tener un ejército si no se disponía de una movilidad que permitiera estar en lugares y posiciones precisas para alcanzar nuevos objetivos. La efectividad en el movimiento de sus tropas era crucial para mejorar el rendimiento en las operaciones militares y anticiparse a sus adversarios. Para lograrlo, no solo la caballería y la infantería fueron vitales, sino también los llamados «pontoneros» o constructores de puentes, necesarios para el desplazamiento de las divisiones a través de las marcas fluviales y barrancos antes de un combate[166].

El talento y las capacidades de los pontoneros posibilitaron a Napoleón Bonaparte sorprender al enemigo cuando menos lo esperaba. En casos de retirada, como en la salida de Moscú, el ejército francés pudo salvar miles de vidas en la batalla de Beresina, actual Bielorrusia, en noviembre de 1812, gracias a la utilización de los puentes que impidieron ser atrapados y aniquilados por las tropas rusas de los generales Mijaíl Kutúzov, Peter Wittgenstein y del almirante Pável Chichágov. La admiración por los pontoneros llegó a ser tan importante que Napoleón dispuso de hasta 14 compañías dentro de su ejército.

A pesar de terminar derrotado, Napoleón fue determinante en el crecimiento tecnológico armamentístico de Francia.

En consecuencia, los puentes pasaron a convertirse en un elemento técnico de primer orden. En 1859, el novelista y dramaturgo francés Honoré de Balzac (1859), en su relato titulado *El médico de la campiña*, llegaría a escribir lo siguiente sobre los pontoneros:

> El águila imperial mareaba cabizbaja y silenciosa. El cañón del fusil estaba tan frío que, al cogerlo, quemaba la mano. Llegamos al Bérézina, y allí es donde puede decirse que el ejército fue salvado por los pontoneros, que trabajaron de un modo admirable, y en donde se portó tan bizarramente Goudrin, que es el único que vive de aquellos hombres, que, despreciando los peligros, se introdujeron en el agua, con objeto de construir el puente, que sirvió de paso al ejército. [...] el emperador continuó, de pie e inmóvil sobre aquel puente, y sin tener frío [...] contemplaba la pérdida de sus tesoros, de sus amigos, de sus viejos egipcios. Todo aparecía destruido ante su vista. Los más valientes conservaban las águilas, porque las águilas, sabedlo, era la Francia. (p. 97)

---

166 Franco Sánchez, C. (noviembre de 2011). Organización y tecnología de armas del ejército napoleónico. *Magister Historia Militar y Pensamiento Estratégico*, 2-3.

El desplazamiento del ejército también incluía la protección de los puertos, de ciudades y pueblos que, a su vez, tenían el cometido de preservar las vías de comunicación en el Imperio. Para ello, Napoleón ordenó la construcción de fuertes y campamentos a lo largo de caminos y carreteras, desde los que se vigilaba mediante patrullas cualquier maniobra hostil del enemigo. Al mismo tiempo, se puso en marcha un sistema logístico de abastecimiento de alimentos, armas y equipos. Bonaparte ideó un sistema específico para su artillería de campaña haciéndola más ligera, normalizando los calibres y agilizando el montaje de avantrenes y cureñas.

Napoleón supervisaba personalmente la producción de armamento y de municiones, así como el funcionamiento de las escuelas, las cuales eran gestionadas con la ayuda del amplio cuerpo de funcionarios a su servicio. Durante las batallas y antes de las cargas de caballería e infantería, los cañones eran colocados en baterías para desgastar las formaciones enemigas. Basándose en su experiencia como oficial de artillería, dividió su cuerpo artillero en cuatro categorías: de costa, de plaza, de asedio y de campaña. La artillería de campaña vivió una reestructuración y estandarización que abarcó desde las municiones hasta las herramientas para su reparación, reduciendo así el número de cañones en razón al peso que disparaban, que variaba entre cuatro, ocho y 12 libras[167].

Otra mejora crucial fue la reducción del grosor de los tubos, que permitió la disminución del peso de las piezas a la mitad. Para ello, Napoleón utilizó las nuevas aportaciones técnicas que hacían posible la fundición de los cañones en un solo bloque, para después ser vaciados mediante la utilización de perforadoras rotatorias. La artillería logró de este modo aumentar el alcance, gracias al uso de balas más esféricas y con un mejor rematado y calibrado. Los cuerpos de artillería comenzaron a manejar cargas prefabricadas de pólvora a modo de cartuchos. Se sustituyeron los viejos sistemas de cuñas por el de tornillos elevadores, pudiendo ajustar con mayor precisión los objetivos y la puntería. Con todo, una pieza de campaña de 12 libras podía llegar a las dos toneladas de peso, por lo que también hubo que aumentar los diámetros de las ruedas para obtener mayores prestaciones en terrenos irregulares.

A todo ello se añadieron nuevas formas de diseño en los vehículos utilizados durante los combates como cureñas, avantrenes, armones, etc., utilizándose solo dos tamaños de ruedas que pudieran ser intercambiables. La munición pasó a estar compartimentada en diferentes tipos de armones haciendo más rápido y efectivo su uso. Se instalaron pequeños cofres con capacidad para hasta 18 cartu-

---

167 Ibid, p. 6.

chos de bala en las cureñas, fabricándose arneses más ligeros para la caballería de tiro y proporcionando mayor agilidad y rapidez a la hora de disparar los primeros proyectiles. En definitiva, la industrialización y la introducción de innovaciones en la artillería permitieron al ejército napoleónico la movilización a gran escala en el menor tiempo posible. La estandarización de la munición y de los cañones proporcionaron un mejor adiestramiento, además de favorecer las condiciones de las tropas en el campo de batalla.

La normalización del armamento se extendió también a la fabricación de fusiles para la infantería. La llegada de Napoleón a la cúspide del poder militar proporcionó la fabricación de la primera arma científica y normalizada. El nuevo fusil mantenía la calidad y la posibilidad de realizar controles para su verificación en cada una de sus piezas, gracias a la invención de un modelo estándar. El *Charleville* o Modéle 1777 Corrigé An IX, fue el arma reglamentaria del Ejército Imperial de Napoleón entre 1800 y 1815. Se trataba del antiguo fusil de 1777 modificado y mejorado. Su calibre de 17,5 milímetros era inferior al de su mayor competidor, el fusil inglés Brown Bess. En todo caso, la elección de dicho calibre se realizó para reducir el peso de los pertrechos durante los combates. Aun así, sus características le dotaban de una eficacia singular al ser empleado de manera masiva con disparos en grandes formaciones y produciendo un tercio de las bajas en combate.

> […] el mosquete de chispa modelo 1777 fue el resultado de las modificaciones realizadas en los distintos modelos producidos anteriormente. Se prestó especial atención a la intercambiabilidad de piezas de un arma a otra, precursora de las técnicas modernas de producción en masa […] El arma pesaba unos 5 kilogramos, tenía una precisión de hasta 80 metros y su bola esférica, con un calibre de 17,5 milímetros, era letal hasta los 200 metros. La velocidad de disparo era de entre tres y cinco disparos por minuto […] Según los estándares modernos, el modelo 1777 de ánima lisa era inexacto y lento de cargar, pero las tácticas de infantería de la época permitían […] filas de hombres que disparaban ráfagas disciplinadas, una subunidad disparaba mientras otras cargaban. De este modo se podía lanzar una eficaz lluvia de balas a breves intervalos antes de que los soldados atacaran con la bayoneta. (Traducción del texto de: G. G. Lepage, 2010, p. 126)

Las fuerzas conjuntas de la infantería, la caballería y la artillería lograron hacer frente a las estructuras militares presentadas por las alianzas europeas a comienzos del siglo xix. Napoleón consiguió derrotar a las diferentes coaliciones, innovando las tácticas militares, modificando y cambiando las formaciones con el propósito de obtener una mayor movilidad y potencia de fuego. A partir de 1803, se crearon los cuerpos de ejército formados por un máximo de cuatro divisiones. Cada uno de ellos podía llegar a estar integrado por 35 000 soldados y cada división podía disponer de 30 piezas de artillería. La preparación exigía que cada artillero pudiera hacer una o dos descargas por minuto, compensando la falta de precisión mediante la realización de disparos masivos que provocaban el debilitamiento de las formaciones enemigas.

La suma de los recursos tecnológicos y de una inmejorable estrategia política y económica propiciaron a Francia una buena parte de sus éxitos militares, amén de una privilegiada posición en Europa durante prácticamente dos décadas. Pocos hombres de Estado hasta entonces habían conseguido ser tan prácticos a la hora de controlar su país, sirviéndose de su inteligente relación con la ciencia y los científicos. De ellos obtuvo el apoyo y la idea revolucionaria de que la ciencia debía ser el gran instrumento para la liberación de los pueblos. Aunque de una forma singular, Bonaparte fue un político atraído por los avances científicos. Se ha argumentado que muchos de quienes le rodearon hasta su final, hombres eruditos llegados al poder, limitaron su obra científica. En cualquier caso, la figura de Napoleón despertó un interés que hoy no se entiende sin su proximidad a la comunidad científica. A mediados del siglo XIX, François de Chateaubriand (1848), en su libro *Memorias de ultratumba*, llegó a describir la personalidad militar y política de Napoleón Bonaparte, argumentando que:

> Bonaparte no es grande por sus palabras, ni por sus discursos, ni por sus escritos, ni por su amor a las libertades, que jamás tuvo ni jamás intentó establecer: es grande por haber creado un gobierno regular y poderoso, un código de leyes adoptado en diversos países, tribunales de justicia, escuelas, una administración fuerte, activa, inteligente y sobre la cual aun vivimos; es grande por haber resucitado, ilustrado y conducido superiormente la Italia; es grande por haber hecho renacer en Francia el orden del seno del caos por haber reedificado los altares, por haber reducido a furiosos demagogos, a orgullosos sabios, a volterianos ateos, a oradores de plaza, a asesinos de cárceles y de calles, a clubs de cadalsos; es grande por haber encadenado una turba anárquica, y por haber forzado a soldados sus iguales, a capitanes sus jefes o sus rivales, a doblegarse a su voluntad; y sobre todo por haber nacido de sí propio, por haber sabido hacerse obedecer de treinta y seis millones de súbditos en época en que ningún prestigio rodeaba los tronos; por haber desecho todos los ejércitos, cualquiera que fuese la diferencia de su fortuna y de su valor; por haber enseñado su nombre a los pueblos salvajes como a los pueblos civilizados; por haber sobrepujado a todos los vencedores que le precedieron y por haber llenado diez años con tales prodigios, que apenas hoy se pueden comprender. (pp. 162-163)

República e imperio. Napoleón III

Tanto la Revolución francesa como el régimen imperial de Napoleón dieron lugar a una serie de cambios importantes en Francia. En abril de 1814, las tropas de la Sexta Coalición llevaron al trono francés a Luis XVIII, hermano del rey Luis XVI. La nueva constitución dio paso a la igualdad de todos los ciudadanos ante la ley, conservando algunos privilegios para la propia monarquía y la nobleza. La muerte del monarca en septiembre de 1824, puso en el trono a su hermano, Carlos X, quien abdicaría después de las fuertes revueltas vividas en París en 1830. A partir de ese momento, la subida al poder de Luis Felipe de Orleans supuso un vuelco social y económico para el país, tras asumir su gobierno el apoyo de una burguesía dispuesta a encarnar el papel de la nueva clase dominante. A ello también contribuyó la rápida industrialización y el nacimiento del proletariado que más tarde plantaría cara al nuevo régimen. Después de casi 18 años de mandato, la Revolución de 1848 daría paso a una nueva etapa definida por la llegada de la Segunda República Francesa.

A diferencia de Gran Bretaña, Holanda o Bélgica, el modelo de industrialización en Francia sufrió un relativo «retraso», por lo que resulta difícil asumir que se diera una verdadera revolución. A partir de las últimas décadas del siglo XVIII su desarrollo fue gradual, alternándose periodos de aceleración y desaceleración. El fin de las guerras napoleónicas en 1815 devolvió el interés por retomar el avance tecnológico y la modernización en la industria, sobre todo entre 1840 y 1860, momento en el que Francia vivió una clara aceleración. En este contexto, mientras los ingleses se aventuraron hacia una revolución económica, los franceses quedaron aferrados a una revolución política en la que terminarían consolidándose muchas de las ideas que definirían el periodo contemporáneo. Conceptos como nacionalidad, ciudadanía, igualdad, libertad o constitucionalismo, relegaron necesariamente el progreso tecnológico a un momento posterior.

A comienzos del siglo XIX, la agricultura seguía teniendo un peso importante en la economía de todo el país, mostrando unas tasas de urbanización bajas, lejos todavía de países como Gran Bretaña o Alemania. En 1846, Francia conservaba un predominio rural de su población, representando las ciudades solo el 25% del total de residentes del país. A pesar de todo ello, durante la mayor parte del siglo XVIII se mantuvo como uno de los países más ricos de Europa, destacando el sector textil y muy especialmente la industria lanera. También comenzaron a adquirir cierto peso algunas industrias relacionadas con el algodón, haciéndose necesaria la importación de maquinaria procedente del Reino Unido. En la minería del carbón y en la metalurgia siguieron predominando los métodos antiguos de extracción y fundición, alternándose con el empleo de bombas de Newcomen y diferentes técnicas para el incremento en la producción de hierro.

Entre 1789 y 1815, Francia estuvo sometida a continuas guerras, lo que se tradujo en leves crecimientos en la economía. Entre los efectos negativos destacaron la pérdida de parte de su imperio colonial, además de los mercados externos para el abastecimiento. A todo ello hubo que sumar el continuo descenso de la población debido a las constantes movilizaciones destinadas a la guerra. La Revolución ya había provocado modificaciones significativas en la agricultura, aboliendo los derechos feudales y reforzando la pequeña y mediana propiedad. También la política educativa se vio favorecida por la proliferación de escuelas especializadas en disciplinas relacionadas con las ciencias y la ingeniería.

Gran parte de la mano de obra empleada durante la industrialización francesa del siglo XIX siguió afincada en las zonas rurales. Si bien las fábricas comenzaron a reclutar principalmente obreros, muchos centros industriales aún dependían en gran medida de los artesanos locales. Esta relación de dependencia hizo que perdieran el acceso directo a los mercados, quedando convertidos en asalariados y empleados en sus domicilios. Solo después de la ralentización vivida por la economía francesa entre 1860 y 1880, la industria comenzó a mostrar síntomas de modernización, iniciándose un periodo de adquisición masivo de máquinas de vapor. Simultáneamente al desarrollo de industrias relacionadas con la química o la metalurgia, fueron apareciendo otras supeditadas a la producción hidroeléctrica, la construcción, etc., en muchos casos financiadas por la banca y proporcionando un notable crecimiento a las sociedades anónimas.

La revolución de febrero de 1848 fue lo que propició la llegada al poder de la II República de Carlos Luis Napoleón Bonaparte, situación que se prolongaría durante su etapa como emperador de Francia entre 1852 y 1870. La constitución de la II República estableció una presidencia rígida, limitada a un máximo cuatro años sin posibilidades de reelección. A pesar de su presión para prolongar su mandato modificando la Carta Magna, la Asamblea nacional se opuso. Finalmente, en diciembre de 1851, argumentando la defensa de la democracia y el sufragio masculino, Luis Napoleón dio un golpe de Estado, dando paso de esta manera a la promulgación de una nueva constitución que reforzaba el poder ejecutivo. Tras la celebración de un nuevo plebiscito en noviembre de 1852, el país se transformó en un imperio. Un mes más tarde, Luis Bonaparte era nombrado emperador de Francia bajo el nombre de Napoleón III.

El flamante Imperio francés no tardó en poner de manifiesto su verdadero poder político y económico, iniciando una etapa marcada por un fuerte colonialismo y la decisión de hallar materias primas junto con el establecimiento de nuevos mercados. En 1860, el Tratado de Tientsin obligó a China a abrir sus puertos al comercio francés. En siete años, regiones como Indochina, Vietnam,

Laos y Camboya fueron anexionadas al nuevo Imperio. Apoyado en el ejército, la burguesía y la Iglesia, Napoleón III logró asegurar un periodo de avances y de crecimiento dotando al país de infraestructuras modernas, un sistema financiero, bancario y comercial, liquidando parte del retraso industrial acumulado respecto a Gran Bretaña. Entre los éxitos más notables de la época destacó el impulso dado a la ciudad de París, gracias al deseo del monarca y al trabajo del barón Haussmann, prefecto del Sena y verdadero artífice del cambio de imagen de la ciudad. También, bajo la iniciativa de la emperatriz Eugenia, se patrocinaron los ensayos de Louis Pasteur que condujeron al desarrollo de la vacuna contra la rabia, así como los proyectos de Ferdinand de Lesseps, responsable de la construcción del canal de Suez inaugurado en 1867.

Las campañas militares emprendidas por el emperador, el fracaso en el intento de llevar al trono mexicano a Maximiliano y, sobre todo, la derrota en la guerra franco-prusiana, provocaron la caída final de Napoleón III y el advenimiento de la III República. Para entonces, Francia había alcanzado un cierto grado de crecimiento económico, favoreciendo que muchos de sus empresarios alcanzaran un nivel de influencia política ciertamente relevante. Sin embargo, durante el nuevo periodo, la burguesía adinerada terminaría arrinconando de manera considerable a la antigua aristocracia francesa, consolidando su posición en los niveles más destacados del poder social y económico del país.

Grabado de Napoleón III de Francia.

Aunque siempre por detrás de Gran Bretaña y Alemania, la industria pesada francesa tuvo un destacado auge en el volumen de producción, impulsando las exportaciones en bienes de consumo. Las nuevas tecnologías aplicadas al campo dieron un mayor dinamismo a la industrialización de productos agrícolas como la seda o el vino. Paralelamente, la dispersión de pequeñas empresas por todo el país favoreció la creación de grupos de presión política que demandaban una estabilidad y una nueva política tributaria al gobierno. Con la consolidación del crecimiento económico, comenzaron a surgir las primeras reivindicaciones obreras por parte del proletariado urbano asentado en las principales ciudades. Esta situación llevó a los distintos gobiernos a buscar apoyo político entre las masas campesinas donde se encontraba el mayor porcentaje de propietarios del país. Jules Ferry, presidente del Consejo de Ministros en 1880, llegaría a decir al respecto:

La República […] está hecha por el consenso de intereses y de voluntades, por el espíritu de transacción, por el amor al orden y al progreso, por la confianza laboriosa y definitivamente conquistada por este gran pueblo de campesinos de Francia. […] La República será la República de los campesinos o no será. (Arcocha Mendinueta, 2017, p. 15)

Ferry, partidario de la centralización de cuestiones como la organización del ejército, la industria, el sistema de salud o la educación, promovió la creación de consejos municipales conocidos como «instalaciones comunales de poder», con el objetivo de involucrar a los campesinos en la política local. Esta participación rural buscaba generar un consenso a nivel nacional sobre los valores de la unidad y la democracia. La sensibilidad del gobierno republicano por las economías locales quedó igualmente justificada al aprobar la reducción del servicio militar a solo tres años en 1871. La causa de esta decisión no era otra que las consecuencias que provocaba la prolongada ausencia de los hombres en los trabajos vinculados a la agricultura y en el crecimiento demográfico.

En definitiva, una gran parte de la modernización del país pasó a depender del amparo y la protección del gobierno francés, tal y como había venido sucediendo en la época imperial. De este modo, el ferrocarril comenzó un periodo de expansión y desarrollo llegando a las provincias más apartadas de los centros de poder y conectando muchas poblaciones rurales. La extensión de la red ferroviaria francesa fue colosal en la segunda mitad del siglo XIX, llegando en el año 1900 a superar las instalaciones británicas en más de 8000 km. El Estado pasó a controlar las concesiones, imponiendo los recorridos y las condiciones para su establecimiento, además de las subvenciones. Los acuerdos firmados en 1852 y 1859 contemplaron la cooperación entre el propio Estado y las empresas privadas, estableciéndose un sistema institucional y jurídico que se mantendría hasta 1921[168].

En el transcurso del último tercio del siglo XIX, Francia adquirió un notable reconocimiento internacional en el ámbito de la innovación científica y tecnológica. Al ideario del republicanismo francés se sumaron conceptos como el positivismo y el progreso en detrimento de la religión y la metafísica. Muestra

---

168 En efecto, el crecimiento del ferrocarril durante la segunda mitad del siglo fue sorprendente. En el año 1850, las líneas férreas construidas en Inglaterra habían alcanzado los 9757 km de longitud, mientras en Francia no llegaban a los 3000 km. En el año 1900, los más de 30000 km en funcionamiento en Gran Bretaña contrastaban con los más de 38000 en Francia. Merguer, M. (1999). Los ferrocarriles franceses desde sus orígenes a nuestros días: evolución del marco jurídico e institucional. En J. Vidal Olivares, M. Muñoz Rubio y J. Sanz Fernández (coord.). *Siglo y medio del ferrocarril en España, 1848-1998. Economía, industria y sociedad* (pp. 3-4). Alicante. Diputación Provincial de Alicante, Instituto Alicantino de Cultura Juan Gil-Albert.

de estos avances fueron la organización en 1889 de la Exposición Universal de París y la construcción de la Torre Eiffel, un éxito que devolvió a la capital francesa la condición de «gran ciudad global». Desde finales del siglo XIX, el progreso tecnológico en los países más desarrollados fue asumiéndose como una parte fundamental del crecimiento económico y de la modernidad. El desarrollo científico acabó personificando el concepto de Estado poderoso, definido por las preocupaciones internas y los asuntos derivados de las cuestiones internacionales. A ello contribuyó el afán expansionista, justificando la intervención en los nuevos conflictos territoriales surgidos de las guerras coloniales.

Defensa y poder. Las nuevas aplicaciones militares

La guerra moderna y las armas de repetición

A finales del siglo XIX y comienzos del siglo XX, el concepto de la guerra experimentó una transformación impulsada por los avances tecnológicos, especialmente por las armas de fuego automáticas. Junto a estos avances, la artillería adquirió mejoras significativas en calibre, alcance, precisión y potencia destructiva. El empleo de la pólvora sin humo, así como los vehículos a motor o el ferrocarril mejorado, fueron otros de los logros de la época. Del mismo modo, la fabricación de globos y dirigibles, el desarrollo de sistemas de telegrafía y avances en el tratamiento de heridos, entre otros, también influyeron en el nuevo pensamiento militar.

La tecnología transformó profundamente el concepto de guerra, donde el individuo fue perdiendo su valor frente a las nuevas armas y los medios de combate. Con ello, muchos tratadistas militares comenzaron a definir esta forma de enfrentamiento como guerra «moderna», en la que los fines políticos presentaban un papel determinante, tanto en la evaluación de las necesidades militares como en las consecuencias para el poder del Estado. En 1916, Juan de Castro, profesor de la Escuela Central de Tiro, publicó el tratado *Los factores del triunfo en la guerra moderna*, donde apuntaba que «… las armas de toda clase parecen haber alcanzado el ápice de la perfección y desarrollo, como si la ciencia y la industria humanas hubiesen agotado sus fuentes para decidir el éxito de la lucha por la destructora virtud de sus brujescos artificios»[169].

Muchos gobiernos tomaron conciencia del papel crucial de las tecnologías aplicadas al armamento y la necesidad de mantenerse al día en la competencia por el control de la maquinaria militar. A finales del siglo XIX, algunos autores

---

169 de Castro, J. (1916). *Los factores del triunfo de la guerra moderna* (pp. 195-197). Toledo. Imprenta y Encuadernación del Colegio de María Cristina para Huérfanos de la Infantería.

empezaron a considerar la guerra como el principal impulsor del progreso de la civilización. La implicación de los ejércitos en los progresos técnicos afectó considerablemente a las estrategias y tácticas, dando lugar a la aparición de numerosas publicaciones, obras y diversos manuales específicos. La guerra moderna alcanzó una gran importancia necesitando una nueva logística y una administración para su preparación y ejecución. En este contexto, los países más implicados en el mantenimiento del *statu quo* promovieron la existencia de una industria militar avanzada con el fin de garantizar el sostenimiento del ejército en tiempos de paz[170].

A lo largo del tiempo, algunas de las aplicaciones tecnológicas empleadas en tiempos de guerra tuvieron sus orígenes más allá de los condicionantes bélicos o estratégicos. Un ejemplo de todo ello fue el descubrimiento del sonar, acrónimo del inglés *sound navigation and ranging*. Sus comienzos se hallan en la llamada piezoelectricidad, una propiedad que poseen ciertos materiales, los cuales, al ser sometidos a presiones o tensiones mecánicas, adquieren una polarización eléctrica que da lugar a una diferencia de potencial y de cargas en su superficie. Esta característica fue observada por primera vez por los franceses Pierre y Jacques Curie en 1881, y posteriormente desarrollada por el ingeniero Paul Langevin, dando lugar a los llamados transductores de ultrasonido. Apoyándose en las propiedades piezoeléctricas del cuarzo, Langevin desarrolló en 1917 el primer sonar submarino.

Por el contrario, otras armas y artefactos fueron expresamente desarrollados para la guerra. El deseo de los ejércitos por tener armas con un disparo rápido y continuado acabó materializándose durante la segunda mitad del siglo XIX con el desarrollo del cartucho metálico y la retrocarga.

Las primeras ideas que conocemos sobre el disparo múltiple se deben a la visión del gran Leonardo da Vinci. Incluso antes de la aparición de la pólvora, ya se habían ideado armas de disparo múltiple. Se trataba de mecanismos que usaban distintas ballestas o arcos encajados en un armazón con un sistema de disparo único, cuyo principal inconveniente era su recarga y fragilidad. Leonardo tuvo que diseñar armas mientras permaneció al servicio de la familia Sforza. En sus cuadernos dejó plasmados proyectos de primitivos tanques para el combate armados con cañones, carros con espadas afiladas y máquinas con disparos múltiples accionados a base de pólvora. Sin embargo, la mayoría de estos diseños nunca fueron llevados a la práctica, sirviendo solamente como inspiración para construcciones futuras.

---

170 Pinto Cebrián, F. (2017). El concepto de «guerra moderna» y las nuevas ciencias y tecnologías de aplicación militar. En M. Gajate Bajo y L. González Piote (Eds.). *Guerra y Tecnología. Interacción desde la Antigüedad al Presente*. Madrid. Fundación Ramón Areces, pp. 264-265.

En 1457, el general veneciano Bartollomeo Colleoni empleó los primeros cañones múltiples agrupados en baterías montados sobre carros de madera en la batalla de Piccardini. A comienzos del siglo XVI, se idearon armas con hasta 50 bocas de fuego. En general, todas estas armas tuvieron un éxito moderado debido a su gran peso y a la necesidad de recargar cada cañón individualmente, lo que dificultaba los movimientos en el combate. En 1718, un británico llamado James Puckle patentó un arma de repetición capaz de realizar nueve disparos por minuto, considerada por muchos como el precursor de la ametralladora. Apasionado por la tecnología, Puckle ideó un cañón que, montado sobre un trípode, giraba libremente en un plano horizontal. Con un calibre de 32 milímetros, la mayor innovación fue su sistema de alimentación, similar al que posteriormente utilizaría el revólver. Una manivela permitía el movimiento giratorio de un tambor recambiable, conteniendo entre seis y 11 contenedores cilíndricos en los que se introducían los proyectiles.

James Puckle logró fundar una compañía con la que comercializar su arma, argumentando que su cometido no era otro que el de defender al monarca británico. Debido a su excelente maniobrabilidad y puntería, el duque de Montagu adquirió algunas armas para que fueran instaladas en sus barcos. Su diseño fue considerado idóneo para la armada, especialmente por la efectividad que podía ofrecer contra objetivos móviles y frente a los barcos piratas. A pesar de todas estas cualidades, el arma terminó fracasando comercialmente, argumentándose entonces que el ingenio solo había logrado dañar a los inversores de la compañía de Puckle[171].

En Francia también se llevaron a cabo intentos por desarrollar un arma de disparo múltiple, apareciendo en 1851 la conocida «mitrailleuse» o ametralladora Montigny. Compuesta por 37 cañones montados en un cañón mayor, cada uno equipado con un sistema de carga mediante una placa base en la parte posterior con los 37 cartuchos. Estos cartuchos eran disparados mediante una manivela que, al ser accionada, permitía su avance progresivo y liberaba unas agujas percutoras que golpeaban la base de los mismos. La recarga del arma se realizaba desmontando completamente dicha base o reemplazando la placa de cartuchos, permitiendo una cadencia estimada de alrededor de 300 disparos por minuto.

Sin embargo, la primera gran arma de repetición fue la ametralladora Gatling. Nacido en Connecticut en septiembre de 1818, Richard Jordan Gatling

---

171 Segura García, G. (10 de julio de 2019). La pistola de Puckle, el primer paso hacia la ametralladora. *National Geographic*. Artículo: https://historia.nationalgeographic.com.es/a/pistola-puckle-primer-paso-hacia-ametrallado-ra_14521#:~:text=El%20brit%C3%A1nico%20James%20Puckle%20patent%C3%B3,un%20precedente%20de%20la%20ametralladora

estudió medicina en Ohio, mostrando también grandes aptitudes para la mecánica. Dedicado en cuerpo y alma a la maquinaria agrícola, patentó varios ingenios como una plantadora de algodón o una sembradora de arroz. Observando sus cualidades en el campo de la mecánica, el coronel del ejército norteamericano R. A. Maxwell no tardó en sugerirle que ideara un arma de repetición. Así, en 1861, Gatling creó una ametralladora que finalmente alcanzaría un éxito militar sin precedentes.

El arma constaba de seis a 10 cañones que giraban alrededor de un eje central mediante una manivela. A través de un muelle, la aguja de percusión se armaba, retrocediendo con el giro y soltándose sobre los cartuchos. El cargador se situaba en la parte superior y la alimentación se realizaba por gravedad. Con cada movimiento de la manivela se disparaba una bala mientras otra entraba en la recámara haciendo posible los disparos continuos. La ametralladora podía detonar hasta 200 disparos por minuto, algo imposible de conseguir por un solo tirador. Gatling pensó que un arma con estas características haría que las guerras fueran tan horribles que todos los países rechazarían cualquier conflicto bélico. Sin embargo, su inventor se equivocó.

La presentación del arma dejó a los mandos de la Unión sin palabras. Durante la primera demostración, se disparó una ráfaga continua de unos 150 proyectiles contra un grupo de maniquíes derribándolos en menos de un minuto. Al finalizar, uno de los oficiales presentes afirmó que solo el diablo podía haber permitido la fabricación de un arma tan devastadora. Su primera participación en combate fue en 1865, dejando un panorama desolador. Benjamin Butler, general de la Unión, llegó a recibir el sobrenombre de «La Bestia», al adquirir 12 ametralladoras Gatling pagadas por él mismo para dirigir el asedio de Petersburg, en Virginia. Fue el propio Butler quien puso a punto todas las armas disparando contra objetivos vivos. Se ha escrito al respecto que incluso llegó a ordenar que algunas ráfagas fueran dirigidas contra civiles, siendo ejecutados varios prisioneros de la misma forma. Este episodio dio lugar a un gran revuelo entre los políticos norteamericanos, llegando a barajar la posibilidad de su prohibición y de la ruptura de los contratos ya firmados. Sin embargo, para entonces la Gatling ya había llegado a otros países.

Aquel mismo año, solo unos meses después de su presentación, la Guerra de Secesión concluyó. Impactado por el poder del arma, un observador militar francés, el mayor R. Maldon, remitió un informe dirigido a Napoleón III para que adquiriese la ametralladora. El gobierno francés no tardó en ponerse en contacto con Gatling, iniciándose unas negociaciones que darían lugar a la petición para la fabricación y el envío de 100 armas de repetición. Sin embargo, tanto el ejército de la Unión como el gobierno de los Estados Unidos prohibieron la venta de arsenal bélico a países extranjeros. Una prohibición que finalizó poco después, en 1866. El veto definitivo a la venta de la Gatling se levantó en 1870, y naciones como Gran Bretaña, Rusia, China, Marruecos, Japón y Chile no dudaron en hacerse con ella.

Entre 1879 y 1880 la ametralladora fue utilizada por los ejércitos de Bolivia y Perú contra tropas chilenas en la batalla de Tacna. Un armamento similar fue enviado al ejército canadiense que las aprovechó en la revuelta de Saskatchewan, en 1885, masacrando al pueblo métis, una etnia francomestiza asentada en el interior de Canadá. Del mismo modo, las Fuerzas Federales de México utilizaron un buen número de armas Gatling durante la Revolución. Se ha llegado a escribir que solo cuatro ametralladoras bastaron para que el ejército ruso detuviera una carga de la caballería turca que hasta esos momentos había sido invencible. La realidad es que el gobierno ruso adquirió hasta 400 de estos artefactos militares para ser utilizadas en su expansión por Asia Central. La fabricación y la venta de este tipo de armas de repetición llegó hasta Egipto y China, siendo decisivas en el levantamiento de los bóxers en 1904 y provocando numerosas bajas. Estados Unidos vendió igualmente armamento Gatling durante la Guerra de Unificación de Japón, siendo utilizada contra el último de los samuráis del país.

Si bien en las primeras décadas las ametralladoras Gatling fueron adquiriendo fama, su constatación como una de las invenciones militares más mortales fue gracias a su empleo por las potencias europeas durante la expansión colonial ocurrida a finales del siglo xix. Las tropas británicas las desplegaron por primera vez durante las guerras anglo-asantes, en la actual Ghana, entre 1873 y 1874. En julio de 1879, en la batalla de Ulundi, el ejército utilizó dos ametralladoras Gatling, derrotando a Cetshwayo, último rey zulú y terminando con los deseos de independencia de su nación. También la Royal Navy las montó durante la guerra contra Egipto en 1882. Gran Bretaña pudo de esta forma reprimir numerosos levantamientos en la península arábiga contra los beduinos, frente a las tribus Mahdi en Sudán. En numerosos lugares de África, las Gatling adqui-

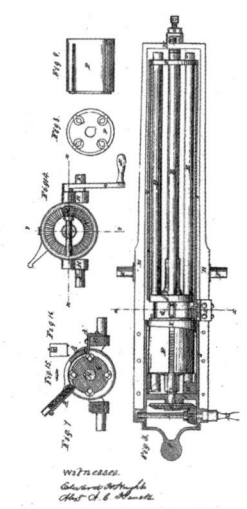

Detalle de la patente de la ametralladora de Richard Gatling.

rieron un dilatado reconocimiento por su capacidad para reprimir las revueltas, masacrando a quienes se enfrentaban a ellas. El coronel Percy Carnahan llegó a afirmar que con 1 000 de estas máquinas sería capaz de someter a todo el Sudán, dando muerte al pueblo Mahdi.

Guerras y conflictos desde la segunda mitad del siglo XIX hasta la Primera Guerra Mundial

Guerra/conflicto	Innovaciones técnicas
Guerra de Crimea (1845-1855)	Aparición del primer cuerpo de enfermería y corresponsales de guerra. Primeras fotografías
Guerra de Italia (1859)	-
Guerra de Secesión (1861-1865)	Primera utilización estratégica del ferrocarril para la concentración de tropas, traslados, etc.
Guerra Austro-Prusiana (1866)	Necesidad de nuevas comunicaciones y de mejorar el rendimiento del ferrocarril. Insuficiencias de orden técnico y escasa participación de la caballería
Guerra Franco-Prusiana (1870-1871)	Necesidad de un Estado Mayor para la estrategia. Fortificaciones frente a los nuevos materiales y la potencia artillera. Camuflaje de la infantería
Guerra Ruso-Turca (1877-1878)	Importancia del fuego artillero. Capacidad de las armas de infantería con alcance de más de 1 000 metros
Guerra de los Boers (1899-1907)	Preparación artillera y de la disciplina de los mandos
Guerra Ruso-Japonesa (1904-1905)	Movimiento de tropas y del apoyo de la artillería a la infantería
Primera Guerra Mundial (1914-1918)	Ferrocarril. Depósitos logísticos. Aparición de los carros de combate. Empleo de la aviación. Armas submarinas y químicas

Fuente: Pinto Cebrián, F., op. cit., pp. 264-265.

Al margen de la superioridad tecnológica de las armas de repetición, los numerosos conflictos armados ocurridos en Europa y América durante la segunda mitad del siglo XIX dieron como resultado la utilización de nuevas aplicaciones técnicas, además de la transformación de un buen número de utilidades tecnológicas concebidas con anterioridad. Así, por ejemplo, la guerra desarrollada en Crimea fue el primer gran enfrentamiento bélico fotografiado a gran escala, empleándose de manera generalizada el telégrafo como medio de comunicación. La participación de la industria del acero fue igualmente esencial para la fabricación de cañones, fusiles y otras armas de fuego.

La Guerra de Secesión en el continente americano representó la primera contienda en la que se produjo un esfuerzo industrial íntegro para lograr la victoria sobre el bando enemigo. Las tropas del Norte utilizaron ferrocarriles, barcos de vapor armados y la tecnología más avanzada en la fabricación de armas y equipamiento militar. Además, se emplearon tácticas de desgaste y de destrucción masiva de recursos, afectando directamente a la población civil. Esta conducta se convertiría en un patrón común en los conflictos del siglo xx. A partir de la batalla de Gettysburg en 1863, la Unión duplicó su producción de acero hasta la finalización del enfrentamiento en 1865, manteniéndose en unos índices elevados durante la década posterior. Durante la guerra aparecieron armas mejoradas como el rifle de repetición Winchester, lo que resultó en una pérdida total de vidas humanas que llegó a alcanzar el medio millón de personas[172].

Entre 1870 y 1871, la Guerra franco-prusiana supuso la culminación del empleo del acero para fines militares, dando lugar a un modelo tecnológico específico de producción, especialmente en la industria pesada de guerra en Alemania. Entre estas destacarían las acerías Krupp del Ruhr o las fábricas Mauser de Obendorf, siendo estas últimas las responsables de la aparición, en 1871, del fusil de repetición que adquiriría el mismo nombre. La batalla de Sedán en 1870, representó el triunfo de las tecnologías vinculadas a la industria del acero. Este enfrentamiento resultó en la captura del emperador Napoleón III y una parte significativa de su ejército, inclinando la balanza a favor de Prusia y sus aliados. Aunque la rendición del monarca no puso fin al conflicto, desencadenó un levantamiento popular en París que terminó con la proclamación de la Tercera República y el establecimiento de un Gobierno de Defensa Nacional presidido por Louis Jules Trochu. Provistos de un armamento moderno, el ejército prusiano puso sitio a la ciudad de París en 1871 provocando la muerte por inanición de muchos ciudadanos. Ante esta situación, el gobierno francés aceptó negociar un armisticio en Versalles, demostrándose una vez más la importancia del rendimiento industrial y del progreso tecnológico.

La consolidación del capitalismo dentro de las economías más desarrolladas a lo largo del siglo xix, junto con el proceso de industrialización, desencadenó transformaciones tecnológicas significativas, incluyendo el ámbito armamentístico. Estos cambios alimentaron nuevos conceptos como la guerra total y alteraron aspectos tan importantes como la estrategia y la logística. A finales de siglo, las sociedades occidentales comenzaron a entender la guerra como un fenómeno

---

172 Cayuela Fernández, J. G. (2000). Guerra, industria y tecnología en la Edad Contemporánea. *Studia histórica. Historia Contemporánea*, 18, 183-184.

claramente vinculado con los avances técnicos, dando valor a la capacidad para producir una destrucción masiva de territorios y población. Esto marcó un nuevo rumbo hacia la toma de decisiones basadas en el poder. La Tecnología, el mercado y el crecimiento a gran escala pasaron a ser determinantes entre las regiones del «Norte» definidas por un fuerte desarrollo, mientras que el «Sur» era dependiente de las primeras. Solamente con el sometimiento de las regiones menos desarrolladas, pero saturadas de recursos, se pueden entender las siguientes décadas, caracterizadas por un colonialismo e imperialismo sin precedentes.

La expansión del poder. El colonialismo en el desarrollo tecnológico

Además del progreso y del poder logrado gracias a la tecnología y la industria, el siglo xix deparó otro de los acontecimientos más importantes que terminaría afectando a la práctica totalidad del planeta. La ocupación y la explotación de África, además de una gran parte de Asia, dio lugar a una nueva forma de colonialismo conocido como imperialismo europeo. Este se diferenció de otras etapas análogas precedentes en dos aspectos fundamentales: su extensión y su legado social, político y económico. En efecto, hacia 1800 los europeos dominaban aproximadamente el 35 % de los territorios, cifra que aumentó al 67 % en 1878 y alcanzó el 84 % en 1914. Solo Gran Bretaña, con una población de 20 millones de habitantes y casi un área de 4 millones de km², multiplicó por 20 su censo, aumentado siete veces las tierras conquistadas en el transcurso del siguiente siglo[173].

En estos últimos años se han argumentado diferentes causas por las que Europa se lanzó a la nueva conquista de territorios más allá de sus propias fronteras. Para un grupo importante de historiadores, el imperialismo fue el resultado de los desequilibrios surgidos de las misiones europeas después de producirse una serie de conflictos con las sociedades indígenas. Más allá de estas generalizaciones, Francia se vio abocada a formar un imperio después de la pérdida de prestigio ocurrida tras la guerra contra Prusia. No obstante, la realidad fue que el nuevo imperialismo procuró territorios sumisos, tanto política como económicamente, considerados rentables y beneficiosos para las metrópolis europeas.

> Tenemos en nuestras manos el poder moral, físico y mecánico; el primero, basado en la Biblia; el segundo, en la maravillosa adaptación de la raza anglosajona a todos los climas, situaciones y circunstancias; […] el tercero, nos fue legado por el inmortal Watt. Gracias a su invención todos los ríos se nos abren, el tiempo y las distancias se acortan. Si se le permitiera a su

---

173 R. Headrick, D. (1989). *Los instrumentos del Imperio* (p. 9). Madrid. Alianza Editorial.

espíritu que fuera testigo del éxito de su invento aquí, en este mundo, no me imagino una aplicación que mereciese más su aprobación que ver las poderosas corrientes del Mississipi y el Amazonas, el Níger y el Nilo, el Indo y el Ganges, surcadas por centenares de buques de vapor que llevan la buena nueva de «paz a los hombres de buena voluntad» hasta los más oscuros lugares de la tierra que ahora están llenos de crueldad. (Laird y Oldfield, 1837, pp. 397-398)

Hacia 1885, el proceso de expansión pareció adquirir una importante aceleración por parte de algunas potencias europeas, transformándose en una verdadera carrera por conquistar los territorios todavía libres de ultramar. Tan solo una década después, países como Japón o Estados Unidos se sumaron al deseo de controlar los recursos naturales y humanos de África y Asia. Los gobiernos occidentales no dudaron en respaldar con capital estatal la conquista territorial y económica de regiones erosionadas por el subdesarrollo por lo que el colonialismo pasó de inmediato a transformarse en un nuevo concepto denominado imperialismo. En palabras de Hobsbawm: «... la creación de una economía global penetró de forma progresiva en los rincones más remotos del mundo con... transacciones económicas, comunicaciones y movimiento de productos, dinero y seres humanos que vinculaba a los países desarrollados entre sí y con el mundo subdesarrollado. De no haber sido por estos condicionantes, no habría existido una razón especial para que los estados europeos hubieran demostrado el menor interés por... la cuenca del Congo o... por un atolón del Pacífico»[174].

La lucha de las potencias colonialistas por las regiones de ultramar provocó un enfriamiento diplomático entre los distintos países. Esta rivalidad entre los estados fue inevitable, debido al poder que reclamaban los nacionalismos en Europa en nombre de la «civilización» y el «progreso». En 1896, las relaciones entre Gran Bretaña y Alemania alcanzaron un momento crítico como consecuencia de la cuestión bóer en Sudáfrica y la aparición de yacimientos de oro y diamantes en la región del Rand. Joseph Chamberlain, primer ministro británico, presentó al gobierno alemán un proyecto de alianza en 1898 con el objetivo de reforzar las posiciones inglesas en las zonas de África del Sur y Occidental. A pesar de todo ello, las aspiraciones imperialistas no evitaron que en las sucesivas guerras entre el imperio británico y el pueblo bóer se perdieran más de 75 000 vidas humanas.

Por otra parte, las tensiones entre Francia y Gran Bretaña también tuvieron su punto álgido en 1898, en la llamada Crisis de Faschoda. El objetivo británico

---

174 Briones Quiroz, F. y Medel Toro, J. C. (2010). El Imperialismo del siglo xix. *Tiempo y Espacio*, 18, 4.

siempre había sido la unión norte-sur mediante la construcción de la Cecil Rhodes o carretera Panafricana que debía unir la ciudad de El Cabo con El Cairo. Mientras, las necesidades francesas abogaban por una conexión entre el oeste y el este africano. El mayor problema se originó en la localidad sudanesa de Kodok, cuando ambas expediciones militares se encontraron. Esto desató una pugna por los derechos que ambos países pretendían tener sobre la cuenca del río. La indignación en Francia fue total, exigiendo a Gran Bretaña que abandonara el Sudán. Tras cinco semanas de tensión y cuando todo parecía indicar que se produciría un incidente armado entre ambas potencias, el gobierno francés cedió, debido a la inferioridad militar del país frente al poder británico. En marzo de 1899, los dos países firmaron un convenio en Londres estableciendo los límites de las distintas zonas de influencia en el África Central. Para entonces, la política exterior francesa ya había sufrido una profunda humillación.

Las explotaciones mineras siguieron justificando el interés por su control, al mismo tiempo que empezaron a demandar la construcción de líneas de ferrocarril. Muy similar fue la situación surgida de las explotaciones y plantaciones, decisivas también para las economías coloniales debido al interés de comerciantes y financieros en las distintas metrópolis. Precisamente, otro de los argumentos esgrimidos en su momento por Eric Hobsbawm fue el peso que produjo el colonialismo en la búsqueda y consolidación de los mercados. En palabras del historiador británico: «El imperialismo fue la consecuencia natural de una economía internacional basada en la rivalidad de varias economías industrializadas competidoras, hecho al que se sumaron las presiones económicas del decenio de 1880»[175].

Al mismo tiempo, la situación en América Latina estuvo determinada por el control económico y político. El continente americano fue la única región en la que no se apreciaron rivalidades por parte de las grandes potencias ni se desafió la conocida doctrina Monroe. Esta última, presentada por el presidente de los Estados Unidos, James Monroe, desarrolló la idea de que cualquier acto de agresión por parte de los europeos en América sería respondido con la intervención norteamericana. La doctrina fue pensada, especialmente, por John Quincy Adams en 1823, como una clara oposición al colonialismo y al intervencionismo europeo tras el periodo napoleónico.

En 1898, Estados Unidos intervino militarmente en Cuba y en Puerto Rico, en detrimento de los intereses que España tenía todavía en aquellas

---

175 Ibid, p. 5.

colonias, y contribuyendo a la independencia de ambos países. De igual modo, entre 1902 y 1903, después del bloqueo naval de las costas de Venezuela por parte de las marinas de guerra británica, alemana e italiana para exigir el pago de las deudas contraídas con dichas potencias coloniales, el presidente norteamericano Theodore Roosevelt estableció un Corolario ampliando los preceptos amparados por la doctrina Monroe. En él se advertía sobre las posibles consecuencias de la intervención europea si se perjudicaban los derechos o propiedades de ciudadanos o empresas estadounidenses. En tales casos, el gobierno procedería a intervenir para «reordenar» y restablecer sus derechos y patrimonio. Esta propuesta permitía una mayor libertad para intervenir en cualquier región de América, lo que originó una fuerte indignación por parte de muchos dirigentes europeos, siendo la más destacada la del kaiser Guillermo II. El bloqueo finalizó con la firma del *Protocolo de Washington*, en febrero de 1903. Sin embargo, Estados Unidos volvió a intervenir en las negociaciones con Colombia, donde Roosevelt reclamó los derechos norteamericanos sobre el istmo de Panamá, dando así lugar a una manera muy distinta de entender el colonialismo.

De regreso a Europa, varios de los factores que hicieron viable la ocupación colonial durante el siglo XIX, sobre todo en África y Asia, tuvieron que ver con el progreso tecnológico. Muchos líderes europeos se emplearon a fondo para construir un discurso que fuese capaz de convencer a las sociedades de las bondades del colonialismo, mientras en las regiones ocupadas se recurría a medios violentos para dominar a la población «primitiva» o «salvaje». Cecil Rhodes, hombre de negocios británico y ministro de la colonia de El Cabo, cuyo nombre fue utilizado para designar el territorio de Rhodesia, no dudó en reconocer las verdaderas intenciones del imperialismo colonial afirmando que:

> [...] nosotros debemos encontrar nuevas tierras de las cuales podremos fácilmente obtener materia prima, al mismo tiempo que podremos explotar la mano de obra esclava que está disponible de los nativos de las colonias. Las colonias serán también un lugar para los excedentes de los bienes producidos en nuestras fábricas. (de Souza Silva, 2008, p. 13)

Con la entrada de los imperios europeos en los territorios continentales de África y Asia, la tarea «civilizadora» quedó al margen en favor de la posesión de los abundantes recursos naturales y de una mano de obra barata. En opinión de los distintos gobiernos franceses, la colonización pasó a ser un deber vinculado a la política, más allá de los intereses demostrados en el campo económico o social. Además, los países con capacidad para colonizar facultaron a un número importante de científicos en los territorios ocupados, con el fin de practicar una ciencia dependiente de las tradiciones y culturas europeas. Un claro ejemplo de todo ello fueron las estaciones agrícolas experimentales donde se investigaron cultivos y plantas que luego resultaron ser de gran interés en Europa. Entre los productos más deseados destacaron la caña de azúcar, el cacao, el café, la planta de sisal o el algodón, siempre en beneficio de las metrópolis y en detrimento de las colonias ocupadas[176].

En diciembre de 1824, las diferencias entre la East India Company británica y el gobierno de Birmania terminaron en un conflicto armado que había durado dos años. Aunque con una tecnología todavía algo rudimentaria, en lo que a barcos de vapor se refiere, el *Enterprize*, pudo transportar tropas y correo desde Calcula a Rangún con cierto éxito. A este le acompañaron otros barcos armados como el *Pluto* y sobre todo el *Diana*, conocido por los birmanos como el «fuego del diablo», utilizados para la captura y destrucción de la flota asiática. Al ver el potencial británico y las capacidades técnicas de su armada, el rey de Birmania solicitó al gobierno de Gran Bretaña la paz. Con la firma de la misma, la East India Company se anexionó Assam, además de las provincias de Arakan y Tenasserim[177].

El primer barco de vapor enviado a las costas de China fue el *Forbes*, en 1830. Entre sus cometidos estuvo el transporte entre Calcuta y Macao. Las incursiones británicas en aquel país provocaron el malestar de las autoridades, sobre todo después del ataque al navío *Jardine* mientras navegaba por el río Chu Kiang. El incidente animó a los comerciantes británicos a solicitar al gobierno de Gran Bretaña una expedición que castigara el ataque al *Jardine*. Por aquel entonces, Henry John Temple, secretario de Exteriores y conocido como Lord Palmerston, creyó que la guerra con China sería inevitable, llegando a afirmar que esperaba poner al país de «rodillas» después de controlar el comercio costero. En febrero de 1840, el lord Gilbert Ellion justificó la invasión de la siguiente manera:

> Espero que puedas enviar una fuerza respetable con la expedición. La simple ocupación de una isla no requerirá mucho, pero creo muy probable que la toma de una o dos de sus ciudades o grandes depósitos comerciales en las rutas de comunicación en el interior, pero que sean accesibles desde el mar, pueda ser muy deseable; y para ello se necesitará una fuerza de tropas considerable. [...] Después de todo, lo que hemos emprendido no es ni más ni menos que la conquista de China. Creo que [...] debemos

---

176 de Souza Silva, J (2004). La farsa del "Desarrollo". Del colonialismo imperial al imperialismo sin colonias. *La cuestión social y la formación profesional en trabajo social en el contexto de las nuevas relaciones de poder y la diversidad latinoamericana.* XVIII Seminario Latinoamericano de Escuelas de Trabajo Social. San José, Costa Rica. Buenos Aires. Espacio Editorial. pp. 13-15
177 R. Headrick, D., op. cit., pp. 24-25.

solicitar del Gobierno indio todos los vapores que nos pueda proporcionar, ya que nosotros no disponemos de ninguno apropiado para un viaje así, excepto algunos gigantes de gran calado que serían de poca utilidad en las operaciones costeras y fluviales, y además consumen una gran cantidad de combustible. (R. Headrick, op. cit., p. 46)

Los planes de guerra contra China incluyeron técnicas tradicionales de combate con veleros e infantería. Sin embargo, el gobierno británico decidió enviar cuatro navíos modernos, entre los que se encontraban el *Phlegethon* y el *Némesis*. Este último representaba lo mejor de la tecnología naval y de los astilleros de Portsmouth. Impulsado por dos máquinas Forrester de 60 caballos, estaba armado con dos cañones de 32 libras montados sobre pivotes, otros cinco de bronce de 6 libras, además de un lanzador de cohetes, lo que lo proporcionaban la capacidad suficiente como para perforar los muros de una fortaleza. El *Némesis* partió de Portsmouth el 28 de marzo de 1840, siendo el primer navío que rodeaba el cabo de Buena Esperanza. Después de algunas reparaciones en la bahía de Delagosa, se dirigió hacia Ceilán finalizando su viaje el 25 de noviembre en Macao.

Para entonces, el conflicto se había alargado cinco meses en una guerra que parecía no tener orden. Después de atacar la ciudad costera de Amoy, se iniciaron los preparativos para la ofensiva contra Cantón, contando entonces con varios barcos entre los que se encontraba el *Némesis*. El 7 de enero de 1841 se produjo el primer ataque por parte de la armada británica en el río Chu Kiang, mientras los chinos esperaban en Cantón. En poco tiempo los navíos de guerra, junto con la infantería de marina, ocuparon las fortificaciones chinas poco antes del asalto final. La flota china, armada con cañones pequeños y barcos inferiores no tardó en sucumbir dejando el camino libre a las tropas coloniales. Finalmente, la fuerza naval británica ocupó Cantón. Desde Gran Bretaña, su gobierno confió que China aceptaría la paz después de la destrucción de su flota y la captura de los fuertes de Bogue, Tinghai, Shanghái y Ningpo. En una carta del comodoro J. J. Gordon Bremer dirigida al conde de Auckland, describía la superioridad del *Némesis* del siguiente modo:

Continuando hacia Whampoa, se observaron otros tres fuertes desmantelados y a las 4 p.m. el «Némesis» entró en el embarcadero después de destruir (en combinación con los barcos) cinco fuertes, una batería, dos puestos militares y nueve juncos de guerra, en donde se tomaron ciento quince cañones y ocho lantacas. De esta forma se demostró al enemigo que la bandera británica puede ser desplegada en sus aguas interiores dónde y cuando quiera que nos parezca oportuno y contra cualquier defensa o actitud que ellos puedan adoptar para impedirlo. (R. Headrick, op. cit., p. 50)

China carecía del poder militar y tecnológico suficiente para frenar las aspiraciones coloniales procedentes de Europa. A pesar de su resistencia inicial, los chinos se vieron superados por la moderna armada británica en junio de 1842, cuando esta penetró en el río Yangtsé, o río Azul. Enfrentándose con apenas 16 juncos de guerra, unos 70 barcos mercantes y otros tantos de pesca requisados para la contienda naval, los chinos fueron derrotados durante la batalla de Woosung el 16 de junio del mismo año. Los navíos británicos apenas encontraron resistencia hundiendo las embarcaciones chinas y destruyendo la artillería distribuida por la ribera del Yangtsé. Tras solo un mes de combates, China reconoció la imposibilidad de vencer a sus enemigos obligando a su gobierno a firmar la paz. Una vez más, la tecnología del vapor demostraba su poder doblegando a un pueblo milenario como el chino.

Tras la primera guerra del Opio, Francia viviría una experiencia similar entre 1856 y 1860, debido a la pugna de intereses comerciales surgidos en la zona entre Francia, Gran Bretaña y China. La derrota de China en ambas contiendas forzó a las autoridades del país a permitir el comercio del opio según los criterios exigidos desde Europa. Franceses e ingleses coaccionaron a los chinos a firmar tratados desiguales, forzando la apertura de varios puertos al comercio exterior, además de incorporar la ciudad portuaria de Hong Kong a la corona británica, según lo estipulado en el Convenio de Nankín. Siguiendo el ejemplo anterior, otras naciones como Portugal consiguieron alianzas asimétricas con China, ampliando su dominio en puertos como el de Macao.

Durante el siglo XIX, la mayoría de las potencias europeas ya contaban con tecnologías y armamentos similares, lo que significaba que el resultado de las batallas dependía en gran medida de las tácticas empleadas y del número de máquinas adaptadas a la guerra. Sin embargo, las regiones colonizadas a partir de esa época sucumbieron de una manera incuestionable. Dicho de otro modo, los ejércitos europeos lograron ocupar grandes extensiones de Asia y África con un coste en bajas y en recursos considerablemente bajo.

Por otro lado, la experimentación tecnológica aplicada al armamento, secundada y auxiliada por los gobiernos europeos, dio como resultado un salto cualitativo y cuantitativo justo antes de que dieran comienzo las primeras oleadas masivas de colonizadores en los continentes africano y asiático. En 1848, Claude Etienne Minié, capitán francés, combinó dos innovaciones como eran la base hueca y la forma oblonga o alargada en una bala. El nuevo proyectil cilíndrico-ojival se mostró más preciso al conseguir más de un 94% de acierto en el blanco, lo que suponía todo un éxito respecto a los antiguos fusiles Brunswick. Solo un año después, el ejército francés comenzó a suministrar rifles Minié a sus tropas. Una situación parecida se produjo en 1853, cuando los británicos comenzaron a utilizar el Brown Bess, un fusil con un alcance que se aproximaba al kilómetro de distancia, superando en seis veces a sus predecesores. Cargado con cartuchos de papel, estos estaban provistos de la pólvora necesaria para disparar la bala. Tanto los Minié como los nuevos rifles británicos fueron probados en las colonias. Los ejércitos británicos probaron su armamento, especialmente el rifle Enfield, contra los xhosas en la guerra de Kaffir, en Sudáfrica, entre 1851 y 1852, pero sobre todo en la ocupación y colonización de la India[178].

El caso de China puede ser muy significativo, sobre todo si se tiene en cuenta que el país estuvo al frente de muchos avances científicos y tecnológicos hasta prácticamente el siglo xv. Sin embargo, en el siglo xix sus fusiles se habían quedado muy anticuados con respecto a los que manejaban los ejércitos occidentales. En cuanto a sus defensas, las fortificaciones de Taku o de Bogue se habían construido con arena y barro y carecían de fosos y bastiones. La artillería apenas había evolucionado y seguían utilizándose cañones excesivamente pesados. Tampoco los soldados birmanos habían logrado estar a la altura, ya que mantenían muros de defensa levantados en madera y bambú, además de carecer del número necesario de cañones.

En aquel entonces, la infantería utilizaba espadas y lanzas, siendo pocos los que podían portar un arma de fuego antigua con munición amartillada. En resumen, la tecnología continuaba otorgando un poder considerable a aquellos que tenían acceso a investigaciones y experimentos. Seguramente James Watt nunca llegó a imaginar que la máquina que estaba proyectando lograría cruzar los océanos y servir tan bien al poder de quienes aspiraban a controlar el mundo. Tampoco aquellos que lograron encontrar aleaciones más manejables para una sociedad que deseaba mejorar la industria y la vida civil. El capitán y novelista inglés del siglo xix, Frederick Marryat (1841), fue muy explícito al sugerir lo siguiente:

> Si los birmanos hubieran estado tan bien provistos de todo tipo de armas como lo estábamos nosotros, el país no hubiera sido dominado tan pronto como de hecho lo fue. Su sistema defensivo era bueno, su bravura indudable, pero no tenían armas eficaces. (pp. 80-82)

---

178 Fabricado en la British Ordenance Factory, en la localidad de Enfield, cerca de Londres, este rifle de percusión comenzó a ser utilizado alrededor de 1853 probándose por primera vez en la India. El cañón poseía un mejor proceso de fabricación, ganando en precisión y alcance. Las innovaciones consiguieron una importante mejora respecto a los utilizados solo unos años antes. En Rawding, F. W. (1991). *La rebelión de la India en 1857* (p. 21). Madrid. Akal.

El caso de la colonización de Argelia por parte de Francia es otro claro ejemplo de la importancia de los avances técnicos en la guerra. Su ocupación se hizo extremadamente costosa en medios y hombres al comprobar que los pueblos argelinos poseían armas de fuego con características muy similares a la de sus sitiadores, especialmente por las largas relaciones mantenidas con Europa. La fuerza designada para ocupar la región en 1830 estaba fuertemente equipada con decenas de cañones, obuses, morteros y fusiles. A pesar de todo, la resistencia argelina se fue haciendo más fuerte a medida que los franceses se adentraban en el interior. En estas circunstancias y creyendo que así obtendría ventaja, Francia firmó un tratado con el emir Abd-el Kader, líder indiscutible de la resistencia, comprometiéndose a vender armas y pólvora a sus partidarios.

En 1835, con un ejército mejor armado, el Kader atacó y derrotó a una fuerza francesa compuesta por más de 2500 soldados. Para obtener la paz, el gobierno francés tuvo nuevamente que ofrecer armas más modernas. Así, en uno de los protocolos secretos del tratado de Tafna, firmado en junio de 1837, el general Bugeaud prometió al emir el envío de 3000 rifles con su correspondiente munición. Abd-el Kader, aún insatisfecho, inició la compra a Gran Bretaña de otros 2000 rifles que fueron trasladados hasta Argelia a través del contrabando que se practicaba en Marruecos y Gibraltar. Lo cierto es que el emir llegó a tener un ejército de alrededor de 80000 efectivos lo suficientemente armados como para controlar el interior del país. En 1840 Francia decidió pasar nuevamente a la ofensiva persuadiendo a los británicos para que suspendieran el suministro de armas modernas. Sin embargo, ayudado de obreros y armeros españoles y franceses, el Kader pudo fabricar sus propios rifles en Tagdempt, sobre la cordillera del Atlas y cañones en Tlemcen, al noroeste de Argelia. El resultado fue que, en 1857, lograda la pacificación, Francia había perdido más de 23000 soldados y otros miles más como consecuencia de las enfermedades.

Las conquistas imperialistas en África estuvieron definidas por la marcada disparidad cultural y tecnológica entre el continente africano y Europa. Las posibilidades de los pueblos africanos para defenderse de las invasiones variaban considerablemente dependiendo de las regiones, así como de las condiciones sociales, económicas o ecológicas. Según las zonas y la climatología, elementos como la pólvora o las armas de fuego podían resultar inútiles debido a una excesiva humedad. A ello se sumaba la vegetación que hacía imposible el uso de caballos para el traslado de armas y víveres.

La introducción de armas de retrocarga por parte de los europeos a partir de 1870 incrementó significativamente el poder de colonización, ampliando aún más la brecha y el desequilibrio que ya existía a favor de los colonizadores. Para los africanos, los enfrentamientos suponían una lucha desesperada, mientras para los europeos se trataba de una especia de «caza», lo que se alejaba completamente de los conceptos una guerra propiamente dicha adquiridos durante siglos. La capacidad de disparo obtenida con la retrocarga anulaba prácticamente toda resistencia por parte de los poblados y las comunidades africanas, que pronto se veían obligadas a aceptar la implacable autoridad de sus conquistadores. Incluso, exploradores como Livingstone, Cameron o Barth se vieron obligados a portar rifles para la caza y la autodefensa.

Entre los exploradores que demostraron una conciencia colonizadora estuvo Henry Morton Stanley. En su expedición llevada a cabo entre 1877 y 1878, este encontró una fuerte resistencia entre el pueblo de Bumbireh, aldea ubicada muy cerca del lago Victoria. Este no dudó en utilizar su rifle preparado para la caza de elefantes contra una población que solo disponía de lanzas, arcos y flechas. En su recorrido por el Congo, el propio Stanley y los hombres que le acompañaban hicieron uso de sus Winchester y Snider. Finalmente, para su última gran incursión africana, encargó más de 500 rifles Remington con 100 000 cartuchos, 50 Winchester de repetición y una ametralladora Maxim, lo que supuso una demagogia más al tachar su misión como una expedición cultural y científica. Estos hechos serían criticados después por el cónsul de Gran Bretaña en Zanzíbar, Sir John Kirk, calificándolos como imprudentes por «... el uso del poder de las armas modernas de que disponía contra nativos que nunca habían oído el disparo de un arma de fuego»[179].

En cierta medida, estas prácticas se convirtieron en habituales durante la segunda mitad del siglo XIX. En el transcurso de los años 70 y 80, los estados europeos mostraron su arrogancia destacando las capacidades ofensivas de sus ejércitos, a la vez que se trazaban nuevas fronteras de manera caprichosa. Entre 1873 y 1874, el general Woseley venció a los Ashanti, uno de los tantos reinos africanos repartidos por el continente, gracias al apoyo de unos 6 500 soldados armados con fusiles Gatling y artillería de campaña. Del mismo modo, el pueblo senegalés Mahmadou fue aniquilado por 1 400 hombres equipados con armas modernas. Solo unos años más tarde comenzaron a llegar a África las ametralladoras Maxim, lo que provocó que las tropas coloniales apenas encontraran resistencia, demostrándose, una vez más, el desequilibrio existente entre las poblaciones africanas y los conquistadores europeos. Así, en 1897, un contingente de la Royal Niger Co., formado por 32 europeos y 507 soldados africanos provistos de cañones, fusiles y ametralladoras, derrotaron a un «ejército» de más de 30 000 hombres pertenecientes al emirato

---

179 R. Headrick, D., op. cit., pp. 102-103.

de Nupe de Sokoto, en el África Occidental. En la conquista de Sudán de 1898, de la que formó parte Winston Churchill, dentro de uno de los batallones de la British Camel Corps, este llegó a describir así la gran diferencia de medios para la guerra que existía:

> Pero en el momento crítico entró en escena la cañonera y, de repente, empezaron a brotar resplandores y llamas de las ametralladoras Maxim, de las armas de fuego rápido y de los rifles. El alcance era corto; el efecto tremendo. La terrible máquina, flotando graciosamente sobre el agua —como un bello demonio blanco— se quedó envuelta en humo. De las pendientes de las colinas de Kerreri que bajaban hasta el río, donde se amontonaban los miles de guerreros de vanguardia, brotaban nubes de polvo y fragmentos de roca. La carga de los derviches se deshizo en montones enmarañados. Las masas en la retaguardia dudaban irresolutas. Hacía demasiado calor incluso para ellos. [...] las balas se abrían paso a través de la carne, quebrando y fragmentando huesos; la sangre manaba de terribles heridas; los hombres valientes luchaban en medio de un infierno de metal silbante, explosiones de granadas y chorros de polvo, sufriendo, desesperando, muriendo. (R. Headrick, op. cit., pp. 104-105)

Durante la colonización del continente africano, no todas las acciones resultaron favorables para los expedicionarios, especialmente en lo que respecta a la mortalidad dentro de las filas del ejército británico. En 1840, el *United Service Journal and Naval and Military Magazine*, publicó un artículo en el que se hacía mención a la salud de las tropas desplegadas en África. Del contingente de soldados europeos desplazados a Sierra Leona, entre los años 1819 y 1836, prácticamente el 50% fallecieron. En 1825 estas cifras llegaron hasta el 78%, situación que no cambió en otras regiones como Costa de Oro. Quizá por ello no faltaron quienes describieron a África como una «tumba» para los europeos[180].

Ya fuera por la disentería, la fiebre amarilla, el tifus u otras enfermedades como la malaria, la realidad es que las bajas entre militares, misioneros y otras personas desplazadas hasta tierras africanas fueron muy elevadas durante el siglo XIX. Las diferentes variedades de malaria o paludismo causados por el protozoo *Plasmodium vivax* y el *Plasmodium falciparum*, no comenzaron a tratarse hasta la década de 1820, una vez que los franceses Pierre Joseph Pelletier y Joseph Bienaimé Caventou, lograron extraer la quinina. Hasta esos momentos, las fiebres

---

180 Curtin, P. (junio, 1968). Epidemiology and the Slave Trade. *Political Science Quarterly*, 83(2), pp. 203-211.

ocasionadas por la malaria se habían tratado a través de purgantes, sangrías y dietas, resultando ser poco efectivas. Jean André Antonini y François Clément Maillot observaron que dichas fiebres desaparecían después de administrar a los enfermos, entre 24 y 40 gramos de quinina. Las consecuencias fueron evidentes al mostrar que alrededor de cinco de cada 100 pacientes perdían la vida como consecuencia de los efectos de la malaria.

Una vez más, la ciencia volvía a contribuir al fortalecimiento de las políticas europeas en detrimento de los pueblos sometidos. En cualquier caso, los tratamientos con quinina tardaron en demostrar todos sus efectos profilácticos. A pesar de ello, los éxitos médicos se extendieron a los grandes proyectos de exploración europea en África, aumentando la intensidad de las incursiones y la culminación de muchas misiones compuestas por comerciantes, ingenieros, militares, etc. Esto contribuyó a restaurar el orgullo nacional de numerosos países hasta bien entrado el siglo xx, obteniendo el control militar y comercial de las principales rutas marítimas y terrestres.

Si bien es cierto que, durante la Segunda Revolución Industrial, algunos productos extraídos de las colonias se transformaron en elementos estratégicos, al inicio de la Primera Guerra Mundial la mayoría de los países europeos habían logrado una autosuficiencia, tanto desde el punto de vista energético como en la producción de materias primas. A pesar de esto, las colonias seguían siendo dependientes de sus metrópolis, que detentaban el poder económico y político. Solo una pequeña parte de la población nativa pudo colaborar con los gobiernos europeos, mientras que el resto sufría marginación y explotación, dando lugar a una profunda desigualdad social.

En consecuencia, el siglo xix supuso la culminación del proceso de exploración iniciado en el siglo xv. Ideas como el darwinismo se utilizaron para justificar el dominio europeo sobre el resto del mundo, generando tensiones políticas y sociales. Desde el punto de vista político, las consecuencias del colonialismo y posterior imperialismo dieron lugar a nuevos patrones de rivalidades y tensiones internacionales, cuyo fin no fue otro que el de lograr el control de las nuevas fronteras, alimentando el paradigma de lo que más tarde sería la Gran Guerra de 1914. Quizás por esta misma razón, muchos gobiernos y empresas se vieron en la necesidad de impulsar incontables partidas de gasto dirigidas a la investigación y el desarrollo tecnológico, buscando mantener su superioridad sobre el resto de las sociedades menos desarrolladas.

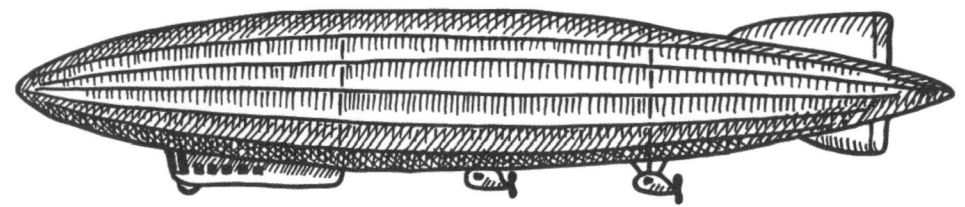

LA GLOBALIZACION TECNOLÓGICA. EL SIGLO XX

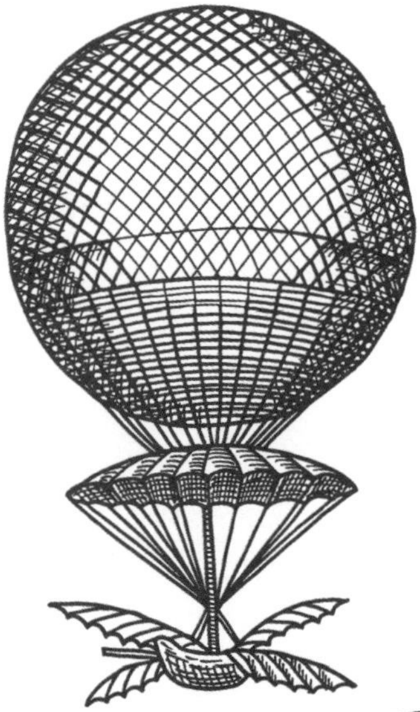

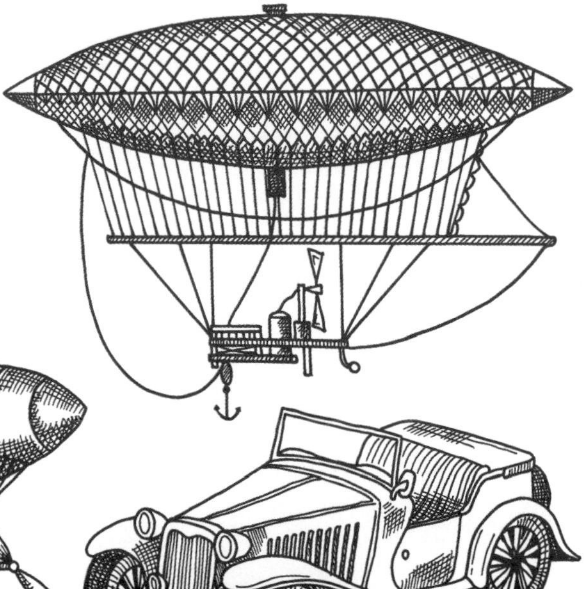

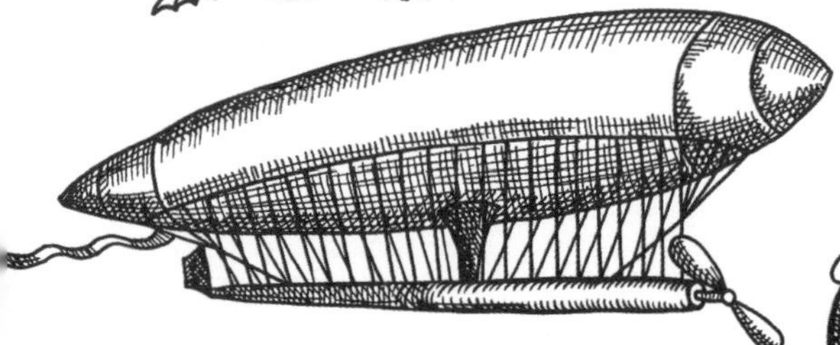

El petróleo. Instrumento de poder y control político

Conocido hace miles de años, el petróleo ya fue utilizado en Babilonia para la construcción de muros y torres. En Persia su empleo estuvo dirigido a usos medicinales y como fuente de iluminación en las clases altas de la sociedad. Algo muy similar sucedió en la provincia romana de Dacia, actual Rumanía y en manantiales situados en Agrigento, al sur de Sicilia, donde el petróleo emergía para ser empleado en lámparas en sustitución de otros aceites vegetales. Ya en el siglo IX, las calles de Bagdad solían estar pavimentadas con alquitrán, un derivado del mencionado hidrocarburo que se encontraba en algunas zonas la región. Con la llegada del nuevo milenio, la explotación de yacimientos petrolíferos se hizo habitual en los alrededores de Bakú y Azerbaiyán. Incluso Marco Polo observó en el siglo XIII la importancia del combustible al ser embarcado para obtener queroseno y otros productos inflamables con fines militares.

El empleo del bitumen o asfalto se remonta a los primeros asentamientos de grupos humanos en las márgenes del río Éufrates, donde posteriormente comenzó a ser aprovechado para calafatear pequeñas embarcaciones. Georggius Agricola, un alquimista y químico alemán considerado el fundador de la mineralogía moderna, publicó en 1553 su famosa obra *De Re Metallica*, en la que describía la elaboración y la preparación del petróleo como grasa para carros, que en ese entonces era de origen animal o vegetal. Este uso para moderar o atemperar su viscosidad es la primera referencia conocida del empleo de aceites minerales para fines prácticos, al margen de la construcción y otras utilidades dirigidas a la iluminación o la producción de calor[181].

Precisamente, la industria moderna del petróleo tuvo sus orígenes en Bakú, hacia 1837, tras establecerse la primera refinería para uso comercial. A partir de su destilación se comenzaron a obtener productos como la parafina, un aceite muy

---

181 El petróleo. Breve reseña de su historia e industrialización. Standard Oil Company Chile. Artículo en: https://obtiene-archivo.bcn.cl/obtieneimagen?id=documentos/10221.1/56310/2/198701.pdf

apreciado en lámparas y en calefacción. En 1846, se logró perforar hasta una profundidad de 21 metros, siendo la región de Azerbaiyán y en concreto su capital, Bakú, la principal productora de petróleo del mundo con alrededor del 90% del total de las extracciones. La incorporación de otros países a los procedimientos de perforación no tardó en crecer, siendo los primeros en acceder a su explotación Polonia, en 1854, Rumanía, en 1857 y Estados Unidos, solo un año después.

En agosto de 1859, en el estado de Pensilvania, se iniciaron las primeras excavaciones utilizando barrenos de hierro impulsados con máquinas de vapor. La idea había surgido unos años antes gracias al coronel Edwin L. Drake, quien sugirió la posibilidad de producir petróleo en aquellas tierras, conocidas después como la *Pennsylvania Rock Oil Co.* Con un sistema rudimentario que incluía un barreno revestido con un tubo metálico, una máquina de vapor para generar fuerza, una cuerda de cáñamo conectada al barreno y un malacate o cabrestante de madera, Drake logró construir el primer equipo de perforación moderno para la extracción de petróleo[182].

En 1870, John D. Rockefeller fundó la *Standard Oil Co.* en el estado de Ohio, convirtiéndola rápidamente en el principal competidor del mercado y generando una caída en los precios del petróleo. Antes de que finalizara el siglo, la Compañía se había extendido por todo el territorio de los Estados Unidos, llegando a los mercados internacionales y exportando crudo a China. Así, en 1890, la *Standard Oil* ya controlaba el 90% de las refinerías norteamericanas. Con la intensificación de las extracciones, tanto en Estados Unidos como en Rusia, el precio del barril continuó su descenso, pasando de los 2,56 a los 0,56 dólares, solo entre 1876 y 1892. A pesar de estas caídas, la llegada de los primeros automóviles a los mercados en 1896 provocó una nueva revolución tecnológica, dando lugar a nuevas subidas de los precios como consecuencia de la fuerte demanda global de petróleo.

A lo anterior se sumó la decisión de la marina británica de empezar a utilizar el petróleo como fuente de energía en sustitución del carbón. A partir de entonces, países como Estados Unidos y Reino Unido buscaron asegurar suministros confiables de combustible a precios razonables, convirtiendo el petróleo en un recurso fundamental para el poder económico y político durante todo el siglo XX. Finalizada la Primera Guerra Mundial, la influencia de los yacimientos en Bakú y Azerbaiyán en el mar Caspio pasaron a un segundo plano debido a la inestabilidad política de la zona, lo que llevó a las regiones del antiguo Imperio ruso a convertirse en las principales fuentes de suministro de petróleo. Con la ruptura en 1911

---

182 Ibid, pp. 10-11.

de la *Standard Oil*, alrededor de 34 compañías acabaron disolviéndose, muchas de las cuales terminarían constituyendo lo que después se conocería como las *Siete Hermanas* del petróleo[183].

En 1901, una vez descubiertos los pozos petrolíferos en Spindletop, en el estado de Texas, se fundaron la *Gulf Oil* y la *Texaco*. Asimismo, en 1907 se crearon la *Royal Dutch* y *Shell*, conformando la transnacional *Royal Dutch/Shell* con la idea de competir con el empresariado petrolífero estadounidense. Los nuevos yacimientos descubiertos en Irán en 1908 impulsaron la creación de la compañía *Aglo-Persian Oil Company*, en la actualidad BP y en 1911, después del fraccionamiento de la *Standard*, la Corte Suprema de los Estados Unidos permitió la creación de *Chevron*, *Exxon* y *Mobil*, evitando así futuros monopolios. No obstante, este grupo de siete compañías llegarían a controlar hasta el 85 % de las reservas petrolíferas en todo el mundo hasta los años 70, contando con la capacidad tecnológica e inversora para la exploración y extracción, especialmente en las regiones del Medio Oriente.

> [...] los estados eran pobres, con falta de financiación y sin conocimiento [...] Asimismo, Francia y Gran Bretaña solo estaban preocupados en mantener a otros grandes estados fuera de la región con el fin de conservar sus propios abastecimientos de petróleo frente a una guerra. [...] en 1920 la administración de los Estados Unidos apoyó a las empresas en las concesiones para la extracción de petróleo en Oriente Medio. (Strange, 1988, p. 195)

La Primera Guerra Mundial aceleró la demanda de petróleo y de combustibles llevando el precio del barril desde los 0,81 dólares hasta los 1,98 dólares entre 1914 y 1918, respectivamente. Durante este período, se inició la comercialización de los barriles producidos fuera de Europa y Estados Unidos en los países occidentales. En vísperas del enfrentamiento, se hizo evidente la importancia del petróleo para la defensa de los países, sobre todo como ingrediente esencial en caminos, barcos y vehículos blindados. Las armadas más avanzadas comenzaron a utilizar gasolina, lo que permitía mayores velocidades y una mayor permanencia sobre el mar. Sin apenas recursos energéticos, el Imperio británico asumió la importancia que los yacimientos en Oriente Medio podían tener para su victoria en la guerra. Antes de la derrota a la Alemania nazi, Theodor Roosevelt y Winston Churchill firmaron el 8 de agosto de 1944 el Acuerdo Petrolero Angloamericano, mediante

---

183 Cortés Saenz, H. (2015). *El petróleo como recurso de poder e instrumento de política exterior a partir de la noción del poder estructural de Suan Strange. Venezuela en Post Guerra Fría. Tesis Doctoral* (pp. 56-58). Departamento de Derecho Público y Ciencias Historicojurídicas. Facultad de Ciencias Políticas y Sociología. Universitat Autònoma de Barcelona.

el cual el crudo de la zona debía pasar por motivos estratégicos a los dominios de ambos países, sin tener en cuenta los intereses de las zonas productoras afectadas.

Finalizada la contienda, el incremento continuó debido a la generalización de los vehículos a motor provocando algunos desabastecimientos de gasolina en los años 20. Todo ello incidió en nuevas subidas que llegaron a alcanzar los 3,07 dólares cada barril de crudo en 1922. Pese al aumento continuo de los precios, estos se mantuvieron relativamente bajos gracias a la competencia establecida entre las mayores petroleras internacionales, además del exceso de oferta de los años 30.

La investigación tecnológica en la producción de nuevos productos derivados del petróleo continuó, empezando a generalizarse con rapidez el uso de plásticos con fines industriales. Mientras tanto, el descubrimiento de nuevos yacimientos y excavaciones de pozos no dejó de progresar hasta la década de 1940, intensificándose en regiones de Venezuela, Irak, Kuwait, Arabia Saudí o la Unión Soviética. En 1947, se realizó la primera perforación marítima en el golfo de México. Sin embargo, los yacimientos de Texas fueron los que mejor contribuyeron a la superproducción de petróleo durante la Gran Depresión de 1929, llevando el precio hasta los 0,65 dólares un año después.

La competencia por el control de la producción de petróleo comenzó verdaderamente después de la Segunda Guerra Mundial. Desde 1939, el desarrollo de la industria petrolera se convirtió en un impulsor clave para satisfacer las grandes demandas de carburantes. El impacto de los precios tampoco resultó un gran riesgo al existir una abundante oferta y suficientes gobiernos que ya controlaban y «colonizaban» los yacimientos por todo el mundo. Tras el conflicto, los gobiernos se esforzaron en acelerar la nacionalización de la industria relacionada con los hidrocarburos. Países como Irán, Indonesia o Arabia Saudí, asumieron gran parte del control de sus infraestructuras petroleras. Egipto haría lo propio unos años después, tomando la dirección del Canal de Suez por donde circulaba hasta el 5% del petróleo del mundo. A pesar de estos cambios, en 1950 Estados unidos y la Unión Soviética seguían controlando la práctica totalidad de los mercados energéticos.

La pugna por los recursos derivados del petróleo y del carbón dieron lugar a numerosos conflictos a partir de la segunda mitad del siglo XX. Regiones como el Sarre, México, Sudán, Oriente Medio o Afganistán, ricas en gas y petróleo, se han convertido en escenarios de conflictos que han influido notablemente en las relaciones internacionales. Ni que decir tiene que la importancia de estos recursos ha venido otorgando un valor geoestratégico importante, influyendo de manera visible en la política exterior de muchos países, ya fueran productores o compradores de petróleo. Es por ello, que, en 1960, representantes de Kuwait, Irán, Arabia Saudí y Venezuela tomaron la iniciativa para formar un frente unido con el objetivo de contrarrestar el control ejercido por las *Siete Hermanas*.

En efecto, el petróleo continuó consolidándose como un recurso de poder durante la segunda mitad del siglo xx, especialmente después de la creación de la Organización de Países Exportadores de Petróleo (OPEP) a instancias de Venezuela. Su objetivo principal era velar por los intereses de los países fundadores, procurando la mayor rentabilidad en relación con los precios en su ánimo de favorecer a los estados productores[184]. Otro hecho destacado fue la llegada al poder del coronel Muamar Muhamad Abu-Minyar Gadafi en Libia. Con el petróleo como principal producto de exportación del país, Gadafi expuso en 1969 los abusos comerciales que se estaban produciendo en favor de las corporaciones extranjeras, amenazando con disminuir la producción. A finales de año, el viceprimer ministro y ministro de Hacienda, Abdessalam Jallud, aumentó el precio del petróleo libio.

La medida provocó el aumento inmediato del precio del crudo en todo el mundo. El 20 de marzo de 1971, Gadafi firmó el Acuerdo de Trípoli, mediante el cual Libia se aseguraba la recaudación de impuestos a las corporaciones petroleras, un hecho que supuso unos ingresos adicionales de 1 000 millones de dólares en solo un año. El control estatal se reforzó después de la puesta en marcha de un programa de nacionalización en el que se incluyó la expropiación de la British Petroleum en diciembre de 1971. Dos años más tarde, Libia anunció que la producción extranjera y los activos ubicados en el país quedarían en manos del gobierno libio en un porcentaje cercano al 51 %. Todo ello supuso un triunfo económico haciendo que el producto interior bruto pasara de 3 800 millones de dólares en 1969 a 13 700 millones de dólares en 1979, superando al de países industrializados como Italia o Reino Unido.

Las decisiones de Gadafi tuvieron un impacto significativo a nivel internacional, generando un aumento notable en los precios del barril de petróleo. Estos precios pasaron de 2,83 dólares en 1973 a 10,41 dólares un año después, lo que marcó un cambio en las estrategias energéticas. A partir de entonces, se pasó de un modelo dominado por grandes empresas occidentales a uno en el que los gobiernos de países interesados en el sector asumían un mayor control. Libia se convertiría rápidamente en el paradigma del progreso gracias a los ingresos derivados del petróleo, los cuales fueron destinados a la aprobación de programas sociales, incluida la construcción de viviendas y la mejora en la atención médica y educacional.

---

184 A los países fundadores como Arabia Saudí, Kuwait, Irán, Irán y Venezuela se unieron Argelia, Angola, Ecuador, Libia, Nigeria, Catar, Gabón, Indonesia y Emiratos Árabes Unidos, conformando de esta manera la actual OPEP.

Plataforma de perforación de petróleo en alta mar.

Además, se eliminó el paludismo, reduciéndose drásticamente otras afecciones como el tracoma o la tuberculosis. El sector público también se vio incrementado en personal y en funciones, transformando a Gadafi en un líder carismático en todo el país.

La creación de la Agencia Internacional de la Energía (AIE) en 1974, a propuesta del secretario de Estado norteamericano, Henry Kissinger, fue una respuesta rápida de los países consumidores ante el creciente poder y la influencia de la Organización de Países Exportadores de Petróleo (OPEP) en los mercados energéticos. La AIE tenía como objetivo encontrar fuentes alternativas de suministro energético, distintas a las provenientes de Oriente Medio, con el fin de reducir la dependencia de los países consumidores de petróleo. Sin embargo, los intentos por controlar los recursos energéticos por parte de Estados Unidos y la Unión Soviética no decayeron. Esto se hizo patente cuando la organización decretó una serie de embargos a los países que habían apoyado a Israel durante el conflicto del Yom Kipur en 1973, a lo que hubo que sumar una reducción en la producción. A partir de esos momentos el crecimiento de los precios se multiplicaría por cuatro provocando una crisis mundial sin precedentes, demostrándose, una vez más, la politización y el poder de dicho hidrocarburo.

Fue en este periodo cuando se iniciaron prospecciones petrolíferas para encontrar nuevos yacimientos en el mar del Norte, especialmente en Noruega y Reino Unido, con importantes inversiones en otros lugares como Alaska y México, en respuesta al deseo de los países no productores de diversificar las fuentes de suministro. De este modo, la OPEP pasó de controlar el 70% de toda la producción mundial a solo el 30% a finales de los años 70. El petróleo *Brent*, extraído del fondo del mar del Norte, se estableció como uno de los principales referentes para la fijación de los precios. Junto al crudo *West Texas Intermediate*, extraído en las tierras de Texas y del sur de Oklahoma, siguen siendo los dos puntos de referencia más importantes para la determinación de los precios del petróleo en la actualidad.

Cronología del petróleo en la era moderna

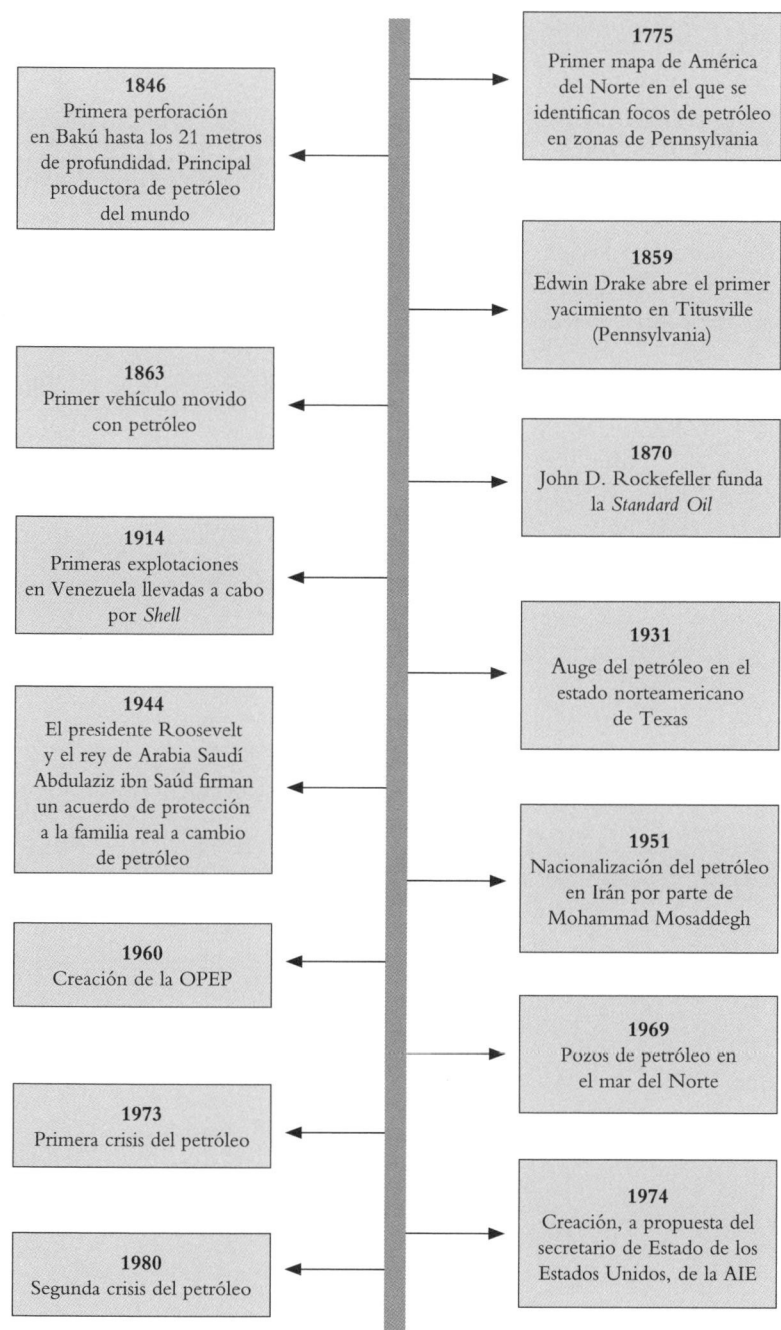

1775
Primer mapa de América del Norte en el que se identifican focos de petróleo en zonas de Pennsylvania

1846
Primera perforación en Bakú hasta los 21 metros de profundidad. Principal productora de petróleo del mundo

1859
Edwin Drake abre el primer yacimiento en Titusville (Pennsylvania)

1863
Primer vehículo movido con petróleo

1870
John D. Rockefeller funda la *Standard Oil*

1914
Primeras explotaciones en Venezuela llevadas a cabo por *Shell*

1931
Auge del petróleo en el estado norteamericano de Texas

1944
El presidente Roosevelt y el rey de Arabia Saudí Abdulaziz ibn Saúd firman un acuerdo de protección a la familia real a cambio de petróleo

1951
Nacionalización del petróleo en Irán por parte de Mohammad Mosaddegh

1960
Creación de la OPEP

1969
Pozos de petróleo en el mar del Norte

1973
Primera crisis del petróleo

1974
Creación, a propuesta del secretario de Estado de los Estados Unidos, de la AIE

1980
Segunda crisis del petróleo

Fuente: Cortés Saenz, H., op. cit. pp. 56-57.

El valor se disparó todavía más rápidamente entre 1979 y 1980, alcanzando el barril un precio de 36,83 dólares, después de la revolución en Irán y del recorte sufrido en la producción y en las exportaciones como consecuencia de la guerra con Irak. Sin embargo, estos mismos precios descendieron poco tiempo después al producirse un efecto súbito de la demanda, al que se sumó la oferta progresiva de otros países productores, especialmente de la Unión Soviética, convirtiéndose en 1988 en el mayor productor de petróleo del mundo. Los cambios en las estructuras de la comercialización y el control del petróleo volvieron a reafirmar el poder de este, mostrando una pérdida de influencia de las grandes compañías transnacionales en beneficio de las empresas controladas por los gobiernos soberanos con capacidad para decidir sobre sus recursos.

El período de mediados de los años 80 se caracterizó por la influencia decisiva de los mercados, tanto por parte de gobiernos como de empresas, lo que resultó en una disminución de los precios hasta la guerra del Golfo de 1991. Prácticamente desde sus comienzos, Oriente Medio ha sido la región más importante en lo que respecta al petróleo y sus repercusiones geopolíticas, abasteciendo al mundo con casi el 45 % de todas las reservas petrolíferas desde 1950. Esta importancia se comprende aún mejor si tenemos en cuenta que los países de la región poseen las mayores reservas y se han convertido en los principales productores después de la descomposición de la Unión Soviética, manteniéndose como uno de los lugares más codiciados para su control y dominio[185].

Sin duda, el petróleo de la región de Oriente Medio destaca por su alta calidad y su costo relativamente bajo a la hora de su extracción. Sabemos, por ejemplo, que las reservas de Arabia Saudí representan solo la tercera parte de la cantidad que todavía existe en el subsuelo del país. Arabia es actualmente el segundo productor del mundo, contando con el mayor pozo en Ghawar, lo que convierte al país en un actor determinante a la hora de fijar los precios. Estas características han aportado desde el principio una capacidad negociadora muy interesante en relación con otras áreas productoras. En palabras de la escritora y experta en geopolítica del petróleo y de la energía en la Universidad de Nueva York: «… la paralización de la producción de petróleo por parte de Arabia Saudí paralizaría la economía global»[186].

Toda la zona ha sido históricamente una región conflictiva desde hace siglos, no solo por la cuestión energética, sino por su posición estratégica entre

---

185 Cortés Saenz, H., op. cit. pp. 89-90.
186 Myers Jaffe, A. (june 2007). Has a new cold war begun over oil that could lead to conflict? *CQ Global Researcher*, p. 171.

el Mediterráneo y los países costeros del Índico, lo que ha dado lugar a múltiples disputas en pasos vitales como Ormuz, Bab el Mandab, Bósforo y Suez. Así, la invasión de Irán en Kuwait en 1990 y la posterior guerra en el Golfo hizo que el precio del barril de petróleo pasara de los 14,98 dólares, antes de la invasión, a los 41 dólares en septiembre de 1991. Estos valores del crudo siguieron oscilando en los años siguientes, sobre todo después de la extinción de la Unión Soviética y la posterior reducción de su industria petrolera a la mitad durante la última década del siglo xx.

Todo este escenario de inestabilidad política y energética llevó a países como Estados Unidos a incrementar su presencia militar con el fin de mantener el poder de las élites y los gobiernos en estados decisivos como Arabia Saudí, Emiratos Árabes o Turquía, demostrando la capacidad e influencias occidentales. La desaparición de la Unión Soviética a finales de 1991 supuso otra «vuelta de tuerca» en la economía global y en el cuadro de las relaciones internacionales. Las exportaciones de petróleo hasta mediados de los 90 habían supuesto casi los dos tercios del total de ingresos del país en divisas a pesar el descenso en la producción. Esta circunstancia hizo que, en 1998, apenas seis años después de lo ocurrido en la Unión Soviética, el petróleo ruso pasara a ser gestionado por las administraciones estatales de varios ministerios y subordinado a una planificación gubernamental.

El papel de Rusia en la explotación y comercialización del petróleo ha adquirido una relevancia crucial en la seguridad energética global, especialmente dada su posición geopolítica. El petróleo ruso lleva abasteciendo a los países de la Unión Europea, Estados Unidos y Reino Unido a través del mar de Barents, entre el Atlántico y el océano Ártico. Además, lo ha venido haciendo también en toda la región del mar Negro y el Caspio, Adriático, Mediterráneo y el mar de Japón, a través de los yacimientos ubicados en la isla de Sajalín, conocido como el «paraíso» energético y estratégico de Rusia. Todo ello ha supuesto también que el petróleo ruso se haya convertido en garantía para la estabilidad de muchos estados asiáticos como China, India o Japón, en un contexto de alta demanda, ofertas limitadas y pago asegurado[187].

A partir de 1999 el aumento del precio del barril y la devaluación del rublo cambió la consideración y significación del petróleo. Con la llegada del siglo xxi, la invasión de Irak por parte de Estados Unidos en 2003 originó una nueva incertidumbre sobre el futuro de la oferta y la demanda del petróleo. Además, las crecientes necesidades de crudo por parte de países asiáticos, especialmente China,

---

187 Ruiz Caro, A. (2010). La cooperación e integración energética en América Latina y el Caribe. *Puente@europa*, 8(1), p. 51.

contribuyeron a un aumento posterior en el precio de los combustibles, llegando a alcanzar los 146,02 dólares por barril en julio de 2008. Con la llegada de la Primavera Árabe en 2010 y de la crisis financiera mundial de 2008, los precios del barril de *Brent* se estabilizaron pasando de los 126,48 dólares a menos de 40 dólares a finales de ese mismo año[188].

La evolución de la producción de petróleo en las últimas décadas ha estado influenciada por los avances tecnológicos, especialmente por la aparición de energías alternativas. Esta realidad ha hecho posible la pérdida de influencia de organismos como la OPEP, causando caídas en los precios del petróleo. La propia organización, en un intento por estabilizar los precios, acordó recortes en la extracción en colaboración con otros países, como Rusia, lo que provocó un ligero incremento en el precio del barril alcanzando su máxima cotización en 2018. Con la destitución de Boris Yeltsin de la presidencia rusa en 1999, el gobierno de Vladimir Putin decidió dar un giro radical a la estrategia del petróleo en su país. A comienzos del siglo, ya había adquirido una industria petrolera moderna permitiendo grandes inversiones y un aumento considerable de la producción.

Consciente del potencial geopolítico que podía alcanzar mediante la explotación de los hidrocarburos, Rusia concretó varios acuerdos con China y Japón para la construcción de diferentes oleoductos y refinerías con capacidad para abastecer a los países asiáticos. En 2003, el compromiso de Putin con Japón para suministrar a este país a través del oleoducto *East Siberia-Pacific Ocean* fue criticado seriamente por el gobierno nipón, al cambiar los términos del acuerdo para priorizar el suministro a China. Junto con Sajalín, el otro gran espacio geoenergético de Rusia se ubicó alrededor del mar Caspio, sobre los yacimientos de Kazajstán, después de que varios países de la región mostraran un especial interés en colaborar con empresas occidentales para explotar los recursos petrolíferos.

Al otro lado del mundo, América Latina ha sido también una región de gran importancia en el contexto geopolítico en relación con la energía del petróleo, lo que justifica el contino interés mostrado por los Estados Unidos en la zona. México, pero especialmente Venezuela, con extensas reservas petroleras y de gas natural, siempre fue considerada como un espacio vital para los planes energéticos norteamericanos, al estar entre los países que mayores entregas de hidrocarburos ha hecho, después de Arabia y Canadá. Una relación basada en el intercambio

---

188 Las protestas árabes conocidas como la Primavera Árabe, ocurridas entre los años 2010 y 2012, estuvieron orquestadas por manifestantes, cuyos levantamientos y rebeliones militares llegaron a extenderse por una gran parte del mundo árabe, alcanzando países como Egipto, Túnez, Libia o Yemen. En ellas los manifestantes exigieron la aprobación de una serie de derechos sociales, así como un camino político que condujera a garantizar la democracia en dichos países.

de petróleo a cambio de tecnología, permitiendo costes más bajos en el refinado. Países como Ecuador, Perú o Colombia aportan todavía alrededor del 1 % del total de las reservas del mundo. Llama la atención el caso de Colombia, al ser uno de los aliados claves para Estados Unidos, no solo debido a los numerosos recursos enérgicos del país, sino por su control hacia las regiones del entorno con gobiernos vinculados socialmente a Rusia o Cuba. Esto mismo llevó a la firma, en el verano del 2000, del llamado Plan Colombia, en el que, entre otras cuestiones, Estados Unidos se comprometió a incrementar la cooperación militar entre ambos países.

Por su parte, Argelia, Libia, Chad y Sudán son los puntos estratégicos más destacados de la energía en el continente africano. En relación a la exportación, los dos primeros, miembros de la OPEP, poseen importantes reservas de petróleo, existiendo un vínculo desde hace décadas con los países del Mediterráneo, sobre todo con Francia, Italia y España. Desde hace unos años, la existencia de petróleo en Nigeria y Angola han provocado el interés de Estados Unidos por acoger a estas explotaciones como una parte más de su aprovechamiento energético. Desde los primeros hallazgos de pozos petrolíferos y a partir de la independencia de Nigeria en 1960, los gobiernos del país han utilizado la producción de crudo para mantenerse en el poder. Esta dependencia del petróleo hizo que muy pronto compañías extranjeras adquirieran tratos de favor y beneficios con los gobernantes de la zona, estableciéndose una complicidad entre Washington y el gobierno nigeriano para la obtención de hidrocarburos.

Tanto Nigeria como Angola, Guinea Ecuatorial o Chad, han supuesto una nueva fuente de recursos para las sucesivas administraciones y gobiernos norteamericanos. En la enumeración de factores enunciados en uno de los informes sobre Política Energética Nacional, conocidos como *Doctrina Cheney*, se aseguraba que se debían reforzar las relaciones con África, entre otras cosas para: «... promover un ambiente más receptivo al comercio, inversiones y operaciones de los Estados Unidos en petróleo y gas»[189]. De hecho, en octubre de 2007, se creó el Mando África de Estados Unidos o *AFRICOM*, que actualmente lleva a cabo operaciones militares estadounidenses en la mayoría de los países africanos, a excepción de Egipto. En uno de sus trabajos, el profesor y corresponsal de defensa de la revista *The Nation*, Michael T. Klare, llegó a matizar que estas unidades de combate están preparadas para: «... ser transportadas desde sus bases en Estados Unidos y Europa a remotas zonas de guerra... con el objetivo de proteger sus campos petrolíferos, oleoductos y refinerías vitales, o para restablecer el control sobre una zona pro-

---

189 Cortés Saenz, H., op. cit. p. 99.

ductora de petróleo clave que ha caído bajo el control de un poder hostil»[190]. En definitiva, desde que el petróleo se convirtió en un elemento crucial para las economías más avanzadas, la política occidental ha estado marcada por la instrumentalización de la presencia militar en aquellas áreas donde la inestabilidad podía afectar a los recursos energéticos. En este sentido, tanto Rusia como Estados Unidos, han seguido practicando un férreo control sobre los mercados mundiales del petróleo y de la energía, utilizando estrategias para controlar la política exterior y militar de los países productores menos avanzados. En cualquier caso, el impacto del petróleo en las sociedades modernas sigue siendo todavía un recurso cuya capacidad para reconfigurar y modelar las economías, además de las relaciones internacionales, resulta más que evidente. Este hecho, junto al resto de estrategias, no han dejado de influir en los asuntos internos de muchas naciones, continuando y afectando a su productividad y a su propia seguridad.

---

190 Klare, M. T. (2006). *Sangre y petróleo. Peligros y consecuencias de la dependencia del crudo* (p. 31). Barcelona. Tendencias.

Las dos Guerras Mundiales

La Gran Guerra. Aviones, barcos y tanques

A partir de 1914, las innovaciones alcanzadas durante la Segunda Revolución Industrial irrumpieron de lleno en la producción de armamentos, haciendo que muchos programas científicos pensados para la vida civil quedaran marcados por la guerra. En los primeros momentos del conflicto, algunos soldados llegaron a portar lanzas y caballos. Solo cinco años después, el escenario cambiaría por completo gracias a la aparición de las armas de fuego rápido, los bombardeos aéreos, los vehículos blindados o las armas químicas. En muy poco tiempo, la humanidad accedió al diseño de armas desconocidas hasta entonces, perfeccionándose otras empleadas en enfrentamientos anteriores. A este respecto, sería la industrialización, ayudada por un amplio contingente de ingenieros, la que finalmente acarrearía grandes cambios en los mecanismos de defensa durante la Gran Guerra, alentando, a su vez, nuevas tecnologías aún más letales.

Antes del estallido de la Primera Guerra Mundial, la ingeniería era ya una actividad que afectaba a los principales ámbitos de la vida civil y que venía profesionalizándose desde la segunda mitad del siglo XIX. Las principales ramas disponían de colegios y sociedades reconocidas, revistas y programas académicos para la mejor capacitación de sus miembros, por lo que no tardó en alcanzar el contexto militar. En 1914, la mayor parte de los ejércitos modernos disponían de sus propias unidades de cuerpos de ingenieros. En Estados Unidos, la ingeniería desempeñó un papel destacado en la supervisión del transporte, la mecánica y otros campos, incluyendo la incipiente industria aeronáutica. Esto llevó a la creación, en marzo de 1915 de la *National Advisory Committee for Aeronautics*, una agencia federal encargada de fomentar e institucionalizar las investigaciones en el sector de la aviación y la coordinación con el gobierno norteamericano durante la guerra en Europa.

El trabajo de los ingenieros fue determinante en las diferentes industrias que debían abastecer a los ejércitos. Es importante recordar que gran parte de las innovaciones tecnológicas aplicadas durante la Primera Guerra Mundial procedían del sector civil, ya fuera en proyectos y programas relacionados con la siderurgia, la química, la construcción naval y aeronáutica o la medicina. No obstante, las deficiencias observadas durante el conflicto en todas estas áreas impulsaron una rápida carrera para subsanarlas y mejorarlas de cara al futuro inmediato. El historiador Donald Cardwell, en su trabajo *Historia de la tecnología*, describe un ejemplo muy significativo: «A medida que avanzaba la guerra, las deficiencias tecnológicas y científicas se hicieron evidentes en las naciones beligerantes. En Gran Bretaña, la desaparición de los tintes alemanes provocó una grave escasez de colorantes...»[191].

La fractura en las relaciones comerciales producida por la guerra hizo que algunos productos comenzaran a desaparecer. La escalada del conflicto y el protagonismo adquirido por la tecnología consiguieron que todos los países movilizaran sus recursos, incluyendo los humanos. Los cuerpos de ingeniería contribuyeron sobremanera a intensificar y mejorar la producción de elementos para la guerra, logrando la consolidación de muchos frentes y aumentando su capacidad destructiva. En este sentido, son innumerables los ejemplos detallados en la contienda mundial, ya fuera a través de la artillería, la aviación, los gases venenosos o el fuego rápido, entre otros, por lo que se ha llegado a especular con la idea de que la ingeniería contribuyó a prolongar la duración del conflicto más allá de lo necesario.

Uno de los aspectos técnicos más destacados que transitaron desde la vida civil a la militar fue la aviación. Desde las primeras patentes de prototipos realizados por los hermanos Wright en 1903, el avión tuvo que esperar hasta la Primera Guerra Mundial para experimentar un desarrollo significativo. El 17 de diciembre de aquel mismo año, en Carolina del Norte, Orville y Wilbur Wright hicieron despegar del suelo al *Flyer*, el primer artefacto humano de la historia capaz de volar con un motor. Muy pronto, los países avanzados reconocieron la utilidad militar de estas máquinas y comenzaron a desarrollar los primeros biplanos que rápidamente evolucionaron hasta convertirse en monoplanos. Estos aviones experimentaron mejoras en sus motores, en su diseño y en su autonomía, lo que permitió realizar las primeras travesías aéreas transoceánicas, una vez terminado el enfrentamiento en Europa.

Pensados con el solo fin de volar, la llegada precipitada de la guerra abrió la posibilidad de ser empleados como un recurso útil para anticipar los movi-

---

191 Cerdà Domingo, H. (diciembre 2014). Ingenieros en la Gran Guerra. *Técnica Industrial*, 308, p. 88. En: https://www.tecnicaindustrial.es/wp-content/uploads/Numeros/98/3729/a3729.pdf

mientos del enemigo. Algo que contribuiría notablemente a la planificación y a las comunicaciones durante los combates. En la primera década de su desarrollo, su potencial para fines civiles y militares fue haciéndose más evidente, llegándose incluso a considerar la posibilidad de construir grandes flotas de bombarderos en 1918.

El control de los vuelos a motor fue una de las grandes conquistas del siglo XX. El primer biplano, equipado con un motor de 4 cilindros y 12 caballos de potencia, llegó a recorrer en su tercer vuelo una distancia de 260 metros en un tiempo de aproximadamente 59 segundos. Accionados por dos propulsores mediante un sistema de transmisión con cadenas y ruedas dentadas, este avance tecnológico supuso una verdadera revolución. Los mecanismos relacionados con la aeronáutica habían comenzado a dar los primeros pasos hacía poco tiempo y en 1914 los planteamientos técnicos y científicos para la fabricación de un avión de «combate» eran escasos o desconocidos. Si en un primer estadio del desarrollo se había barajado la opción del reconocimiento, no se tardó en plantear la posibilidad de que un aeroplano pudiera realizar misiones de bombardeo en zonas enemigas.

Precisamente la falta de conocimientos limitó estas primeras aspiraciones, debido a los inconvenientes relacionados con la carga, lo tosco de las armas y la falta de precisión. Para superar estos obstáculos, se aplicaron programas de estudio específicos y se exploraron diferentes estrategias, como el montaje de ametralladoras en las aeronaves. En definitiva, se trató de contemplar el grado de dominio aéreo que podían aportar los ingenios civiles desarrollados hasta ese momento. Si bien la capacidad de observar el campo de batalla desde el aire satisfacía una antigua necesidad militar, la posibilidad de lanzar explosivos sobre objetivos enemigos motivaba aún más la inversión y proyección de nuevas armas por parte de ingenieros, constructores y gobiernos.

El 8 de septiembre de 1915, el dirigible *zeppelin* alemán *Heinrich Mathy* atacó los barrios centrales de Londres, causando la muerte a una veintena de personas y ocasionando daños por valor de más de 500 000 libras esterlinas. Este ataque tomó por sorpresa a la población, y su impacto en la moral y el ánimo de la gente fue una de las nuevas realidades que la tecnología aplicada a la guerra trajo consigo. La Primera Guerra Mundial introdujo un nuevo enfoque dirigido al éxito militar, aprovechando el conocimiento científico y las aplicaciones en psicología propias de comienzos del siglo XX. Giulio Douhet, general italiano y autor de los principios y ventajas de la utilización del poder aéreo llegaría a escribir: «... los efectos del ataque aéreo, tanto la destrucción material como la influencia sobre el estado de ánimo, son mucho mayores que aquellos provocados por todos los otros métodos conocidos»[192]. Junto a Douhet, Hugh Trenchard, pionero de la Royal Air Force en 1918, defendió la idea de que toda fuerza aérea debería estar estructurada principalmente por aviones de bombardeo. Trenchard abogó frente a su gobierno para que todos los recursos disponibles fuesen destinados principalmente a la construcción de este tipo de aeronaves. Cuestión que solo unos años después hubo que abordar nuevamente con la llegada de la Segunda Guerra Mundial. La evolución tecnológica en la aviación se fue sucediendo debido en gran parte al conocido método de ensayo y error. El 18 de abril de 1915, el Morane-Saulnier N, pilotado por el subteniente Roland Garros, fue alcanzado y obligado a aterrizar en las inmediaciones de Inglemunster en Bélgica. Sin tiempo para destruir su avión, los alemanes comprobaron el dispositivo armado que disparaba a través de unas hélices protegidas con carcasa metálica.

Aquel acontecimiento trajo consigo una transformación en la historia de la aeronáutica. Anthony Fokker estudió el avión capturado y construyó el primer avión armado con una ametralladora sincronizada con la hélice, lo que permitía al piloto disparar a través de las palas sin dañarlas. Así, el interés y la inversión en aviación crecieron considerablemente, convirtiendo a los países en conflicto en auténticos mecenas para la investigación y la fabricación de máquinas dirigidas a una «guerra total». Entre 1915 y 1918, los alemanes, conscientes del potencial tecnológico e industrial de Gran Bretaña, organizaron una secuencia de bombardeos sistemáticos con dirigibles y bombarderos para desmantelar la capacidad industrial y económica del país. Esta fue la primera de las campañas «estratégicas» que registraría la historia, destinada a destruir la capacidad técnica y moral del enemigo.

Mientras se lograban los primeros éxitos de la aviación, la movilidad del ejército en el terreno de batalla siguió dependiendo del arrastre y del transporte de efectivos y materiales. Los vehículos a motor habían evolucionado notablemente durante los primeros años del siglo xx, convirtiéndose en habituales en muchas ciudades de Europa y América. Su empleo no tardó en trasladarse al contexto bélico, asumiendo un desarrollo paralelo en el ámbito civil y en el militar durante la Primera Guerra Mundial. El uso de camiones para el traslado de tropas y materiales dio al ejército una mayor movilidad y superioridad frente a sus oponentes. Introducido en 1915 por el ejército francés, el modelo más reproducido de automóvil blindado durante la guerra fue el White AM o *Automitrailleuse*, que llegó a pesar alrededor de dos toneladas.

---

192 Neri Hadmann Jasper, F. (agosto 2020). La influencia de los arquitectos del poder aéreo en la estructuración de las fuerzas aéreas. *Revista Fuerza Aérea-EUA. Segunda Edición*, 2 (2), p. 78.

Sin duda, una de las innovaciones más revolucionarias fue el carro de combate. El Mark I, construido en 1908, fue utilizado por los británicos en la batalla de Flers-Courcelette, durante la ofensiva del Somme. El diseño de los primeros «tanques» aunaba distintos planteamientos técnicos ya existentes. Estos vehículos, equipados con un blindaje pesado y un sistema de orugas, inventado en 1770 y mejorado a principios del siglo xx, proporcionaban una nueva movilidad en el campo de batalla y ofrecían protección a las tropas terrestres.

Por otro lado, los motores de combustión interna de gasolina empezaron a ser acoplados a los carros de combate. En Gran Bretaña se creó el *landships comittee* con el fin de construir un tanque apto para el nuevo concepto de guerra de desgaste. Esto ayudó a que otros «blindados» como el FT-17 siguieran evolucionando y convirtiéndose en un referente para el resto de los países en conflicto. A pesar de lo innovador de su planteamiento, los carros de combate fueron infrautilizados, sirviendo la mayoría de las ocasiones como mero apoyo a la infantería o para la demolición de trincheras. Solo en momentos muy puntuales, como en la batalla de Amiens, en agosto de 1918, una gran ofensiva puso en el frente a más de 500 tanques británicos.

Otro de los aspectos que requirió de una adaptación tecnológica fue la artillería. En el transcurso de la campaña se utilizaron y mejoraron diversos aspectos tecnológicos, destacando el retroceso aplicado a los cañones. La tecnología de retroceso fue capaz de desarrollar cañones capaces de incluir frenos que podían absorber la fuerza del disparo, permitiendo lanzar sus proyectiles sin ser forzados a ir hacia atrás.

En 1915, se produjo una crisis de proyectiles debido a la necesidad de la artillería de miles de obuses para sus bombardeos. Para hacer frente a esta situación muchas fábricas debieron ser transformadas para lograr una mayor producción y así disponer de mayores reservas de munición. Los camiones motorizados y el ferrocarril impulsaron la construcción y ampliación de nuevas rutas que debían llegar hasta el mismo frente de batalla. A causa de todo ello, los ejércitos podían avanzar al mismo ritmo que se construía o reconstruía una vía o carretera para luego recorrer a pie los últimos kilómetros antes de superar las trincheras.

En otro orden de cosas, la guerra de desgaste demandó la práctica totalidad de la producción industrial de los países contendientes. En la retaguardia, las mujeres se vieron obligadas a trabajar en fábricas de municiones, movilizadas como parte del esfuerzo nacional para garantizar la supervivencia de la nación. Durante el primer año de conflicto se barajó la idea de que la guerra podía ganarse por medio de un desgaste material y humano hasta el agotamiento. Sin embargo, las capacidades técnicas y económicas de los países aumentaron haciendo inútil cualquier intento de victoria rápida a ambos lados de las trincheras. En Gran Bretaña, la crisis de 1915 produjo un cambio de gobierno y la creación de la HM Factory, Gretna, convirtiéndose en uno de los complejos industriales más grandes del mundo dedicado a la fabricación de armas y municiones.

El avance tecnológico en la marina de guerra no se hizo esperar una vez iniciadas las hostilidades en julio de 1914. La construcción de barcos con fines militares dio un giro considerable con la botadura del buque británico HMS Dreadnought. Con su presencia en los mares, muchos barcos de guerra quedaron obsoletos por lo que algunos países tuvieron que replantearse enseguida nuevos proyectos que pudieran renovar sus armadas.

La carrera armamentística emprendida por ingleses y alemanes durante la guerra llevó a la Kaiserliche Marine a ser la flota más moderna del mundo en 1916 y la segunda más poderosa, detrás de la Royal Navy. Aquel mismo año pudo demostrarse la capacidad de los barcos alemanes en la única gran batalla naval del conflicto, en Jutlandia, donde también quedó evidenciada la incapacidad alemana para disputar el liderazgo a las naves británicas. Aunque los acorazados asumieron un papel protagónico al inicio de la guerra, gracias a su blindaje y artillería pesada, la superioridad tecnológica de Gran Bretaña volvió a confirmar la superioridad de su flota naval de superficie, bloqueando los puertos alemanes y obligando al gobierno de Guillermo II a redoblar esfuerzos para recuperar el poder en el mar.

Seguramente, el submarino fue una de las armas que mayor impacto causaron. De pequeño tamaño, sigiloso y capaz de atacar de noche, la marina alemana mejoró las características técnicas de los sumergibles, construyendo unos 400 antes del fin de la guerra. Los primeros diseños modernos que se llevaron a la práctica se realizaron a finales del siglo xix lejos de Alemania. En 1864, se botó el Ictíneo II frente a las costas de Barcelona. A este submarino, propulsado por vapor, le siguieron otros prototipos más evolucionados como el diseñado por Isaac Peral en 1890. En junio de aquel mismo año se puso en marcha el primer sumergible militar con capacidad de ataque. Su motor eléctrico y su estructura permitieron a la nave sumergirse 10 metros, navegando durante más de una hora y emergiendo en las coordenadas establecidas previamente. Solo cuatro años antes, en el Arsenal de la Carraca de Cádiz se había comenzado a probar la efectividad de un torpedero submarino de 77 toneladas, cuya autonomía alcanzaba las 132 millas y su velocidad se aproximaba a los 11 km/h. Finalmente, una junta técnica lo rechazó.

En 1895, el irlandés John Holland ideó un sistema de propulsión para los sumergibles basado en dos motores. El primero estaba alimentado por gasóleo y debía mover la nave en superficie, mientras que un segundo motor eléctrico formado por baterías recargables permitía la inmersión y su posterior elevación. Para neutralizar la superioridad británica, los ingenieros alemanes tuvieron que desarrollar una tecnología innovadora. En septiembre de 1914, emplearon el U-9, bajo el mando del capitán Otto Weddigen, logrando un éxito militar sin precedentes al hundir tres cruceros acorazados británicos, convirtiéndose así en el primer submarino en conseguir tal hazaña. Uno de los semanarios de la época, publicado en octubre de aquel mismo año, llegaría a recoger así la noticia: «La terrible eficacia del submarino como arma de combate, ha quedado, pues, plenamente demostrada. Hasta ahora, los submarinos no habían realizado sino ataques de no muy graves consecuencias… La hazaña alemana… abre una nueva era en los anales de la guerra naval»[193].

Pronto, la industria alemana de guerra se puso a la cabeza en el desarrollo de los submarinos, superando todas las expectativas iniciales. Los U-Boot, abreviatura del alemán *Unterseeboot;* que podría traducirse como nave submarina, podían realizar travesías lejanas a las costas, inmersiones a 80 metros de profundidad y alcanzar unas velocidades próximas a los 15 km/h. Esa velocidad podía incluso duplicarse cuando iba por la superficie. Los submarinos fueron perfeccionados con torpedos, armas que iban dotadas de unas turbinas propulsadas con aire comprimido o gas caliente, además de una carga explosiva, convirtiéndolos en unas formidables máquinas letales para la guerra. Ante esta situación, el Alto Mando alemán aprobó a comienzos de 1915 la decisión de emprender una guerra submarina sin restricciones. A finales de 1916 el poder submarino alemán hacía estragos entre los aliados, llegando a construir en sus astilleros cerca de 100 de estas naves en un solo año.

A lo largo de la Gran Guerra, los alemanes llegaron a hundir más de 6 500 buques aliados, ya fueran embarcaciones de combate o mercantes destinados a restablecer los suministros. Son muchos los que todavía están convencidos de que Alemania pudo ganar la guerra, gracias a su talento tecnológico y a la construcción de centenares de submarinos. Sin embargo, el 7 de mayo de 1915, el RMS Lusitania, un transatlántico británico diseñado por Leonard Peskett, fue torpedeado y hundido frente a las costas irlandesas ocasionando 1 200 víctimas, la mayoría, ciudadanos de los Estados Unidos.

193 Los buques británicos hundidos fueron el Aboukir, Hogue y Cressy, durante unas operaciones militares en el mar del Norte, el 22 de septiembre de 1914. En Desiderato, A. D. (2023). La Gran Guerra y la representación del submarino alemán en las revistas ilustradas argentinas. El ejemplo de Caras y Caretas, El Hogar y Mundo Argentino. *Historia & Guerra*, 3, p. 82.

La tragedia del Lusitania, junto a la destrucción de barcos neutrales por los submarinos alemanes, provocó la ira irreversible de los Estados Unidos y de sus aliados. En consecuencia, el 6 de abril de 1917, el presidente Woodrow Wilson declaró la guerra a Alemania, lo que ocasionó la entrada en la guerra de un país con una enorme capacidad técnica y producción industrial. Hasta esos momentos, Alemania junto con Austria y el Imperio Otomano, habían sostenido un prolongado enfrentamiento contra otras tres potencias. A pesar de las iniciativas alemanas por llegar a un desenlace rápido, lo cierto es que el centro de Europa quedó convertido en una amplia línea de trincheras donde las armas y todo tipo de novedades tecnológicas competían sin mostrar avances significativos.

El 21 de marzo de 1918, el general Erich Ludendorff ordenó una gran ofensiva contra los aliados en la Operación Michael, lanzando un millón de soldados con el fin de dividir el frente en dos partes y llegar hasta el corazón de Francia. Sin embargo, la reacción de Pétain y la irrupción de las tropas estadounidenses en la guerra cambiaron el rumbo definitivo de la guerra. Durante los años centrales del conflicto, la situación de Alemania también empeoró las expectativas de victoria, produciéndose una falta de víveres y de materias primas que desencadenó un resentimiento profundo en la población y un evidente debilitamiento militar.

Asimismo, antes de la guerra, Alemania había perfeccionado la industria química, consiguiendo ser la más adelantada y representando casi el 80% de la producción global en todo el mundo. En 1899 las naciones europeas firmaron la Convención de La Haya, dentro del marco de la Primera Conferencia de Paz Internacional. En ella se acordó renunciar al empleo de cualquier arma que pudiera dispersar gases tóxicos y asfixiantes o que fuera capaz de causar sufrimientos innecesarios. Sin embargo, la Convención no logró que la búsqueda de nuevos adelantos químicos llegara hasta las mismas puertas de la Gran Guerra, siendo posteriormente utilizados a gran escala y provocando cientos de miles de víctimas en los campos de batalla. A pesar de las prohibiciones sistemáticas acordadas en 1899 y 1907, Alemania basó una parte de su potencial industrial en la proliferación y el desarrollo de la fabricación de productos químicos, confiando que llegaría a ser un arma decisiva para vencer la resistencia en las trincheras.

El arma más impactante fue el gas. Biólogos, físicos y químicos de las mejores universidades europeas se lanzaron con ilusión a la búsqueda de armas químicas que rompieran el empate. Los alemanes tomaron la delantera utilizando gas a principios de 1915, aunque el éxito fue relativo ya que se dependía de la dirección del viento. Los aliados denunciaron el gas como una violación de las leyes de guerra, pero pronto introdujeron sus propios programas de producción. El principio fundamental del gas era que, al ser este más pesado que el aire, se asentaría en las zonas más bajas del terreno forzando a los enemigos a abandonar las trincheras. Una vez que lo hicieran, serían aniquilados por la artillería. Con el tiempo, el gas fue lanzado en proyectiles y se desarrollaron tipos más dañinos como el gas fosgeno y el gas mostaza. Los efectos de este último eran terribles, pues las víctimas fallecían tras una terrible agonía. (Domínguez Sánchez-Pinilla, 2014, pp. 367-368)

Fáciles de fabricar y asequibles en su elaboración, las armas químicas resultaron efectivas para minimizar al enemigo psicológicamente al producir una muerte lenta por asfixia. El llamado sulfuro de bis (2-cloroetilo), conocido como gas mostaza, fue uno de los muchos elementos tóxicos empleados durante la Primera Guerra Mundial. A su lado, el gas lacrimógeno conseguía la irritación de los ojos. Este fue utilizado por primera vez en agosto de 1914 por el ejército francés, neutralizando la capacidad de miles de soldados y obligando a ser tratados durante varias semanas antes de volver al frente. En su afán por buscar un arma química todavía más eficaz, el cloro apareció en la batalla de Ypres, en abril de 1915. Los alemanes lo emplearon para dañar los pulmones de sus enemigos, matando el primer día a más de 1 100 personas. Junto al cloro, otros productos como el fosfeno llegaron a causar la asfixia de miles de víctimas a lo largo de la guerra.

Las armas químicas que habían contribuido a la obtención de ventajas en el campo de batalla a cualquier precio quedaron de esta manera en entredicho, así como el uso de tecnologías concebidas para fines similares. La Liga de Naciones, creada el 28 de junio de 1919, aprobó en junio de 1925 la no utilización de armas químicas y biológicas en conflictos armados internacionales. Una serie de tratados posteriores confirmaron este acuerdo a partir de septiembre de 1929. Sin embargo, ninguno de ellos aludió a la producción, almacenamiento o cesión de las mismas. De hecho, su utilización ha seguido causando miles de víctimas hasta la actualidad. En 1972 se aprobó la Convención sobre Armas Biológicas y 20 años más tarde se firmó otra similar sobre Armas Químicas, sin que todavía se hayan restringido definitivamente en todo el mundo.

La Primera Guerra Mundial alteró significativamente el curso de la historia, haciendo desaparecer viejos imperios europeos como el austrohúngaro y alterando las condiciones del poder en otros como Rusia o Turquía. El pago de las «reparaciones» de guerra por parte de Alemania puso en marcha un sinnúmero de ideales totalitarios que terminarían dando lugar al fascismo y al nazismo, impulsando el revanchismo y sometiendo a la ciencia y al progreso tecnológico a un nuevo giro para lograr nuevamente el control de Europa. La revolución rusa culminó con el surgimiento de un régimen autócrata, produciendo cambios considerables a nivel internacional. Entre estos últimos destacaría el ascenso definitivo de los Estados Unidos como la primera fuerza económica y militar del mundo. Sin tiempo para asumir los éxitos y los fracasos de la Gran Guerra de 1914, un nuevo enfrentamiento terminaría asolando al mundo entre 1939 y 1945, dando lugar a la Segunda Guerra Mundial.

La Segunda Guerra Mundial: dominio aéreo y bombas volantes

Los esfuerzos vividos durante el conflicto mundial y las tensiones percibidas durante el periodo de entreguerras redefinieron el papel del Estado en las economías del mundo. El nuevo escenario «keynesiano» comenzó a barajarse como la única alternativa para salir de la crisis, recayendo en los gobiernos la responsabilidad de estimular la demanda a base de políticas fiscales que tuvieran en cuenta el déficit público. Asimismo, el final de la sociedad «victoriana» también obligó a la aceptación del trabajo de las mujeres europeas en los distintos sectores de la producción y de la administración, comenzando una revisión de los derechos y del sufragio universal femenino en los países más desarrollados.

La nueva configuración del mundo tras la paz de París en 1919 no supuso, al menos en la práctica, el principio de un periodo estable. Las dos décadas siguientes estuvieron definidas por un cambio radical en las relaciones internacionales, la continuidad en los avances científicos y técnicos, así como por el desarrollo de un extraordinario capitalismo que no evitó la mayor crisis económica de la historia en los años posteriores a 1930. El 24 de octubre de 1929 la Bolsa de Nueva York sufrió una fuerte caída, motivando lo que después sería el inicio de la llamada Gran Depresión y una de las principales causas de recesión en las democracias liberales de todo el mundo. A pesar de ello, Estados Unidos, cuya intervención en Europa había sido determinante, pasó a desempeñar un papel aislacionista convirtiéndose en el mejor ejemplo del desarrollo económico en los años 20.

El intervencionismo estatal en muchas economías condujo a los gobiernos a ejercer como verdaderos reguladores y supervisores de empresas y bancos, estableciendo límites y pautas en la producción industrial. Esta intromisión o participación del Estado también estuvo dirigida a controlar distintos aspectos tecnológicos. A decir verdad, buena parte de los avances técnicos actuales proceden de la revolución científica ocurrida en las primeras décadas del siglo XX. Un periodo en el que destacaron físicos como Max Planck, Albert Einstein o Niels Bohr, así como la celebración de congresos internacionales. Tiempos en los que la radio, el teléfono o el automóvil comenzaron a dejar de ser «rarezas» para integrarse en la vida colectiva y cotidiana. En definitiva, el periodo comprendido entre 1895 y 1930 quedó marcado como uno de los más prolíficos de la historia científica.

El legado de Luis Pasteur siguió en activo durante las primeras décadas del siglo XX. A partir del descubrimiento de la penicilina en 1928 por parte de Alexander Fleming, empezó una carrera para combatir las enfermedades infecciosas de origen bacteriano, representando una importante innovación que salvó millones de vidas. El elevado número de heridos durante la Primera Guerra Mundial también aceleró el ritmo en las investigaciones médicas y la elaboración de remedios sanitarios. Marie Curie llegó a idear máquinas de rayos X portátiles con el fin de tratar muchas de las lesiones entre los militares franceses. Después de la guerra, el norteamericano Frederick Jones consiguió crear unidades portátiles más pequeñas para ser utilizadas lejos de los hospitales tradicionales.

Las sociedades avanzadas fueron testigo de la aparición de nuevos inventos como la televisión, el microscopio electrónico, el teflón o el cine, junto con otros mecanismos más habituales como magnetófonos, micrófonos o lámparas fluorescentes. La prosperidad de los «felices años veinte» reforzó la aceleración de la industria mecánica, eléctrica y química, respaldada entonces por los grandes consorcios, trust y corporaciones industriales. Unos avances económicos que se vieron ratificados en la Conferencia económica mundial de 1922, con la vuelta al patrón oro.

En Alemania, la llegada al poder del Partido Nacionalsocialista en 1933 puso en marcha un formidable programa de rearme desoyendo las limitaciones impuestas en el Tratado de Versalles de 1919. Al mismo tiempo, las reclamaciones territoriales del propio Adolf Hitler desencadenaron la reacción de muchos gobiernos occidentales y el temor a una nueva guerra en Europa. Un hecho que culminaría con la invasión de Polonia por parte del ejército alemán, provocado la aceleración de la industria armamentística en Estados Unidos como principal proveedor de los aliados. De la misma manera, una gran parte de la ingeniería civil norteamericana no tardó en advertir que el camino hacia una guerra todavía más devastadora que la anterior acababa de comenzar.

Desde el final de la Primera Guerra Mundial, la industria militar había experimentado cambios significativos. En septiembre de 1939 los alemanes contaban con una aviación de guerra, la Luftwaffe, integrada por aeronaves que ya habían adquirido los últimos adelantos tecnológicos. Nombres como los de Messerchmitt o Stuka, marcarían el inicio del conflicto otorgando una clara superioridad aérea a Alemania, extendiendo el terror a las poblaciones bombardeadas. El poder militar quedó patente con la ocupación indiscriminada de países como Bélgica, Holanda y Luxemburgo, así como las de Dinamarca, Noruega y Francia a partir de la primavera de 1940. Solo unos meses después, comenzaría la que sería la invasión terrestre más extensa y ambiciosa de la historia hasta esos momentos.

En efecto, en junio de 1941 Alemania puso en marcha la Operación Barbarroja, cuyo objetivo último era la conquista de la Unión Soviética. Después de ocupar Bielorrusia y Ucrania, las tropas alemanas quedaron detenidas en un frente de más de 600 km, iniciándose una ofensiva que se prolongaría hasta febrero de 1942. Este estancamiento, unido a las derrotas en Stalingrado y en El Alamein, dieron un giro considerable a la guerra, ampliando así su magnitud después de que la armada japonesa bombardeara Pearl Harbor el 7 de diciembre de 1941. Este hecho significó la entrada en el conflicto de los Estados Unidos, proporcionando un significativo refuerzo a nivel material y humano en el bando aliado.

En este contexto, el gobierno alemán optó por impulsar una serie de proyectos armamentísticos basados en la aplicación de nuevas tecnologías con el fin de poder organizar una contraofensiva y dar un giro significativo a la guerra. El plan de investigación propuesto se desarrolló al noroeste de Alemania, en la costa del mar Báltico. Ya en 1935, el ingeniero Wernher von Braun había propuesto la instalación de un centro secreto para la producción de armamento en la localidad de Peenemünde. Allí, alrededor de 12 000 personas trabajaron en los primeros misiles de crucero, en un terreno de pruebas que finalmente llegaría a ocupar una extensión de 25 km².

A finales de 1944, las defensas antiaéreas alemanas apenas podían contener los ataques aliados. Tanto la aviación británica como la estadounidense realizaban bombardeos masivos y sistemáticos contra sectores estratégicos de la industria. Esta realidad estimuló el desarrollo de los primeros proyectos de bombas «volantes». Antes de los primeros experimentos con estabilizadores giroscópicos, las llamadas bombas de caída teledirigida o PO 14.00X, Fritz X, empezaron su construcción en las instalaciones de Peenemünde, demostrando su poder devastador en 1943. Lanzadas desde una altitud de entre 6 000 y 8 000 metros, lograron hundir un acorazado italiano de 32 000 toneladas cuando salía del puerto de La Spezia[194].

Los alemanes también fueron pioneros en la fabricación de proyectiles teledirigidos. Tanto el Hs 298 como el X4 podían llegar a portar una carga explosiva de 20 kg. El primero estaba propulsado por pólvora, mientras que el segundo era un cohete dotado con combustible líquido. De la «fábrica» secreta de von Braun también salieron misiles antitanques como el X7, capaces de interceptar carros blindados en posiciones de combate. La marcha de la guerra y la delicada situación del Reich todavía exigieron mayores esfuerzos, lo que hizo que comenzaran los primeros diseños de las Vergeltungswaffe o «bombas de represalias».

---

194 Font Gavira, C. A. (2018). Armas nazis durante la Segunda Guerra Mundial. La Fábrica de Artillería y el desarrollo aeronáutico alemán. *Andalucía en la historia*, 59, p. 62.

El desarrollo de esta tecnología impulsó la creación de los primeros misiles balísticos de la historia. Esta misma tecnología sería aplicada, décadas después, a los misiles de crucero y a los cohetes Saturno del Programa Apolo que alcanzarían la Luna en 1969. La V1, construida también en Peenemünde por la Luftwaffe alemana, fue desarrollada y utilizada entre junio de 1944 y marzo de 1945 contra objetivos del sudeste de Inglaterra y Bélgica. Montada sobre plataformas dispuestas en la costa del Pas-de-Calais y los Países Bajos, eran capaces de despegar de sus rampas de lanzamiento y alcanzar objetivos a varias decenas de kilómetros de distancia.

Dirigidas por un giroscopio de propulsión propia, la V1 era un proyectil de vuelo libre que, mediante un piloto automático, podía regular la altitud y la velocidad. Un sistema de péndulo con peso facilitaba la información sobre la posición horizontal, pudiendo controlar así el ángulo de inclinación. Además, un cronómetro en retroceso guiado por un anemómetro, ubicado en su parte delantera, determinaba con precisión el momento que la bomba alcanzaba su objetivo. Durante el vuelo, la corriente de aire movía la hélice descontando un número del contador cada 30 rotaciones. Este último iniciaba el mecanismo de armado de la cabeza. Al llegar a cero la V1 caía a tierra. Determinado el objetivo y su dirección, la programación del contador y el piloto automático hacían el resto.

Desde que se lanzara la primera V1 sobre Londres el 13 de junio de 1944, la fuerza aérea alemana llegó a utilizar, entre julio de 1944 y enero de 1945, más de 1 100 proyectiles desde aviones Heinkel He 111 H–22, modificados para la ocasión. A lo largo de toda la Segunda Guerra Mundial, Alemania construyó casi 30 000 V1, dirigiendo 10 000 sobre Gran Bretaña y llegando a Londres un total de 2 400 de estos proyectiles. El resultado final de los ataques provocó la muerte a más de 6 000 personas, sobrepasando en 17 000 las personas heridas.

Solo unos meses antes de finalizar la guerra, además de las defensas de largo alcance propuestas en la Operación Crossbow, el desarrollo del radar centimétrico y del detonador de proximidad pudo contrarrestar muchos de los ataques realizados con las V1. En 1944, los laboratorios Bell crearon un sistema de control de armas y de contramedidas, contribuyendo al éxito de los desembarcos en las playas de Normandía en junio de ese mismo año. Para entonces, un cohete denominado A-4 ya había alcanzado la línea de Karmán, un límite situado a 100 km de altura entre la atmósfera y el espacio exterior, consiguiendo realizar el primer vuelo suborbital de la historia.

En septiembre de ese mismo año, los alemanes comenzaron a lanzar cohetes A-4 cargados con explosivos sobre las ciudades de Lieja, Amberes y Londres, convirtiéndose muy pronto en la Vergeltungswaffe 2 o V2. Con una tecnología todavía experimental, los científicos alemanes llegaron a utilizar para su construcción la mano de obra de prisioneros procedentes de campos de concentración, perdiendo la vida alrededor de 20 000 personas. Siguiendo el plan trazado por Berlín, se dispararon al principio cerca de unos 3 000 misiles V2 desde sus bases en los Países Bajos, con una carga explosiva que superaba los 900 kg. Para su lanzamiento, cada proyectil autopropulsado necesitaba un lastre de oxígeno líquido y alcohol a alta presión que era activado por una turbobomba Walter de 730 caballos de potencia[195].

Contrariamente a lo sucedido con las V1, las V2 resultaron ser invulnerables. Las velocidades supersónicas que podían alcanzar hacían imposible su interceptación por parte de los aviones más rápidos de la fuerza aérea británica. Además, su altitud y velocidad dificultaban su detección por los sistemas de radar de la época. En definitiva, Alemania creyó haber encontrado un arma contra la cual no había posibilidades de defenderse. Entre septiembre de 1944 y marzo de 1945, más de 4 300 bombas V2 fueron lanzadas sobre territorio aliado, aunque se estima que la producción total llegó a alcanzar las 10 000 unidades. Para incrementar su alcance hasta los 750 km se diseñaron varios prototipos dotados con alas en flecha y timones más largos, aunque la Luftwaffe y sus mandos nunca llegaron a comprobar su efectividad.

A pesar de los esfuerzos realizados por los ingenieros y científicos alemanes por desarrollar armas que cambiaran el curso de la guerra, la realidad es que esto último nunca se cumplió. A medida que los aliados penetraban en Europa las esperanzas alemanas iban disminuyendo. Los norteamericanos intentaron apropiarse de la tecnología de las V2. Solo dos meses después de su aparición, el gobierno de los Estados Unidos concedió a la General Electric Company un acuerdo para que pudieran «lanzarse» las bombas capturadas. Conscientes de las ventajas que podía proporcionar a los norteamericanos la utilización de una tecnología como la empleada en los misiles V1 y V2, en septiembre de 1945 una directiva secreta del presidente Truman puso en marcha la Operación Paperclip. Bajo esta, von Braun y su equipo de colaboradores fueron enviados a los Estados Unidos para ponerse al frente del programa balístico norteamericano. Apenas un año más tarde, el 5 de marzo de 1946, se realizó el primer lanzamiento con éxito de una V2 capturada.

Junto a Paperclip, los aliados vencedores del conflicto activaron otros programas similares como la Operación Alsos, con el ánimo de obtener tecnología y

---

195 La turbobomba estaba compuesta por una bomba rotodinámica y una turbina de gas propulsora. El combustible y un oxidante pasaban a través de la turbobomba generando unas 5 000 revoluciones por minuto, mientas el oxígeno líquido servía como oxidante a través de unos inyectores en una cámara de combustión. Ibid, p. 63.

equipamiento nuclear. A iniciativa británica, la Operación Backfire contribuyó al desarrollo occidental de una parte importante de la tecnología aeronáutica utilizada por Alemania durante la Segunda Guerra Mundial. En octubre de 1946, la Unión Soviética creó el programa Osoaviajim para trasladar a más de 2 500 técnicos alemanes de la zona de ocupación soviética hasta las regiones rusas.

Durante la guerra, la mayor parte de los ejércitos desplegaron una formidable lista de armas de repetición, ametralladoras y fusiles para la infantería, mejorando el calibre y la precisión. La «guerra relámpago» impuesta por Alemania en los primeros instantes de la contienda exigió una mayor movilidad, por lo que hubo que crear unidades motorizadas y carros blindados más poderos y con una mayor capacidad de fuego. Los Panzer y Tiger se convirtieron en el principal elemento de la Blitzkrieg, gracias a su maniobrabilidad y velocidad. Acompañados por la aviación, estos blindados consiguieron penetrar en los Países Bajos y Francia en apenas dos meses. Dirigidos por la Wehrmacht, alcanzaron los extrarradios de Moscú en el Frente Oriental durante la campaña de 1941, produciéndose duros enfrentamientos con su equivalente soviético, el T-34.

Durante el conflicto, el combustible se consideraba un recurso crucial que podía decidir el curso de la guerra. Antes del estallido, Estados Unidos aumentó sus reservas de crudo procedente de países latinoamericanos, mientras Gran Bretaña se abastecía del Medio Oriente. Tras su llegada al poder en 1933, Hitler estableció un plan estratégico para asegurar el suministro de petróleo. Además de utilizar las refinerías rumanas, Alemania triplicó su producción interna en 1939, alcanzando los cuatro millones y medio de barriles anuales. La industria petroquímica, bajo las órdenes del Führer, trabajó sin descanso para encontrar formas de producir combustibles sintéticos a partir del carbón y el lignito.

Entre 1930 y 1941 se construyeron en Alemania ocho plantas con capacidad para procesar carbón bituminoso, alcanzando una producción de más de 900 000 toneladas al año de combustible destinado a la aviación. Solo en el primer año de guerra, los alemanes disponían de alrededor de 31 millones de barriles a los que se habían sumado los adquiridos a la Unión Soviética y a Rumanía antes de su intento de invasión. Para cubrir las necesidades futuras, se pusieron en marcha varios procedimientos para la obtención de combustibles mediante procesos avanzados consistentes en la transformación de carbón.

El primero de ellos se basó en los trabajos del químico industrial alemán Friedrich Bergius, quien ideó un sistema mediante el cual se podían obtener carburantes por hidrogenación del carbón, aplicando presiones y temperaturas elevadas. Dicho proceso permitía producir gasolina sintética utilizando carbón y alquitrán de hulla como materias primas. El carbón debía mezclarse con aceite pesado hasta obtener una pasta fina después de su triturado. Calentado con hidrógeno, debía someterse a altas presiones en presencia de un catalizador formado por sulfuros metálicos. A través del proceso de Bergius una tonelada de carbón podía producir unos 300 litros de gasolina que después era empleada en reactores y motores. El segundo de los procedimientos fue creado por los químicos alemanes Franz Fisher y Hans Tropsch. El proceso consistía en mezclar monóxido de carbono e hidrógeno junto con un catalizador con alto contenido en níquel, cobalto o hierro con óxidos de magnesio, manganeso y torio.

Durante los años 1944 y 1945, las plantas de producción alemanas y japonesas fueron fuertemente bombardeadas por los aliados. Como consecuencia, la mayoría de estas instalaciones fueron destruidas tras la guerra y los científicos alemanes que habían participado en el proceso Fisher-Tropsch fueron capturados. Siete de ellos fueron finalmente enviados a los Estados Unidos con el fin de que trabajaran en proyectos similares. Finalmente, el programa para la obtención de combustibles fue abandonado en 1953 debido al elevado coste de producción, en comparación con la extracción convencional de los yacimientos de Alaska, Texas, Oklahoma o California[196].

En cuanto a la aviación, al principio de la guerra, los aviones militares se construyeron como monoplanos equipados con máscaras de oxígeno para eludir la hipoxia de los pilotos según se ganaba altitud. En 1937, el Cuerpo Aéreo del Ejército de los Estados Unidos inició una investigación consistente en la presurización de las cabinas de los modelos Lockheed XC-35. Los ingenieros diseñaron una sección del fuselaje transversal de forma circular con la idea de poder eliminar los puntos de tensión durante los momentos de mayor presión. Se sellaron las aberturas para evitar las pérdidas de aire y las ventanas se redujeron con el propósito de que adquirieran mayor resistencia a la presión. Con ello, las aeronaves pasaron a convertirse en una verdadera cápsula, siendo ese mismo modelo el primer avión en portar una cabina presurizada. El diseño pasó muy pronto a otros prototipos y en 1939 la Compañía Boeing presentó el B-29 *Superfortress*, con compartimientos presurizados para toda la tripulación[197].

No han faltado quienes han argumentado que la guerra llevada a cabo desde el aire fue decisiva y pudo forzar el final del conflicto por parte de los aliados. La Luftwaffe llegó a contabilizar una decena de variantes del modelo Messerschmitt

196 González, G. (2018). El legado tecnológico de la Segunda Guerra Mundial. *Prisma Tecnológico*. 9(1), pp. 40-41.
197 Ibid, p. 41.

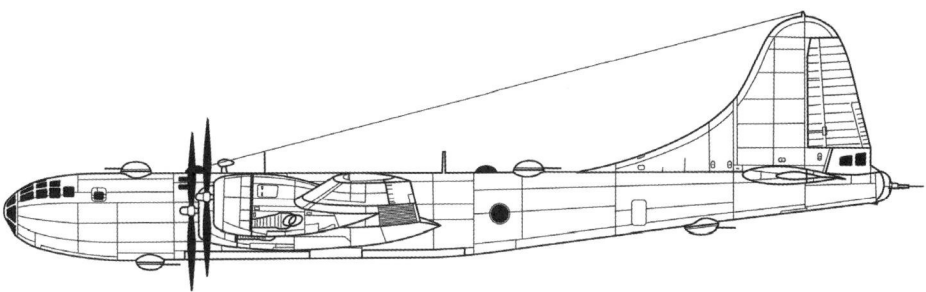

Sección transversal de un B-29 *Superfortress,* protagonista en la Segunda Guerra Mundial.

BF-109 desde el inicio hasta el final de la Segunda Guerra Mundial, fabricándose unos 32 000 aviones. Los modelos preliminares participaron en la Guerra Civil española, siendo muy importantes durante la Batalla de Inglaterra en 1940. Para entonces, el caza alemán alcanzaba una velocidad de 570 km/h, teniendo un radio de acción de más de 560 km. También en sus inicios, ya fuera en Polonia o Francia, la fuerza aérea alemana puso en marcha el programa de ataque con los JU87 Stuka para participar activamente en la «guerra relámpago». Un avión cuyo sonido, denominado las «trompetas de Jericó», llegó a marcar el carácter y la naturaleza de todos los escuadrones formados con dicho modelo. Sus ataques en picado llegaron a provocar verdadero miedo entre la población.

En los dos últimos años de conflicto, aviones como los P51 Mustang o bombarderos como el Boeing B17, *Flying Fortress,* fueron decisivos para decidir la contraofensiva final en el Pacífico y en Europa. Pero si hay que destacar un avión singular durante los últimos meses de conflicto fue el B-29 *Superfortress.* Este bombardero pesado de cuatro motores de hélice permaneció en servicio hasta los años 50, siendo uno de los aviones de mayores dimensiones de la Segunda Guerra Mundial. Considerado el más avanzado de su época, disponía de una cabina pre-surizada, un sistema de control de tiro electrónico y torretas con ametralladoras controladas de forma remota. Fue la principal arma aérea para realizar misiones de bombardeo con bombas incendiarias a gran altura y el modelo desde el que se lanzaron las primeras bombas atómicas en Hiroshima y Nagasaki.

Durante su diseño y desarrollo se tuvo en cuenta el *Proyecto Manhattan*, lle-vado a cabo entre 1939 y 1946, cuyo propósito era la construcción de la primera arma nuclear. Finalmente, se decidió realizar un esfuerzo de recursos económicos y humanos sin precedentes, conscientes de que la idea podía ayudar a encontrar un final para la guerra. De hecho, el B-29 ha sido recordado como el avión que «puso término» a la Segunda Guerra Mundial. En el proyecto conocido como *Silverplate*, se pusieron todos los medios necesarios para que la aeronave permitiera el transporte y lanzamiento de un arma aún en desarrollo como era la bomba atómica. Esto implicó desmontar parte del blindaje para aumentar su techo de vuelo y velocidad, así como eliminar cañones y torretas para reducir el peso durante el despegue, adaptando también un sistema de monitoreo electrónico de la bomba.

Los trabajos se llevaron en secreto y su desarrollo definitivo cumplió con las expectativas previstas. El B-29 adquirió un techo de servicio tan elevado que los cazas japoneses no podían abatirlo. El día 6 de agosto de 1945, el bombardero bautizado como *Enola Gay*, lanzó sobre la ciudad japonesa de Hiroshima el primer artefacto nuclear de guerra. Tres días después, participaría en el segundo ataque como avión de reconocimiento sobre la ciudad de Nagasaki. En esta ocasión el B-29 que transportaría la bomba sería el Bockscar. Se ha estimado que, hacia el final de 1945, los dos ataques provocaron la muerte a más de 166 000 personas en Hiroshima y cerca de 80 000 en Nagasaki, la mitad de ellas a causa de lesiones y enfermedades debidas a la radiación. Solo seis días después de las detonaciones sobre Nagasaki, el Imperio de Japón anunció su rendición incondicional.

La guerra electrónica y el radar

Otra de las concebidas para la vida civil y la protección de las tripulaciones y pasajeros en el mar fue el radar. En 1904, el físico y empresario alemán Christian Hülsmeyer, preocupado por los accidentes marítimos que continuamente se producían en los mares de todo el mundo, presentó un sistema anticolisión de buques sin que ninguna empresa encontrara su utilidad. Más tarde, presentó a la Armada Imperial del Kaiser un experimento sin que causara un gran impacto. Sin embargo, aquella patente contenía el primer planteamiento de lo que más tarde se conocería como *radio detection and ranging*, es decir, detección y localización por radio. Hülsmeyer, aprovechando los estudios de otro físico alemán, Heinrich Hertz, logró detectar ondas de radio que se reflejaban en los barcos.

La primera vez que se puso en marcha este tipo de tecnología fue en 1864, cuando el físico James Maxwell desarrolló un estudio para comprender el comportamiento de las ondas electromagnéticas. Dos décadas después y basándose en las ecuaciones de Maxwell, Heinrich Hertz demostró las leyes de la reflexión de las ondas de radio. Por otro lado, el científico ruso Aleksandr Popov realizó experimentos con emisores y receptores de radio en el mar Báltico en 1897. El cambio de siglo trajo consigo descubrimientos científicos e inventos que corroboraron estas ideas, como el telégrafo sin hilos o la radio desarrollada por el italiano Guglielmo Marconi. Con el tiempo, Marconi llegaría a fundar una empresa para la fabricación de sistemas de comunicación aplicados a la producción naval, revolucionando el diseño de transmisores y receptores y dando origen a la industria electrónica[198].

Siguiendo las teorías de Marconi, dos científicos del Naval Research Laboratory, Hoyt Taylor y L. Young, decidieron llevar a la práctica un experimento consistente en transmitir una señal de radio de onda continua en el río Potomac, en la costa Atlántica de los Estados Unidos. Ambos detectaron que al pasar los barcos se producían alteraciones en la señal recibida hasta unas distancias de 3 millas. Pensaron entonces en la idea de diseñar un mecanismo que fuera capaz de detectar buques en el mar, independientemente de las condiciones meteorológicas. Finalizada la Primera Guerra Mundial, el ambiente de preguerra en Europa animó a muchos gobiernos a desarrollar la tecnología del radar, adquiriendo una celeridad muy significativa. Así, gracias a la ayuda y el interés de la Royal Aircraft Factory el ingeniero Robert Watson-Watt logró, en junio de 1935, la primera detección de un avión por medio de ondas de radio a una distancia de 15 millas. En septiembre de aquel año pudo detectar a un bombardero a una distancia de 40 millas. Su éxito hizo que el dispositivo creado por Watson-Watt se denominara Radio Detection Findig (RDF).

La utilidad del radar para la guerra y como elemento de superioridad estratégica se produjo a mediados de los años 30. El Ministerio del Aire estudió en 1934 los riesgos en la defensa británica, concluyendo que no se habían realizado los esfuerzos necesarios para disminuir la amenaza que podían representar los bombardeos aéreos. Estos informes despertaron la preocupación del gobierno, creándose ese mismo año el *Committee for Scientific Survey of Air Defence* (CSSAD), para la adopción de nuevas tecnologías y de asesoramiento para la defensa aérea del país. Después de las pruebas realizadas por Watson-Watt, en 1935 se creó un laboratorio de investigaciones de radar en Orfordnes. En 1937 se decidió crear un sistema de defensa aéreo basado en una barrera de radares, estableciéndose una serie de estaciones de detección temprana para buques y aviones que pudieran dirigirse al Reino Unido.

En el caso de Alemania, el Departamento de Pruebas de Comunicaciones instalado en la ciudad de Kiel trabajó durante años en la detección de objetos sumergidos midiendo el tiempo que tardaba el eco de una onda sonora en regresar al lugar de origen. Se trataba de los primeros estudios de lo que más tarde se conocería como sonar. Con el descubrimiento del magnetrón, Rudolf Kühnhold

---

198 Quiroga, J. M. (noviembre de 2018). Primeros desarrollos de tecnología radar en los principales beligerantes de la II Guerra Mundial. Un análisis desde la perspectiva Ciencia, Tecnología y Sociedad. *Ciencia, Docencia y Tecnología*. 29(57), p. 39.

creó la compañía *Gesellschaft für Elektroakustiche und Mechanische Apparate* (GEMA), desde donde se construiría el radar *Funkmess*, llegando a detectar objetos a más de 2 km de distancia. El propio Kühnhold, junto al experto en microondas, Hans Hollmann, pusieron en marcha el proyecto para la construcción del *Würzburg*, un radar de control de tiro primario que utilizaba la banda de UHF, una frecuencia ultra alta que sería finalmente adoptado por las fuerzas aéreas y terrestres de la Wehrmacht. El nuevo sistema entraría en servicio en el año 1940, llegando a construirse más de 4000 de estos radares durante la guerra.

Antes de la guerra, los fabricantes de radares en Alemania habían aumentado. Compañías como Telefunken, Siemens o AEG ya habían establecido normas para que los radares de reconocimiento aéreo funcionaran adecuadamente. Los científicos alemanes desconfiaban de la efectividad de los radares con frecuencias superiores a 300 MHz, lo que resultó en que, al inicio de la guerra, los radares alemanes carecieran de precisión en el cálculo de la dirección, a diferencia de los radares de frecuencias más bajas. Cuando en 1943 los alemanes pudieron examinar un radar británico, comprendieron que existía una tecnología superior en el diseño de estos detectores, lo que les dejaba en una clara inferioridad frente a los aliados.

En Estados Unidos, la tecnología concerniente al uso de radares se realizó en colaboración entre las fuerzas armadas, empresas privadas, instituciones del gobierno y organismos científicos. Entre los años 1934 y 1936, los científicos Robert Morris Page y Leo C. Young lograron detectar aviones con un radar de gran exactitud a una distancia de 10 millas, usando ondas de 28,6 MHz, y logrando poco tiempo después alcanzar distancias de más de 25 millas. El *Signal Corps* y el *Bureau of Estandar* desarrollaron sistemas de radiodetección para aviones con escasa asignación de fondos. A pesar de ello, los resultados alcanzados sirvieron para aumentar las asignaciones y partidas presupuestarias, ampliándose los trabajos con ingenieros de la *Westinghouse* y *Western Electric*. Hacia 1937 el *Air Corps* manifestó su interés por hacerse con equipos de alerta temprana, desarrollándose proyectos para la fabricación de material móvil y fijo. Pese a todo, al comienzo de la Segunda Guerra Mundial, la tecnología del radar en Estados Unidos no había llegado a alcanzar el nivel de desarrollo que ya poseía Gran Bretaña.

Si algo demostró la Segunda Guerra Mundial es que la tecnología podía proporcionar ventajas sobre un enemigo menos avanzado técnicamente. Gracias a la forma de organizar la defensa de su país, Gran Bretaña pudo disputar la victoria a Alemania en la Batalla de Inglaterra. En agosto de 1940, en pleno apogeo de la misma, Winston Churchill pronunció la famosa frase: «Nunca en el campo del conflicto humano, hubo tantos que debieron tanto a tan pocos», en referencia al esfuerzo que estaban realizando los pilotos de la Royal Air Force. Pese a que la relación entre los aviones ingleses y alemanes era de aproximadamente 1 a 3, las tropas británicas lograron finalmente imponerse a los ataques alemanes[199].

El desembarco aliado en Normandía, el 6 de junio de 1944, fue el resultado de un conjunto de factores y estrategias, la mayoría relacionados con la tecnología. Entre 1942 y el final de la guerra, hubo cambios significativos en la marcha del conflicto, lo que podría explicar parte de la victoria de los aliados sobre Alemania y Japón. Es innegable que el uso de equipo moderno proporcionó una ventaja considerable en las operaciones aéreas y terrestres en Europa y el Pacífico. Además, el desarrollo de armas nucleares brindó una clara ventaja táctica a aquellos que poseían capacidades técnicas y científicas en este campo, cambiando el equilibrio entre los bandos enfrentados y añadiendo una dimensión moral diferente al conflicto, matizando los contrastes ideológicos entre ellos. La tecnología y su aplicación en el campo de batalla estimuló el desequilibrio en los recursos, así como la eficacia en los distintos escenarios de combate, acrecentando aún más el liderazgo y las estrategias de quienes pudieron esgrimir mejores argumentos técnicos y científicos para la guerra.

---

199 Ibid, pp. 50-51.

El desarrollo de la energía nuclear

En julio de 1945 el mundo cambió considerablemente tras ser testigo de la primera prueba nuclear de la historia realizada por un ser humano en el desierto Jornada del Muerto, a 336 kilómetros al sur de la ciudad de Los Álamos, Nuevo México. Esto marcó el inicio de una nueva era en la que la humanidad asumía el peligro de su propia supervivencia y el cambio en muchos valores éticos. En septiembre de 1933, el físico húngaro Leó Szilárd publicó las conclusiones de su trabajo relativo a la posibilidad de liberar grandes cantidades de energía mediante reacciones de neutrones en cadena. Un año después, Szilárd presentó la patente de una bomba atómica con el ánimo de que nadie la construyera. Tras conseguirla, ofreció la patente a la embajada de Gran Bretaña confiando que nunca se fabricaría, algo que el Almirantazgo Británico aceptó en febrero de 1936.

A pesar de trabajar en el Proyecto Manhattan, Szilárd se opuso firmemente a su utilización contra Japón en 1945, luchando el resto de su vida contra lo que, en principio, había sido una invención suya. A raíz de los descubrimientos anteriores, en agosto de 1939, el propio científico húngaro, junto a Albert Einstein, escribieron una carta al presidente Roosevelt, advirtiendo de los peligros del proyecto. Unos días después, Roosevelt convocó el primer *Comité de Consejeros sobre el Uranio*. Sin embargo, el inicio de la Segunda Guerra Mundial por un lado y la poca confianza en el proyecto por otro, dejaron en un punto muerto la idea de continuar con las investigaciones para desarrollar la bomba atómica.

El interés en la investigación nuclear pasó entonces a localizarse al otro lado del Atlántico. Los avances más significativos se llevaron a la práctica en el Reino Unido, especialmente en lo relativo a la fisión del Uranio-235, el único isótopo natural capaz de provocar una reacción en cadena. En las investigaciones participaron varios alemanes exiliados del régimen nazi, entre ellos Otto Frisch y Rudolph Peierls. Sus trabajos fueron tan convincentes que el gobierno británico convocó de manera urgente el llamado Comité MAUD, poniéndose así la primera piedra de lo que más tarde sería la bomba atómica.

Mientras, Estados Unidos mantenía sus investigaciones para encontrar un sistema capaz de enriquecer el uranio, hecho que se produciría en 1941 gracias al físico nuclear estadounidense Philip Abelson. Casi al mismo tiempo, los químicos nucleares Arthur C. Wahl y Glen T. Seaborg descubrieron el plutonio, demostrando que dicho elemento radiactivo era mejor que el uranio a la hora de provocar una fisión. Nada más conocer esta afirmación, el MAUD realizó un informe en cuyas páginas se podía intuir la descripción de una bomba atómica con los suficientes detalles científicos para su elaboración. El 3 de septiembre de aquel año, los jefes del Estado Mayor británicos secundados por Churchill acordaron la construcción de la bomba. No obstante, el proyecto sería finalmente transferido a los Estados Unidos por problemas burocráticos. Con ello, el poder surgido de la investigación nuclear quedaba transferido definitivamente al ámbito político.

El 25 de septiembre, un agente soviético conocido como Anatolii Gorskii, remitió desde Londres una información acerca de la reunión del MAUD, enumerando las cuestiones más importantes tratadas en la misma y advirtiendo que una bomba nuclear podía estar preparándose. Si lo conseguían, esta se detonaría con un equivalente a 1 600 toneladas de TNT. Con este escenario, la Unión Soviética comprendió que Gran Bretaña estaba en el camino de fabricar bombas muy peligrosas.

En enero de 1942, los estudios realizados por Enrico Fermi con el uranio fueron ocultados por el gobierno de los Estados Unidos, estableciéndose el proyecto denominado S-1, dirigido por el físico y premio Nobel, Arthur H. Compton. Ese año, Fermi había logrado completar el primer reactor nuclear «crítico» operacional de la historia, consiguiendo un sistema donde la reacción en cadena era autosuficiente. Para entonces, un grupo de científicos, con el respaldo del gobierno, comenzó a configurar el Proyecto Manhattan. Así, en el transcurso del mes de junio, el coronel James Marshall inició los preparativos para que se organizara un Cuerpo de Ingenieros del Ejército con el fin de recopilar todos los trabajos relacionados con el desarrollo de una bomba nuclear. Marshall eligió deliberadamente el nombre de «Proyecto Manhattan» para este programa, aunque no existía una unidad similar en Nueva York. Julius Robert Oppenheimer fue nombrado director del proyecto.

Antes de esto, la posibilidad de construir una bomba atómica fue trasladada al gobierno alemán a través del físico danés Niels Bohr. Sin embargo, sus ideas no se llevaron a cabo, ya que se consideraba que su realización llevaría varios años y el régimen nacionalsocialista esperaba ganar la guerra antes de que eso ocurriera. En septiembre de 1941, Bohr se entrevistó en Copenhague con el físico alemán Werner Heisenberg. Aquel conocía los intentos de Alemania por llegar al punto de poder construir una bomba de similares características a las investigadas por británicos y norteamericanos. A finales de 1943, Bohr recibió una misiva secreta del científico inglés James Chadwick, Nobel de física unos años atrás y amigo personal, invitándole para que se trasladara a Inglaterra para trabajar en: «… un programa particular en el que su colaboración constituiría una gran ayuda»[200].

Bohr rechazó en un primer instante la oferta, sin saber que la situación en Dinamarca cambiaría considerablemente después de que los alemanes ocuparan el país y planearan deportaciones masivas a

Retrato del físico danés Niels Bohr, Premio Nobel de Física en 1922.

campos de concentración. El 29 de septiembre fue informado de su inminente detención al proceder de una familia con ascendencia judía, provocando su salida al Reino Unido. A su llegada a Londres, Bohr fue informado de la situación en la que se hallaba el proyecto atómico y de su traslado a laboratorios norteamericanos. Ya en los Estados Unidos, advertido del curso de las investigaciones, llegó a la conclusión de que el arma que se estaba preparando afectaría de manera decisiva a las relaciones internacionales en el futuro, proponiendo entonces que se iniciaran las conversaciones necesarias para informar de todo ello a la Unión Soviética.

Niels Bohr consiguió reunirse con Churchill el 16 de mayo de 1944, con la esperanza de entrevistarse también con Roosevelt. Acompañado de su asesor científico y catedrático en Oxford, Frederick Lindemann, el primer ministro británico escuchó al científico danés, terminando la reunión en un verdadero fracaso. Churchill recordó que Bohr había compartido información secreta sobre el proyecto nuclear con Felix Frankfurter, abogado, jurista y asesor del presidente Roosevelt, y no comprendía la actitud de un científico dedicado a la ciencia. Para expresar su descontento, el 20 de septiembre de 1944, Churchill envió una nota al embajador británico en Washington, Edward Wood, explicándole que la política la hacían los políticos y no un inoportuno científico. Aquel escrito, cargado de algunos juicios de valor, todavía hoy resulta sorprendente.

---

200 Sánchez Ron, op- cit., pp. 18-19.

El Presidente [de Estados Unidos] y yo estamos muy preocupados por
el Profesor Bohr. ¿Cómo se metió en este asunto? Es un defensor de la
publicidad. Proporcionó una información no autorizada al *Chief Justice*
Frankfurter, que sorprendió al Presidente cuando aquel le dijo que conocía todos los detalles [del Proyecto Manhattan]. Dice [Bohr] que mantiene
correspondencia con un profesor ruso, un viejo amigo suyo en Rusia
[Kapitza], al que ha escrito sobre el asunto y puede estar escribiendo
todavía. El profesor ruso le ha urgido que vaya a Rusia para tratar algunas
cosas. ¿De qué va todo esto? Me parece que Bohr debería ser confinado o
al menos que se le hiciese saber que está muy cerca de cometer crímenes
mortales. No me había dado cuenta de nada de esto antes, aunque no me
gustó el tipo cuando me lo presentó, con todo ese pelo en la cabeza, en
Downing Street. Háagame saber sus opiniones sobre este hombre. No me
gusta en absoluto. (Sánchez Ron, op. cit., p. 21)

Esto provocó que Bohr fuese consciente de que la comunidad científica
había claudicado frente al poder político. A partir de entonces se posicionó en
contra de la guerra y del uso de la ciencia para fines bélicos. En agosto de 1945,
justo dos días después del bombardeo sobre Nagasaki, el diario británico *The Times*
publicó un artículo suyo titulado *Ciencia y civilización*, mediante el cual expresaba
su preocupación por el poder de destrucción de la energía nuclear y la amenaza
que suponía para la humanidad. Después de años de incansable trabajo en favor de
la paz y de divulgar la no utilización de armas nucleares, Niels Bohr fue galardonado por el presidente Eisenhower con el Premio Átomos para la Paz. Entre otras
cosas, el científico llegó a recordar que: «… cualquier aumento del conocimiento y
de nuestras potencialidades conlleva grandes responsabilidades. De hecho, el rápido
avance de la ciencia y de la tecnología de nuestra era, que implica tan luminosas
promesas y graves riesgos, se presenta a la civilización con un reto muy serio»[201].

Pero la carrera nuclear también actuó como telón de fondo en la política de
Alemania entre 1933 y 1945. A pesar de no lograr llegar hasta el final en el desarrollo de un arma atómica, los científicos alemanes consiguieron construir varios
reactores de fisión subcríticos sin llegar a alcanzar una reacción en cadena. El más
avanzado fue el B-VIII. Con este reactor, podrían haber alcanzado la criticidad,
pero su diseño tenía errores que impidieron su funcionamiento adecuado. En el
programa nuclear alemán se priorizó la investigación en pequeños laboratorios, lo
que sugiere que el progreso lento en sus proyectos no permitió el desarrollo de una
bomba nuclear antes de 1945. Cuando los aliados prepararon la misión ALSOS, un

---

201 Ibid, pp. 22-23.

plan enmarcado en el Proyecto Manhattan, algunos científicos alemanes quedaron sorprendidos al verse detenidos en Huntingdon. Entre aquellos hombres estaban nombres como los de Werner Heisenberg y Otto Hahn.

En cualquier caso, el antisemitismo mostrado por el régimen nazi fue el detonante para que muchos científicos con raíces judías dejaran el país antes del conflicto. En ellos se encontraban Leó Szilárd, Lise Meitner, Hans Bethe o Albert Einstein, entre otros muchos. Estas huidas significarían, a la postre, una pérdida significativa en términos de contribuciones a las investigaciones nucleares para los intereses militares del gobierno alemán durante la Segunda Guerra Mundial. Frente a todo ello y tras unos años de investigación, el Proyecto Manhattan pudo hacer detonar en 1945 las dos bombas atómicas sobre Japón, poniendo fin de manera definitiva a la guerra. Aquel éxito se debió, en gran medida, a los estudios y aportaciones de numerosas personas huidas o llegadas desde Alemania, lo que permitió desarrollar armas con plutonio antes del final de la guerra.

El 24 de julio de 1945, Washington envió instrucciones al general Karl Spaatz, comandante general de la Fuerza Aérea Estratégica de los Estados Unidos, quien había solicitado instrucciones precisas para ejecutar el lanzamiento de la bomba atómica. El 26 de julio, el gobierno norteamericano remitió un ultimátum a Japón exigiendo su rendición incondicional, bajo amenaza de sufrir una «… destrucción absoluta». A la declaración, firmada en un primer momento por el presidente Truman, se sumaron Churchill y Chiang Kai-Shek, como representantes del Reino Unido y China, suscribiéndose en el último momento la Unión Soviética de Stalin. En el comunicado no se advertía del tipo de ataque ni de las consecuencias finales para la población civil. A pesar de las advertencias, Japón anunció el 30 de julio su declinación al ultimátum, negándose a firmar la rendición. Con esta decisión, el 6 de agosto de 1945 se puso en marcha el primer vuelo atómico de la historia al mando del coronel Paul W. Tibbets. Solo después de los bombardeos, investigadores japoneses y norteamericanos decidieron reunirse en las zonas arrasadas para comprobar el daño producido y recabar el conocimiento necesario para futuras guerras nucleares.

Sin embargo, el final de la Segunda Guerra Mundial no alteró los planes de investigación sobre armas nucleares, sino que los aceleró aún más. Antes de la invasión alemana de la Unión Soviética, varios científicos rusos como Yakov Zeldovitch o Yuri Khariton habían publicado trabajos sobre la posibilidad de fabricar una bomba atómica. En 1943 el gobierno de Stalin impulsó un programa secreto destinado a recopilar documentación sobre el mismo Proyecto Manhattan. Gracias al espionaje, en junio de 1945, un agente llamado Klaus Fuchs proporcionó a la Unión Soviética los planos y trabajos definitivos de la bomba empleada en

Nagasaki. Estas indagaciones sirvieron para reducir la distancia en las investigaciones entre los Estados Unidos y la propia Unión Soviética.

Solo así se entiende que el primer reactor soviético y europeo entrara en funcionamiento en la Navidad de 1946, a iniciativa del Instituto Kurchátov en Moscú. El reactor, conocido como F-1, se encargó de producir el plutonio necesario para las primeras bombas rusas. El programa se prolongó durante cuatro años y, a pesar de los deseos de Stalin de proporcionar al pueblo ruso un arma propia, lo cierto es que se optó por utilizar una copia exacta de la bomba de Nagasaki con la información facilitada por Fuchs. De esta forma se fabricaron dos bombas. La primera fue una «reproducción» de la utilizada en Japón por Estados Unidos, la RDS-1, mientras que la segunda, conocida como RDS-2, se completó con un desarrollo propio.

Reproducción de la bomba atómica Fat Boy, que explotó en Nagasaki el 9 de agosto de 1945.

La detonación de la RDS-2 se realizó el 24 de septiembre de 1951 en el Polígono de Semipalatinsk. El experimento fue denominado *Vtoraya Molniya* o Segundo Relámpago, aunque finalmente fue conocido en Occidente como Joe-2, en relación a Joseph Stalin. Toda la instrumentación se distribuyó en un radio de 10 km en 24 edificios con más de 3000 indicadores de radiación gamma y de neutrones. Por motivos de seguridad, el artefacto fue armado en el lugar de la detonación tiempo antes de producirse esta e instalada en una torre de 30 metros de altura. A su alrededor se ubicaron aviones, tanques y camiones para estudiar los efectos de la explosión. Esta alcanzó los 38 kilotones y fue vista y oída a más de

170 km de distancia. En un radio de 600 metros, la radiación llegó a tal extremo que una persona solo podía estar un máximo de 30 minutos. Después del éxito, el gobierno soviético no dudó en aprobar la reproducción de la bomba. El 18 de octubre se realizó la prueba con la RDS-3, esta vez lanzada desde un avión a 10 km de altitud. Su explosión liberó una energía de 42 kilotones, superando las detonaciones de Hiroshima y Nagasaki, las cuales habían creado unas explosiones equivalentes a 16 y 21 kilotones, respectivamente.

Con las detonaciones soviéticas, comenzó una peligrosa carrera por alcanzar la hegemonía en tecnología nuclear. El Proyecto Manhattan había demostrado la necesidad de concentrar todos los esfuerzos angloamericanos en una única dirección. Por esta razón, el nuevo gobierno laborista en Gran Bretaña, dirigido por Clement Attlee, creó en agosto de 1945 un comité secreto, el GEN-75, dedicado a investigar la energía atómica y en el que participarían varios de los científicos previamente desplazados a los Estados Unidos. En 1946, bajo la dirección del físico William G. Penney, se iniciaron las infraestructuras necesarias, y en 1948, a pesar de las reticencias surgidas desde Washington, el gobierno británico decidió continuar con el programa. El nombre en clave del proyecto fue «Basic High Explosive Research». Aquel mismo año se completó un diseño similar al suministrado a la Unión Soviética por Klaus Fuchs y el 3 de octubre de 1952 la primera bomba atómica británica, *Hurricane*, detonaba cerca de la isla Trimouille, en Australia.

Por otra parte, antes de la ocupación francesa por parte de las tropas alemanas, Francia ya había iniciado un programa de investigación nuclear propio. Concluida la Segunda Guerra Mundial, el presidente Charles de Gaulle ordenó la puesta en marcha del Commissariat a l'Energie Atomique (CEA), ejerciendo de Alto Comisario Jean Frédéric Joliot-Curie. El centro se instaló en Saclay, al sur de París, estando operativo el primer reactor crítico en diciembre de 1948 en Fort de Chatillon. En el proyecto francés trabajó Bertrand Goldschmitt, excolaborador del Proyecto Manhattan, elaborando el primer método industrializado para separar plutonio.

Francia optó por desarrollar un proyecto propio para elaborar bombas nucleares. No obstante, la propuesta se encontró con la oposición del propio Joliot-Curie, quien fue sustituido por Francis Perrin, un científico que de forma inmediata se puso a las órdenes del presidente De Gaulle. En julio de 1952, la Asamblea Nacional autorizó la construcción de una planta para la producción de plutonio en la central nuclear de Marcoule, en el Ródano. El reactor, construido con tecnología francesa, entraría en servicio cuatro años más tarde. Los sucesos de 1954 después de la batalla en Dien Bien Phu, en Indochina, así como la derrota del Cuerpo Expedicionario Francés, posibilitó que se diera luz verde al programa para construir una bomba atómica, apoyado en esos momentos por el primer ministro Pierre Mendes-France. A partir de 1955, el Ministerio del Ejército aprobó importantes partidas presupuestarias para financiar el programa. Las desconfianzas de Francia hacia el Reino Unido y los Estados Unidos después de la Guerra del Sinaí por el Canal de Suez impulsaron definitivamente su programa militar atómico con tecnología propia.

La actitud francesa por llevar a la práctica un rearme nuclear del país condujo al Comisariado de la Energía Atómica a aprobar un memorándum para poner en marcha la primera prueba con un arma atómica. En abril de 1958, el último primer ministro de la IV República, Félix Gaillard, ordenó la construcción de una bomba recibiendo dicho encargo el general Charles Aillert, director del Commandement Interarmées des Armes Spéciales (CIAS). Tras la crisis de mayo de 1958 y la vuelta al gobierno de Charles de Gaulle, se llegó a la conclusión de que Francia debía disponer de una fuerza atómica estratégica en un futuro inmediato. Así las cosas, la primera explosión atómica tuvo lugar el 13 de febrero de 1960 en Reganne, en el Sahara argelino. La bomba construida, más sofisticada que la de Nagasaki, liberó una potencia de 65 kilotones, algo que ningún país había logrado hasta la fecha. El arma quedó militarizada como bombas de tipo AN-11 y AN-22, junto con cabezas de misiles MR-31, cuyas potencias estaban entre los 60 y 120 kilotones.

Partiendo del mismo interés, otros países se fueron sumando a los programas nucleares con el propósito de ser trasvasados al ámbito de la defensa. Las pruebas y ensayos atómicos llevados a cabo por China con uranio en el desierto de Gobi, en octubre de 1964, dieron lugar a la detonación del «dispositivo 596», liberando 22 kilotones. Por las mismas fechas, Israel puso en marcha su proyecto nuclear, una vez que el país quedara «aislado» de Estados Unidos y la Unión Soviética tras el conflicto de Suez. Seis semanas antes de la nacionalización del Canal por parte del presidente egipcio Gamal Abdel Nasser, el 26 de julio de 1956, el gobierno israelí se puso en contacto con Francia para solicitar colaboración para la instalación de un reactor nuclear. Después de la reunión celebrada entre Golda Meir, Shimon Peres y los ministros franceses Pineau y Bourges-Manoury, Francia accedió a suministrar a Israel un reactor nuclear y la asistencia para la creación de una fuerza nuclear de disuasión. El 22 de septiembre de 1979 se produjo una explosión atómica en una zona del océano Índico, sin que hasta la fecha se haya podido averiguar quiénes estuvieron detrás de la detonación. Se ha especulado que el llamado «Incidente Vela» fue el resultado de un acuerdo conjunto entre Sudáfrica e Israel, con el fin de experimentar con armamento nuclear.

Como contrapartida al uso militar, en 1934 comenzaron a darse los primeros pasos para producir electricidad a partir de la energía nuclear. En Estados

Unidos, bajo el lema «Atoms for Peace», el gobierno de Eisenhower propuso el uso pacífico asegurando que la energía atómica proporcionaría un suministro inagotable. De esta forma, en 1951 el Centro Experimental Breeder Reactor Uno fue el primero en producir electricidad desde una fuente nuclear. En 1955 esta tecnología se utilizó para poner en marcha submarinos como el USS Nautilus, construyéndose desde entonces decenas de reactores destinados a producir energía a partir de la fisión atómica. A pesar del protagonismo de la sociedad norteamericana durante la posguerra, fue la Unión Soviética la primera en levantar una planta capaz de producir electricidad para la población civil.

En efecto, en 1954 la central nuclear de Óbninsk, en la actual Rusia, entró en funcionamiento generando 5 megavatios de energía gracias a su reactor de uranio y grafito, manteniéndose activa hasta 2002. Dos años más tarde, Gran Bretaña construiría la primera central comercial para la generación de electricidad en Windscale, próximo al mar de Irlanda, produciendo 196 megavatios de energía. Con la llegada de los años 70 y la crisis energética del petróleo, el impulso a las centrales nucleares aumentó, sumándose al proyecto países como Alemania, Canadá, Italia o Japón, a los que seguirían la mayoría de los países occidentales, especialmente Francia. Hay que decir que en la actualidad existen más de 450 reactores nucleares repartidos entre más de 30 naciones con capacidad para generar energía a partir de la tecnología nuclear.

Junto al desarrollo civil, la industria militar fue capaz de desarrollar programas más ambiciosos en este sentido, llegando a existir, en la década de 1960, al menos tres modelos diferentes de bombas atómicas en posesión de varios países en todo el mundo. Junto a las ya mencionadas de uranio y plutonio, en 1952 surgió la bomba de hidrógeno o termonuclear basada en la energía obtenida por la fusión de dos núcleos atómicos, en lugar de la fisión de estos. Después del proyecto de Oppenheimer, Edwar Teller desarrolló una investigación que llevaría a la fabricación de dos bombas de hidrógeno probadas en los años 50. Para ello, se fusionaron núcleos de deuterio y tritio, además de dos isótopos de hidrógeno, para dar lugar a un núcleo de helio. La primera bomba H, bautizada con el nombre de *Ivy Mike*, se probó el 1 de noviembre de 1952 en el atolón Enewetak, en las Islas Marshall, alcanzando una potencia de 10 400 kilotones. Los efectos devastadores de la explosión causaron daños significativos en la zona, alcanzando una temperatura en la «zona cero» de unos 15 millones de grados.

La prueba de *Ivy Mike* marcó el inicio de la proliferación de bombas de hidrógeno en el mundo, siendo la más potente construida hasta el momento. Después de ser desarrollada por los Estados Unidos, la Unión Soviética la probó en agosto de 1953, haciéndolo otros países como el Reino Unido en 1957, China en 1967 y Francia un año más tarde. Para la década de los años 80, se estimaba que había alrededor de 40 000 bombas de hidrógeno repartidas entre varios países del mundo. En una entrevista realizada por la BBC al profesor de física de la Universidad de Illinois, Grosse Perdekamp, en relación con las diferencias de las bombas lanzadas sobre Hiroshima y Nagasaki, este afirmó: «En contraste, la potencia que se puede alcanzar con la fusión nuclear (el proceso detrás de las bombas de hidrógeno), básicamente no tiene límites… los únicos límites son los asociados al sistema de despliegue (del arma): el avión que transporta la bomba, o el misil armado con una cabeza nuclear»[202].

Por último, la invención de la bomba de neutrones atribuida a Samuel Cohen, fue desarrollada en 1958, realizándose los primeros ensayos en 1963, en Nevada. Su completo desarrollo fue retrasado por orden del presidente Jimmy Carter en 1978, al recibir protestas en contra de su Administración por el anuncio de desplegar ojivas en Europa. Sin embargo, en 1981, su sucesor, Ronald Reagan, autorizó su producción y la construcción de ojivas de neutrones para ser transportadas en misiles. El arma, también denominada bomba N, es una bomba de radiación directa resultado de las investigaciones realizadas sobre la bomba de hidrógeno. En la actualidad son varios los países que tienen la capacidad para fabricar bombas de neutrones, aunque se desconoce si finalmente han desarrollado el arma.

Si bien es verdad que desde los bombardeos atómicos en Japón no han vuelto a repetirse ataques similares, durante los años posteriores muchos gobernantes no llegaron a comprender la auténtica revolución que el arma podía ocasionar en la política mundial. En algunos casos, su uso llegó a considerarse como algo «normal», tal y como advirtió en 1950 el presidente norteamericano Truman, afirmando que la bomba atómica era un arma como otra cualquiera. En su opinión, las armas nucleares serían utilizadas sin dudarlo si se consideraba necesario para defender los intereses nacionales contra una posible agresión. Sin embargo, esta opinión cambió de manera considerable una década más tarde. Un ejemplo de este cambio de perspectiva fue la conferencia pronunciada en 1961 por el general francés Paul Stehlin, en la que entre otras cosas llegó a afirmar:

El empleo por primera vez del arma atómica contra las ciudades japonesas fue generalmente considerado por la opinión de las naciones aliadas como una demostración decisiva del genio y de la superioridad técnica de los

---

202 Montejo, E. (3 de agosto de 2023). La bomba H: el arma más poderosa en la Tierra que supera a la bomba atómica. *National Geographic*. En: https://www.ngenespanol.com/historia/la-bomba-h-el-arma-mas-poderosa-que-la-bomba-atomica/. También en: *BBC News* (10 de diciembre de 2015). Enlace en: https://www.bbc.com/mundo/noticias/2015/12/151210_internacional_corea_norte_bomba_hidrogeno_aw.

americanos en el dominio de los armamentos. Para muchos militares se trataba solamente de un arma de una potencia enormemente superior a la de las ya conocidas hasta entonces. (Delmas, 1963, p. 52)

A finales de 1950 se presentó la posibilidad de volver a utilizar bombas nucleares. La finalización de la Segunda Guerra Mundial provocó la división de Corea en dos zonas de influencia a partir del paralelo 38, siendo la del norte para los soviéticos, y la sur para Estados Unidos. Las incursiones realizadas por Corea del Norte contra sectores de Corea del Sur hicieron que tropas norteamericanas acudieran en auxilio de esta última, dando origen a una guerra que se extendería hasta el verano de 1953. Las cuantiosas pérdidas y el desprestigio sufrido por parte del ejército estadounidense llevaron al general MacArthur a solicitar un ataque atómico contra China con el fin de «… ajustar cuentas y acabar con toda clase de agresiones indirectas». Una solicitud que finalmente fue desestimada por el presidente Truman[203].

El otro escenario posible para el uso de bombas atómicas fue la guerra de Vietnam. El conflicto en Corea determinó un cambio en las estrategias de los Estados Unidos y en las condiciones de utilización de las armas nucleares. De esta forma, surgió en 1954 la llamada *doctrina Dulles* por la que se reconocía una nueva realidad en la utilización de armamento atómico. Este dejaba de ser un elemento ofensivo «para todo uso», convirtiéndose en una pieza disuasoria para «no ser usada», con el propósito de servir como mero impacto contra un posible adversario. Así, la posesión de armas nucleares no sirvió para evitar la derrota estadounidense en una guerra disputada frente a un enemigo aparentemente inferior. Con los acuerdos de París en 1973, quedaron en entredicho los objetivos previstos en la mencionada doctrina, si bien una intervención atómica en Vietnam hubiera destruido por completo el prestigio norteamericano en el continente asiático, además de provocar un conflicto mundial con gravísimas consecuencias.

La carrera de armamentos siguió en marcha durante la Guerra Fría. Sin embargo, la necesidad de emprender acciones para la distensión comenzó a contemplarse a partir del año 1963, especialmente después de la crisis de Cuba, que demostró el inminente peligro de una guerra nuclear a escala mundial. En enero de 1968, Estados Unidos y la Unión Soviética presentaron ante las Naciones Unidas el *Tratado sobre la No Proliferación de Armas Nucleares* que, finalmente fue firmado el 1 de julio de ese año. Suscrito entonces por más de 60 países, hoy ya son más

---

203 Santamaría, C. (1985). *La amenaza de guerra nuclear. Estrategia, política y ética* (pp. 10-11). San Sebastián-Donostia. Editorial Diocesana. Idatz, D. L.

de 100 los firmantes que lo apoyan. En la misma línea, en 1970 nació el proyecto *Strategic Arms Limitation Talks* (SALT), que subrayaba la necesidad de negociar tanto las armas defensivas como las ofensivas. Las negociaciones, iniciadas en Helsinki en noviembre de 1969, culminaron con la firma del tratado SALT-1 en la ciudad de Moscú el 26 de mayo de 1972, con la participación de los presidentes Nixon y Brézhnev. Este tratado estuvo en vigor durante 30 años, hasta 2002, momento en el que Estados Unidos decidió retirarse.

En julio de 1974, siguiendo con la política de distensión iniciada unos años antes, Estados Unidos, la Unión Soviética y el Reino Unido suscribieron un acuerdo limitando las pruebas nucleares bajo tierra a una potencia de 150 kilotones. En 1979, Leonid Brézhnev, secretario general del Comité Central del Partido Comunista de la Unión Soviética, y el presidente norteamericano Jimmy Carter, firmaron en Viena nuevos acuerdos conocidos como SALT-2. Estos acuerdos establecían limitaciones sobre el número y tipo de misiles nucleares intercontinentales. Sin embargo, la posterior intervención soviética en Afganistán impidió que fueran ratificados por el Senado norteamericano.

Después de esto, siguieron desarrollándose nuevos acuerdos para limitar las armas estratégicas. Las conversaciones START tuvieron lugar entre junio de 1982 y diciembre de 1983. El presidente Reagan propuso que soviéticos y norteamericanos restringieran sus armas estratégicas al mismo nivel que se habían acordado en los acuerdos SALT-2, puesto que estos nunca llegaron a ejecutarse. Entre los objetivos también figuraban la destrucción de las armas nucleares antiguas o *build dong*, además del desmantelamiento de más de 2000 cabezas nucleares, incluidas las instaladas en submarinos. El plan fue finalmente descalificado por los soviéticos, aludiendo que solo favorecía a los norteamericanos, por lo que el mundo habría de esperar todavía unos años más para ver disminuida la tensión entre las dos potencias militares más importantes.

En esta misma línea, el 10 de septiembre de 1996, se firmó el *Comprehensive Nuclear-Test-Ban Treaty* o Tratado de Prohibición Completa de los Ensayos Nucleares (TPCEN), con el que se prohibían los ensayos nucleares por parte de los países firmantes. Con el tiempo, la firma se ha ampliado a 178 países, sin que todavía hayan ratificado el Tratado los Estados Unidos y China. Ya dentro del siglo XXI, en marzo de 2017, comenzaron las negociaciones para someter a la aprobación de Naciones Unidas el Tratado sobre Prohibición de las Armas Nucleares (TPAN), lo que supuso un peldaño más en el intento por prohibir definitivamente el empleo de este tipo de armamento. Hay que decir que este último representa «... el primer acuerdo multilateral aplicable a escala mundial que prohíbe íntegramente las armas nucleares... también el primer acuerdo que contiene disposiciones para abordar las consecuencias humanitarias relacionadas con el ensayo y empleo de armas nucleares… complementando otros acuerdos internacionales vigentes sobre armas nucleares, el Tratado de Prohibición Completa de los Ensayos Nucleares y otros acuerdos que establecen zonas libres de armas nucleares»[204].

El Tratado sobre Prohibición o TPAN fue aprobado el 7 de julio de 2017, entrando en vigor el 22 de enero de 2021, después de sufrir varios intentos de boicot y de las desavenencias mostradas por parte de algunos países occidentales y de la OTAN. En 2022, el gasto mundial en armas nucleares volvió a aumentar por tercer año consecutivo situándose, según fuentes de Greenpeace, en los 82 900 millones de dólares. Este incremento se produjo en un contexto de creciente conflictividad internacional, destacando la guerra ruso-ucraniana en Europa del Este y el conflicto árabe-israelí en el Próximo y Medio Oriente.

Actualmente, nueve países continúan aumentando su arsenal nuclear, lo que sugiere que la limitación y el desuso de las armas nucleares a corto plazo aún parecen inalcanzables. Además, la idea de la «legítima defensa preventiva» ha fortalecido el poder e influencia de ciertos países sobre el resto del mundo, lo que plantea la posibilidad de un quebrantamiento del criterio de proporcionalidad en caso de conflictos extremos.

---

204 Díaz Galán, E. C. (2019). Tratado sobre la Prohibición de las Armas Nucleares (TPAN): un paso más en la ilicitud del empleo del arma nuclear. *Revista de Estudios en Seguridad Internacional*, 5(2), p. 40.

La Guerra Fría y el espionaje tecnológico

El liderazgo de los Estados Unidos frente al Telón de Acero

Después de 1945, Estados Unidos y la Unión Soviética entraron en un enfrentamiento global que obligó al mundo a situarse en dos bandos muy diferenciados entre sí, movilizando de esta forma recursos y medios con el propósito de aumentar su poder y expandir su área de influencia.

Esta bipolarización comenzó antes del final de la guerra, estableciéndose entonces diferentes conferencias y cumbres con el único deseo de acometer el nuevo orden internacional que seguiría a la victoria aliada. Fruto de esta aspiración surgió la conferencia de El Cairo, en noviembre de 1943, así como las cumbres de Teherán, Yalta y Potsdam, entre noviembre de ese mismo año y julio de 1945. En todas ellas se comenzaron a fijar las nuevas fronteras y las áreas de influencia, garantizando el respeto mutuo a dichos repartos. En abril de 1945, los acuerdos de la Conferencia de San Francisco determinaron la creación de la futura Organización de las Naciones Unidas de la que, en principio, formarían parte 46 países, para asegurar el mantenimiento de la paz y la seguridad después de la guerra. La última reunión de los países vencedores, previa a la rendición de Japón, tuvo lugar en Potsdam, donde quedaron determinadas las demarcaciones y las zonas de ocupación de Alemania, surgiendo de esta manera las primeras fricciones entre Stalin y los líderes occidentales.

El final de la contienda mundial había dejado a los Estados Unidos al frente de las economías occidentales, recuperándose plenamente de la Gran Depresión gracias a su esfuerzo bélico y a su innegable superioridad tecnológica corroborada con la fabricación de las primeras armas nucleares. Dicho predominio pasó a desempeñarse también a nivel político y diplomático después de que el ejército norteamericano ocupara importantes áreas en los distintos continentes. A pesar de ello, no todos los vencedores mostraron su acuerdo sobre las fronteras en Europa. De hecho, George Frost Kennan, subjefe en la embajada de Moscú en aquellos momentos, remitió el conocido como *Telegrama Largo*, en el que persuadía a los políticos de su país a abandonar cualquier plan de colaboración con la Unión Soviética, a cambio de hacerlo en la esfera política occidental para reducir con ello el poder soviético. Con la Guerra Fría en marcha, el propio Kennan escribiría un artículo titulado *The Sources of Soviet Conduct* en el que, entre otras cosas, explicaba lo siguiente:

> [...] el elemento principal de cualquier política de Estados Unidos hacia la Unión Soviética debe ser a largo plazo, paciente pero firme y vigilante de la tendencia de la contención rusa expansiva [...] la presión soviética contra las instituciones libres del mundo occidental es algo que puede contenerse por la aplicación hábil y vigilante de la fuerza contraria a una serie de cambios continuos de puntos geográficos y políticos, que corresponden a los desplazamientos y maniobras de la política soviética, pero que no pueden dejarse seducir o rechazar su existencia. (González Gómez, 2003, p. 28)

Se pasaba así de la Gran Alianza, protagonista de la derrota del régimen nazi, al Telón de Acero definido por la incapacidad para desarrollar una política internacional de equilibrios entre bloques. En septiembre de 1946, los soviéticos, a través del diplomático Nikolái Vasílievich Novikov, advirtieron al gobierno norteamericano, mediante el conocido *Informe Novikov*, que no aceptarían que Estados Unidos utilizara el monopolio del mundo capitalista para desarrollar una supremacía militar. Unas semanas más tarde sería Winston Churchill quien pronunciaría un discurso en la Universidad de Misuri, haciendo referencia a la necesidad de establecer una alianza angloestadounidense con el fin de contrarrestar el Telón de Acero impuesto por la Unión Soviética.

En cierta medida, tanto Kennan como Churchill, habían comprendido el peligro que suponía la presencia del Ejército Rojo por toda Europa oriental. La derrota de Alemania también acabó con el único aglutinante que había mantenido unida la coalición. A ello se sumaron cuestiones como la decisión de Truman de suspender las ayudas a Moscú, lo que se interpretó en los círculos próximos a Stalin como una negativa por parte de los Estados Unidos a contribuir a la reconstrucción de la economía soviética.

Por su parte, la diplomacia norteamericana presentó un plan para detener lo que parecía un avance sostenido del comunismo a través de una serie de acciones más convincentes. George Marshall, por aquellos días secretario de Estado, planteó la necesidad de evitar que los países del entorno occidental, carentes de recursos a consecuencia de la guerra, cayeran en manos de políticas próximas al Kremlin. Para Marshall, esta amenaza resultaba ser más peligrosa que la puramente militar, lo que hizo que en junio de 1947 esbozara un plan lo suficientemente ambicioso para iniciar la reconstrucción de la economía europea. En su concepción del problema, la ayuda material y técnica proporcionada por los Estados Unidos ocasionaría rápidos beneficios a Europa y el control, no solo económico, sino también de las instituciones asentadas en los gobiernos del occidente europeo[205].

La incapacidad para competir económica y tecnológicamente con los Estados Unidos llevó a la Unión Soviética a ver en la Doctrina Truman y en el Plan Marshall dos serias amenazas en contra de sus propios intereses y de su propia seguridad. La respuesta de Stalin a los movimientos norteamericanos fue la creación de la Kominform, en septiembre de 1947, un organismo que debía «armonizar» las exigencias de Moscú a los distintos partidos comunistas europeos. En la sesión inaugural, el delegado soviético Andréi Zhdanov explicó cuestiones directamente relacionadas con los enfrentamientos imperialistas y antiimperialistas, este último liderado por la Unión Soviética, por lo que recomendó la movilización y la ruptura con las ideas socialdemócratas y liberales. En poco tiempo, todos los gobiernos comunistas de los países de la Europa del Este destituyeron o eliminaron a sus anteriores aliados, encarcelando y ejecutando a miles de opositores. El resultado fue la transformación de estos países en democracias populares y en economías nacionalizadas.

Los nuevos regímenes terminaron convirtiéndose en aliados sumisos de los criterios dictados por la Unión Soviética, situación que se mantendría hasta 1989. Especialmente compleja fue la transformación de Checoslovaquia, que vivió el Golpe de Praga en febrero de 1948, dejando de ser la única democracia de la región y pasando a manos de un estricto gobierno comunista. Diferente actitud presentó Josip Broz Tito en Yugoslavia. Hasta entonces un firme aliado de Stalin, el mariscal y líder del país se enfrentó abiertamente al régimen de Moscú, apoyado en su prestigio personal e historial antifascista, rompiendo con la Unión Soviética en junio de 1948 lo que le valió la expulsión de la Kominform. Por el contrario, en países democráticos como Francia e Italia, los partidos comunistas dejaron sus respectivos gabinetes de coalición siguiendo la estrategia sugerida por Truman, sin que esta medida debilitara su consistencia electoral. Con todo ello, se completaba la división en dos bandos estratégica y políticamente contrapuestos[206].

Precisamente, en 1948 la tensión alcanzó su punto más álgido. Ese año Stalin ordenó el bloqueo de todos los accesos por tierra que unían Berlín-Oeste con las

---

205 Pellegrini, A. (septiembre de 2012). Las relaciones internacionales durante la guerra fría (1945-1991). *Mundo Actual*, pp. 15-16.
206 Ibid, pp. 16-17.

zonas occidentales de Alemania para presionar a sus anteriores aliados. La rapidez de británicos y norteamericanos neutralizó las intenciones soviéticas, estableciendo de inmediato un puente aéreo y abasteciendo a los berlineses, garantizándoles el apoyo occidental. Tras el fracaso del Kremlin, en mayo de 1949 se constituyó la República Federal de Alemania aglutinando todo el sector occidental del país. Meses después quedó instaurada la República Democrática Alemana conformada por el sector administrado por Moscú. Preocupados por la actitud de los soviéticos, en abril de 1949 y con el beneplácito de los Estados Unidos se firmó el acuerdo que ponía en marcha el Tratado del Atlántico Norte (OTAN). El pacto quedaría dotado de una estructura propiamente militar en 1952, en pleno conflicto con Corea. En años sucesivos, bajo el mandato del presidente Eisenhower se irían creando alianzas similares con el propósito de aislar militarmente al bloque soviético. De esta forma se firmaría el Tratado del Asia del Sudeste (OTASE), en 1954 y el Pacto de Bagdad en el año 1955[207].

La respuesta de la Unión Soviética a la OTAN fue el Pacto de Varsovia, firmado el 14 de mayo de 1955 por los países del bloque del Este. Las obligaciones de los países miembros eran superiores a las de los países antagonistas de la OTAN. Además de la ayuda en caso de conflictos exteriores entre países, los estatutos facultaban a los gobiernos a sofocar rebeliones o agitaciones internas utilizando la fuerza militar y a la presencia del ejército soviético, en cualquier caso, argumentando que el socialismo tenía derecho a defenderse. Con los años, la industria militar del bloque oriental fue adquiriendo componentes y armamento tecnológicamente avanzado. El Pacto de Varsovia llegaría a dotarse de más de 6 millones de soldados, alrededor de 70000 carros blindados, 2000 barcos de guerra y 14000 aviones de combate con la correspondiente munición nuclear. El final de la alianza militar llegó tras la grave crisis económica de la Unión Soviética al no poder soportar los enormes gastos en armamentos que suponía la organización. Con la caída del Muro de Berlín en 1989 y la descomposición de la URSS, Moscú reconoció la independencia de numerosas repúblicas soviéticas, dejando sin significado alguno el mencionado Pacto en diciembre de 1991.

Por otra parte, desde una perspectiva económica y política, el llamado European Recovery Program (ERP) o Plan Marshall, no estuvo exento de elementos vinculados al desarrollo tecnológico y científico. El Plan, contemplado como una estrategia más para mermar el control de la Unión Soviética sobre los

---

207 Dentro de la estructura del Tratado del Asia del Sudeste (OTADE) se alinearon países como Estados Unidos, Australia, Nueva Zelanda, Filipinas y Tailandia. Por otra parte, dentro del Pacto de Bagdad, además de los Estados Unidos firmaron el acuerdo Turquía, Irán, Irak, Pakistán y el Reino Unido. En de Arce, Á. (1976). *Organismos Internacionales* (pp. 148-150). Madrid. Editorial Prensa Española.

países occidentales de Europa, se presentó como una forma para facilitar el crecimiento económico mediante créditos que posteriormente serían devueltos. El importe total de la ayuda entre 1947 y 1951 ascendió finalmente a 13 000 millones de dólares, de los cuales, el 70 % se destinó a la compra de bienes de consumo y de capital. La ayuda llegada desde los Estados Unidos dio, en efecto, un fuerte impulso a la industria y a la agricultura de los países afectados movilizando un número importante de recursos humanos. En diciembre de 1951, fecha en la que finalizó la asistencia norteamericana, la producción industrial era un 64 % superior a la de 1947, las cantidades de acero colado se habían duplicado y la producción de alimentos se había incrementado un 24 %.

Los países más beneficiados fueron el Reino Unido, con un 26 % de las ayudas, Francia con un 18 % y Alemania con un 11 %. Para la aplicación del Plan Marshall se creó en Estados Unidos la Administración para la Cooperación Económica (ACE), mientras que los países receptores establecieron la Organización Europea para la Cooperación Económica (OECE), con el fin de gestionar las ayudas. Estas se transferían a los diferentes gobiernos, siendo un comisario de la ACE quien finalmente asesoraba sobre la forma más eficiente de administrar las cantidades recibidas. En una Europa asolada por los efectos de la guerra, la partida adquirida en maquinara y vehículos modernos llegó a superar los 1 900 millones de dólares. Se invirtieron recursos económicos en programas de infraestructuras ferroviarias. Ford Motor Co. recibió fondos para reemplazar maquinaria y herramientas de última tecnología, incluyendo automóviles, camiones y tractores, demostrándose, una vez más, el liderazgo técnico e industrial de Estados Unidos y su influencia a la hora de controlar la actividad económica de otros Estados soberanos.

En otro orden de cosas, a medida que los bloques desarrollaban sus respectivas estrategias, la crisis de los antiguos imperios coloniales europeos después de 1945 desembocó en la descolonización y la independencia de nuevos países en Asia y África. Estas nuevas naciones se vieron igualmente implicadas también en el nuevo escenario de la Guerra Fría. Aprovechando dicha circunstancia, tanto Estados Unidos como la Unión Soviética rivalizaron por ganar su influencia en los países descolonizados asumiendo un papel decisivo en el derrocamiento de gobiernos «hostiles». Esta circunstancia influyó para que, en abril de 1955, decenas de países del llamado Tercer Mundo se reunieran en la Conferencia de Bandung, acordando mantenerse al margen de las disyuntivas creadas por la Guerra Fría. La iniciativa y el posterior consenso darían lugar a la creación del Movimiento de Países No Alineados en 1961, provocando una relativa moderación en las políticas exteriores norteamericanas y soviéticas.

El final de la Segunda Guerra Mundial dejó a las potencias vencedoras un ingente arsenal de armamento, la mayoría desarrolladas y mejoradas durante la contienda. Otra de las consecuencias de la división en bloques fue la carrera armamentística desarrollada en las décadas posteriores. A las llamadas armas convencionales se sumaban ahora las estratégicas, definidas por su capacidad nuclear. La superioridad de los Estados Unidos se había evidenciado en la batalla de Midway con la participación de la aviación naval y la utilización de portaaviones. La armada soviética carecía de estos navíos, contando principalmente con buques de menor tamaño que mostraban su inferioridad. La superioridad tecnológica de los norteamericanos se consolidó con la fabricación de la primera bomba atómica, lo que también otorgaba un mayor poder estratégico en el ámbito de las armas no convencionales.

Las desventajas patentes entre ambos países provocaron que, al principio de la Guerra Fría, solo los Estados Unidos pudieran disponer de este tipo de armamento. En consecuencia, la Unión Soviética emprendió un ambicioso programa de investigación para ponerse a la altura en tecnología nuclear y fabricar sus propias bombas atómicas. Mientras, los ingenieros y científicos norteamericanos pasaron a centrarse en la manera de transportar más eficazmente estos artefactos, ya fuera a través de un misil con cabeza nuclear o mediante nuevos bombarderos estratégicos. Enseguida la carrera de armamentos pareció equilibrarse. Ayudados por un espionaje implacable y un desarrollo científico a contrarreloj, la Unión Soviética logró en 1952 detonar la primera bomba de hidrógeno. Sin embargo, en 1961 y coincidiendo con la crisis de los misiles de Cuba, el poder nuclear norteamericano superaba al soviético en número de cabezas nucleares. En consecuencia, se adoptaron los supuestos recogidos en el llamado *Equilibrio de Terror*, según el cual, solo la posesión de un mayor número de armas podría destruir al enemigo.

> La teoría de la coexistencia pacífica planteó un complejo sistema de relaciones de colaboración y conflicto entre las dos superpotencias. Por un lado, conservó el «equilibrio del terror», basado en la «capacidad del segundo golpe» (quien es atacado por sorpresa y con éxito, aún en esas condiciones conserva la capacidad de aniquilar al agresor, lo que hace racionalmente impensable la agresión directa). Por otro lado, desarrolló una serie de relaciones de colaboración […] intercambio tecnológico, colaboración espacial, así como de acción conjunta frente a algunos conflictos en el resto del mundo. (Arnoletto, 2007, p. 136)

Dentro de esta disyuntiva, surgió otra «guerra» científica y tecnológica. La llamada carrera espacial podríamos ubicarla dentro del conflicto entre ambas potencias y del contexto de la Guerra Fría, abarcando los años 1957 y 1975.

Durante este periodo, ambas potencias iniciaron una pugna por conseguir un golpe de efecto con el que poner fin definitivamente a la rivalidad. La tecnología espacial logró así convertirse en un escenario decisivo, ya fuera por sus aplicaciones en la industria militar o como elemento de propaganda e influencia en la opinión pública de ambos países.

En 1926, el científico estadounidense Robert Goddard diseñó el primer cohete de combustible líquido. No fue hasta los años 40, en pleno conflicto mundial, cuando Wernher von Braun, utilizando los trabajos de Goddard, mejoraría considerablemente la capacidad de los cohetes logrando fabricar el primer artefacto capaz de realizar un vuelo suborbital. La posibilidad de poseer satélites fue un requerimiento de los gobiernos de los Estados Unidos y de la Unión Soviética, al permitir la observación del enemigo desde una posición privilegiada con cámaras fotográficas y señales de radar. Por otra parte, los mismos cohetes utilizados para la puesta en órbita de satélites artificiales podían ser adaptados para realizar lanzamientos de misiles balísticos intercontinentales en cualquier punto del planeta.

Finalmente, el 4 de octubre de 1957, la Unión Soviética lanzó con éxito el Sputnik 1, siendo el primer satélite artificial que lograba ponerse en órbita alrededor de la Tierra. A este le siguió otro de similares características el 3 de noviembre de ese mismo año. Estos eventos, junto con el posterior programa de exploración espacial, impulsaron a la administración norteamericana a mejorar su tecnología y provocaron una crisis conocida como la *crisis del Sputnik*. Su lanzamiento generó una reacción negativa en la prensa norteamericana, sobre todo después de los diferentes lanzamientos fallidos con cohetes Vanguard desde Cabo Cañaveral. Sin embargo, cuatro meses después del éxito soviético, el 1 de febrero de 1958 los Estados Unidos consiguieron lanzar su primer satélite artificial, el Explorer 1. Los lanzamientos de ambos artefactos no fueron en balde. El Sputnik 1 supuso un avance en la determinación de la densidad de la atmósfera superior, mientras que los datos obtenidos del Explorer 1 revelaron los cinturones de radiación terrestres, gracias a las investigaciones posteriores de James van Allen.

El Explorer 1 fue puesto en órbita por un cohete Jupiter C, una derivación surgida de la V2 alemana diseñada por von Braun. El satélite entró en una órbita excéntrica alcanzando un techo de 2 515 km y realizando 12 órbitas completas a la Tierra, al mismo tiempo que giraba sobre su eje dando 750 vueltas por minuto. Debido al reducido espacio disponible, la instrumentación se limitó a la instalación de unos 29 transistores de germanio y silicio, lo que suponía una tecnología novedosa en aquellos años, además de un detector de micrometeoritos diseñado por la Armada. El físico James van Allen equipó al vehículo espacial con un contador Geiger para detectar los iones de alta energía y los electrones. De esta forma se logró medir la intensidad de los rayos cósmicos y particularmente su variación con la distancia al ecuador magnético.

En 1958, el presidente Eisenhower autorizó la creación de la *National Aeronautics and Space Administration* (NASA), para hacerse cargo del programa espacial civil y de las investigaciones aeroespaciales, comenzando a funcionar el 1 de octubre de ese mismo año. Tiempo después, el 18 de diciembre, Estados Unidos lanzó el primer satélite de comunicaciones, el SCORE o *Signal Communication by Orbiting Realy Equipment*, retransmitiendo un mensaje de Navidad del presidente norteamericano durante los 12 días siguientes. El satélite estaba adaptado a un misil Atlas con un equipo de comunicaciones comercial utilizado por el ejército instalado en la cabeza de mismo. Una vez lanzado, el satélite pasó sobre una de las estaciones receptoras situadas en California, momento en el que comenzó la transmisión en onda corta.

El deseo de transportar seres humanos al espacio obligó a soviéticos y norteamericanos a realizar ensayos previos con animales. El primer vuelo orbital de estas características lo realizó la nave Sputnik 2 en 1957, llevando a bordo a la perra Laika, que acabó muriendo de estrés y calor tiempo después de alcanzar la órbita prevista. En 1960 volvieron a orbitar la Tierra dos perras más, Belka y Strelka, a bordo del Sputnik 5, en esta ocasión regresando con éxito. Mientras tanto, el programa espacial de Estados Unidos optó por enviar varios chimpancés al espacio, siendo Ham el primer homínido en conseguirlo el 31 de enero de 1961. El vuelo duró algo más de 16 minutos, amerizando la cápsula en el océano Atlántico a una distancia de 679 km del punto de despegue. Ham fue rescatado con vida y vivió hasta 1983, abriendo la puerta a futuros viajes espaciales tripulados por seres humanos.

Hasta esos momentos, la Unión Soviética había mostrado al mundo su liderazgo tecnológico en la carrera hacia el espacio. Un dominio que se intensificaría el 12 de abril de 1961 con Yuri Gagarin, primer ser humano en llegar al espacio a través de un vuelo orbital a bordo de la Vostok 1, una nave que había sido diseñada para transportar a un solo tripulante. Casi al mismo tiempo, el 5 de mayo, Alan Shepard alcanzaba el espacio realizando una trayectoria suborbital a bordo del cohete Mercury Redstone. El 20 de febrero de 1962, John Glenn se convirtió en la tercera persona en realizar una hazaña similar, completando tres órbitas alrededor de la Tierra. De este modo, la carrera espacial pareció entrar en una lucha frenética por lograr objetivos sin precedentes hasta entonces. Ese mismo año, entre los días 11 y 15 de agosto, las naves soviéticas Vostok 3 y Vostok 4 completaron la primera misión con dos astronautas de manera simultánea. El 16 de junio lograría llegar al espacio la primera mujer, Valentina Tereshkova, a los mandos de la Vostok 6.

El 12 de septiembre de 1962, el presidente de los Estados Unidos, John Fitzgerald Kennedy, en un discurso pronunciado en la Universidad de Rice, en Houston (Texas) anunció: «Hemos decidido ir a la Luna. Elegimos ir a la Luna en esta década... no porque sean metas fáciles, sino porque son difíciles, porque ese desafío servirá para organizar y medir lo mejor de nuestras energías y habilidades... Hemos tenido nuestros fracasos, pero también los han tenido los demás... Ciertamente, estamos rezagados, y por un tiempo lo estaremos en los vuelos tripulados. Sin embargo, no pretendemos permanecer rezagados, y en esta década, nos recuperaremos y seguiremos adelante»[208]. Estados Unidos reconocía así un cierto «retraso», respecto a los avances alcanzados por los soviéticos, una situación que cambiaría gracias al Programa Apolo, cuyos planes iniciales se verían modificados debido al impulso dado por el propio Kennedy.

El anuncio del Programa Apolo produjo una reacción inminente en el Kremlin, que exigió mayores esfuerzos para seguir acumulando éxitos en la carrera espacial. Tal y como había pronosticado Kennedy en 1962, los éxitos durante los primeros años de la década de los 60 siguieron cayendo del lado soviético. El 12 de octubre de 1964, la Unión Soviética lanzó el Vosjod 1, esta vez con una tripulación de tres hombres, logrando varios éxitos no alcanzados en los vuelos espaciales. Los tres cosmonautas fueron los primeros en prescindir de los trajes espaciales, alcanzando una altitud de 336 km. La decisión arriesgada de no viajar con los trajes fue un tanto obligada al disponer de espacio para solo dos personas. Sin embargo, el gobierno hizo todo lo posible para llevar a tres tripulantes, entre los que se encontraban el ingeniero espacial Konstantin Feoktistov y el médico Boris Yegorov. Además, el país tampoco se privó de contar con el primer paseo espacial, que fue realizado por Alexi Leonov el 18 de marzo de 1965 desde la nave Vosjod 2.

A pesar de los grandes avances tecnológicos conseguidos, el clima hostil se mantuvo. Solo dos potencias habían consolidado el poder suficiente como para apostar por una misión a la Luna. El primer proyecto fue el de enviar misiones no tripuladas. Una vez más, la Unión Soviética tomó la delantera con el Programa Luna. El 4 de enero de 1959 la sonda Luna 1 se convirtió en la primera «máquina» en llegar hasta nuestro satélite. Tras ello, Estados Unidos puso en marcha el proyecto Pioneer. Además de este proyecto, los científicos e ingenieros estadounidenses crearon otros programas como el Ranger, Lunar Orbiter o Surveyor, con el fin de encontrar posibles lugares para futuros alunizajes.

---

208 *John F. Kennedy: Discurso sobre ir a la Luna.* Traducido por la Biblioteca presidencial de J.F.K. Libertad.org. Texto completo en: https://libertad.org/discursos/john-f-kennedy-discurso-sobre-ir-a-la-luna/

Tras los primeros logros soviéticos, el programa Apolo planteó un doble uso de la tecnología, haciéndolo viable, tanto para sectores científicos como militares. El propio presidente Kennedy fue consciente de la importancia del proyecto, llegando a sugerir las ventajas que podía ofrecer para superar la trayectoria espacial emprendida por la Unión Soviética. En una conversación con el administrador de la NASA, James E. Webb, Kennedy le manifestó: «Todo lo que hagamos debería estar realmente vinculado a llegar a la Luna antes que los rusos… de otra manera no deberíamos gastar todo ese dinero, porque no estoy interesado en el espacio… La única justificación para el coste es porque esperamos ganar a la Unión Soviética para demostrar que, en lugar de estar por detrás de ellos por un par de años, gracias a Dios, les hemos adelantado»[209].

Durante el gobierno presidido por Kennedy, este sugirió la posibilidad de llevar a la práctica programas conjuntos entre Estados Unidos y la Unión Soviética. Jrushchov lo interpretó como una forma más de sustraer parte de la tecnología soviética, por lo que no dudó en rechazar la propuesta. En 1963, la llegada a la presidencia norteamericana de Lyndon Baines Johnson supuso un fuerte impulso al programa espacial, consiguiendo incluso una mayor aceptación por parte de la opinión pública. Mientras, en la Unión Soviética, el gasto para llegar a la Luna empezó a contemplarse como una cuestión difícilmente asumible. A pesar de todo, los principales ingenieros de ambos países, Wernher von Braun y Serguéi Koroliov, presentaron el cohete R-7 y la nave Soyuz. Después de varios fracasos en los distintos programas de los dos países, el 20 de julio de 1969, Michael Collins, Buzz Aldrin y Neil Armstrong, a bordo del Apolo 11, alcanzaban la órbita lunar, siendo este último la primera persona en caminar sobre su superficie.

La Unión Soviética dejaba de este modo de liderar la carrera espacial. Alrededor de 700 millones de personas pudieron ver en directo el evento, quedando patente el liderazgo técnico de los Estados Unidos. Von Braun, junto con las mayores empresas de aeronáutica e informática norteamericanas como Boeing, North American Aviation, Douglas e IBM, demostraban al mundo la efectividad del cohete Saturno V, un vehículo de fases múltiples, desechable y movido por combustible líquido. Finalmente, el Saturno quedó convertido en uno de los inventos más impresionantes de la ingeniería humana. Con cerca de 110 metros de altura y 10 de diámetro, su peso rondaba las 3 000 toneladas. Dichas características le hacían muy superior a los cohetes construidos hasta la fecha. Tras el éxito del programa Apolo, en 1970 la Unión Soviética envió la sonda Lunojod 1 para que se posara en la Luna sin tripulación alguna.

---

209 Torrent Rodrigo, F. J. (2008). *El Secreto Ocultado del III Reich* (pp. 118-119). Bubok Publishing S.L.

Ambos países siguieron enviando naves y satélites al espacio con el fin de fotografiar y aprender del resto de planetas del Sistema Solar. Desde 1960, la exploración de Venus y Marte no ha cesado, siendo las primeras en hacerlo las sondas del proyecto soviético Venera. El 14 de diciembre de 1962, la nave estadounidense Mariner 2 fue la primera en sobrevolar Venus con éxito. Ese mismo año se iniciaron los viajes a Marte con la sonda soviética Mars 1. En 1976, las Viking 1 y 2 transmitieron las primeras imágenes del planeta. De la misma manera, Estados Unidos logró ser el primer país en poner sondas orbitales alrededor de los planetas exteriores con la Pioneer 10 sobre Júpiter (1973) y la Pioneer 11 sobre Saturno (1979). La nave Voyager 2 sobrevoló por primera vez Urano y Neptuno en 1986 y 1989, respectivamente.

Los programas para desarrollar una tecnología espacial para usos militares de manera paralela a los esfuerzos en la carrera espacial no han cesado hasta el día de hoy. Tanto Estados Unidos como la Unión Soviética han continuado con el patrón iniciado tras la Segunda Guerra Mundial, basado en una pugna tecnológica que diese a cualquiera de ellos el liderazgo mundial. Así, mientras los norteamericanos ponían los cimientos para preparar la Iniciativa de Defensa Estratégica, con el fin de interceptar satélites enemigos, la Unión Soviética creaba los programas Almaz y Salyut con el propósito de situar una estación espacial militar tripulada encargada de realizar misiones de vigilancia.

En 1972, el programa Apolo llegó a su fin con la misión número 17, por los recortes presupuestarios. Un año después, se lanzó la estación Skylab 1, construida en la órbita terrestre a partir de un nuevo desarrollo del cohete Saturno V. La Unión Soviética, y posteriormente Rusia, pasó a centrar sus esfuerzos en la construcción de estaciones espaciales, estando todavía implicada en proyectos como la Mir y la Estación Espacial Internacional. Otros países como China o la India han puesto en marcha recientemente programas ambiciosos para sumarse a las dos potencias hegemónicas del espacio, junto con la Agencia Espacial Europea (ESA). Tras ellos, Israel o Japón esperan integrarse en el desarrollo de nuevas tecnologías aeroespaciales, siempre con la aspiración de poder adaptar las mismas a mejorar las capacidades militares.

Durante los años 70 comenzaron a vislumbrarse gestos dirigidos a reducir la tensión entre los dos bloques enfrentados. A pesar de que Estados Unidos seguía siendo considerada la primera potencia mundial, entró en una significativa crisis moral y política, derivada de acontecimientos como el caso Watergate, la derrota en Vietnam o las dificultades económicas, lo que afectó la confianza de los ciudadanos en su gobierno. La llegada de Ronald Reagan a la presidencia en 1981 supuso un nuevo impulso para la distensión. Convencido de la superioridad de su país, su afán de protagonismo internacional lo condujo a elaborar un plan con el que poner fin a la Guerra Fría, lo que puso en una situación muy comprometida a la Unión Soviética.

Para lograrlo, Reagan respaldó a todos los movimientos anticomunistas a través de acciones directas, financiando y armando a las guerrillas en Afganistán para debilitar al ejército soviético tras su ocupación a finales de 1979. También incrementó considerablemente el gasto militar, dando luz verde a la Iniciativa de Defensa Estratégica (SDI), lo que agravó la inquietud de Moscú al romper así la paridad estratégica entre ambos países. Por otra parte, el declive progresivo y la corrupción dentro del Partido Comunista de la Unión Soviética (PCUS) obstaculizó cualquier reforma o innovación tecnológica, a lo que se añadió el desproporcionado gasto militar que afectó negativamente a la economía.

En 1985, después de asumir la presidencia de la Unión Soviética, Mijaíl Gorbachov inició una serie de reformas para abordar los defectos estructurales del sistema soviético. Gorbachov, quien había estado en el Comité Central del PCUS desde 1971, tenía un profundo conocimiento de los problemas de su país. A diferencia de sus predecesores, el nuevo presidente estaba dispuesto a utilizar su poder para acometer las reformas que permitieran la apertura de la Unión Soviética y la integraran en un nuevo orden mundial basado en la cooperación en lugar del enfrentamiento. Tan solo un mes después de asumir el cargo presidencial, Gorbachov lanzó la llamada *perestroika* o reestructuración, una reforma política y económica destinada a transformar las estructuras internas de la Unión Soviética.

La nueva cúpula del Kremlin fue bien recibida por el presidente Reagan, lo que estimuló su interés por llevar a cabo los primeros contactos destinados a mejorar la cooperación internacional. Esto condujo a importantes acuerdos bilaterales para reducir el armamento nuclear y a un cambio de actitud por parte de la Unión Soviética hacia los países vecinos. En 1988, el Ejército Rojo se retiró de Afganistán, al mismo tiempo que Moscú dejaba de prestar apoyo militar y económico a los países «satélites» europeos, lo que llevó a la rápida instauración de sistemas democráticos en estos últimos y al colapso del control soviético ejercido hasta entonces. El 3 de diciembre de 1989, durante la Cumbre de Malta, Gorbachov y el sucesor de Ronal Reagan, George H. W. Bush, declararon el final de la Guerra Fría.

Este colapso repentino del sistema comunista en los países de Europa del Este aceleró igualmente el derrumbamiento de la propia Unión Soviética. En 1990, el PCUS se vio obligado a permitir la participación política de partidos democráticos, produciéndose de inmediato la reacción desde distintos sectores conservadores contrarios a tales reformas. En todo caso, el intento de golpe de

Estado de agosto de 1991 fue rápidamente neutralizado por Borís Yeltsin, sucesor obligado de Gorbachov. Disuelto e ilegalizado el PCUS, el 25 de diciembre de 1991 la URSS quedó fragmentada en 15 repúblicas independientes, desapareciendo y dejando la puerta abierta a una nueva etapa en la historia de Europa. Previamente, el 9 de noviembre de 1989, la población alemana de Berlín, se manifestó de manera pacífica derribando el Muro que había dividido a la ciudad y consiguiendo, de esta forma, la reunificación de Alemania[210].

La caída del Muro de Berlín y la disolución de la Unión Soviética dieron paso a un nuevo escenario en el que poderes económicos y políticos inéditos hasta entonces comenzaron a manejar una parte importante de las relaciones internacionales. No obstante, terminada la Guerra Fría, se han llegado a contabilizar más de 50 conflictos armados diferentes a lo largo y ancho de nuestro planeta. Si bien es verdad que todavía persisten algunos regímenes comunistas como el de Corea del Norte, lo cierto es que, países como China o India están dando pasos agigantados en el camino de la tecnología y la ciencia, apoyados, en buena medida, por una economía capitalista. Esta se ha mostrado como el único modelo viable para consolidar el libre comercio, lo que no ha significado, paradójicamente, el fin de las tensiones a nivel mundial. Los avances tecnológicos e informáticos tampoco han reducido las diferencias, ya sean económicas, ideológicas o religiosas, entre el norte y el sur. En muchas regiones sigue habiendo situaciones de marginación y subdesarrollo. Una demora que en gran medida es debida a las políticas de incontables organizaciones supranacionales cuyas responsabilidades e intereses siguen manteniéndose en una evidente opacidad.

Tecnología y espionaje. Herramientas de control para el *establishment*

La usurpación de secretos industriales y tecnológicos para conseguir una ventaja comparativa es un hecho repetido a lo largo de la historia. Las constantes crisis políticas y económicas dieron al espionaje un protagonismo determinante para obtener los recursos e intereses necesarios para defender los Estados. De esta forma se llegaron a proteger rutas comerciales o dominar regiones ricas en materias primas y recursos energéticos. Incluso, con la información fue posible fortalecer los intercambios entre aliados o entre adversarios, asegurar las estrategias nacionales de seguridad, garantizar la explotación de algunos productos o actuar en la defensa de los mercados.

---

210 Pellegrini, A., op. cit., pp. 46-49.

A menudo, cuando se mencionan los términos de «inteligencia» y «espionaje» es para referirnos a las prácticas utilizadas por gobiernos y empresas con el fin de obtener información. La inteligencia, además de referirse a un proceso lo suficientemente complejo, no tiene por qué partir de una información obtenida previamente de manera ilegal. De hecho, suele obtenerse de fuentes legítimas y luego se analiza para extraer conclusiones útiles, que a menudo se comparten con empresas o autoridades administrativas. En cambio, el espionaje siempre se refiere a una actividad ilegal y sospechosa, a menos que esté regulada o prohibida dependiendo del país. Las instituciones involucradas en el espionaje, a veces dirigidas por los mismos gobiernos, operan con un alto grado de opacidad y encubrimiento para obtener la información deseada.

En plena Revolución Industrial surgieron esfuerzos a gran escala auspiciados por algunos gobiernos para llevar ocultamente tecnología industrial e intelectual de unos países a otros. Por ejemplo, a finales del siglo XVIII, los franceses y estadounidenses buscaron trabajadores cualificados en la industria del hierro y el acero en Sheffield y Newcastle, respectivamente. Esto llevó a la aparición de la primera legislación destinada a impedir cualquier tipo de captación o espionaje económico. A pesar de los esfuerzos británicos por proteger su propio desarrollo científico e industrial, en 1789 Samuel Slater, reconocido como el padre de la Revolución Industrial en los Estados Unidos y del Sistema de Fábrica, consiguió hacerse con los planos de algunas máquinas empleadas en la industria textil del Reino Unido llevándolo después hasta sus empresas, lo que le valió el sobrenombre de *Slater the Traitor*. Se dice que, siendo aprendiz en una fábrica textil, robó los diseños de diversas máquinas antes de emigrar a los Estados Unidos y establecer, posteriormente, las primeras fábricas en este país.

Con el fin de ponerse a la altura de los avances tecnológicos de Gran Bretaña y del resto de potencias europeas, el gobierno estadounidense fomentó activamente el espionaje y la piratería intelectual durante los siglos XVIII y XIX, convirtiendo al país en un paraíso para los espías industriales. El 5 de diciembre de 1791, Alexander Hamilton, secretario del Tesoro en la administración de George Washington, presentó un documento al Congreso de los Estados Unidos titulado *Report on Manufactures* o Informe sobre la Manufacturas, en el que argumentaba a favor de recompensar a quienes pudieran proporcionar mejoras y secretos de gran valor para el país. En definitiva, Hamilton acababa de proponer lo que podíamos denominar el control de la inteligencia industrial ejercida desde el Estado.

Los fabricantes que, escuchando las poderosas invitaciones de un mejor precio por sus tejidos o su mano de obra, de un mayor abaratamiento de provisiones y materias primas, de una exención de la mayor parte de los impuestos, cargas y restricciones que soportan en el Viejo Mundo, de mayor independencia personal y consecuencias, bajo el funcionamiento de un gobierno más igualitario; y de algo que es mucho más precioso que la mera tolerancia religiosa: una perfecta igualdad de privilegios religiosos; haría probablemente que acudieran en masa desde Europa a los Estados Unidos para ejercer sus propios oficios o profesiones. (Traducción del texto de: Hamilton, *Report to Congress son the subject of Manufactures*, December 5, 1791, p. 3)

En el curso de la historia, el espionaje tecnológico siempre fue un objetivo de gobiernos y empresas debido a su importancia estratégica para aumentar e intensificar el desarrollo económico y militar de un país. La incorporación de científicos a los servicios de inteligencia es relativamente reciente y no se produjo, en términos generales, hasta unos años antes de que diera comienzo la Segunda Guerra Mundial. En la Alemania del Tercer Reich, las actividades de inteligencia y espionaje se llevaron a cabo a través de organizaciones altamente especializadas, influidas y dirigidas por los militares. Una buena información podía ser fundamental para mantener el poder o el control sobre cualquier adversario. Lo mismo sucedía si se disponía del funcionamiento o de los mecanismos técnicos de un enemigo potencial, incluso antes de iniciarse un conflicto.

En 1871 se creó el *Deuxième Bureau* o Segunda Oficina del Estado Mayor General, considerado uno de los primeros servicios de información creados para dar apoyo logístico al ejército francés. En 1935, este mismo departamento dedicó una especial atención al potencial militar alemán, cometiendo errores muy graves al considerar que sus fuerzas armadas eran el doble de lo que realmente constituían. Especialmente significativo fue la subestimación de la producción de carros de combate por el *Bureau*, precisamente en un momento en el que apenas se había iniciado el desarrollo tecnológico y el rearme en Alemania. Esto demostró que, antes de la Segunda Guerra Mundial, Francia aún no contaba con un servicio de inteligencia capaz de coordinar eficazmente la información civil y militar, en contraste con los británicos, que ya tenían esta capacidad desde 1919[211].

La colaboración civil y militar en las cuestiones de espionaje e información se pusieron de manifiesto a principios del siglo xx, después de que se creara en Gran Bretaña el Comité de Asesoramiento para Cuestiones Comerciales en Tiempo de Guerra. Aunque su actividad fue limitada durante los años 20, en

---

211 Viñas Martín, Á. (1984). Espionaje económico. *Los Cuadernos del Norte. Revista cultural de la Caja de Ahorros de Asturias*, 25, pp. 76-77.

1933 el Subcomité de Presiones Económicas elaboró un estudio sobre las posibles consecuencias de futuras sanciones económicas contra la Italia de Mussolini. En este subcomité participaban miembros del Almirantazgo, del Foreign Office, del Ministerio de Comercio, así como del Comité de Defensa Imperial, lo que suponía la colaboración de figuras militares y civiles al más alto nivel. Durante el inverno de 1929 se estableció un grupo de trabajo para analizar cuestiones económicas derivadas de otros países, lo que originaría años más tarde el Centro de Inteligencia Industrial, que ganó notoriedad a partir de 1935. Instalado en el Ministerio de Comercio Exterior, sus informes eran enviados directamente al denominado Comité de Defensa Imperial, así como a otros departamentos. Su importancia se comprende mejor cuando en 1937 sus funciones pasaron a centrarse en la «… información sobre el desarrollo económico e industrial de un país determinado… sobre la dimensión de sus preparativos para la guerra en el plano industrial»[212].

El espionaje industrial y económico durante la Segunda Guerra Mundial se convirtió en una labor irremplazable. Desde su comienzo en 1939, el gobierno británico fue consciente de que el conflicto terminaría afectando decididamente a la capacidad industrial, tecnológica y científica de los países en guerra. Precisamente, la información obtenida unos años antes provocó la preparación a medio y largo plazo de un armamento de combate más moderno y altamente sofisticado. Durante este período, el espionaje tecnológico se dedicó a proporcionar datos cruciales para asignar recursos y esfuerzos de manera eficiente en la larga guerra. Las tareas de documentación e información permitieron realizar bloqueos y cortes en las fuentes de suministros del enemigo. Además, se ha demostrado que la investigación y el espionaje facilitaron la negociación de acuerdos comerciales con países neutrales, así como la identificación de objetivos estratégicos durante los bombardeos.

Muchas de las informaciones obtenidas durante la guerra se realizaron después de haberse interceptado un buen número de comunicaciones y del proceso de transcripción posterior. Además, ambos bandos desplegaron un gran número de agentes cuya misión era recabar toda la información posible sobre producción, tráfico mercantil, contrabando, interceptación de correos, así como obstaculizar las actividades de las empresas que tuvieran acuerdos con el enemigo. Esto proporcionó una visión aproximada de las fuerzas y capacidades de los países aliados y del Tercer Reich. Ante la imposibilidad de romper el bloqueo impuesto por los primeros, los alemanes dirigieron sus esfuerzos de espionaje hacia la obtención de

---

212 Ibid, p. 77.

información relacionada con el tráfico marítimo hacia las costas británicas, ya fuera desde sus colonias o desde los Estados Unidos, así como de las comunicaciones telegráficas y de radio que pudieran interceptarse.

En cualquier caso, los resultados fueron devastadores. La información, unida a la fuerza naval, llevó a la flota británica a sufrir enormes pérdidas entre junio de 1940 y diciembre de 1941, perdiendo alrededor del 36% de sus barcos mercantes, equivalente a unos 7 millones de toneladas. En algún momento los hundimientos llegaron incluso a alcanzar un ritmo de unas 15 000 toneladas diarias. A principios de 1943, los daños rozaron el 70% de los buques que componían cada convoy, situación que pronto cambiaría con la entrada de los Estados Unidos en la guerra. Los angloamericanos no dudaron en lanzar severos bombardeos contra fábricas e instalaciones industriales del Tercer Reich, pensando que eso supondría una merma considerable en el proceso bélico alemán. Sin embargo, fue la ocupación de las principales zonas de producción en las cuencas del Ruhr y de la Alta Silesia, lo que debilitó definitivamente la capacidad tecnológica de Alemania[213].

Durante la Guerra Fría, Estados Unidos y la Unión Soviética se vieron inmersos en un período en el que la tecnología estaba en constante evolución y se volvía fundamental para mantener el equilibrio entre los dos bloques rivales. Durante los años de mayor tensión se pusieron a prueba los nuevos descubrimientos técnicos y científicos derivados de las comunicaciones, poniéndose en marcha un amplio entramado de antenas, estaciones de escucha, satélites, submarinos y aviones espía para vigilar al adversario e impedir cualquier intromisión en la política doméstica. Este fue el momento de las grandes agencias de inteligencia, creadas nada más terminar la Segunda Guerra Mundial. En 1947, la Ley de Seguridad Nacional de los Estados Unidos puso en marcha la Agencia Central de Inteligencia (CIA), un organismo independiente encargado de almacenar y analizar cualquier información vital para el país.

Los progresos tecnológicos en los métodos de captación, transmisión y valoración de la información continuaron avanzando durante las décadas siguientes, sobre todo después de aparecer los primeros diseños relacionados con la informática. Los conflictos armados, que anteriormente se decidieron en el campo de batalla, ahora se disputaban en un escenario donde la inteligencia y la información eran vitales, tanto en lo político como en los asuntos de estrategia internacional. Los nuevos hábitos del poder se centraron en los nuevos Estados surgidos del proceso de descolonización. A mitad de los años 60, la CIA y el Departamento de Estado

---

213 Ibid, p. 79.

asumieron la necesidad de potenciar el espionaje sobre las economías de numerosos países en África ante la posibilidad de intervenir en sus procesos políticos. Se demostraba con ello hasta qué punto era posible modificar aspectos estratégicos y militares, sobre todo con la introducción de nuevas tecnologías para la explotación de recursos minerales y energéticos llevados a la práctica por gobiernos extranjeros y compañías transnacionales.

Además de la CIA en los Estados Unidos y del Comité para la Seguridad del Estado, más conocida por sus siglas KGB y creada en la URSS en el transcurso del año 1954, la Guerra Fría dejó un importante número de agencias y organizaciones de espionaje e inteligencia en los países más desarrollados y con mayores intereses a nivel internacional. En Gran Bretaña, el MI6, cuyos orígenes se remontan a 1909 bajo el nombre de Oficina del Servicio Secreto, no fue hasta la Segunda Guerra Mundial cuando adquirió la denominación y el prestigio con la que hoy la conocemos. También conocido como SIS o *Secret Intelligence Service*, no fue hasta 1994 cuando se reconoció oficialmente en el Parlamento británico a través de la *Intelligence Service Act 1994*. Durante la Guerra Fría, el MI6 acudió a universidades como las de Oxford y Cambridge para «reclutar» agentes y realizar trabajos para la inteligencia, no por ello estando libre de malas prácticas, incluidas las torturas y acusaciones desde el Kremlin por intentar influir en la política nacional rusa.

Desde su fundación en 1951, el *HaMosad leModihín ule Tafkidim Mejuhadim*, o Mossad, es la principal agencia de inteligencia de Israel responsable del espionaje y contraespionaje en todo el mundo. A lo largo de su existencia se ha atribuido operaciones como la captura de líderes nazis en países de Latinoamérica o la ejecución de los planificadores de la matanza de los Juegos Olímpicos de Múnich en 1972. Su situación geopolítica ha hecho que sea un país necesitado de recursos económicos y tecnológicos, lo que ha llevado al Mossad a realizar un espionaje selectivo con el fin de obtener una mayor capacidad defensiva. Dentro de lo que podíamos llamar espionaje tecnológico-miliar, un claro ejemplo de todo ello fue la obtención por parte de agentes del Mossad de los planos originales del avión Mirage 5, fabricado por la empresa francesa Dassault en los años 70. Dichos planos finalmente fueron utilizados para construir el avión israelí F-12 A Lion[214].

Otros países «emergentes» en el panorama geoestratégico, como China, han centrado gran parte de sus esfuerzos de espionaje en la obtención de tecnología occidental. Con muchas semejanzas respecto al KGB soviético, la estructura del MSE o Ministerio de Seguridad del Estado, ha centrado sus esfuerzos fuera del

---

214 Baños, P. (otoño de 2011). La realidad del espionaje económico. *Seguridad Global*, p. 15.

continente asiático, especialmente en los Estados Unidos, dedicando una parte importante de su trabajo a las industrias de alta tecnología, incluida la militar. China continúa utilizando diplomáticos, estudiantes o empresarios para llevar a cabo actividades de inteligencia por todo el mundo. No es ningún secreto que Pekín ha logrado excelentes «copias» de numerosas armas y sistemas para la defensa de origen estadounidense. Todo ello ha propiciado muchas protestas y denuncias por parte de gobiernos como los de Gran Bretaña, Alemania o Canadá y especialmente desde el Departamento de Defensa de los Estados Unidos. En contrapartida, el 20 de enero de 2002, los servicios de inteligencia chinos descubrieron algo más de 20 aparatos de espionaje en el avión del presidente Jiang Zemin, un Boeing 767 fabricado y entregado unos meses antes por dicha Compañía al gobierno de China. Los micrófonos hallados en la cabina, el baño y el despacho privado, estaban preparados para transmitir la información recogida por vía satélite[215].

Por su parte, otras naciones como la India o Pakistán también han desarrollado sus propios servicios secretos. El Departamento de Investigación y Análisis (RAW), creado en 1968 para contrarrestar el apoyo paquistaní a los grupos insurgentes de la India, ha ido ganando notoriedad, convirtiéndose en una de las agencias de inteligencia más importantes del mundo. Del mismo modo que China, sus actividades en países occidentales han llegado a desatar escándalos públicos por supuestas investigaciones ilegales de agentes indios y sobornos a candidatos estadounidenses en el Congreso. En Pakistán el ISI o *Intelligence Inter-Services*, siempre estuvo ligado a la desestabilización de la India, además de asumir el control interno del país.

Aunque Francia siempre mantuvo servicios de inteligencia desde el final de la Segunda Guerra Mundial, desde 1982 ha sido la *Direction générale de la Sécurité extérieure* (DGSE) la encargada de la vigilancia en el exterior. La DGSE ha llevado a cabo numerosas operaciones relacionadas con el contraespionaje tecnológico. En la década de los años 80, participaron en el descubrimiento de la red tecnológica más extensa instalada en Europa y Estados Unidos por la Unión Soviética, tras haber recabado una cantidad significativa de información sobre los avances técnicos de países occidentales. Asimismo, investigaron la llamada «red Nicobar», la cual había proporcionado a la India información sobre los aviones Mirage 2000.

Con el paso de los años, prácticamente todos los países han ido configurando sus propios servicios y agencias de información, entre ellos el *Bundesnachrichtendienst* (BND) o Servicio Federal de Inteligencia de Alemania, creado en 1956, así como

---

215 La noticia fue recogida por la prensa mundial en numerosos diarios de ese día y posteriores.

la *Millî İstihbarat Teşkilatı* (MIT), encargada de las operaciones de espionaje para el gobierno de Turquía. Entre los países árabes destaca la creación, en 1955, de la Agencia de Inteligencia de Arabia Saudí (GIP), dependiente de la Presidencia del Reino.

A pesar de los cambios geopolíticos posteriores a la Guerra Fría, los servicios de inteligencia continuaron dedicando sus esfuerzos a obtener ventajas estratégicas. Durante esos años, surgieron casos destacados como el de Klaus Fuchs, así como el de los científicos Julius y Ethel Rosenberg, ejecutados por pasar secretos nucleares a la Unión Soviética. En las memorias escritas por Nikita Jruschov, publicadas póstumamente en 1990, el que fuera primer ministro soviético llegó a reconocer la «...muy significativa ayuda que prestaron ambos en la aceleración y en la producción de nuestra bomba atómica»[216].

De todas formas, el espionaje no siempre se ha dirigido a los países «enemigos». Aunque las prácticas de sabotaje y espionaje industrial están prohibidas y sancionadas, Estados Unidos no ha perdido la oportunidad de utilizar todos sus recursos para vigilar a sus aliados. Sin embargo, en un informe llegado hasta la oficina del director de Inteligencia Nacional, James R. Clapper, se evaluaba la preocupación del gobierno por la posible pérdida de ventajas tecnológicas. Clapper no tuvo entonces ninguna duda al asegurar que: «Estados Unidos, a diferencia de nuestros adversarios, no roba información corporativa patentada para favorecer los resultados de empresas privadas estadounidenses»[217].

La evolución del espionaje y la tecnología durante el siglo xx sufrió evidentes transformaciones impulsadas por las agencias de seguridad. Estas transformaciones respondieron a diversas motivaciones, como la protección de las relaciones internacionales, la búsqueda de acuerdos e intereses, o simplemente como un medio de control adicional. La posesión de tecnologías e información ha resultado ser muy valiosa al conceder la posibilidad de conocer mejor al adversario para controlarlo o como mínimo identificarlo para obtener un equilibrio en las relaciones. Desde la finalización de la Segunda Guerra Mundial, algunos países adoptaron el espionaje como una verdadera «razón» de Estado, llevando a la práctica conductas difícilmente justificables para mantener la primacía política y económica.

---

216 Jruschov, N. (1990). *El poder de la ciencia. Khrushchev Remembers: The Glasnost Tapes* (p. 194). Boston. Little, Brown and Company.
217 Greenwald, G. (5 de septiembre de 2014). The U.S. Government's Secret Plans to Spy for American Corporations. *The Intercept.* Artículo en: https://theintercept.com/2014/09/05/us-governments-plans-use-economic-espionage-benefit-american-corporations/

Como muy bien sabemos, el concepto de *establishment* está definido como el grupo de personas que ejerce el poder en un país. La clase dominante por excelencia que prevalece sobre una organización o en un ámbito determinado. Está demostrado que ser tecnológicamente dependiente acarrea efectos negativos. Un país sin capacidades técnicas para mantener su estatus político y económico quedará a merced de potencias económicas y estratégicas superiores estando, de esta manera, en clara inferioridad. La intromisión masiva e indiscriminada a organizaciones, ciudadanos y gobiernos realizada por las agencias de inteligencia de las principales potencias económicas y militares, no ha hecho sino tensionar todavía más las relaciones internacionales. Probablemente, Edward Snowden, consultor tecnológico estadounidense y naturalizado ruso, antiguo miembro de la CIA y de la NSA, tuvo razón cuando afirmó: «Querer espiar a todos todo el tiempo y en todo lugar solo muestra una realidad bastante desilusionante: la incapacidad por discriminar lo que realmente importa. Cuando todo es espionaje, nada es inteligencia»[218].

---

218 Navarro Bonilla, D. (2014). Espionaje, seguridad nacional y relaciones internacionales. *Colección de estudios internacionales.* Universidad del País Vasco, 14, p. 40.

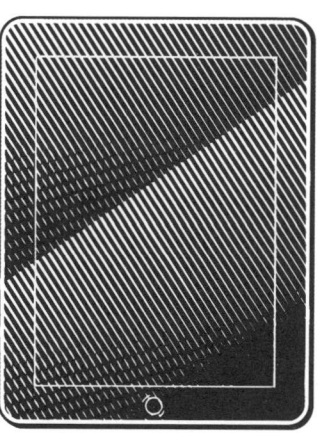
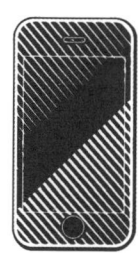

LA INFORMÁTICA Y LAS TECNOLOGÍAS EMERGENTES. POLÍTICA Y PODER

Los orígenes
de la informática

Del cálculo matemático a los ordenadores

Desde los albores de la humanidad, surgieron los primeros desafíos para determinar y contar las cosas que los seres humanos observaban a su alrededor. Durante el Paleolítico Superior, hace unos 30 000 años, las poblaciones seguramente empleaban sus dedos para contabilizar, aprendiendo muy pronto a calcular. Las limitaciones de este método pudieron llevar a la utilización de algunos objetos como conchas y adornos para ser utilizados también como elementos de «memoria» y de recuento, tal y como han revelado algunos estudios etnológicos. Estas necesidades se plasmaron en numerosas incisiones realizadas en las paredes de cuevas, e incluso en huesos como el encontrado en 1937 en el yacimiento de Dolní Věstonice, en la región de Moravia. En este hueso se llegaron a realizar hasta 55 muescas dispuestas en series de 5[219].

A finales del Imperio Medio, las regiones del norte de Egipto fueron invadidas por los hicsos. A este pueblo, procedente del Próximo Oriente, se le ha atribuido uno de los documentos matemáticos más antiguos que se conocen como es el papiro Rhind, datado en el siglo XVII a. C., junto con otros similares como los papiros de Kahun y algunas tablillas de madera, hoy custodiadas en diferentes museos del mundo. En efecto, los egipcios desarrollaron un sistema de numeración decimal, al que añadieron unos signos para diferenciar las unidades, las decenas, y las centenas, repitiendo estos símbolos tantas veces como fuera necesario para representar la cantidad deseada. Dicha aritmética no precisaba de memorización alguna, sino que bastaba establecer dos columnas de números para realizar operaciones de multiplicación o división.

219 da Costa Carballo, C. M. (1998). Los orígenes de la informática. *Revista General de Información y Documentación*. Servicio de Publicaciones Universidad Complutense, 8(1), p. 222.

Por ejemplo, para multiplicar 25×9, se establecían dos columnas. En la columna de la izquierda, comenzando desde la unidad, se anotaba el doble de la cifra anterior. En la columna derecha, partiendo del multiplicador –en este caso el 9–, se repetía el mismo proceso anterior basado en la duplicidad de la cifra precedente. Una vez hecho el cálculo, bastaba con buscar en la columna izquierda las cifras cuya suma diera como resultado el multiplicador. En nuestro caso, para obtener el número 25, los números necesarios son el 1, el 8 y el 16. Por último, se sumaban las cifras de la columna derecha correspondientes a cada una de las anteriores. Esto es: 9+72+144 obteniéndose como resultado el número 225.

Multiplicación: 25 por 9	
1	9
2	18
4	36
8	72
16	144

Para dividir, el sistema de cálculo egipcio tampoco difería mucho del anterior. Trazadas las dos columnas y repitiendo el proceso de duplicidad de ambas, en la derecha se buscaban las cifras que, sumadas, resultaran ser el dividendo, en este caso el número 312, es decir, 24+96+192. En la izquierda los números correspondientes serían el 4, el 16 y el 32. En definitiva, la suma de ambos debía dar como resultado el número 52[220].

División: 312 entre 6	
1	6
2	12
4	24
8	48
16	96
32	192

220 Ibid, pp. 223-224.

Los pueblos mesopotámicos también realizaron aportaciones al cálculo mediante la llamada *ciencia de las listas*. En ellas, los signos originarios terminaron evolucionando, convirtiéndose en verdaderos catálogos y referencias sobre alimentos, oficios, plantas, utensilios, etc., suficientes para resolver los problemas cotidianos. En numerosas tablillas sumerias se han encontrado representaciones gráficas de lo que son símbolos y expresiones de escritura numérica. La numeración asirio-babilónica se estableció como un sistema posicional de base sexagesimal, permitiendo un valor diferente para cada dígito dependiendo de la posición ocupada dentro de la cifra. Así era posible identificar las unidades y diferenciarlas de las decenas, etc., dejando un espacio en blanco cuando se quería representar el cero.

Con la invención del ábaco se podría decir que aparecieron las primeras calculadoras. Perfeccionadas primero por los griegos y después por los romanos, estas herramientas empezaron a fabricarse en cobre o mármol efectuando unas hendiduras donde colocar cuentas o pequeñas piezas esféricas. Una de las innovaciones más significativas fue la división del mecanismo en dos partes, con una bola en la parte superior que representaba cinco unidades y cuatro en la inferior, cada una equivalente a una unidad. Estas bolas o cuentas se colocaban en varillas metálicas paralelas y se deslizaban durante las operaciones matemáticas. Conocidos como *abac* o *abaq* hebreos, incluso el *abax*, o tablero utilizado por los griegos, permitieron la realización de operaciones básicas como sumas, restas, divisiones o multiplicaciones, así como otras más complejas como potencias y raíces cuadradas.

Durante siglos, los cálculos de cierta complejidad solo pudieron realizarse mediante los ya mencionados ábacos. En la Edad Media, la cultura árabe se encargó de «inventariar» una gran parte del conocimiento científico, lo que hizo que siguieran perfeccionándose los distintos modelos y usos de ábacos para fines matemáticos, generalizándose también en la cultura cristiana entre los siglos XII y XIII. El paso del tiempo provocó que las fichas o bolas fueran sustituidas por cantidades escritas y algoritmos, estos últimos basados en el sistema decimal y en el principio de posición, que acompañaban a los propios ábacos en la realización de operaciones matemáticas. El éxito de estas «máquinas» quedó demostrado después de que vieran la luz numerosos manuales y tratados, además de la proliferación de escuelas y academias donde el número de aprendices era considerable. En concreto, tal y como detallara en su día el historiador francés René Taton: «En 1338 poseía Florencia, según Giovanni Villani, seis escuelas de ábaco frecuentadas por 1 000 o 1 200 alumnos que se preparaban para el ejercicio del comercio...»[221].

---

221 Taton, R. (1988). La Ciencia en el Occidente Medieval Cristiano. En R. Taton (Ed.). *Historia General de las Ciencias (3): La Edad Media* (p. 676). Barcelona. Ediciones Orbis.

Sin embargo, fue durante el Renacimiento cuando comenzó a plantearse la posibilidad de construir mecanismos con capacidad para realizar operaciones automáticas más rápido. La aparición unos siglos antes de la rueda dentada y la biela-manivela hizo posible que comenzaran a gestarse ideas relativas a la construcción de las primeras calculadoras mecánicas. Uno de los primeros intentos conocidos fue el llevado a cabo por el mismo Leonardo da Vinci, quien diseñó una máquina de cálculo que, aunque nunca llegó a construirse realmente, planteaba la posibilidad de mecanizar un ábaco mediante la sustitución de las varillas por una serie de ruedas dentadas.

A mediados del siglo XVI se realizaron los primeros ensayos con métodos mecánicos para determinar los senos y cosenos de ángulos a través de los llamados *nonios*, unos ingenios que no tuvieron el éxito deseado, pero que serían aprovechados por el matemático francés Pierre Vernier para crear una escala capaz de medir longitudes con gran precisión un siglo después.

Por esas fechas, Edmund Gunther elaboró la *Regla de Cálculo*, considerada la primera máquina analógica de la historia. Formada por una regla con una hendidura a lo largo de toda su extensión, a esta se ajustaba una reglilla mediante la cual podían efectuarse cálculos gracias al desplazamiento longitudinal sobre la primera. Finalmente, un último elemento o cursor construido de forma rectangular, permitía ver los resultados de las diferentes operaciones realizadas.

Otro avance significativo fue el logrado por el matemático escocés John Napier de Merchiston. Más conocido como Johannes Neper, fue el primero en concebir el cálculo con logaritmos, consiguiendo simplificar las operaciones de trigonometría tan necesarias para los astrónomos de la época. Así se llegó a la invención de la primera calculadora diseñada por Wilhelm Schickar en 1623, compuesta de 12 ruedas que permitían incluso la posibilidad de realizar multiplicaciones. Entre 1642 y 1645 aparecería la llamada *Machina Arithmetica* o *Pascaline*, que fue pensada por Blaise Pascal y reconocida como la segunda calculadora efectiva de la historia, después de la diseñada por el propio Schickar. Pascal consiguió construir su máquina para hacer más fácil el trabajo de su padre que era un recaudador de impuestos que diariamente realizaba multitud de operaciones matemáticas. Aquel mecanismo tuvo finalmente dificultades para su difusión debido a su complicado funcionamiento.

A comienzos del siglo XVIII empezaron a crearse las primeras máquinas manejadas automáticamente. Basile Bouchon diseñó en 1725 las primeras tarjetas perforadas aplicadas a la industria textil, logrando un telar «programable» mediante unos cartones horadados que controlaban directamente el dibujo que debía seguir el telar. El mecanismo era una adaptación de los utilizados en relojería para la construcción de cajas de música. De esta forma, por cada agujero podía pasar una aguja con un hilo de un determinado color. Una forma similar a la que dos siglos después utilizarían los primeros ordenadores a través de un código binario compuesto de ceros y unos para codificar la información. En definitiva, Bouchon puso en marcha la primera aplicación industrial de máquinas semiautomáticas. En 1728, Jean-Baptiste Falcon perfeccionó el sistema de tarjetas perforadas y en 1801, Joseph Marie Jacquard presentó un sistema de telar controlado automáticamente con tarjetas, permitiendo que usuarios inexpertos pudieran elaborar diseños complejos. A finales del siglo XIX, los principios de la tarjeta perforada serían retomados por Herman Hollerith, quien a la postre, sería el iniciador de la escritura mecanográfica.

Desde entonces, comenzaron a surgir máquinas de cálculo similares, destacando la *Calculadora Universal* construida por Gottfried Wilhelm Leibniz, capaz de multiplicar y dividir. Leibniz asumió el reto de mecanizar los cálculos de las tablas trigonométricas y astronómicas utilizadas por los científicos de la época, tratando de hacer más fácil el trabajo aritmético. En 1784 el gobierno francés encargó al matemático Adrien-Marie Legendre un sistema que fuera capaz de supervisar los trabajos del censo de personas, surgiendo de esta forma las Tablas de Catastros. Apoyándose en los estudios del cilindro de Leibniz, Charles Xavier Thomas construyó la primera máquina de calcular de bajo costo, el aritmómetro, considerado uno de los mejores inventos de la época mecánica. Antes de que finalizara el siglo XIX, un español llamado Ramón Verea García desarrolló un invento capaz de calcular las equivalencias entre las distintas divisas y el oro. En 1878 patentó la *Verea Direct Multipler*, un invento que fue galardonado en la Exposición Mundial de Inventos de Cuba ese mismo año. La máquina, construida en hierro, tenía un peso de 26 kg y era capaz de sumar, restar, dividir y multiplicar cifras de 9 dígitos. Su invento supuso una auténtica revolución al realizar las multiplicaciones con un solo movimiento, superando el proceso realizado hasta entonces basado en la repetición de sumas[222].

En 1880, el norteamericano Dorr Eugene Felt añadió teclas a su máquina calculadora, introduciendo una serie de mejoras mecánicas que permitían la realización de las operaciones con mayor celeridad. El *Comptomètre*, consiguió ser la primera herramienta de cálculo con teclado capaz de imprimir los resultados de las operaciones. Esta innovación introducida por Felt provocó la aparición de otras

---

222 Fernández Amil, I. (23 de junio de 2019). Ramón Verea: El gallego que inventó la calculadora moderna hace 150 años. *El Español*.

máquinas como la registradora, inventada por James Ritty, o las máquinas de contabilidad y de sumas múltiples. En aquellos años apareció la *Millonnaire*, creada por Leon Bollée, una multiplicadora activa consistente en una placa horizontal sobre la que se fijaban verticalmente un número de vástagos de acero con longitudes variables. A través de una manivela se podían obtener los productos formulados.

Si el desarrollo de máquinas de calcular influyó notablemente en lo que más tarde serían los ordenadores personales, todavía más importante fueron las aportaciones del profesor de matemáticas y científico británico Charles Babbage. Su proyecto supuso un punto de inflexión en la creación y posterior desarrollo de las máquinas automáticas o analíticas, mediante las cuales pretendía realizar todo tipo de operaciones. Babbage proyectó una *máquina de diferencias* compuesta por seis mecanismos de adición conectados entre sí, capaces cada uno de ellos de efectuar la suma de dos números decimales de varias cifras. La máquina estaba asociada a un mecanismo de impresión, lo que suponía un avance tecnológico considerable para la época.

Descrita ya en 1837, la llamada *máquina analítica* siguió un proceso evolutivo en su diseño hasta la muerte de Babbage en 1871. Se ha comentado que su construcción no se llevó finalmente a la práctica debido a razones políticas al considerarse que podía ser empleada para fines bélicos. Lo cierto es que su revolucionario diseño, con un motor a vapor, estaba preparado para la utilización de un sistema de tarjetas perforadas, siguiendo la estela del telar de Jacquard. Similar a los ordenadores actuales, la máquina disponía de un mecanismo de entrada de datos y estaba dotada de una memoria con capacidad para almacenar 1 000 números de 50 dígitos. Además de una unidad de control, contaba con un dispositivo de salida asociado a una impresora, un equipo de dibujo y una campana. Durante el procesamiento de los datos, las tarjetas podían ser perforadas para su posterior lectura, llegando a estar capacitadas para realizar operaciones aritméticas tan complejas como las raíces cuadradas.

Provista de una unidad central de procesamiento a base de clavijas insertadas en tambores giratorios o «barriles», su manejo requería de un lenguaje de programación, muy similar a los lenguajes ensambladores actuales. Para realizar operaciones, se utilizaban tres tipos de tarjetas perforadas: unas para acciones aritméticas, otras para constantes numéricas y un tercer grupo para las operaciones de almacenamiento y recuperación de datos en la memoria. Cada tipo de tarjeta tenía su propio lector independiente. Babbage llegó a desarrollar más de 20 programas para su máquina analítica con la finalidad de resolver polinomios, operaciones vinculadas al método de reducción de Gauss y a los números de Bernoulli. Finalmente, el proyecto no pudo llevarse a la práctica debido a las dificultades económicas y contratiempos surgidos por la falta de resistencia en los engranajes elaborados en aquel momento. En 1878, un grupo de personas pertenecientes a la Asociación Británica para el Avance de la Ciencia rechazó la financiación de la máquina. En la actualidad, el proyecto original se encuentra en el Science Museum de Londres. En 1910, Henry P. Babbage, hijo del matemático, anunció la construcción parcial del mecanismo y su utilización para calcular una lista de múltiplos del número π[223].

Finalmente, la máquina analítica prácticamente pasó al olvido. Solo a comienzos del siglo XX, Percy Ludgate, Vannevar Bush y Leonardo Torres Quevedo, propusieron diseños separados basados en las ideas de Babbage. Artífice de numerosas máquinas analógicas de cálculo, el matemático español Torres Quevedo fue el promotor de *El Ajedrecista*, presentado en la Feria de París en 1914 y fundamentado en unos elementos llamados *aritmóforos*, constituidos por un móvil o tambor graduado y una especie de índice con el que leer una cantidad representada para cada posición del mismo. Además del primer juego informático de la historia, a él también se le atribuye la invención de una máquina capaz de resolver ecuaciones algebraicas gracias a un componente denominado «husillo sin fin», mediante el cual se podía obtener el logaritmo de una suma. En la actualidad, su máquina se utiliza para resolver ecuaciones de segundo grado y se conserva en el museo de la Escuela Técnica Superior de Ingenieros de Caminos, Canales y Puertos de la Universidad Politécnica de Madrid.

Un avance muy significativo en este sentido se produjo con el crecimiento demográfico y la necesidad de tratar la información surgida del proceso de industrialización y migración hacia las grandes ciudades. De esta forma se pensó en la idea de elaborar una *Máquina de Censos* que pudiera recoger los datos sobre la población de los Estados Unidos para después ser analizados con un cierto rigor. El primer intento se produjo a finales del siglo XIX cuando la Oficina de Censos norteamericana contrató a Hermann Hollerith para que realizara un examen estadístico del censo de 1880. Este arduo trabajo tardó más de siete años en completarse y estuvo plagado de errores y dificultades inherentes a su compleja elaboración. Sin embargo, este esfuerzo sentó las bases para el desarrollo de tecnologías y sistemas de procesamiento de datos que revolucionarían la forma en que se recopilaba, almacenaba y analizaba la información en el futuro.

Animado por los estudios de Babbage y el sistema de tarjetas perforadas de Jacquard, Hollerith pensó en la posibilidad de diseñar una máquina que pudiera

---

223 S. Boutell, W. (2022). *Auditing with the Computer* (pp. 27-29). Berkeley and Los Angeles. University of California Press.

tratar la información cambiando partes de diseños realizados con anterioridad. En 1887 presentó un aparato mecánico que, en vez de tarjetas, utilizaba papel continuo, dando unos resultados muy convincentes. Para realizar el censo de 1890, el tiempo empleado no superó los dos años y medio, a pesar de tener que añadir unos 13 millones de personas más que en el anterior. Nacían así las primeras máquinas de clasificación automática, una tecnología que haría crecer considerablemente a algunos sectores de la industria, al mismo tiempo que mejoraba la gestión de muchos gobiernos en la administración de sus ciudadanos. De hecho, fueron las aplicaciones destinadas al registro de datos poblacionales las más demandadas por los funcionarios norteamericanos, lo que convirtió a la máquina de Hollerith en una herramienta de incuestionable necesidad para el Estado[224].

En 1896, Hollerith dejó la Oficina de Censos para fundar la *Tabulating Machine Company* siete años más tarde. Su sistema acabó siendo demandando por muchas empresas de Gran Bretaña, Francia y Rusia, siendo adaptado muy pronto a la contabilidad empresarial, a la vez que se mejoraban los procedimientos de lectura y perforación de las tarjetas. En 1911, la *Tabulating* se fusionó con otras dos empresas formando la *Computing-Tabulated-Recording Company* (CTR), llegando en 1914 a ser presidida por Thomas J. Watson. Esta última pasaría a denominarse la *International Business Machine Corporation* (IBM) en 1924. Enseguida comenzaron a surgir empresas relacionadas con IBM en Francia y Alemania, pasando a establecer vínculos muy estrechos con el gobierno y numerosas compañías e industrias de los Estados Unidos.

Entre 1937 y 1939, el matemático George R. Stibitz desarrolló una máquina sumadora binaria de relés, esto es, un dispositivo electromagnético controlado por un circuito eléctrico, que llamó *Complex Calculator*. Esta máquina permitía realizar operaciones complejas y se podía conectar a un teletipo que, a su vez, podía unirse a una línea telefónica, permitiendo la realización de operaciones a distancia. Un invento similar a lo que hoy conocemos como módem. Con posterioridad, los trabajos de Stibitz y Howard H. Aiken dieron lugar a la producción de «computadores» electromagnéticos estrechamente asociados a la conocida máquina analítica de Babbage.

Por esos años, el físico teórico John Vincent Atanasoff se enfrentó al dilema de resolver numerosos problemas que requerían cálculos continuos y un número elevado de datos. Inspirado por Pascal y Babbage, reflexionó sobre la posibilidad de construir una máquina calculadora digital y diseñó una máquina capaz de operar

---

224 da Costa Carballo, C. M., op. cit. pp. 246-247.

en un sistema binario. Con algo más de 600 dólares donados por el Consejo de Investigación del Estado de Iowa y la ayuda del estudiante de ingeniería Clifford Berry, construyó el Atanasoff-Berry-Computer (ABC).

Casi al mismo tiempo, otro ingeniero llamado John Mauchly comenzó a investigar cómo acelerar los cálculos utilizando dispositivos electrónicos. En 1940, Mauchly y Atanasoff coincidieron en un congreso científico, lo que desencadenó una fuerte disputa sobre la paternidad del computador digital. Aquel año, Mauchly se matriculó en la Escuela Moore de Ingeniería Eléctrica de la Universidad de Pensilvania, conociendo a John Presper Eckert, por entonces instructor de laboratorio de la Escuela de Investigación Balística, mientras proyectaba el desarrollo de unas tablas de tiro para armas destinadas al ejército del aire. Dicho cometido requería el manejo de abundantes datos, necesitando alrededor de 30 días para completar el trabajo con una máquina de cálculo analógico. Mauchly publicó un artículo que combinaba sus ideas con las de Atanasoff, lo que despertó el interés de un oficial del Departamento de Defensa, permitiendo finalmente la posibilidad de financiar todo el proyecto.

En abril de 1943 se autorizó a Mauchly y Eckert el desarrollo del proyecto *Electronic Numerical Integrator and Computer* (ENIAC). Para su programación se necesitó el trabajo de seis mujeres: Betty Snyder Holberton, Betty Jean Jennings Bartik, Kathleen McNulty Mauchly Antonelli, Marlyn Wescoff Meltzer, Ruth Lichterman Teitelbaum y Frances Bilas Spence. Su trabajo fue muy complejo, ya que por aquel entonces no existían lenguajes ni herramientas de programación establecidos, lo que significaba que tuvieron que crear todo el proceso desde cero. A pesar de su gran contribución, su reconocimiento tardó muchos años en llegar.

> En 1946, seis jóvenes mujeres brillantes programaron la primera computadora programable totalmente electrónica, la ENIAC, un proyecto dirigido por el ejército estadounidense en Filadelpia como parte de un proyecto secreto de la Segunda Guerra Mundial. Aprendieron a programar sin lenguajes ni herramientas de programación (porque no existía ninguno), solo diagramas lógicos. Cuando terminaron, ¡ENIAC siguió una trayectoria balística perfecta! Sin embargo, cuando la ENIAC fue presentada a la prensa y al público en 1946, las mujeres nunca fueron presentadas […] y su historia se perdió durante décadas. (Traducción del texto de: Nowlan, 2017, p. 151)

La máquina formada por más de 19 000 tubos de vacío, 1 500 relés, 7 500 interruptores, cientos de resistencias y más de 800 km de alambre, fue capaz de sumar, restar, multiplicar y dividir, pudiendo realizar 5 000 sumas en un solo segundo. Con un peso de alrededor de 30 toneladas, su consumo era de unos 200 kilovatios de electricidad, llevando la temperatura de la sala hasta los 50 °C. Su financiación fue responsabilidad del Ejército de los Estados Unidos y el Mando de Investigación y Desarrollo dirigido por el general de División Gladeon M. Barnes. El coste total alcanzó los 487 000 dólares, comenzándose los trabajos en la Universidad de Pensilvania completamente al margen de la opinión pública y bajo el nombre en clave de «Proyecto X». La máquina ENIAC, además de su velocidad de cálculo, sirvió para realizar tareas hasta esos momentos impensables.

Simultáneamente a las investigaciones en los Estados Unidos, en Europa comenzaron a desarrollarse los primeros proyectos de investigación, dando lugar a la primera computadora controlada por un programa almacenado previamente. La idea, surgida del ingeniero alemán Konrad Zuse, no llegó a ser desarrollada totalmente al ser rechazada por los representantes del Tercer Reich involucrados en el proyecto. En cualquier caso, se llegaron a realizar cuatro diseños, desde el Z1 al Z4, que aglutinaban los trabajos de Leibniz, Babbage y Torres Quevedo, fabricados con relés telefónicos en plena Guerra Mundial. Una máquina de similares características llegó a ser utilizada por los aviones alemanes durante la guerra para hacer cálculos de navegación y de bombardeo. A pesar de no finalizar el programa, el físico estadounidense Howard H. Aiken utilizaría años más tarde los trabajos de Zuse para la construcción del *Automatic Sequence Controlled Calculator* (ASCC).

Entre 1939 y 1944, Aiken, por entonces profesor de la Universidad de Harvard, en colaboración con IBM, desarrolló el Mark 1, un «ordenador» de secuencia controlada, es decir, una máquina capaz de utilizar señales electromagnéticas con las que mover los componentes mecánicos. La programación se llevaba a cabo con interruptores, lo que permitía la lectura de los datos a través de una cinta de papel perforado. Las versiones realizadas posteriormente todavía mantenían la idea desarrollada por Babbage, aunque el trabajo se realizaba mediante un código decimal, en vez de binario. No obstante, el avance tecnológico que supuso la evolución de estas máquinas fue rápidamente superado por las mejoras realizadas en los sistemas ENIAC, construidos a base de circuitos electrónicos.

Otro de los precursores de la informática moderna fue Alan Mathison Turing. Durante la Segunda Guerra Mundial trabajó en la descodificación de la máquina Enigma, utilizada por los ejércitos alemanes para encriptar sus mensajes. Se estima que sus esfuerzos en este campo acortaron la duración de la guerra entre dos y cuatro años. En 1938 Turing obtuvo el Doctorado en Princeton e introduciendo en su discurso el concepto de «hipercomputación». Mediante este concepto, Turing propuso la idea de construir una máquina, denominada *Oracle*, capaz de resolver problemas para los que no existía una solución algorítmica. Tras declararse la guerra entre Gran Bretaña y Alemania, Turing fue convocado a Bletchley Parck, lugar en el que se encontraba la Escuela Gubernamental de Código y Cifrado (CG&CS), con el fin de analizar y entender las comunicaciones alemanas cifradas en código morse[225].

Dicho cifrado se realizaba mediante una máquina de «sistema» rotatorio llamada *Enigma*, cuya invención se remontaba a 1918. Su creador, un ingeniero eléctrico llamado Arthur Scherbius, basó su invento en un mecanismo similar al empleado en las máquinas de escribir, en el que cada letra era sustituida por otra mediante la utilización de varios rotores internos. El resultado de todas las combinaciones posibles suponía más de 10 000 billones de configuraciones distintas, por lo que los alemanes cambiaban las posiciones de los rotores cada poco tiempo. Su facilidad de transporte permitía operar con Enigma desde cualquier posición, independientemente del vehículo o localización en el que se encontraran los operadores. El nutrido equipo de Turing solo logró al principio encontrar algunas pautas de los mensajes, gracias a ecuaciones y cálculos, pero sin desentrañar por completo su funcionamiento.

Para terminar su trabajo, Turing ideó la máquina Bombe, cuyo fin no era otro que el de buscar la disposición de los rotores de Enigma, aplicando una cadena deductiva para cada una de las combinaciones posibles. Con la ayuda del matemático Gordon Welchman, en 1940 se logró armar el primer prototipo, pero las dificultades para el descifrado total persistieron. La utilización de más de tres rotores por parte de la marina alemana volvió a retrasar el trabajo de Turing. Sin embargo, en diciembre de 1942 los códigos pudieron ser descifrados definitivamente. Sin duda, el esfuerzo realizado por la GC&CS, fue determinante para acortar la guerra. Además del tiempo ganado, la ventaja obtenida por los aliados fue decisiva, salvando alrededor de 14 millones de vidas.

> Cuanto más rápido se podían descifrar los mensajes, más actualizada era la inteligencia que contenían […] Si Turing y su grupo no hubieran debilitado el control de los submarinos en el Atlántico Norte, la invasión aliada de Europa en 1944 (los desembarcos del Día D) podría haberse retrasado, tal vez alrededor de un año o incluso más, el combustible, los alimentos y las tropas para llegar a Gran Bretaña desde Estados Unidos. Según una estimación prudente, cada año de lucha en Europa provocó una media de siete millones de muertes, por lo que la importancia de

---

225 En matemáticas, un algoritmo está definido como el conjunto de instrucciones o reglas concretas, ordenadas y finitas que posibilitan la solución de un problema, o sencillamente sirven para realizar un cómputo o procesar una serie de datos.

la contribución de Turing puede cuantificarse [...] si la guerra hubiera continuado durante otros dos o tres años, entre 14 y 21 millones de personas más que podrían haber muerto. (Traducción del texto de: Copeland, enero 2019, The codebreaker who save "millions of lives", *BBC News Tenchnology*)

Después de que Eckert y Mauchly presentaran a la Oficina del Censo el desarrollo del BINAC y del UNIVAC, en 1949 y 1951, respectivamente, el matemático John von Newmann desarrolló en 1952 el *Electronic Discrete Variable Automatic Computer* (EDVAC), un ordenador capaz de reconocer en su memoria un programa antes de su ejecución. Para entonces, IBM ya había empezado a dominar el mercado informático lanzando los modelos 701, 702, 705 y 650, siendo ampliamente aceptados debido a su tamaño reducido y al menor precio de venta. A ello se sumó su mayor velocidad a la hora de realizar operaciones y gestionar los datos. Hacia 1958 comenzaron a aparecer las llamadas computadoras de segunda generación, máquinas que ya empleaban circuitos fabricados a base de transistores en vez de válvulas, lo que hizo disminuir aún más el tamaño de los equipos. Comenzaba de esta forma el afianzamiento de lo que más tarde sería el *personal computer* (PC) u ordenador personal.

En 1963, la industria informática presenció la llegada del primer estándar universal para el intercambio de información: el *American Standard Code for Information Interchange* (ASCII), creado por el Comité Estadounidense de Estándares. A partir de ese momento, la comercialización de las computadoras cobró gran relevancia en las sociedades más desarrolladas. En 1975 se lanzó el Altair 8800, considerado el primer ordenador personal y, seis años más tarde, IBM introdujo en el mercado ordenadores personales con dos drives para discos flexibles. Paralelamente fueron surgiendo los lenguajes de programación y los sistemas operativos, evidenciándose una evolución constante en todos ellos.

Como respuesta al poder representado hasta esos momentos por la compañía IBM, en abril de 1975 Paul Allen y Bill Gates fundaron Microsoft Corporation, con sede en Redmond (Washington). Su primera idea fue el desarrollo y comercialización de un programa denominado BASIC para el Altair 8800. Esto supuso que solo cinco años después el mercado pasara a ser dominado por los sistemas operativos con el desarrollo de Microsoft Windows, convirtiéndose muy pronto en la primera empresa fabricante de sistemas operativos del mundo. Mientras, en Europa, Linus Torvalds, un estudiante de Ciencias de la Computación de la Universidad de Helsinki, creó en 1991 un sistema operativo diferente al que denominó Linux. A mediados de los 90, la aplicación de Torvalds ya era la alternativa más comercializada frente al sistema Windows de Microsoft. Sin embargo, esta última relanzaría su cadena de sistemas con las versiones 95, 98, 2000, NT, ME y XP, volviendo a retomar el liderazgo en todo el mundo.

A comienzos del siglo XXI, IBM comenzó a concebir los primeros bocetos de computadoras cuánticas, presentando un prototipo de 5 átomos y utilizando una programación mediante pulsos de radiofrecuencia. En este revolucionario sistema de manejo de la información, cada átomo de flúor o *cúbit* desempeñaba la misma función que los *bits* en un ordenador tradicional, mientras que un *quantum bit* podía presentar ambos estados de manera simultánea. En definitiva, con el desarrollo de los microprocesadores y los sistemas de programación, el concepto del orden comenzó a cambiar considerablemente. La idea de vigilar y administrar las sociedades a través del análisis de la información se fortaleció con la emergencia de las tecnologías informáticas y el interés de las compañías transnacionales en la participación de las políticas de control. Una situación que, como veremos, todavía se acentuaría con el paso del tiempo.

Los sistemas informáticos y el control de las sociedades modernas. El problema de los regímenes totalitarios

Las transformaciones ocurridas en el último siglo nos han llevado a reconsiderar la imagen del progreso tecnológico, de nuestras capacidades, incluso de nuestra función en el mundo. Vivimos en una sociedad global y altamente conectada, que ha logrado acortar las distancias geográficas y económicas gracias a los avances y a las posibilidades concedidas por las nuevas tecnologías y por los medios de comunicación. Sin embargo, como ya sucediera en otras etapas de nuestro pasado, la disputa del liderazgo tecnológico no ha dejado de interesar a gobiernos y particulares, siendo todavía uno de los modos en los que medimos las capacidades y la hegemonía de unos países sobre otros.

Las transformaciones socioeconómicas originadas por los cambios tecnológicos durante la segunda mitad del siglo XX implicaron una auténtica revolución en la información y en la comunicación de los países industrializados. Nunca antes dichos cambios se habían producido de manera tan súbita y a tan gran escala, lo que explica el rápido establecimiento de estructuras de poder ser capaces de facilitar el desarrollo y la aplicación de las nuevas tecnologías. Por otra parte, estos mismos avances han seguido contribuyendo en muchos casos a la consolidación del *statu quo* y del control ejercido por las principales potencias económicas, en lo que a las relaciones internacionales se refiere, justificando, una vez más, la vieja idea de que el progreso es una consecuencia más del poder. Las innovaciones surgidas en el sector de la microelectrónica y la informática, tanto en lo relativo al hardware como al software, han logrado la alteración en la gobernabilidad de muchas sociedades, replanteando equilibrios y aumentando la influencia y las cuotas de mercado de muchas empresas en todo el mundo.

Esta situación comenzó a fraguarse en los primeros años del siglo XX, casi al mismo tiempo que se daban los primeros pasos en la informática. Uno de los elementos más relevantes de la transformación de las sociedades ha sido la implicación activa de entidades no estatales y privadas en las decisiones de gobierno. En plena Guerra Fría, autores como el politólogo estadounidense Robert Owen Keohane y su compatriota Joseph Samuel Nye, comprendieron el calado y el significado de los cambios que estaban experimentando la política y la economía internacionales, acuñando un nuevo término para definir la situación. Para Keohane y Nye, la «interdependencia compleja» venía a subrayar la creciente importancia adquirida por algunos actores no estatales y por las actividades transnacionales ejercidas por empresas de muy diversa índole en todo el mundo. Dos de los ejemplos más claros de todo ello se produjeron en la primera mitad del siglo XX, en un momento en el que la proliferación de regímenes totalitarios en Europa estaba en pleno auge [226].

El 12 de abril de 1933, el gobierno alemán puso en marcha un plan para cumplir con un proyecto largamente postergado. Utilizado como un mecanismo para la identificación de personas pertenecientes a distintas razas y religiones, el proyecto para la realización de un censo en Alemania tuvo como principal protagonista a la empresa IBM y a su filial en dicho país, la *Deutsche Hollerith Maschien GmbH* (Dehomag). Esta última accedió a ayudar al gobierno del Tercer Reich en su decisión de identificar a las etnias existentes entre los aproximadamente 66 millones de habitantes residentes, especialmente judíos y romaníes (gitanos). Solo unos años antes, en 1922, IBM había adquirido Dehomag, una empresa de tarjetas perforadas que llegaría a generar grandes beneficios y que terminaría extendiéndose por otras regiones de Alemania en la década de 1930.

Al igual que había sucedido en cuestionarios anteriores, el censo de 1933 solicitaba información sobre la religión, la lengua materna, etc., de tal manera que cuando los trabajadores encargados del recuento encontraban a alguien sospechoso, estos utilizaban una tarjeta especial separada en la que se anotaba el lugar de nacimiento de dicha persona. El entonces fundador y presiente de IBM en Estados Unidos, Thomas J. Watson, viajó aquel mismo año a Alemania con la idea de aumentar las inversiones en su filial, pasando de 400 000 a 7 000 000 de marcos, lo que suponía una cantidad aproximada de un millón de dólares norteamericanos. La

---

226 Ibáñez Muñoz, J. (2010). Internet, política y poder en la sociedad postinternacional. *Cursos de derecho internacional y relaciones internacionales de Vitoria-Gasteiz*. Universidad del País Vasco, pp. 333-341.

inyección tan importante de capital llevó a Dehomag a comprar tierras en Berlín y a la construcción de una factoría dedicada al cómputo de datos para el censo. Aquel éxito hizo que muy pronto la compañía se encargara de la programación de trabajos adicionales en el ferrocarril alemán. El sistema de tarjetas también se utilizó para las estadísticas médicas y sanitarias en Alemania. Como resultado de todo ello, la Dehomag pronto se convertiría en el segundo cliente más importante de IBM, después de Estados Unidos[227].

Aquel mismo año, los ingresos anuales de IBM alcanzaron los 17 millones de dólares, obteniendo unas ganancias netas de 6 millones. Los ingresos de la compañía Dehomag procedían, sobre todo, del alquiler de equipos de tarjetas perforadas y de la venta de estas. Si bien en 1933 el gobierno norteamericano no disponía de leyes contra el comercio con Alemania, parece probable que tampoco ignorara la política opresiva de Adolf Hitler. En 1934 Watson volvió a Alemania con motivo de la inauguración de una nueva planta de Dehomag, coincidiendo entonces con partidarios y líderes nazis. En la ceremonia, el presidente de la filial, Willy Heidinger pronunció un discurso lleno de referencias al momento de represión que estaba viviendo una parte importante de la población alemana, seguramente recordando el proceso de documentación efectuado en el censo. Entre otras cosas, Heidinger manifestó lo siguiente:

> El médico examina el cuerpo humano y determina […] si todos los órganos trabajan en beneficio de todo el organismo. Nosotros (Dehomag) nos parecemos mucho al médico, en el sentido de que diseccionamos, célula por célula, el cuerpo cultural alemán. Informamos de cada característica individual […] en una pequeña tarjeta […] Estamos orgullosos de poder ayudar en tal tarea, una tarea que proporciona al médico de nuestra nación (Adolf Hitler) el material que necesita para sus exámenes. Nuestro Médico podrá entonces determinar si los valores calculados están en armonía con la salud de nuestra gente. También significa que, si tal no es el caso, nuestro Médico puede tomar procedimientos correctivos para corregir las circunstancias de la enfermedad. […] Nuestras características están profundamente arraigadas en nuestra raza. Por lo tanto, debemos apreciarlos como un santuario sagrado que mantendremos —y debemos mantener— puro. Tenemos la más profunda confianza en nuestro Médico y seguiremos sus instrucciones con fe ciega, porque sabemos que él guiará a nuestro pueblo hacia un gran futuro. (McCormick, y C. Spee, 2008, p. 209)

---

227 McCormick, D. y C. Spee, J. (2008). IBM and Germany 1922-1941. *Organization Management Journal*, 5(4), p. 208.

Sabemos que Watson recibió una traducción del discurso, junto con un listado de funcionarios alemanes que habían sido invitados a la ceremonia. A pesar de ello, no dudó en enviar un telegrama a Heidinger en el que se congratulaba del trabajo bien hecho. Se ha especulado con la posibilidad de que IBM estuviera al corriente de las acciones del régimen alemán contra los judíos y de aquellas personas contrarias a Hitler. Lo cierto es que el 10 de mayo de 1933, más de cien mil personas se manifestaron en la ciudad de Nueva York exigiendo que todas las empresas norteamericanas suspendieran el comercio con Alemania. En aquella ocasión IBM no fue un objetivo específico de la protesta.

Al margen de las cuestiones morales, la preocupación capital de Watson con respecto a Dehomag seguía siendo la situación dominante y de privilegio que IBM mantenía en el mercado alemán. Lejos de las manifestaciones y de los planteamientos éticos, la realidad era que las actividades de la compañía estaban contribuyendo a ayudar al gobierno alemán. El «proteccionismo» ejercido por el gobierno norteamericano fue evidente cuando IBM no figuraba en ninguna lista de las principales organizaciones que trataban de denunciar y boicotear el comercio con Alemania. Tampoco la sociedad era consciente entonces del poder que otorgaban las tarjetas perforadas a las entidades encargadas de los procesos estadísticos.

A partir de 1935, la condena a la política de opresión en Alemania se generalizó, produciéndose un fuerte boicot de muchos países vecinos y aislando al país del comercio exterior. Esto no impidió que la mayoría de las principales empresas norteamericanas siguieran vendiendo productos al régimen nazi, sobre todo por el interés que ya existía en el empresariado por controlar una buena parte del mercado europeo. Así las cosas, el Reich decidió que solo las empresas en propiedad pudieran realizar negocios con el gobierno, obligando a IBM a disfrazar su dominio de Dehomag mediante un sistema de acciones con el que poder encubrir la verdadera situación de ambas empresas. Inmediatamente, la filial alemana comenzó a progresar en sus ventas, gestionando más de 140 millones de reservas para los Ferrocarriles Nacionales Alemanes y obteniendo importantes contratos para el ejército, la marina y la fuerza aérea[228].

La Wehrmacht acogió con satisfacción la tecnología de las tarjetas perforadas de IBM hasta el punto de que, en 1937, decidió asumir el control de todas las máquinas capaces de realizar su lectura. La popularidad y los beneficios de la empresa en Estados Unidos hizo que Watson fuera elegido presidente de la Cámara de Comercio Internacional. La propia Cámara decidió celebrar su reu-

---

228 Ibid, p. 210.

nión anual de 1937 en Berlín, por lo que el propio Hitler entregó a Watson la segunda condecoración más elevada del país para extranjeros. La ironía quiso que aquella condecoración fuese entregada «… por promover la paz mundial a través del comercio», un hecho que no se correspondía con la realidad, ya que Watson, inmediatamente después de ser felicitado por el régimen nacionalsocialista, viajó a Italia para encontrarse con Mussolini. Una vez allí, el empresario norteamericano aseguraría que: «… la generación actual en Italia se beneficiará enormemente del trabajo pionero de su líder, Mussolini»[229].

En una biografía posterior de su hijo, este llegó a escribir acerca de la preo-cupación de su madre por unos amigos que residían en Berlín de origen judío, los Wertheim, dueños de unos grandes almacenes a los que bandas nazis terminaron rompiendo sus escaparates. Watson no fue ajeno en ningún momento a las ten-siones nazis y al régimen tan contrario a la ciudadanía hebrea. Era conocedor de las barbaridades del Reich gracias a la información privilegiada que recibía desde Alemania, lo mismo que era consciente de la persecución a los Wertheim. De igual modo, el gobierno alemán reconoció las «virtudes» de otros muchos ejecutivos procedentes de los Estados Unidos. En 1938, una vez consumada la anexión de Austria, Hitler entregó al empresario Henry Ford la Gran Cruz, siendo la conde-coración más alta que podía concederse entonces a una persona extranjera.

Mientras decidía lo mejor para que Dehomag siguiera siendo tutelada por IBM y no se crearan competidores en Alemania, Watson continuó defendiendo la paz en el mundo al mismo tiempo que entregaba máquinas de tarjetas perforadas al Ministerio de Guerra alemán. En 1939 la ocupación de Polonia por el ejérci-to de Hitler puso en alerta a Dehomag solicitando al gobierno la posibilidad de negociar los permisos necesarios para operar en lo que sería después la Europa ocupada. IBM creó una nueva filial en Polonia llamada Watson Business Machines, reemplazando a su anterior administrador debido a la crisis sucedida después de la invasión. A medida que la ocupación en Europa se consolidaba, ciudadanos judíos de Austria, Checoslovaquia y Polonia, comenzaron a ser reubicados en campos de prisioneros utilizando para ello equipos fabricados por Dehomag. El proceso de datos realizado ayudó a determinar las necesidades de las Schutzstaffel o SS, en relación con la demanda de camiones y vagones, alimentos y otros recursos en los territorios ocupados.

Los registros de IBM confirman la presencia de máquinas Hollerith en los campos, detallando los números de serie y los pagos de arrendamiento efectuados

---

229 Ibid.

por los nazis. Las tarjetas sirvieron para administrar alimentos, determinar asignaciones de trabajo, castigos, origen étnico de los prisioneros, etc. Para facilitar estas tareas, a los prisioneros se les tatuaba un código de cinco dígitos en los brazos, coincidiendo con los de las tarjetas perforadas que contenían sus datos personales. Dehomag llegó a realizar un censo especial con las «habilidades» particulares de las personas detenidas en los campos de concentración para poder ser trasladadas a las correspondientes fábricas o lugares de trabajo. Además, sus máquinas realizaban seguimientos de las municiones, repuestos para el combate y movimientos de tropas. Estas actividades continuaron mientras IBM recibía pagos en una cuenta bancaria en Suiza[230].

En junio de 1940, tras la ocupación de Francia y los Países Bajos por parte de las tropas alemanas y a pesar de las reticencias surgidas en Estados Unidos, Watson no evitó que la participación de IBM siguiera adelante, aunque terminó devolviendo la medalla recibida años antes. Este hecho preocupó a los funcionarios alemanes al pensar que Dehomag se vería afectada. Hasta esos momentos, Alemania había recibido más de 1 000 millones de tarjetas perforadas cada año. A pesar de los intentos de Heidinger por destituir a los representantes de la sede de IBM en Berlín y su junta directiva, los alemanes finalmente tomaron el control de la filial. Sin embargo, los pagos continuaron llegando a Suiza, puesto que las acciones de IBM estaban consideradas legales según la legislación estadounidense. Para entonces Dehomag ya era una empresa alemana, aunque seguía empleando una tecnología concebida por una compañía extranjera, lo que proporcionaba a los nazis una herramienta de control social poderosa.

Alemania y el régimen de Hitler no fueron los únicos en disponer de la tecnología de las tarjetas perforadas en tiempos de guerra. A comienzos de 1939, IBM vendió al general Franco más de 700 000 tarjetas. La llegada de esta tecnología al llamado «bando nacional» no fue casual, sino que ocurrió poco antes de que la guerra llegara a su fin, con el propósito de ser utilizada en la identificación y persecución de opositores al recién establecido régimen. Inicialmente, se utilizó para hacer un cribado del censo militar y posteriormente se organizó el trabajo con el fin de conocer el número de encarcelaciones, la organización de los prisioneros en campos, etc. Sin embargo, su principal uso fue como herramienta del Servicio de Información y Policía Militar (SIPM) para llevar a cabo una persecución más efectiva de quienes habían defendido a la República.

IBM siempre justificó su presencia en Europa debido al interés por dominar el comercio de las tarjetas y de las máquinas perforadoras, excluyendo cualquier

---

230 Ibid., pp. 211-212.

afinidad con el fascismo o el nazismo. Sin embargo, esas mismas máquinas llevadas a España sirvieron después para rastrear a los partidarios del gobierno republicano y facilitar su detención. El «enlace» de IBM en España fue Walter G. Ross, uno de los mejores agentes europeos que procuró importantes beneficios a la empresa norteamericana. Además de negociar las tarjetas con el gobierno del general Franco, Ross estuvo involucrado en proyectos relacionados con los ferrocarriles españoles. Se ha especulado sobre si esta participación en la Guerra Civil y en el manejo de la información fue un campo de pruebas para lo que sucedería más tarde durante la Segunda Guerra Mundial. Lo que parece claro es que la maquinaria y las tarjetas perforadas utilizadas durante el conflicto sirvieron para comprobar su eficacia. A pesar del éxito en España, el 6 de septiembre de 1940 Watson escribió una carta ofensiva a Ross comunicándole su despido. Entre otras cuestiones, le explicaba lo siguiente:

> Tengo ante mí un recorte de *The Brooklyn Eagle* del 28 de agosto de 1940, en el que usted pretende hablar como representante de nuestra compañía [...] Usted fue un agente nuestro que trabajaba sobre la base de comisiones en España durante varios años, hasta que en agosto de 1939, en París, llegamos a un acuerdo para su retiro [...] Usted ha usado mi nombre en conexión con un plan que dice usted tener de enviar dinero par ayudar a refugiados y civiles indigentes en Francia, en el que, según dice usted, yo estoy dispuesto a cooperar. Yo nunca he discutido este asunto con usted, y no estoy interesado en ningún plan que tenga usted en mente. Yo ya extiendo mi cooperación a través de otros canales aprobados por nuestro gobierno. Usted no tiene ningún derecho a involucrar a nuestra compañía, a mi nombre, [...] en ninguna de sus declaraciones. Además, usted ha hecho observaciones con respecto a los países en guerra, y ha criticado la política de nuestro país, y debe aceptar toda la responsabilidad individualmente. (Black, 2001, p. 308)

Concluida la guerra en España, el régimen del general Franco mantuvo una buena relación con IBM, llegando a entregarle 109 000 pesetas para que, según apuntaba el diario ABC, fueran entregadas «... entre las clases más necesitadas»[231]. Lo cierto es que esa misma fuente reveló que alrededor de 50 000 pesetas estaban destinadas al mismísimo general Franco. Este agradecimiento tendría su explicación si entendemos que, a partir de 1940, España quedó situada en la pequeña órbita de países neutrales, algo que Watson supo ver inmediatamente y que no

---

231 Hernández, Á. (21 de abril de 2018). La historia oculta de IBM: vendió 700 000 tarjetas a Franco para ganar la Guerra Civil. *El Confidencial.*

dudó en agradecer. Junto con España, tanto Suiza como Suecia, asumieron el papel de «puentes» para llegar hasta las Potencias del Eje europeo. Sin embargo, entre los años 1942 y 1943, el Departamento del Tesoro norteamericano y especialmente uno de sus funcionarios, Harold J, Carter, descubrió que IBM había establecido una especie de cartel internacional que controlaba alrededor del 90% de toda la tecnología de tarjetas perforadas en el mundo, incluyendo, por supuesto, la Alemania nazi y el resto de las dictaduras fascistas en Europa. Aquello significaba la prueba de una puesta en marcha de un verdadero monopolio sobre la tecnología de las tarjetas perforadas[232].

El poder y la influencia demostrados por IBM durante la primera mitad del siglo XX en Europa fue solo un ejemplo de lo que, en las décadas siguientes, las multinacionales de la comunicación y del procesamiento de datos lograrían en todo el mundo. No obstante, en la Unión Soviética y el bloque comunista el proceso fue muy diferente debido a su rechazo de las tesis capitalistas del libre mercado y los sistemas políticos democráticos. En estos casos, el Estado intervino en el tratamiento y almacenamiento de la información en lugar de depender de empresas privadas. Así, habría que esperar hasta octubre de 1961, coincidiendo con la celebración del XXII Congreso del Partido Comunista, para que el Consejo de Cibernética de la Academia Soviética de Ciencias publicara un trabajo titulado: *La cibernética al servicio del comunismo*. En él se describían los grandes beneficios que podrían obtenerse de la aplicación de ordenadores y modelos cibernéticos en sectores como la biología, la medicina, el control de la producción, el transporte o la economía.

En efecto, durante el gobierno de Stalin, la estadística y los métodos matemáticos aplicados a la economía soviética fueron sometidos a continuas críticas ideológicas, haciendo que los avances en este sentido apenas tuvieran aceptación. Pese a ello, la apertura política iniciada por Jrushchov provocó un cambio en las estrategias económicas, llevando a la Academia Soviética en 1957 a presentar un informe confidencial en el que solicitaba la creación de centros de computación en cada región y el uso de ordenadores para impulsar la planificación estadística, la ingeniería y la investigación científica. La Academia estaba convencida de que, con dichas medidas, el aparato burocrático ganaría eficacia, haciendo que la toma de decisiones fuese más rápida al evitar errores en los procedimientos y la organización. Asimismo, los científicos soviéticos plantearon la intención de crear centros de control informático en los que procesar los datos económicos y lograr una gestión más eficiente.

---

232 Black, E., op. cit., p. 376.

El nuevo programa adoptado en el XXII Congreso terminó aceptando la inclusión de métodos informáticos y de la utilización de ordenadores en procesos de producción, fabricación, así como en la investigación científica, decisión que llevó a la prensa a definir a los ordenadores como las «máquinas del comunismo». A pesar de todo el interés, los grandes planes soviéticos por alcanzar una red nacional de análisis informático fracasaron. Algunos analistas occidentales han atribuido dicho fracaso a las dificultades encontradas a la hora de establecer redes informáticas y a la falta de desarrollo en herramientas como periféricos y módems. A ello se sumaría la mala calidad de las líneas telefónicas y la debilidad de sectores relacionados con la fabricación y el diseño de programas específicos o *software*. Pero, a pesar de las deficiencias, la Unión Soviética pudo igualmente desplegar programas tecnológicos dirigidos a la producción de armas nucleares o a la lucha por no perder la carrera espacial con los Estados Unidos. Los proyectos soviéticos destinados a la fabricación de ordenadores no tardaron en ser redirigidos al ámbito militar donde terminarían realizándose los mayores esfuerzos.

A mediados de los años 50, la Unión Soviética conocía a la perfección el sistema de defensa aérea estadounidense denominado *Semi-Automatic Ground Environment* (SAGE), que era capaz de enfrentar una ofensiva aérea a gran escala de manera informatizada y centralizada, algo que los soviéticos aún no tenían. Para cerrar esta brecha, se crearon varios organismos gubernamentales. En 1956 se estableció el Instituto de Investigación Científica que posteriormente sería conocido como Instituto de Investigaciones Científicas de Equipamiento Automático, destinado al diseño de un sistema de defensa antiaérea, similar al SAGE. En l960, el propio Instituto desarrolló el primer ordenador soviético realizado a base de semiconductores, denominado Tetiva, con el que posteriormente se trazaría una red antimisiles. En 1962, el Instituto de Máquinas de Control Electrónico de Moscú desarrolló una serie de ordenadores conocidos como M4-2M, apoyados en la tecnología de los transistores o semiconductores y totalmente automatizados. Para entonces, Jrushchov, aprovechando uno de los aniversarios de la Revolución declararía públicamente: «... nuestros cohetes antiaéreos son capaces de destruir una mosca en el espacio»[233].

De nuevo, el intercambio tecnológico condujo a cambios en las estrategias iniciales. Incluso, personas como Anatoli Kitov, el primer científico de la Unión Soviética en organizar el trabajo utilizando ordenadores electrónicos, sería denostado y apartado por sus diferencias con el régimen autocrático. A mediados de los años 60, Kitov se convirtió en un pionero al introducir sistemas de control auto-

---

233 Haro Tecglen, E. (23 de noviembre de 1963). La mosca en el espacio. *Triunfo*, 77, p. 31.

matizado en el Ministerio de Tecnología de Radio. Una década después se trasladaría al Ministerio de Salud, siendo el fundador de la cibernética médica. Durante 12 años fue el representante de su país en el campo de la informática médica ante las Naciones Unidas y la UNESCO. Su tarea científica se había centrado en generar un plan para crear una red informática al servicio de la gestión económica del país. En 1959 remitió una carta al secretario general del PCUS, Nikita Jrushchov proponiendo dicho proyecto, sin que recibiera respuesta. Este hecho le llevó a redactar un informe de 200 páginas que volvió a enviar a su gobierno. Su perseverancia solo le serviría para ser expulsado del partido y destituido de sus cargos. Sus obras fueron clasificadas como «secretos» y solo después de su muerte, en 2005, vieron la luz.

Internet y la
vigilancia global

Una de las consecuencias de la Guerra Fría fue el interés por coordinar una respuesta rápida y efectiva frente a un posible ataque masivo de misiles nucleares. A finales de los años 60, la tensión entre los Estados Unidos y la Unión Soviética llegó a ser crítica. Ambas potencias disponían de un abundante arsenal atómico y de la capacidad suficiente para realizar una ofensiva de una magnitud incalculable sobre el adversario. En consecuencia, surgió la necesidad de detectar los misiles con el fin de ser destruidos en pocos minutos. La única forma de lograrlo era permitiendo que los ordenadores actuasen de manera coordinada y comunicados entre sí. Sin embargo, esta decisión entrañaba algunos riesgos.

El vínculo de varios ordenadores conectados a través de una red equivalía a prescindir de un ordenador central, por lo que, si este era destruido, la posibilidad de responder quedaría invalidada dejando al propio sistema inoperante. Es por ello que se pensó en utilizar una red informática en la que todos los ordenadores tuviesen las mismas capacidades, careciendo la misma de nodos o puntos de conexión centrales. De esta forma, el daño o la destrucción de uno o de varios equipos no anularía la capacidad de respuesta. Fue así como en 1969 surgió ARPANET, la primera red sin nodos centrales de la cual formaban parte las universidades de California en Los Ángeles (UCLA), California Santa Barbara (UCSB), Utah y Standford Research Institute (SRI). En 1971, las ventajas de la interconexión hicieron que se sumaran algunas instituciones más hasta llegar a un total de 15 nodos. Además, en 1973, ARPANET se internacionalizó al incorporar la Universidad College of London de Gran Bretaña y la Norwegian Seismic Array de Noruega (NORSAR)[234].

Con anterioridad, el Departamento de Defensa de los Estados Unidos había creado la *Advanced Resesarch Projects* Agency (ARPA) en 1958, tras el lanzamiento

---

234 Trigo Aranda, V. (2004). Historia y evolución de Internet. *Manual formativo de ACTA*, 33, p. 2.

del Sputnik por parte de la Unión Soviética. Su objetivo era promover y financiar la investigación y el desarrollo de tecnologías avanzadas en el ámbito militar. Hacia 1982 la Agencia decidió estandarizar el Transfer Control Protocol/Internet Protocol (TCP/IP), apareciendo por primera vez el término «Internet», entendido este último como el conjunto de redes interconectadas. Un año después, el propio Departamento de Defensa decidió dejar ARPANET para establecer una red independiente que estuviera bajo su control (MILNET), por lo que, de los 113 nodos, 68 pasaron a la red militar, mientras el resto siguió sumando más centros del todo el mundo.

Hasta principios de los 90, Internet no comenzó a desarrollarse con vistas a ser explotada de manera global. Unos años antes, el físico y científico británico Tim Berners-Lee diseñó un programa, el *Enquire*, que posibilitaba el almacenamiento y la recuperación de información a través de los llamados algoritmos no deterministas, es decir, asociaciones que ofrecían diferentes resultados para una misma entrada. A partir de esta herramienta, Berners-Lee comenzó el diseño de lo que luego sería el lenguaje de programación de las futuras páginas web. En efecto, aquel mismo año inició el desarrollo del *Hyper Text Markup Language* o HTML mediante el cual se abría la posibilidad de combinar textos e imágenes, al tiempo que permitía establecer enlaces a otros documentos. Simultáneamente, puso en marcha el primer «servidor» World Wide Web, así como el primer programa WorldWideWeb, fundando en 1994 la *World Wide Web Consortium* (W3C), mientras continuaba sus investigaciones en el Massachusetts Institute of Technology (MIT).

Circunscrito todavía al ámbito universitario, comenzó a generalizarse el término *browser* para identificar a los programas que permitían el acceso a la red de Internet. A partir de esos momentos, con la introducción de nuevas herramientas gráficas y de interconexión, el uso de la red adquirió un nuevo perfil atrayendo a nuevos usuarios, la mayoría desligados de los sectores académicos y gubernamentales. Todo ello hizo que se empezaran a cuestionar las subvenciones del gobierno norteamericano para el mantenimiento y sostenimiento de la red, por lo que, en 1993, Internet pasó a tener una función meramente comercial y privada. El 30 de abril de ese mismo año, el *Conseil Européen pour la Recherche Nucléaire* (CERN), que hasta esos momentos se había encargado de mantener y perfeccionar la arquitectura de la red de Internet, cedió gratuitamente todo el trabajo técnico y tecnológico para que la misma pudiera ser utilizada de manera pública o privada[235].

Casi al mismo tiempo, comenzaron a aparecer navegadores dispuestos a hacer la competencia al creado por Berners-Lee. En 1993 la empresa *National*

---

235 Ibid., pp. 3-4.

Center for Supercomputing Applications (NCSA), lanzó al mercado su navegador Mosaic, el primero de una serie que permitía la visión de textos y gráficos en línea. Un año más tarde sería la *Netscape Communications Corporation*, basándose en la tecnología presentada por Mosaic, la que pondría a la venta su propio navegador, llegando a controlar en poco tiempo el 80 % el mercado. La incorporación en 1995 de Bill Gates al frente de *Microsoft*, vino a cambiar la dinámica de los navegadores en Internet, ya que ese mismo año lanzaron su primera versión de Internet Explorer, convirtiéndolo en el primero en ser gratuito y logrando que en 1998 fuera el navegador más utilizado en todo el mundo. En enero de 2006, Internet alcanzó los 1 100 millones de usuarios, llegando a casi 2 300 millones de personas en 2016, lo que equivalía al 33% de toda la población del planeta[236].

En 1994, dos estudiantes de Ingeniería Eléctrica de la Universidad de Stanford, David Filo y Jerry Yang, comenzaron a archivar las direcciones de Internet más utilizadas por ellos, agrupándolas por secciones y temáticas. El resultado fue un amplio catálogo que decidieron publicar en la Red con el fin de que cualquier persona pudiera tener acceso al mismo. Esto, además de convertirlos en millonarios, puso en marcha el primero de los buscadores en Internet con el nombre de *Yet Another Hierarchical Officious Oracle*, también conocido como Yahoo!, pasando de un valor inicial en bolsa de unos 848 millones de dólares a 125 000 millones en el año 2000. A Yahoo! le seguiría Google en 1998, creado igualmente por dos estudiantes de doctorado de Stanford, Larry Page y Sergey Brin. Ellos aplicaron una nueva tecnología denominada PageRank, capaz de clasificar las páginas web según su relevancia e importancia. Esta característica hizo que muy pronto Google se convirtiera en el motor de búsqueda más utilizado entre los cientos de millones de consultas diarias realizadas en Internet[237].

La mensajería electrónica también se sumó a la red informática a través del llamado correo electrónico. Su inmediatez, su bajo costo y la posibilidad de enviar archivos sin desplazamientos físicos, hizo que este servicio sustituyera prácticamente al correo tradicional. El primer programa utilizado a modo de correo electrónico, todavía a través de la red ARPANET, fue desarrollado por el ingeniero y programador informático estadounidense Ray Tomlinson en 1971. A él también se debe el símbolo de @ al precisarse una marca que pudiera separar los nombres del usuario y del servidor, evitando así cualquier confusión. La evolución del correo electrónico fue paralela a la de otros elementos de la Red, encontrando un

---

236 Hay que tener en cuenta que con Mosaic se daba un paso muy importante. Hasta entonces la visión de gráficos solo había sido posible accediendo a los enlaces incorporados a los textos. Con la aparición del navegador de la NCSA, los textos y gráficos comenzaron a visualizarse en línea.

237 Trigo Aranda, V., op. cit., pp. 6-8.

punto de inflexión con la aparición de Hotmail. En 1995, un antiguo estudiante del Instituto Tecnológico de California, Sabeer Bhatia, junto con su amigo y compañero Jack Smith, idearon la manera de poner en marcha un servidor de correo gratuito que pudiera gestionarse desde una «ventana» de Internet sin necesidad de manejar un programa. Mientras trabajaban en Apple Computer, pensaron que esa sería la mejor manera de enviar y recibir mensajes sin ser detectados por los jefes y los directivos de la empresa.

Con una inversión inicial de 300 000 dólares obtenida de Draper Fisher Jurvetson, una firma de capital de riesgo, Bhatia y Smith comenzaron a desarrollar la primera versión de su programa. Con el dinero y la salida de Apple Computer, en julio de 1996, lanzaron su servidor de correo en Internet bajo el nombre de Hotmail, convirtiéndose en líder del mercado en tan solo seis meses. Al año siguiente Microsoft mostró interés en adquirir Hotmail y finalmente, en diciembre de 1997, cerró el acuerdo de compra por 400 millones de dólares. Para entonces, el servidor ya contaba con más de 9 millones de suscriptores. Desde entonces, el uso de Internet en los países desarrollados ha ido en aumento, llegando en la actualidad a suponer casi el 90 % de su población total, siendo los idiomas más solicitados el inglés, el chino y el español.

Ello nos da una idea de la dimensión que ha alcanzado en la sociedad el uso de las herramientas informáticas en las redes, alterando también las estructuras de poder y las relaciones entre los Estados y las personas. Entre las décadas de los 60 y 70 se comenzó a desarrollar la denominada sociedad de la información. La integración de las nuevas tecnologías derivadas de la microelectrónica, la informática y las telecomunicaciones en la sociedad ha debilitado notablemente el papel de los gobiernos, reduciendo su influencia frente a una Red que se expande sin considerar las limitaciones físicas o territoriales. En las siguientes décadas, estas innovaciones no dejaron de avanzar y de transmitirse a un ritmo vertiginoso, por lo que se hizo necesario pensar en un proyecto que pudiera dar forma a la nueva realidad socioeconómica en los países occidentales.

A comienzos de los 80, la política comercial de los Estados Unidos entendió que debía favorecer «… los intereses privados de las alianzas políticas que abogaban por la libre circulación de los flujos de información por todo el mundo»[238]. Esta nueva forma de entender las relaciones y la política venía a sustituir la diplomacia industrial por otra del «conocimiento». Nacía de esta forma el llamado *soft law*,

---

238 Mondragón Toledo, G. (2015). La importancia de Internet como Fuente de Poder en la Sociedad. *Pensamiento al margen. Revista digital*, 3, p. 3. En: https://digitum.um.es/digitum/handle/10201/51230

una expresión introducida dentro de la terminología jurídica internacional por Lord Arnold Duncan McNair, presidente del European Court of Human Rights. Este término se refiere a la utilización de instrumentos cuasi-legales en el ámbito comercial, los cuales carecen de fuerza legal vinculante. Este nuevo concepto permitió unas relaciones de poder menos coercitivas. De hecho, el *soft law* ha contribuido a regular los comportamientos en las redes mediante normas menos estrictas, evidenciando el poder adquirido por las empresas y círculos privados en los mercados relacionados con la industria electrónica y con el procesamiento de información.

En pugna con lo anterior, también las nuevas tecnologías de la información y de la comunicación (TIC), han hecho posible la búsqueda de herramientas para la organización y la toma de decisiones por parte de los gobiernos con el fin de asegurar el poder. Un ejemplo del apoyo tecnológico al activismo político lo encontramos en los beneficios que Internet proporciona a las campañas electrónicas para influenciar a la opinión pública. Gobiernos y partidos políticos no han dudado en difundir a través de Internet sus planes económicos y sociales para ganar la confianza de los ciudadanos más diversos. Con ello, se podría decir que la Red no es solo útil para mejorar aspectos políticos, sino que ha pasado a ser una herramienta más para hacer política.

> Estas prácticas, directamente relacionadas con la denominada tecnopolítica, entienden la Red como un espacio que prefigura nuevas formas de acción y decisión colectiva que empujan al cambio a anteriores sistemas institucionales o que apuntan a nuevas formas institucionales. […] al uso táctico y estratégico de dispositivos tecnológicos (incluyendo redes sociales) para la organización, comunicación y acción colectiva. […] en un sentido pleno, la tecnopolítica apunta a una serie de prácticas colectivas que pueden darse a partir de Internet, pero que no acaban con ella. La tecnología […] se ha manifestado como una toma del espacio público físico, digital y mediático capaz de orientar acciones distribuidas tanto en las redes como en la ciudad. Las redes no han servido únicamente para construir o coordinar la acción colectiva sino también para tejer el sentido de la propia acción y crear un impulso transformativo en diferentes grupos y sectores sociales. (Martínez Moreno, 2014, p. 74)

Desde sus orígenes, los gobiernos han utilizado las diferentes tecnologías de comunicación como la prensa o la radio para sostener su poder en todos los ámbitos de la sociedad. En muchos casos se han desarrollado importantes protestas próximas a la antiglobalización frente a cumbres del FMI, del Banco Mundial y organizaciones relacionadas con la política internacional y el comercio. Críticas que han ido aumentando y creando un escenario hostil contra el *establishment* y que parece estar exigiendo una reconfiguración del poder entre el Estado y la sociedad civil. Internet, junto con las nuevas tecnologías de la información y la comunicación (NTICS), han brindado nuevas oportunidades para que las sociedades se proyecten sobre los diferentes escenarios políticos, mediante sindicatos, asociaciones, partidos políticos y otras formas tradicionales de reivindicación[239].

En la disputa por el control de la comunicación, empresas y redes privadas han cobrado una relevancia especial, alejándose de la influencia institucional de los gobiernos. Como resultado, la pugna por el control de los medios de comunicación de masas se convirtió en una aspiración de los poderes institucionales y de la propia opinión pública a través de asociaciones y organismos alternativos con capacidad para intervenir en la información. La influencia de Internet y de las tecnologías de la comunicación han supuesto en las últimas décadas un avance en las nuevas reivindicaciones de los movimientos sociales. Solo de esa forma podemos entender la amplia aceptación de conceptos hasta hace poco utópicos como el feminismo, el indigenismo, la ecología o la igualdad racial. Sin embargo, las innovaciones tecnológicas surgidas del uso de la informática, los ordenadores e Internet, han acentuado el carácter desigual y la exclusión de quienes no han podido o no tienen acceso a los nuevos medios de comunicación social.

> En esta nueva comprensión de globalidad, *trasnacionalidad* y *desterritorialización* de los movimientos sociales […] invitan necesariamente a partir de unas inconmensurables posibilidades de comunicación, en términos de distancia, pero también de variedad de conexión entre sitios sociales y superficie de la tierra. Esta nueva realidad obliga a reinventar el alcance y sentido que política y poder suponen para el movimiento social. Al quedar desdibujada la dimensión espacio-temporal del movimiento social nacional, la forma de entender los movimientos sociales como un producto resultante de una conexión de redes y estructuras conformadas a partir de un marco cultural compartido que orienta la acción colectiva debe, necesariamente, trascender del Estado y adoptar un componente de *trasnacionalidad*. (Ríos Sierra, 2014, p. 109)

Fue así como, en septiembre de 1998, surgió la Corporación de Internet para la Asignación de Nombres y Números (ICANN), durante las presidencias de

---

239 En la actualidad, las NTICS incluyen internet, foros, blogs, chats, videojuegos, redes sociales, telefonía móvil y correo electrónico. En: Ríos Sierra, J. (enero-junio 2014). Política, poder e Internet: Nuevas posibilidades frente a viejos dilemas. *Via Inveniendi Et ludicandi*, 9(1), pp. 105-106. En: https://www.redalyc.org/pdf/5602/560258675006.pdf

Bill Clinton y George W. Bush. En realidad, no existe una única compañía, persona, organización o gobierno que administre o maneje Internet, lo que supone que la red opera sin una autoridad central, donde cada una de las redes establece su propia política y gobernanza. Su gestión está dirigida por una red descentralizada e internacional procedente del sector privado, organismos académicos, organizaciones nacionales e internacionales, trabajando en cooperación con otros muchos grupos de la sociedad civil. En todo caso, la ICANN tiene la función de supervisar la asignación de identificadores, incluyendo los nombres de dominio, direcciones de Protocolo de Internet, o número de puertos, entre otros parámetros.

Hasta mediados de los 90, la ONU no mostró un interés concreto por algunos organismos con funciones determinadas como la Comisión de las Naciones Unidas para el Derecho Mercantil Internacional (CNUDMI), o la Unión Internacional de Telecomunicación (UIT), encargada de regular las telecomunicaciones entre los Estados miembros y las empresas operadoras. El creciente interés y el protagonismo alcanzado por las tecnologías de la información y de la comunicación amplió la participación a entidades como la Conferencia de la Naciones Unidas sobre Comercio y Desarrollo (CNUCD), el Grupo del Banco Mundial, el Programa de Naciones Unidas para el Desarrollo (PNUD), la Organización Internacional de Trabajo (OIT) o la Organización de las Naciones Unidas para la Educación, la Ciencia y la Cultura (UNESCO). La escasa coordinación mostrada por todas ellas provocó el impulso de la propia ONU para canalizar todas las actividades relacionadas con las nuevas tecnologías, a través de un organismo como el Consejo Económico y Social (ECOSOC), junto con el apoyo de la UIT[240].

En noviembre de 2005 se celebró la Cumbre Mundial de la Sociedad de la Información (CMSI), precedida por dos fases distintas celebradas en las Cumbres de Ginebra (2003) y Túnez (2005). La primera tuvo como objetivo la elaboración de una declaración política y de medidas específicas para el desarrollo de una Sociedad de la Información participativa e integradora. Dicha participación se hizo extensible a los representantes de los países, integrándose como observadores numerosos miembros del sector privado y de la sociedad, en general. En total, cerca de 11 000 participantes acudieron a Ginebra, entre ellos 172 Estados, alrededor de un centenar de organizaciones intergubernamentales y 91 entidades empresariales.

A finales de 2005 se desarrolló la segunda fase que culminaría en la Cumbre de Túnez, a la que terminarían asistiendo 174 Estados, 92 organizaciones intergubernamentales y 606 no gubernamentales, entre las que destacaron 226 entidades

---

240 Ibáñez Muñoz, J. (2010), op. cit. pp. 362-363.

empresariales. Los resultados de la Cumbre quedaron recogidos en dos documentos conocidos como el *Compromiso de Túnez* y el *Programa de Acciones de Túnez para la Sociedad de la Información*. En ambos se destacó la responsabilidad fundamental de los gobiernos, la reducción de la brecha digital y la gobernanza de Internet. En relación con esta última se acordó la creación de un Foro para el Gobierno de la Red y se estableció que: «La gobernanza de Internet es el desarrollo y la aplicación por los gobiernos, el sector privado y la sociedad civil, en las funciones que les competen respectivamente, de principios, normas, reglas, procedimientos de adopción de decisiones y programas comunes que configuran la evolución y la utilización de Internet»[241].

Las dificultades y los desacuerdos comenzaron a raíz del Internet Governance Forum, celebrado en 2006, en el que se debatieron las funciones en las que los distintos gobiernos y sectores privados debían ser competentes. Las mayores discrepancias se centraron en la administración de los sistemas de archivos y las funciones que debía desempeñar la ICANN, muy criticada por sus vínculos con el gobierno de los Estados Unidos y su falta de transparencia sobre la seguridad de Internet. Esta posición dominante en el control de la Red fue cuestionada por países árabes, China y algunos estados europeos, que temían los riesgos asociados con un control desigual de la política y el poder a través de Internet.

A este respecto, es importante resaltar conceptos como los de ciberterrorismo o ciberdelincuencia, actividades que, desde hace unas décadas, pueden ser desarrolladas por individuos, grupos organizados e incluso gobiernos. Prácticamente desde su aparición, Internet ha servido como plataforma para coordinar y desplegar ataques de toda índole, siempre vulnerando la legalidad y obligando a muchos países a realizar grandes inversiones económicas con el fin de poder contrarrestar dichos problemas. Países como los Estados Unidos han adoptado medidas en las que se reconoce la importancia estratégica de las infraestructuras digitales. Buena prueba de ello fueron los documentos *Cyberspace Policy Review* y *The Comprehensive National Cybersecurity Initiative* aprobados en 2009 y 2010, respectivamente, en los que se hace hincapié en la posibilidad de eventuales ataques devastadores mediante procedimientos informáticos. La propia OTAN reconoció en su momento que los ciberataques se habían convertido en una de las mayores amenazas para los aliados.

Otro de los aspectos de Internet es su utilización como un medio de control sociopolítico, incluso en algunos casos también de represión social. Algunos de los trabajos llevados a cabo por Reporteros Sin Fronteras, han demostrado cómo

---

241 Ibid, p. 364.

países como China, Corea del Norte, Cuba, Egipto, Irán, Arabia Saudí, Siria o Túnez, entre otros, han utilizado la Red como herramienta de poder. En algunos de los países mencionados, solo el hecho de conectarse está considerado un delito, mientras en otros se han establecido redes «permitidas» y «prohibidas». China es uno de los países que ha movilizado un importante contingente de recursos para perseguir a opositores y disidentes. En concreto, desde la introducción en el país de la Red, unos 40 000 funcionarios del Estado y del Partido mantienen una severa vigilancia de los datos y de los ficheros que circulan por Internet. En algunos casos, el gobierno chino ha ejercido una fuerte presión sobre compañías y empresas extranjeras, exigiendo un comportamiento acorde con las directrices del Partido Comunista. Estas prácticas siguen siendo habituales en países carentes de libertades y de recursos democráticos.

Además de la capacidad de control proporcionada por las TIC, otro de los problemas que surgieron como consecuencia del empleo de las mismas fue la llamada «brecha digital». En los últimos años del siglo XX surgieron informes en los que se daba cuenta de las grandes desigualdades en infraestructuras de las telecomunicaciones, el empleo de ordenadores y el acceso a las redes, entre países de la OCDE, y el resto de las regiones del mundo. Dicho de otra forma, entre 1995 y 2002 las diferencias entre quienes tenían acceso a las TIC y los que todavía estaban lejos de lograrlo habían aumentado, convirtiéndose prácticamente en un monopolio de los países más ricos.

De un total de 165 países estudiados, a partir del puesto 100 se encontraban los países del África subsahariana y del Asia meridional. En palabras de George Sciadas, experto en sociedades de la información, dentro de los llamados «infoestados», se encontrarían: «... todos los países de Europa occidental (incluidas todas las economías escandinavas, los Países Bajos, Suiza, Bélgica, Luxemburgo, Reino Unido y Alemania), Estados Unidos y Canadá... Norte de América, Hong Kong, Singapur, la República de Corea y Japón... así como Australia, Nueva Zelanda e Israel. Este grupo de 23 economías representaba el 13% de la población mundial»[242]. A pesar del potencial aportado por las TIC, todavía desconocemos su verdadero impacto social, político y económico sobre los países en desarrollo. A diferencia de los países desarrollados, donde se ha constatado el aumento de la productividad empresarial, la transformación de relaciones económicas a través del comercio electrónico y la consolidación de las estructuras políticas, gracias al establecimiento de una administración electrónica.

---

242 Sciadas, G. (Ed.) (2005). *From the Digital Divide to Digital Opportunities. Measuring Infostates for Development*. Montreal. International Communication Network Orbicom, pp. 13-14.

En definitiva, las tecnologías de la información han reforzado los recursos de poder entre los países ricos, dentro de un proceso divergente en el que han seguido generando riqueza en las regiones más desarrolladas y manteniendo a millones de pobres desprovistos de las necesidades más básicas. En los inicios de las redes informáticas y las TIC, muchos fueron los que pensaron en el potencial político y reivindicativo debido al carácter descentralizador del llamado ciberespacio. Sin embargo, la realidad ha servido igualmente para neutralizar cualquier mecanismo «revolucionario», manteniendo el estado y la idiosincrasia de los países más desarrollados y poderosos. Debemos aceptar que, si Internet ha hecho posible la difusión de la información y acentuado la transparencia de muchos gobiernos, no es menos cierto que su utilización más o menos acertada ha dependido sobremanera de las particularidades de las instituciones establecidas en los diferentes países. Actualmente las organizaciones internacionales siguen realizando esfuerzos por ejercer una gobernanza más allá de la impuesta por los Estados. Es de esperar que, en el futuro, las autoridades privadas de ámbito internacional limiten los déficits impuestos por algunos sistemas políticos no democráticos, consiguiendo así los objetivos trazados durante la gestación de las llamadas tecnologías de la información y de la comunicación.

Los problemas de la inteligencia artificial

El siglo XXI está viviendo un proceso de aceleración tecnológica que nos recuerda al producido durante la Revolución Industrial. Decisiones, a menudo importantes para nuestras vidas, son tomadas en la actualidad por algoritmos de «aprendizaje» automático que hemos denominado inteligencia artificial (IA). Para muchos expertos en tratamientos y procedimientos informáticos estaríamos frente a un proceso inequívocamente deshumanizado, determinado por la cesión de múltiples decisiones a elementos e instrumentos sintéticos, lo que estaría provocando una erosión en los sistemas de responsabilidad o *accountability*[243]. La inteligencia artificial se ha definido como el conjunto de capacidades cognoscitivas e intelectuales manifestadas por sistemas informáticos o combinaciones de algoritmos, cuyo objetivo sería la creación de máquinas con capacidad para imitar la inteligencia humana y la realización de tareas. Dichas capacidades y resultados siempre serían susceptibles de mejoras conforme vaya acentuándose la recopilación de la información.

La Ilíada, escrita en el siglo VIII a. C., ya describía los primeros seres con inteligencia artificial. Hefesto, dios griego del fuego y de la forja, habría creado dos mujeres de oro con sentido, fuerza y voz, para ayudarle en su trabajo. En el siglo I de nuestra era, Herón de Alejandría, autor de la obra *Tratado sobre autómatas*, diseñó un artefacto automático que ofrecía agua o vino a través de una batea sujetada a una palanca que, una vez accionada, abría una válvula permitiendo el flujo del líquido. También en la Edad Media y el Renacimiento se realizaron obras relacionadas con el automatismo. En el año 805, los hermanos Ahmad, Muhammad y Hasan bin Musa escribieron el *Libro de Mecanismos Ingeniosos*, donde se describen mecanismos y autómatas, así como la forma de emplearlos. Pero el más conocido creador de autómatas de la historia fue, con toda seguridad, Pierre Jaquet-Droz.

243 Martínez Quirante, R. y Rodríguez Álvarez, J. D. (4 de mayo de 2020). El lado oscuro de la Inteligencia artificial. El caso de los sistemas de armamento letal autónomo o los Killer Robots. *Idees*, 48, p. 2. En: https://revistaidees.cat/es/el-lado-oscuro-de-la-inteligencia-artificial/?pdf=13299

Suizo de nacimiento, en 1721 se dio a conocer con tres obras que causaron el asombro en la época, llegando a ser contemplados por monarcas de toda Europa, China y Japón.

La pianista, primero de los trabajos de Jaquet-Droz, era un autómata con forma de mujer que tocaba el órgano, siendo la propia figura la que interpretaba las obras pulsando las teclas con los dedos sin tener previamente el sonido grabado. Para su construcción se necesitaron alrededor de 2 500 piezas. La figura podía mover los ojos dirigiendo la mirada al teclado, inclinar el cuerpo, respirar y hacer una reverencia al finalizar. *El dibujante*, formado por 2 000 piezas, tenía la forma de un niño sentado en un pupitre y podía realizar hasta cuatro dibujos diferentes. Al igual que sucedía con el anterior, podía mover los ojos, las manos, incluso soplar para eliminar los restos del lapicero. Por último, *El escritor* era el más complejo de los tres al necesitarse más de 6 000 piezas para su construcción. Era capaz de escribir pequeños textos con una pluma, gracias a una rueda en la que se habían insertado los caracteres individualmente. Realizaba también movimientos propios de una persona como coger la tinta y escurrir el sobrante, levantar la pluma y respetar los espacios y los puntos, además de llevar la mirada al papel y a la pluma mientras escribía. Estos inventos se conservan en el Museo de Arte e Historia de la ciudad suiza de Neuchâtel.

Pero si hablamos de inteligencia artificial, los primeros antecedentes comenzaron a materializarse a partir de los años 40 del siglo XX, con la aparición de los primeros ordenadores. Considerado el padre de la IA, el matemático inglés Alan Turing fue el primero en hablar de ella en el famoso artículo de 1950 *Computing Machinery and Intelligence*, en el que establece un sistema para determinar si un sistema artificial es inteligente. Fue precisamente la década de los 50 cuando los estudios sobre la inteligencia artificial empezaron a hacerse frecuentes en el ámbito científico. En 1951, el científico estadounidense, Marvin Minsky, elaboró la primera red neuronal «computacional» formada por una máquina compuesta de válvulas, tubos y motores que imitaban la actividad neuronal. Su trabajo logró simular el comportamiento de las ratas en el aprendizaje para la orientación dentro de un laberinto. Este mecanismo conformado por cuarenta «neuronas» está considerado uno de los primeros dispositivos electrónicos con capacidad para aprender[244].

Cinco años más tarde, durante la convención de Dartmouth, en New Hampshire (Estados Unidos), el encuentro entre John McCarthy, Marvin Minsky, Claude Shannon, Herbert Simon y Allen Newell marcó un antes y un después

---

244 Oliver, N. (2020). *Inteligencia artificial, naturalmente* (p. 7). Madrid. Ministerios de Asuntos Económicos y Transformación Digital.

en el mundo científico, quedando definido el concepto de inteligencia artificial y estableciéndose las bases para su posterior desarrollo. McCarthy llegará a referirse a la misma como «... la disciplina dentro de la Informática o la Ingeniería que se ocupa del diseño de sistemas inteligentes», es decir, sistemas con la capacidad para realizar actividades y cometidos vinculados a la inteligencia del ser humano como el aprendizaje, el entendimiento, el razonamiento, la percepción, etc., imitando el comportamiento inteligente. Con ello, se intentaba diferenciar la inteligencia artificial del concepto de cibernética, desarrollado por el profesor Norbert Wiener, basado en sistemas «inteligentes» sobre el reconocimiento de patrones, estadísticas y el control de la información. McCarthy, por su parte, creyó en la conexión que debía existir entre la lógica y la propia inteligencia artificial[245].

En 1958, el psicólogo Frank Rosenblatt presentó el programa *Perceptrón*, instalado en un ordenador IBM 704, cuyo propósito era convertir al ordenador en una máquina de pensar similar al cerebro humano, con errores en su inicio, pero corrigiéndose y transformándose con la experiencia. Para Rosenblatt, la aplicación diseñada entonces debía ser el «embrión» en el que cualquier ordenador pudiera, en el futuro, ser consciente de su existencia. Lo cierto es que *Perceptrón* solo pudo, después de 50 intentos, distinguir entre izquierda y derecha. Rosenblatt mejoró el programa, llegando incluso a afirmar que la máquina era la reproducción simplificada del funcionamiento de las neuronas en el cerebro humano.

A partir de esos momentos surgieron dos escuelas de pensamiento sobre la inteligencia artificial. La primera estaba basada en las propuestas de Norbert Wiener referidas a la significación de los datos. La segunda, defendida por McCarthy, destacaba la importancia de la lógica. Con ello quedaron expuestos dos enfoques muy diferenciados entre sí. El simbólico-lógico o *top-down*, proponía que las máquinas debían seguir un conjunto de reglas predefinidas basadas en la lógica. Esto significaba que una máquina podría «fabricar» instrucciones nuevas después de ser programada con conocimientos humanos y siguiendo una serie de reglas establecidas de antemano. Por otro lado, el enfoque *bottom-up*, o conexionista, sugería que la inteligencia artificial debería inspirarse en la biología, especialmente en la observación y la experiencia. En este caso, se debían proporcionar al ordenador referencias para que pudiera «aprender» a partir de un gran número de ejemplos, lo que permitiría «instruir» a los algoritmos o códigos introducidos en él.

Dentro de la llamada escuela simbólico-lógica, estarían incluidas áreas como la teoría de juegos, la optimización, el razonamiento, la planificación automática

---

245 Ibid, p. 28.

y la teoría del aprendizaje. Por su parte, la corriente del conexionismo, destacaba por la importancia dada al procesamiento de imágenes, texto, audio y datos, la robótica, los sistemas de razonamiento con incertidumbre, etc. En 1956, una vez superados los primeros pasos de la convención de Dartmouth, el economista, Premio Nobel y teórico de las ciencias sociales, Herbert A. Simon, vaticinó de una manera ingenua que: «... dentro de 20 años, las máquinas serán capaces de hacer cualquier trabajo que pueda hacer un hombre»[246]. En 1970, Marvin Minsky declaró a la revista *Life* que en pocos años se construiría una máquina con la inteligencia general de un ser humano. Este optimismo condujo a lo que después se denominaría la primera etapa dorada de la inteligencia artificial, coincidiendo con la aparición del primer «sistema experto» llamado DENDRAL, elaborado por Edward Feigenbaum, uno de los fundadores del departamento de informática en la Universidad de Stanford[247].

A comienzos de los 70 la inteligencia artificial sufrió un ligero declive dejando apartadas muchas de las expectativas abiertas años atrás. En 1969, Marvin Minsky y el matemático Seymur Papert, inventor del lenguaje de programación Logo, publicaron el libro *Perceptrons*, contribuyendo a aumentar el desinterés por los modelos *bottom-up* y las redes neuronales. En la obra se ponían al descubierto las limitaciones de los perceptrones, ya que solamente podían «aprender» funciones muy sencillas y linealmente separables. En el mundo real, la gran mayoría de problemas son mucho más complejos, lo que implica que se alejan considerablemente de la condición de ser linealmente separables. Por lo tanto, los científicos entregados a la inteligencia artificial se encontraron con demasiadas dificultades al no disponer de ordenadores capaces de procesar grandes cantidades de datos.

En los años 80, el interés y la inversión en inteligencia artificial comenzaron a aumentar notablemente. En 1984 surgieron los primeros intentos por dotar a una máquina de razonamiento y sentido común mediante una extensa base de datos con conocimientos generales que una persona promedio podría tener. Era una forma de acercamiento hacia los sistemas simbólicos-lógicos. Conocida como Cyc, todavía en la actualidad la compañía Cycorp mantiene la mencionada base de datos con millones de afirmaciones, ideas y conceptos. En 1986 se produjo un avance significativo en el campo del conexionismo con el desarrollo del algoritmo *backpropagation*, que permitía «entrenar» redes neuronales más complejas que el *Perceptrón*. El algoritmo es en la actualidad la base en la que están fundamentadas la

246 Powers, W. y Alonso, C. (2022). Escuchando todas las voces: cómo la tecnología puede sanar un foro público dividido. *Tech & Society*, Aspen Institute España, p. 18.
247 Oliver, N., op. cit., pp. 36-37.

mayoría de las redes neuronales profundas. En palabras de una de las mayores especialistas en el campo de la inteligencia artificial, Nuria Oliver, el funcionamiento, explicado de una forma sencilla sería el siguiente:

> Las redes nacen ignorantes, no saben nada sobre el problema que tienen que resolver a partir de los datos que se les van a proporcionar –volviendo al ejemplo de los gatos, no saben si hay o no un gato en la foto–, pero se lanzan y hacen una predicción; esa predicción es cotejada con la realidad, y se mide su grado de error En función de esta medida se ajustan los pesos en la red, es decir, los coeficientes que deben ser procesados por la neurona. (p. 40)

El algoritmo *backpropagation*, propuesto por David Rumelhart, Geoffrey Hinton y Ronald Williams, no fue el primero en su clase, pero logró una amplia aceptación en la comunidad científica debido a su simplicidad conceptual. Igual de destacado fue el trabajo del científico y filósofo israelí Judea Pearl, quien integró las teorías de decisión y probabilidad en la inteligencia artificial. Durante esa misma época, se desarrollaron también los algoritmos evolutivos, inspirados en procesos biológicos como la mutación o la reproducción.

A finales del siglo xx se produjo otro avance importante en las técnicas de aprendizaje estadístico por ordenador, especialmente dentro del enfoque *bottom-up*, utilizando el llamado aprendizaje estadístico a partir de datos conocido como *statistical machine learning*. La posibilidad de acceder a un número elevado de datos –Big Data– y de procesadores cada vez más potentes hizo posible la investigación y el desarrollo de tecnologías basadas en redes neuronales profundas y en los modelos *deep learning*. Estas suponen un intento por emular el comportamiento del cerebro, aunque todavía parecen lejos de igualar su capacidad. No obstante, están permitiendo a los ordenadores «aprender» a partir del empleo de cantidades importantes de datos.

En estos últimos años, la inteligencia artificial ha pasado a formar parte de nuestro presente y ha abierto grandes perspectivas para el futuro, pero también ha planteado serias dudas que aún deben resolverse. Un hito significativo ocurrió el 11 de mayo de 1997, cuando el campeón mundial de ajedrez, Gary Kasparov, perdió contra una máquina. El programa llamado *Deep Blue*, desarrollado por IBM, lograba la hazaña por primera vez en la historia. Por otro lado, en 2005, un vehículo desarrollado por la Universidad de Standfor recorrió 210 km de manera autónoma sobre el desierto, convirtiéndose también en el primer automóvil en superar esa distancia sin la necesidad de que un ser humano guiara su conducción. Unos años más tarde, en 2011, otro programa de inteligencia artificial llamado *Watson*, también de IBM, venció a dos concursantes en el programa norteamericano de preguntas y respuestas *Jeopardy*. A partir de esos momentos, algunas plataformas y asistentes de telefonía móvil y de ordenadores personales empezaron a incorporar programas que permitían a los usuarios utilizar la voz para realizar preguntas o dar instrucciones como *Siri*, *Cortana*, *Google Now*, *Alexa* o *Google Home*.

Actualmente, la inteligencia artificial está presente en la contratación de seguros, la fijación de tarifas o como sistemas de diagnóstico automático en el ámbito de la salud. Por primera vez en nuestra historia, decisiones importantes para la vida de las personas son tomadas por simuladores de inteligencia artificial. Por ejemplo, existen programas que analizan imágenes médicas para emitir diagnósticos radiológicos y de ADN. En el ámbito gubernamental, la IA interviene en sistemas de vigilancia, como soporte para la toma de decisiones judiciales o como forma más efectiva de clasificación de alumnos, contribuyentes, etc., sin hablar de las destinadas al control y la defensa. En la industria llevamos décadas observando a robots empleados en la planificación y la producción de herramientas, vehículos o instrumentos de precisión. La inteligencia artificial está adaptada igualmente a la investigación científica, ya sea interviniendo en el modelado físico de cualquier estructura tridimensional o en el diseño de fármacos. Gracias a ella, hoy disponemos de modelos revolucionarios en el ámbito de la elaboración de procesadores y de hardware. Precisamente, en los últimos años se ha pasado a utilizar procesadores basados en IA, con circuitos integrados digitales como los FPGAs o *field-programmable gate arrays* y ASICs o *application-specific integrated circuits*, en detrimento de los anteriores de propósito general como las CPUs y GPUs *graphics processing units*[248].

Prácticamente desde sus comienzos, la IA se presentó a todo el mundo como una promesa utópica a cambio de la cesión de datos y de la privacidad, por lo que han sido muchos hasta ahora los que han considerado que la nueva tecnología no está libre de sombras. En este contexto, el potencial mostrado por la IA para ayudarnos en nuestro día a día es enorme. Sin embargo, los procesos actuales presentan algunos problemas que no podemos dejar pasar. La capacidad para crear contenidos falsos o ficticios como textos, audios, vídeos o fotografías, por poner algunos ejemplos, ha transformado por completo la comunicación y la formación de la opinión pública. Su control supone la tenencia de un poder hasta ahora desconocido. No hay dudas de que la inteligencia artificial nos permitirá en el futuro próximo disponer de medicamentos personalizados, una educación a medida, ciudades y recursos más eficientes, etc., lo que exigirá cambios sociales muy profundos. Esto marca un claro camino hacia una nueva Revolución Industrial.

---

248 Ibid, pp. 54-55.

Otro aspecto importante a considerar es su impacto en la diversidad social, lo que hace que sus consecuencias beneficien a toda la población y no solo a una parte. En un estudio del Centro Nacional para las Mujeres y la Tecnología de la Información realizado no hace muchos años, quedó reflejado que las empresas con mujeres en sus comités de dirección alcanzaban mejores resultados que aquellas otras con presencia únicamente masculina. Se ha estimado, según la Comisión Europea, que esta falta en la diversidad de género, dentro del sector tecnológico, genera unas pérdidas anuales de más de 16 000 millones de euros al PIB en Europa. Para ello, se han propuesto campañas en las redes sociales y en los medios de comunicación para concienciar a la sociedad de la importancia de aumentar el número de investigadoras y científicas dentro del ámbito de los estudios tecnológicos[249].

A pesar de los múltiples beneficios que puede ofrecer la IA, la realidad es que la preocupación de muchos gobiernos por sus consecuencias «catastróficas» ha sido constante en estos últimos años. En 2022, la revista *Nature* publicó un estudio presentando los resultados logrados por un grupo de investigadores tras utilizar un software llamado *MegaSyn*. Este programa, diseñado para identificar fármacos, fue utilizado para reproducir posibles compuestos similares a un agente nervioso utilizado en armamento químico como el VX. El resultado fue que el algoritmo sugirió alrededor de 40 000 compuestos que podían ser utilizados como armas biológicas. Los investigadores, después de las conclusiones, presentaron el trabajo en un congreso con la finalidad de advertir de los riesgos potenciales que podía general un mal uso de la inteligencia artificial[250].

En noviembre de 2023, los gobiernos mundiales representantes de las principales potencias tecnológicas se reunieron en Bletchley Park (Gran Bretaña) en una cumbre sobre seguridad aplicada a la inteligencia artificial. En las conclusiones se recogieron los riesgos significativos que podría generar la manipulación de contenidos y la desinformación en campos como los de ciberseguridad o biotecnología. Ciertamente, los gigantes tecnológicos parecen haber entrado en una carrera por conseguir las mejores aplicaciones y usos en este ámbito, incluyendo los destinados a la industria armamentística. En dicha revolución, no cabe duda de que el sector privado será uno de los mayores protagonistas, destacando empresas

249 European Commission (8 de marzo de 2018). Increase in gender gap in the digital sector. Study on Women in Digital Age. *Shaping Europe's digital future*. Artículo completo en: https://digital-strategy.ec.europa.eu/en/node/3437/printable/pdf
250 Marichal Hernández, J. G. (2023). El peligro de la inteligencia artificial para la democracia. *Anuario Internacional CIDOB*, 1, p. 152. Artículo en: https://www.cidob.org/articulos/anuario_internacional_cidob/2023/el_peligro_de_la_inteligencia_artificial_para_la_democracia

como Google, Amazon, Apple o Microsoft. Se prevé que para el año 2035 la mitad del crecimiento de los países europeos podría depender de la propia IA, destacando áreas como las de la salud, la automoción o los servicios online. En este contexto, algunos expertos siguen criticando la concentración de poder en el desarrollo de la IA, al estar en manos de muy pocas corporaciones. En palabras del profesor del Oxford Internet Institute, Vili Lehdonvirta y de Benjamin Cedric Larsen, jefe de proyectos de IA en World Economic Forum:

> Existe la preocupación de que cuanto más nos apoyamos en la IA como sociedad, más dependientes nos volvemos tanto para la investigación y el desarrollo (I+D) como para las operaciones diarias en infraestructuras propiedad de un puñado de corporaciones de hiperescala domiciliadas en el extranjero. [...] El mundo se está alejando silenciosamente de una orientación liberal basada en la interoperabilidad global, mientras que el desarrollo tecnológico se enreda cada vez más en la competencia entre los gobiernos de Estados Unidos y China. Estos desarrollos reducen las perspectivas de encontrar formas internacionales de cooperación en materia de gobernanza de la IA y podrían contribuir a una balcanización de los ecosistemas tecnológicos. (Peralta, *Cinco Días*, 29 de mayo 2023)

En un reciente informe publicado por la organización internacional Freedom House, titulado *Libertad en la Red 2023: El poder represivo de la inteligencia artificial*, se asegura que algunos gobiernos están aprovechando los sistemas automatizados y la inteligencia artificial para reforzar su influencia, especialmente en todo aquello referido al control de la información y a su censura. Para Freedom House, la libertad global a través de las redes disminuyó por decimotercer año consecutivo en al menos 27 países, destacando Irán, Filipinas, Bielorrusia o Nicaragua. Además, por noveno año consecutivo, el informe advierte de las peores condiciones para la libertad en China. Los ataques a la libertad individual y de expresión aumentaron en 55 de los 70 países analizados por *Freedom on the Net*, siendo encarcelados o perseguidos por manifestar sus principios políticos o creencias religiosas. Finalmente, se ha comprobado que la IA ha permitido a los gobiernos autoritarios más avanzados técnicamente, la mejora y la perfección en sus métodos de censura en línea[251].

---

251 Fredom House es una organización no gubernamental con sede en Washington D. C., que realiza investigaciones en favor y promoción de la democracia, la libertad política y los derechos humanos. En *Informe de Freedom House… sobre peligros de la IA* (4 de octubre de 2023). Artículo completo: https://www.vozdeamerica.com/a/informe-de-freedom-house-advierte-sobre-peligros-de-la-ia/7294579.html

Otra de las aplicaciones más comprometidas de la AI es la que se refiere a los sistemas de armamento letal autónomo, también conocidos por las siglas en inglés como *LAWS*. Una nueva generación de armas capaces de realizar la selección del objetivo y su posterior eliminación sin la necesidad de control humano. Una tipología que soslaya la dimensión racional y ética contradiciendo el derecho internacional y las leyes de la guerra, dejando en manos de los Estados decisiones que afectan a la vida y la muerte de las personas. La mayoría de ellos han justificado las investigaciones en este ámbito asegurando que solo serían utilizadas en casos de necesidad para la defensa nacional. Sin embargo, en los últimos años se ha hecho evidente el comienzo de una nueva carrera armamentística con aplicaciones de IA, cuyas consecuencias pueden ser devastadoras.

El caso de China es lo suficientemente explícito al haber puesto en marcha un programa militar de última generación, basado en la adaptación de tecnología de inteligencia artificial a ojivas nucleares. En 2018, el jefe de Estrategia de Inversiones del Bank of America (BofA), Michael Hartnett, aseguró que: «… la guerra comercial… tendría que ser reconocida por lo que realmente es: la primera etapa de una nueva carrera armamentística entre Estados Unidos. y China para conseguir la superioridad en tecnología a largo plazo a través de la computación cuántica, inteligencia artificial, aviones de combate hipersónicos, vehículos electrónicos, robótica y ciberseguridad»[252]. Los defensores de estas armas inteligentes son claros al establecer las ventajas sobre el armamento clásico. Apuntan para ello a la reducción de costes, el desarrollo más rápido en las operaciones de guerra y la eliminación de los prejuicios cognitivos como el miedo o la ira.

A todos estos temores, la Unión Europea respondió presentando en enero de 2024 la primera ley integral sobre IA del mundo. Con anterioridad, en el mes de abril de 2021, la Comisión ya había propuesto un primer marco regulador de la Unión, donde quedaron recogidos los requisitos mínimos y de transparencia para limitar los riesgos de la IA. En diciembre de 2023, el Parlamento Europeo alcanzó un acuerdo provisional sobre el primer Reglamento de Inteligencia Artificial con dos objetivos claros. El primero, asegurar que los sistemas de IA introducidos en el mercado fueran seguros y respetaran los derechos de los ciudadanos en todo momento. El segundo, fomentar la inversión y la innovación en el campo de la IA en Europa. En definitiva, tanto la Unión Europea como otras instituciones y comunidades políticas han reconocido que los sistemas de IA deber ser supervisados por personas, en lugar de hacerlo mediante la automatización.

---

252 Martínez Quirante, R. y Rodríguez, J., op. cit., p. 6.

Es previsible que los avances tecnológicos en campos como la información, la comunicación, la inteligencia artificial y la robótica continúen teniendo un impacto global significativo en el futuro próximo, con consecuencias importantes en los ámbitos social, político y económico. Hoy sabemos que la tecnología resulta crucial para nuestro presente. Somos conscientes de que la IA es capaz de ordenar grandes cantidades de información de manera mucho más objetiva que un ser humano. Incluso, los procesos de trabajo en amplios sectores de la industria se están viendo auxiliados por una herramienta tan sumamente poderosa como necesaria. La IA puede convertirse en una herramienta para predecir el futuro y tomar decisiones o un arma que favorezca la desigualdad, el control y la destrucción. En definitiva, tal y como dejaría escrito en su día el astrofísico Stephen Hawking: «La Inteligencia Artificial puede ser lo mejor o lo peor que nos ha sucedido a la humanidad»[253].

---

253 Menéndez Velázquez, A. (2017). *Tecnologías que cambiarán nuestras vidas* (p. 211). Oviedo. Ediciones Nobel, S. A.

La tecnología como elemento de evolución y de riesgo

A lo largo del tiempo, las ciencias y las técnicas empleadas por el ser humano han impulsado y limitado al mismo tiempo nuestra capacidad de tomar decisiones. Desde sus orígenes, nuestra especie siempre se caracterizó por su habilidad para pensar, al mismo tiempo que por fabricar herramientas de muy diversas formas y utilidades. Hubo momentos en los que esa evolución se desarrolló de manera lenta y gradual, mientras que otros han sido repentinos, incluso revolucionarios, dando lugar a un cambio tecnológico sucesivo que nos ha llevado a límites inimaginables.

A través de la historia, la tecnología ha jugado un papel esencial en la organización y configuración de la vida material y cultural de la práctica totalidad de las civilizaciones. Y todo ello como consecuencia de la necesidad de crear procedimientos e instrumentos para superar los problemas y dificultades de nuestro quehacer cotidiano. Resulta difícil explicar los cambios tecnológicos y su impacto en las distintas sociedades sin entender antes la mediación de factores políticos, culturales o económicos. En efecto, durante la antigüedad, las técnicas debieron desarrollarse muy lentamente al establecerse sobre unos cimientos basados en la práctica. A partir del Renacimiento y sobre todo a lo largo de los dos últimos siglos, el impulso adquirido por la ciencia y los avances técnicos se ha visto representado por una brusca aceleración que parece no tener un final.

Fue el filósofo John Losee quien estableció las dos teorías más importantes del progreso científico, evidenciando las mayores discusiones de la filosofía de la ciencia en este último siglo. Por un lado, se ha aceptado la idea de la *incorporación*, una teoría que justifica el adelanto científico gracias al desarrollo acumulativo y a las sucesivas contribuciones a lo largo del tiempo. Por otro lado, está la teoría del *cambio revolucionario*, que argumenta que las transformaciones significativas surgen a partir de momentos de ruptura que cambian radicalmente nuestra visión del mundo. En este caso, el progreso tecnológico se produce gracias a una visión disruptiva de la sociedad. En definitiva, la pregunta que todavía nos hacemos es si los avances tecnológicos se han producido gracias a una revolución o a una evolución.

Desde hace miles de años, la tecnología y su búsqueda por obtener ventajas ha sido una parte crucial del esfuerzo de los humanos por controlar y transformar su entorno, adaptándolo a la medida de sus deseos y necesidades. Su desarrollo pronto derivó en un aumento demográfico y en un mayor nivel de complejidad social. La historia de las invenciones, en definitiva, nos ha venido a recordar que cada ingenio o producción es el resultado de una larga preparación y de una historia en continua evolución.

En otro orden de cosas, el progreso y la tecnología también han estado estrechamente ligados a los gobiernos e instituciones desde las primeras etapas de desarrollo de las civilizaciones. En su mayoría, motivados por las ventajas que ofrecían armas más eficaces, los reyes y gobernantes se esforzaron por proteger cualquier iniciativa que pudiera fortalecer los mecanismos de poder, ya fuera en el campo militar, económico o ideológico. Desde la Edad Media, algunos países accedieron al control de escuelas y universidades al ser la principal fuente de pensadores y científicos, origen de validos, funcionarios y otros cargos de confianza cercanos al poder. También la imprenta fue «intervenida» en su momento para evitar cualquier intento por alterar el orden y las ideas de una sociedad sumida en el mandato y la obediencia.

Las primeras armas antiguas conocidas surgieron gracias a las mejoras evolutivas de utensilios procedentes del Neolítico. El desarrollo del trabajo del hierro en un primer momento y la introducción de la pólvora durante los siglos XII y XIII demostraron la importancia de los saltos tecnológicos en la guerra. Estas innovaciones no tardaron en ser imitadas o superadas por otros avances, contrarrestando así el progreso de los primeros. En el deseo de dominar los mares y la naturaleza misma del poder, las técnicas de navegación se perfeccionaron, al mismo tiempo que la construcción de barcos permitía el tránsito a nuevas tierras y al conocimiento de culturas desconocidas durante siglos. El Nuevo Mundo trajo consigo la necesidad de descubrir nuevos materiales, herramientas capaces de resistir el golpe de los océanos y la comprensión de sociedades diferentes.

La humanidad siempre estuvo inmersa en el desarrollo de la tecnología, un término tomado del griego *tecné*, que nos ha dado un significado en el saber hacer y en las capacidades para progresar y transformar el mundo. Las diversas sociedades a lo largo del tiempo han aprovechado este concepto para mantener o perpetuar las relaciones de poder, que a menudo han sido asimétricas y definidas por luchas de clases, relaciones entre géneros o entre distintas culturas. El horizonte surgido de la Revolución Industrial hace dos siglos y la aplicación sistemática de las ciencias en los procesos productivos dio lugar a un avance sin precedentes, haciendo de la erudición y de las nuevas tecnologías los nuevos pilares del gobierno y del poder.

Hoy, la aceleración tecnológica en las actuales industrias de la información y las telecomunicaciones ha otorgado a millones de personas la capacidad para compartir ideas y sentimientos en las partes más remotas del mundo, pero también ha ampliado la brecha entre sociedades ricas y pobres. Olvidamos que esa misma tecnología es un arma de doble filo. Las herramientas que en la actualidad nos proporcionan la capacidad de crear, aceptar y difundir información son inmediatamente tomadas por las administraciones y la política para extender su influencia, compendiar datos y vigilar las comunicaciones. Bajo dicha perspectiva, se diría que los peligros que nos presentan los avances técnicos en el presente son más complejos de visualizar y entender que los que debieron afrontar generaciones pasadas. Mientras que el riesgo nuclear podía intuirse a través de la imagen de aniquilación bajo una terrible explosión, no existe un paralelismo similar que nos permita visualizar el daño de las armas cibernéticas. Cada vez somos más coonscientes de que el conocimiento científico y tecnológico es un instrumento de poder. Así, las autoridades y los países con un alto potencial en este ámbito pueden desarrollar toda su influencia, ya sea en el plano militar, económico o industrial, incluyendo un dominio en el acceso a la información sobre los cometidos políticos y de cualquier otra índole de los países dependientes. Esto ha hecho que, en algunos casos, el control social y económico en algunos países haya sido prácticamente absoluto. Resulta lógico aceptar que la carrera tecnológica siga precisando de una sólida estructura a nivel institucional para la ejecución de tareas de investigación y desarrollo, algo imposible de trasladar al mundo todavía en desarrollo, donde la tecnología está necesitada de inversiones y costos muy elevados. Desde este punto de vista, toda implantación tecnológica parece estar fuertemente politizada, siendo considerada viable si se ajusta a las relaciones de poder existentes.

En definitiva, la investigación científica y técnica siempre ha sido una buena opción para la humanidad. El impulso de nuevos saberes y el hallazgo de nuevas tecnologías han acrecentado el beneficio colectivo, haciéndose necesario establecer las aplicaciones y los potenciales más adecuados en la colaboración entre seres humanos y máquinas. La ciencia y la inteligencia seguirán siendo parte importante de nuestro futuro, a pesar de las transformaciones en nuestra manera de vivir, de colaborar o de trabajar. Adaptar definitivamente la tecnología a las personas es parte del reto que nos espera en un futuro inmediato. El progreso dependerá de la interpretación que hagamos de la tecnología, una reflexión que se hace más vital en un mundo de avances digitales que parecen amenazar nuestra libertad, debido a una automatización excesiva y a una vigilancia a menudo intrusiva. La lucha por lograr un planeta dotado de mejores recursos sociales y económicos será, por tanto, no solo una cuestión de tecnologías, sino también de las políticas que decidamos aplicar y del tipo de poder que elijamos ejercer para lograrlo.

Bibliografía

- Allenton, V. y Lackner, M. (1999). *De l'un au multiple. Traduction du chinois vers les langues européennes*. Paris. Éditions de la Maison des Sciences de l'homme.

- Almagro-Gorbea, M. (2017). La *lancea* como arma de la Edad del Bronce: de la tecnología al mito. En M. Gajate Bajo y L González Piote (Eds.). *Guerra y Tecnología. Interacción desde la Antigüedad al Presente*. Madrid. Fundación Ramón Areces.

- Alonso y Royano, F. (2000). Iconografía y clasificación de las armas hititas. *Espacio, Tiempo y Forma, Serie II, Historia Antigua*, 13.

- Álvarez Arroyo, G. (2011). La tecnología en la Antigua Grecia. *Revista de Claseshistoria*, 157.

- Álvarez Peláez, R. (1999). Felipe II, la Ciencia y el Nuevo Mundo. *Revista de Indias, vol. LIX, núm. 215*. Centro de Estudios Históricos, CSIC.

- Andrade, T. (2017). *La edad de la pólvora*. Barcelona. Editorial Crítica.

- Arboledas, D. (2017). *Criptografía sin secretos con Python*. Ra-Ma Editorial.

- de Arce, Á. (1976). *Organismos Internacionales*. Madrid. Ed. Prensa Española.

- Arcocha Mendinueta, E. (2017). *Hacia la forja del ciudadano francés durante la IIIª República. El caso de Iparralde*. Universidad Pública de Navarra.

- Arendt, H. (1993). *La condición humana* (Vol. 306). Barcelona. Paidós.

- Armada Díaz, J. (29 de diciembre de 2019). Pólvora: la «medicina» que iba a transformar la guerra para siempre. *La Vanguardia*.

- Arnoletto, E. J. (2007). *Curso de teoría política.* Juan Carlos Martínez Coll.

- Asensio, J. M. (1991). *Cristóbal Colón: su vida, sus viajes, sus descubrimientos.* México. Editorial del Valle de México.

- Baños, P. (otoño de 2011). La realidad del espionaje económico. *Seguridad Global.*

- Belizón, M. (2021). Artillería Naval del siglo XVII. *Revista de Artillería Naval Española.*

- Bénat-Tachot, L. (2020). Procesos de americanización y arte de navegar: la experiencia de la navegación americana y sus consecuencias en el siglo XVI. *Nuevo Mundo, Nuevos Mundos. OpenEdition Journals.*

- Black, E. (2001). *IBM y el holocausto.* Buenos Aires. Editorial Atlántida, S. A.

- Briones Quiroz, F. y Medel Toro, J. C. (2010). El Imperialismo del siglo XIX. *Tiempo y Espacio*, 18.

- Bruhn de Hoffmeyer, A. (1986). Las armas de los conquistadores. Las armas de los aztecas. *Gladius*, XVII.

- Cadiñanos, M. (febrero de 2023). Piratas: la edad dorada (siglos XVI-XVIII). *Revista de Divulgación Marítima*, 195.

- Calvo Poyato, J. (17 de marzo de 2021). Jorge Juan, un James Bond en contra de su Graciosa Majestad. *La Vanguardia.*

- Carañana, J. P. (2012). La misión de la universidad en la Edad Media: servir a los altos estamentos y contribuir al desarrollo de las ciudades. *Nómadas. Revista Crítica de Ciencias Sociales y Jurídicas*, 34.

- Casado Soto, J. L. (1991). Los barcos del Atlántico Ibérico en el siglo de los descubrimientos. Aproximación a la definición de su perfil tipológico. En B. Torres Ramírez (coord.). *Andalucía, América y el mar: Actas de las IX Jornadas de Andalucía y América (Universidad de Santa María de la Rábida, octubre 1898)*. Sevilla. Diputación de Huelva.

- Casado Soto, J. L. (1989). La construcción naval atlántica española del siglo XVI y la Armada de 1588. *Cuadernos monográficos del Instituto de Historia y Cultura Naval*, 3.

- Casado Soto, J. L. (1988). *Los barcos españoles del siglo XVI y la gran Armada de 1588*. Madrid. Editorial San Martín.

- Castellano Rodríguez, E. V. (2022). *Historia de la piratería: regulación y estado en la criminología. Trabajo de Fin de Grado*. Universidad a Distancia de Madrid.

- Castillo Parrilla, J. A. (2018). *Bienes digitales. Una necesidad europea*. Madrid. Editorial DYKINSON.

- de Castro, J. (1916). *Los factores del triunfo de la guerra moderna*. Toledo. Imprenta y Encuadernación del Colegio de María Cristina para Huérfanos de la Infantería.

- Cayuela Fernández, J. G. (2000). Guerra, industria y tecnología en la Edad Contemporánea. *Studia histórica. Historia Contemporánea*, 18, 183-184.

- Ceram, C. W. (1985). *El misterio de los hititas*. Barcelona. Ediciones Orbis, S.A.

- Cerdà Domingo, H. (diciembre 2014). Ingenieros en la Gran Guerra. *Técnica Industrial*, 308.

- Cirotteau, T., Kerner, J. y Pincas, É. (2022). *Lady Sapiens. La mujer en tiempos de la prehistoria*. Madrid. La esfera de los libros, S. L.

- Cobos Guerra, F. (2018). Espías, traidores y renegados. Fortificación y espionaje en los siglos XV y XVI. En A. Cámara Muñoz y B. Revuelta Pol (coord.). *El ingeniero espía*. Madrid. Fundación Juanelo Turriano.

- Cortés Saenz, H. (2015). *El petróleo como recurso de poder e instrumento de política exterior a partir de la noción del poder estructural de Suan Strange. Venezuela en Post Guerra Fría. Tesis Doctoral.* Departamento de Derecho Público y Ciencias Historicojurídicas. Facultad de Ciencias Políticas y Sociología. Universitat Autònoma de Barcelona.

- da Costa Carballo, C. M. (1998). Los orígenes de la informática. *Revista General de Información y Documentación.* Servicio de Publicaciones Universidad Complutense, 8.

- Cotterell, M. (2004). *The Terracotta Warriors: The Secret Codes of the Emperor's Army.* Rochester. Bear & Company.

- Curtin, P. (junio, 1968). Epidemiology and the Slave Trade. *Political Science Quarterly*, 83.

- Chateaubriand, F. R. (1848). *Memoirs of Chateaubriand.* (Vol. 1).

- Chaves Palacios, J. (2004). Desarrollo tecnológico en la Primera Revolución Industrial. *Norba. Revista de Historia*, 17.

- Delaunay, C. E. (1864). *Curso elemental de mecánica teórica y aplicada.* C. Bailly-Bailliere.

- Derry, T. K. y Williams, T. I. (1995). *Historia de la tecnología. Volumen 1. Desde la Antigüedad hasta 1750.* Madrid. Siglo XXI.

- Derry, T. K. y Williams, T. I. (1995). *Historia de la tecnología. Volumen 2. Desde 1750 hasta 1900.* Madrid. Siglo XXI.

- Desiderato, A. D. (2023). La Gran Guerra y la representación del submarino alemán en las revistas ilustradas argentinas. El ejemplo de Caras y Caretas, El Hogar y Mundo Argentino. *Historia & Guerra*, 3.

- Díaz Galán, E. C. (2019). Tratado sobre la Prohibición de las Armas Nucleares (TPAN): un paso más en la ilicitud del empleo del arma nuclear. *Revista de Estudios en Seguridad Internacional*, 5.

- Domínguez Sánchez-Pinilla, M. (2014). Ira, odio, rutina, dolor. La Primera Guerra Mundial en los testimonios directos. *Sociología Histórica: Revista de investigación acerca de la dimensión histórica de los fenómenos sociales*, 4.

- Durán Fuentes, M. (2002). Análisis constructivo de los puentes romanos. *Ponencia presentada y publicada en el I Congreso sobre las Obras Públicas Romanas.* Mérida.

- Durant, W. (1954). *Our Oriental Heritage.* New York. Simon & Schuster.

- Estalrrich, A. y Rosas, A. (2015). Division of labor by sex an age in Neandertals: an approach through the study of activity-related dental wear. *Journal of Human Evolution.* Vol. 80.

- Fernández Amil, I. (23 de junio de 2019). Ramón Verea: El gallego que inventó la calculadora moderna hace 150 años. *El Español.*

- Ferrer Fougá, H. (mayo-junio de 1972). El buque cerrado. *Revista de Marina,* 688.

- Ferrer Mallol, M. T. (2006). *Corso y piratería entre Mediterráneo y Atlántico en la Baja Edad Media.* En La Península ibérica entre el Mediterráneo y el Atlántico. Siglos XIII-XV, V Jornadas Hispano-Portuguesas de Historia Medieval. Cádiz. Diputación de Cádiz. Servicio de Publicaciones.

- Font Gavira, C. A. (2018). Armas nazis durante la Segunda Guerra Mundial. La Fábrica de Artillería y el desarrollo aeronáutico alemán. *Andalucía en la historia,* 59.

- Franco Aliaga, T. y López-Davalillo, J. (2004). La representación cartográfica del mundo en la Edad Media. *Espacio, Tiempo y Forma, Serie III,* t. 17.

- Franco, G. (1962). Las leyes de Hammurabi. *Revista de Ciencias Sociales,* 3.

- Franco Sánchez, C. (noviembre de 2011). Organización y tecnología de armas del ejército napoleónico. *Magister Historia Militar y Pensamiento Estratégico.*

- Gajate Bajo, M. y González Piote, L. (2017). *Guerra y tecnología. Interacción desde la Antigüedad al Presente.* Madrid. Editorial Centro de Estudios Ramón Areces, S.A.

- de Gandía, E. (1942). Las cartas de Toscanelli, la Antilla, la India y Cipango. *Universidad Nacional del Litoral,* Santa Fe, Argentina, 12.

- García Tapia, N. (1984). El ingenio de Zubiaurre para elevar el agua del río Pisuerga a la huerta y palacio del Duque de Lerma. *Boletín del Seminario de Estudios de Arte y Arqueología*, 50.

- Garnacho Frutos, J. (2018). *La Revolución Industrial: ¿por qué primero en Inglaterra? Trabajo Fin de Grado*. Universidad de Valladolid. Facultad de Ciencias Económicas y Empresariales.

- Gill, V. (11 de marzo de 2010). Oldest evidence of arrows found. *BBC News*.

- Gómez Gil, C. (31 de octubre de 2019). Oligarquías digitales. *Palabras Gruesas*.

- Gomes Ferreira, F. (2017). Los valores implícitos en la educación precolonial en África Subsahariana. Percepción del presente. En J. M. Hernández Díaz y E. Eyeang (Eds.). *Los valores en la educación de África. De ayer a hoy*. Salamanca. Ediciones Universidad Salamanca.

- González, M. y Guzmán, J. (29 de octubre 2014). La Agricultura en la Edad Media. *Historia Universal*.

- Gibbons, A. (June 15, 2007). Food for Thought. *Science*. Vol. 316.

- Gibbons, A. (22 October 2012). Raw Food Not Enough to Feed Big Brains. *Science Now*. American Association for the Advancement of Science.

- Gil Fernández, J. y Varela Ortega, C. (1984). *Cartas particulares a Colón y relaciones coetáneas*. Madrid. Alianza Editorial.

- Gómez Mendoza, A. (1982). *Ferrocarriles y cambio económico en España, 1855-1913*. Madrid. Alianza Editorial.

- Gómez de la Rúa, D. y Díez Martín, F. (2009). La domesticación del fuego durante el Pleistoceno inferior y medio. Estado de la cuestión. *Veleia: Revista de prehistoria, historia Antigua, arqueología y filosofía clásica*, 26.

- González Díaz Lombardo, F. X. (2004). *Compendio de Historia del Derecho y del Estado*. México. Editorial LIMUSA, S. A.

- González, G. (2018). El legado tecnológico de la Segunda Guerra Mundial. *Prisma Tecnológico*. 9.

- González Gómez, R. (2003). *Estados Unidos: doctrinas de la guerra fría, 1947-1991*. Centro de Estudios Martianos.

- González León, D. (2015). *Relaciones interestatales de Egipto durante el Bronce Final 1600-1100 a.C.: Algunos aspectos. La entrada a escena de un modelo diferente*. Trabajo fin de Grado. Universidad del País Vasco. Departamento de Estudios Clásicos.

- González Marrero, J. A. y Medina-Hernández, C. (2009). Técnicas astronómicas de orientación e instrumentos náuticos en la navegación medieval. *Fortunatae. Revista canaria de Filología, Cultura y Humanidades*, 20.

- González Zymla, H. y de Frutos Sastre, L. M. (2001). Archivo de la colección de pintura y escultura de la Real Academia de la Historia: catálogo e índices. En M. Fernández Álvarez (coord.) *El Imperio de Carlos V*. Real Academia de la Historia, Madrid.

- Greenwald, G. (5 de septiembre de 2014). The U.S. Govermment's Secret Plans to Spy for American Corporations. *The Intercept*.

- Guijarro Mora, V. (4 de marzo de 2019). La máquina de Schickard. La primera calculadora. *National Geographic. Historia*.

- Guruceaga Zubillaga, A. y Fuertes Gutiérrez, I. (2018). Hominización desde una óptica de género: visibilización de la mujer en la evolución de la especie humana. Una propuesta didáctica para las materias de ciencias. *Enseñanza de las ciencias de la tierra: Revista de la Asociación Española para la Enseñanza de las Ciencias de la Tierra*, 26.

- Gwenn, R. (2016). *Le temps sacré des cavernes. De Chauvet à Lascaux, les hypothèses de la science*. Paris. Éditions Corti.

- Haas, R., Watson, J., Buonasera, T., Southon, J., Chen, J.C., Noe, S., Smith, K., Llave, C.V., Eerkens, J. y Parker, G. (2020). Female hunters of the early Americas. *Science. Advances* 6, eabd0310.

- Habermas, J. (1986). *Ciencia y técnica como «ideología»*. Madrid. Tecnos.

- Haro Tecglen, E. (23 de noviembre de 1963). La mosca en el espacio. *Triunfo*, 77.

- Hernández, Á. (21 de abril de 2018). La historia oculta de IBM: vendió 700.000 tarjetas a Franco para ganar la Guerra Civil. *El Confidencial*.

- Herrera Hermosilla, J. C. (2012). *Breve historia del espionaje*. Madrid. Ediciones Nowtilus, S. L.

- Hopp, V. (2022). *Fundamentos de Tecnología Química*. Barcelona. Editorial Reverté, S.A.

- Ibáñez Muñoz, J. (2010). Internet, política y poder en la sociedad postinternacional. *Cursos de derecho internacional y relaciones internacionales de Vitoria-Gasteiz*. Universidad del País Vasco.

- Itúrbide Díaz, J. (2022). El poder de la imprenta. En R. Fernández Gracia, P. Andreza Unama, y C. Jusué Simonena (coord.). *La imagen visual de Navarra y sus gentes. De la Edad Media a los albores del siglo XX*. Pamplona. Universidad de Navarra. Fundación Fuentes Dutor.

- J. Mark, J. (2 de septiembre de 2009). Los pueblos del mar. *World History Encyclopedia*.

- J. Rodríguez, R. (mayo 1995). Historia de la ciencia y la técnica en la antigua China. *Historia de la Ciencia*, 3.

- Juárez Valero, E. (1 de agosto de 2023). Espías y agentes dobles: profesiones con origen en la Edad Media. *National Geographic*.

- Jruschov, N. (1990). *El poder de la ciencia. Khrushchev Remembers: The Glasnost Tapes*. Boston. Little, Brown and Company.

- K. G. Temple, R. (1986). *The Genius of China: 3.000 Years of Science, Discovery, and Invention*. New York. Simon & Schuster.

- Klare, M. T. (2006). *Sangre y petróleo. Peligros y consecuencias de la dependencia del crudo*. Barcelona. Tendencias.

- Klíma, J. (2007). *Sociedad y cultura en la antigua Mesopotamia*. Madrid. Akal.

- Laird, M., y Oldfield, R. A. K. (1837). *Narrative of an expedition into the interior of Africa, by the River Niger, in the steam-vessels Quorra and Alburkah, in 1832, 1833, and 1834*. (Vol. 2). London. Bentley

- Las Heras, A. (2006). *La trama Colón: Las claves de la verdadera historia del Gran Almirante y el descubrimiento del Nuevo Mundo*. Nowtilus.

- Lorge, P. A. (2012). *Chinese Martial Arts: From Antiquity to the Twenty-First Century*. New York. Cambridge University Press.

- Marcos, L. (23 de febrero de 2023). Arcos, flechas y lanzas: la tecnología armamentística de los humanos modernos que pudo acabar con los neandertales. *Público*.

- Martínez Moreno, R. (2014). *Jóvenes, Internet y política*. Madrid. Centro Reina Sofía sobre Adolescencia y Juventud.

- Martínez Quirante, R. y Rodríguez Álvarez, J. D. (4 de mayo de 2020). El lado oscuro de la Inteligencia artificial. El caso de los sistemas de armamento letal autónomo o los Killer Robots. *Idees*, 48.

- McCormick, D. y C. Spee, J. (2008). IBM and Germany 1922-1941. *Organization Management Journal*, 5.

- Méndez, E. (2000). El desarrollo de la ciencia. Un enfoque epistemológico. *Espacio Abierto*. 9.

- Menéndez Velázquez, A. (2017). *Tecnologías que cambiarán nuestras vidas*. Oviedo. Ediciones Nobel, S. A.

- Merguer, M. (1999). Los ferrocarriles franceses desde sus orígenes a nuestros días: evolución del marco jurídico e institucional. En J. Vidal Olivares, Muñoz M. Rubio y J. Sanz Fernández (coord.). *Siglo y medio del ferrocarril en España, 1848-1998. Economía, industria y sociedad*. Alicante. Diputación Provincial de Alicante, Instituto Alicantino de Cultura Juan Gil-Albert.

- Molina Molina, Á. L. (2000). Los viajes por mar en la Edad Media. *Cuadernos de Turismo*, 5.

- Mondragón Toledo, G. (2015). La importancia de Internet como Fuente de Poder en la Sociedad. *Pensamiento al margen. Revista digital*, 3.

- Montero Fenollós, J. L. (2003). El armamento defensivo del soldado de Súmer y Mari. *Aula orientalis: revista de estudios del Próximo Oriente Antiguo*, 21.

- Montero Fenollós, J. L. (). De Uruk a Mari. Innovaciones tecnológicas de la Primera Revolución Urbana en el Medio Éufrates meridional. *Anejos de NAILOS. Estudios Interdisciplinares de Arqueología*. Número. 1. Asociación de Profesionales Independientes de la Arqueología de Asturias. Oviedo.

- Montejo, E. (3 de agosto de 2023). La bomba H: el arma más poderosa en la Tierra que supera a la bomba atómica. *National Geographic*.

- Morales, A. (21 de junio de 2021). La historia de la brújula: un invento determinante en el avance de la navegación. *Panorama cultural*.

- Moreno, J. (2018). *Prehistoria del ferrocarril*. Madrid. Fundación de los Ferrocarriles Españoles.

- Muñoz Calvo, S. (1977). *Ciencia e Inquisición en la España Moderna*. Madrid. Editora Nacional.

- Myers Jaffe, A. (june 2007). Has a new cold war begun over oil that could lead to conflict? *CQ Global Researcher*.

- Navarro Bonilla, D. (2014). Espionaje, seguridad nacional y relaciones internacionales. *Colección de estudios internacionales*. Universidad del País Vasco, 14.

- Needham, J. (1995). *Science and civilisation in China. Volume 3. Mathematics and the sciences of the heavens and the earth*. New York. Cambridge University Press.

- Needham, J. (1986). *Science and Civilization in China: Volume 5, Chemistry and Chemical Technology, Part 1, Paper and Printing*. Taipei. Caves Books, Ldt.

- Neri Hadmann Jasper, F. (agosto 2020). La influencia de los arquitectos del poder aéreo en la estructuración de las fuerzas aéreas. *Revista Fuerza Aérea-EUA. Segunda Edición*, 2.

- Nieves, J. M. (2006). *Hablemos de ciencia*. Madrid. EDAF.

- Nowlan, R. A. (2017). *Masters of mathematics: The problems they solved, why these are important, and what you should know about them*. Springer.

- Oliver, N. (2020). *Inteligencia artificial, naturalmente*. Madrid. Ministerios de Asuntos Económicos y Transformación Digital.

- Ortega Durán, J. (2021). *Inventos ingenieriles de la época romana que perduran hasta nuestros días. Trabajo de Fin de Grado*. Universidad de Sevilla (España).

- Ortega y Medina, J. A. (1994). *El conflicto anglo-español por el dominio oceánico (siglos XVI-XVII)*. México, D. F. Universidad Nacional Autónoma de México.

- Osella, M. (2006). *Breve historia de las ideas filosóficas acerca del conocimiento y la técnica*. Buenos Aires. Universidad Nacional de Río Cuarto.

- Palmer, R, y Colton, J. (1985). *Historia contemporánea*. Madrid. Akal

- Partington, J. R. (1999). *A History of Greek Fire and Gunpowder*. London. Johns Hopkins University Press.

- de Pazzis Pi Corrales, M. (2008). La Marina de los Austria: aproximación historiográfica y perspectiva investigadora. *La historiografía de la Marina Española. Cuadernos Monográficos del Instituto de Historia y Cultura Naval*, 56.

- Pearson, I. R. (1930). *Historia de Roma*. Buenos Aires. Editores: Ferrari Hnos.

- Pellegrini, A. (septiembre de 2012). Las relaciones internacionales durante la guerra fría (1945-1991). *Mundo Actual*.

- de la Peña Olivas, J. M. (2010). Sistemas romanos de abastecimiento de agua. *V Congreso de Obras Públicas Romanas. Las técnicas y construcciones en la Ingeniería romana*.

- Peñaloza Gómez, M. T. (2019). Portus, Classe Naviculariusque: Roma y el control del mar Mediterráneo (s. VI a.C-IV d.C). *Revista de Historia*, 26.

- Pinto Cebrián, F. (2017). El concepto de «guerra moderna» y las nuevas ciencias y tecnologías de aplicación militar. En M. Gajate Bajo y L. González Piote (Eds.). *Guerra y Tecnología. Interacción desde la Antigüedad al Presente*. Madrid. Fundación Ramón Areces.

- Preto, P. (2010). *I servizi segreti di Venezia. Spionaggio e controspionaggio ai tempi della Serenissima*. Milano. Il Saggiatore.

- Ponz, C. (1866). *Programa de la teoría de la escritura*. Tarragona. Imprenta y librería José Antonio Nel-lo.

- Poveda Ramos, G. (1992). *El hierro, de los hititas a Colombia*. Repositorio Digital Academia Colombiana de Ciencias Exactas, Física y Naturales (ACCEFYN).

- Powers, W. y Alonso, C. (2022). Escuchando todas las voces: cómo la tecnología puede sanar un foro público dividido. *Tech & Society*, Aspen Institute España.

- Puerto Sarmiento, F. J. (1998). Felipe II y la Ciencia. *Felipe II y su época: actas del Simposium, 1 al 5-IX-1998*. San Lorenzo de El Escorial. Real Centro Universitario Escorial-María Cristina.

- Puñal Fernández, T. (2004). El Memorial Medieval de Cortes. *Norba. Revista de Historia*, 17.

- Pruetz, J. D. y LaDuke, T. C. (2010). Brief communication: Reaction to fire by savanna chimpanzees (Pan troglodytes verus) at Fongoli, Senegal. Conceptualization of «fire behavior» and the case for a chimpazee model. *American journal of physical anthropology*, 141.

- Quesada, F. (2005). Carros en el Antiguo Mediterráneo: de los orígenes a Roma. En E. Galán Domingo (coord.). *Historia del carruaje en España*. Madrid. Grupo FCC.

- Quiroga, J. M. (noviembre de 2018). Primeros desarrollos de tecnología radar en los principales beligerantes de la II Guerra Mundial. Un análisis desde la perspectiva Ciencia, Tecnología y Sociedad. *Ciencia, Docencia y Tecnología*. 29.

- R. Headrick, D. (1989). *Los instrumentos del Imperio*. Madrid. Alianza Editorial.

- Ramírez Echeverri, J. D. (2010). *Thomas Hobbes y el Estado absoluto: del Estado de razón al Estado del terror*. Medellín. Colombia. Universidad de Antioquía. Facultad de Derecho y Ciencias Políticas.

- Ratto, A. (2015). Soledad y filosofía. Las críticas de Diderot a Rousseau en el «Essai sur les règnes de Claude et de Néron, et sur les mœurs et les écrits de Sénèque». *Revista de filosofía*, 40.

- Rawding, F. W. (1991). *La rebelión de la India en 1857*. Madrid. Akal.

- Ríos Sierra, J. (enero-junio 2014). Política, poder e Internet: Nuevas posibilidades frente a viejos dilemas. *Via Inveniendi Et Iudicandi*, 9.

- Ruiz Caro, A. (2010). La cooperación e integración energética en América Latina y el Caribe. *Puente@europa*, 8.

- S. Boutell, W. (2022). *Auditing with the Computer*. Berkeley and Los Angeles. University of California Press.

- Sadurní, J. M. (10 de enero de 2023). Un estudio revela el secreto de la resistencia del hormigón romano. *National Geographic*.

- de Salazar y Acha, J. (2014). La cancillería real en la Corona de Castilla. En E. Sarasa Sánchez (coord.). *Monarquía, crónicas, archivos y cancillerías en los reinos hispano-cristianos; siglos XIII-XV*. Sevilla. Diputación Provincial de Zaragoza, Institución «Fernando el Católico».

- Saldarriaga Roa, A. (2002). *La arquitectura como experiencia. Espacio, cuerpo y sensibilidad*. Bogotá. Villegas editores. Universidad Nacional de Colombia.

- Sánchez Ron, J. M. (2022). *El poder de la ciencia. Historia social, política y económica de la ciencia (siglos XIX-XXI)*. Barcelona. Crítica.

- Sanz Díaz, B. (2010). Roma, República e Imperio. *Historia del Pensamiento Político Premoderno*, Universitat de València.

- Santamaría, C. (1985). *La amenaza de guerra nuclear. Estrategia, política y ética* (pp. 10-11). San Sebastián-Donostia. Editorial Diocesana. Idatz, D. L.

- Satizábal Villegas, A. E. (2004). *Molinos de trigo en la Nueva Granada. Siglos XVII-XVIII*. Bogotá. Universidad Nacional de Colombia.

- Sawyer, R. D. (2011). *Ancient Chinese Warfare*. New York. Basic Books.

- Scarre, C. M.y Fagan, B. (2008). *Ancient Civilizations*. New York. Pearson Prentice Hall.

- Sciadas, G. (2005). *From the Digital Divide to Digital Opportunities. Measuring Infostates for Development*. Montreal. International Communication Network Orbicom.

- Schneewind, S. (30 de octubre de 2022). Las políticas legalistas de Shang Yang en Qin. *LibreTexts*. University of California. San Diego.

- Segura García, G. (10 de julio de 2019). La pistola de Puckle, el primer paso hacia la ametralladora. *National Geographic*.

- Sierra C., C. E. (2014). Tecnología bélica medieval. Giro en la historia de la tecnología. *Nómadas. Revista Universidad de Antioquia*, 315.

- Sidoli, O. (agosto 2007). Prehistoria del submarino. *Historia y Arqueología Marítima*.

- Sirtori, G. (1618). *Telescopium: sive ars perficiendi novum illud Galilaei visorium instrumentum ad Sydera*. Francofurt. Paul Jacobi for Luca Jennis.

- Soriano Muñoz, N. (2021). Los intrincados caminos hacia el progreso. Debates y discursos sobre civilización, guerra y sensibilidad en la Ilustración. En C. Borreguero Beltrán, Ó. R. Melgosa Oter, Á. Pereda López, y A. Retortillo Atienza (coord.). *A la sombra de las catedrales: cultura, poder y guerra en la Edad Moderna*. Burgos. Universidad de Burgos.

- de Souza, P. (2008). *La guerra en el mundo antiguo*. Madrid. Akal.

- de Souza Silva, J. (2004). La farsa del «Desarrollo». Del colonialismo imperial al imperialismo sin colonias. *La cuestión social y la formación profesional en trabajo social en el contexto de las nuevas relaciones de poder y la diversidad latinoamericana.* XVIII Seminario Latinoamericano de Escuelas de Trabajo Social. San José, Costa Rica. Buenos Aires. Espacio Editorial.

- Stahl, A. B. (April 1984). Hominid Dietary Selection Before Fire. *Current Anthropology* (Uniersity of Chicago Press) 25.

- Stefoff, R. (2007). *Submarines.* Estados Unidos. Marshall Cavendish Benchmark.

- Taton, R. (1988). La Ciencia en el Occidente Medieval Cristiano, en R. Taton (dir.). *Historia General de las Ciencias (3): La Edad Media.* Barcelona. Ediciones Orbis.

- Trigo Aranda, V. (2004). Historia y evolución de Internet. *Manual formativo de ACTA,* 33.

- Torrent Rodrigo, F. J. (2008). *El Secreto Ocultado del III Reich.* Bubok Publishing S. L.

- Varo Navarro, R. (2021). *Paleolítico: El fascinante viaje por un mundo primitivo.* Almería. Editorial Círculo Rojo.

- Vázquez Chamorro, G. (2004). *Mujeres piratas.* Madrid. Algaba Ediciones.

- Vicente Maroto, M. I. (2003). El arte de la navegación en el Siglo de Oro. En J. M. Victoria Meizoso (dir.). *La historiografía de la Marina Española. Cátedra Jorge Juan. Ciclo de conferencias. Curso 2000-2001.* A Coruña. Universidad de A Coruña.

- Vidal y Diaz, A. (1869). *Memoria histórica de la Universidad de Salamanca.* Salamanca. Imprenta de Oliva y Hermano.

- Villaespesa, M. F. (2017). El uso militar del carro en Mesopotamia durante el Dinástico Antiguo. *Nova Tellus. Historiae,* 14.

- Villanueva Hering, P. (1998). *Errores, falacias y mentiras.* Madison. Universidad de Wisconsin.

- Viñas Martín, Á. (1984). Espionaje económico. *Los Cuadernos del Norte. Revista cultural de la Caja de Ahorros de Asturias*, 25.

- Wischer, E. (1989). *La legislación imperial y papal en materia de educación durante los siglos XII y XIII y el nacimiento de las universidades y de los estudios generales de las órdenes*. Madrid. Akal.

- Yepes Piqueras, V. (2016). El túnel de Eupalinos en la isla de Samos. *Universitat Politècnica de València*.